Alexander Becker / Wolfgang Detel (Hg.)
Natürlicher Geist
Beiträge zu einer undogmatischen Anthropologie

WISSENSKULTUR UND GESELLSCHAFTLICHER WANDEL

Herausgegeben vom Forschungskolleg 435
der Deutschen Forschungsgemeinschaft
»Wissenskultur und gesellschaftlicher Wandel«

Band 30

Natürlicher Geist

Beiträge zu einer
undogmatischen Anthropologie

Herausgegeben von
Alexander Becker und Wolfgang Detel

Akademie Verlag

Gedruckt mit Unterstützung der Deutschen Forschungsgemeinschaft.

Einbandgestaltung unter Verwendung einer anatomischen Darstellung des menschlichen Kopfes aus einer Kompilation philosophischer und medizinischer Schriften des 14. Jahrhunderts (Bayerische Staatsbibliothek München Clm. 527, fol. 64v). Abdruck mit freundlicher Genehmigung der Bayerischen Staatsbibliothek.

Bibliografische Information der Deutschen Nationalbibliothek
Die Deutsche Nationalbibliothek verzeichnet diese Publikation in der Deutschen Nationalbibliografie; detaillierte bibliografische Daten sind im Internet über http://dnb.d-nb.de abrufbar.

ISBN 978-3-05-004500-9

Satz: Oliver Schütze, Frankfurt/M.
Druck und Bindung: Druckhaus »Thomas Müntzer«, Bad Langensalza
Einbandgestaltung: Dorén + Köster, Berlin

Printed in the Federal Republic of Germany

Inhaltsverzeichnis

Alexander Becker, Wolfgang Detel

Vorwort

Wenn im philosophischen Kontext die Begriffe „Geist" und „Körper" auftauchen, dann ist meistens ein drittes Schlagwort, nämlich „Problem", nicht fern, mit dem sie zur Formel „Geist-Körper-Problem" zusammengefügt werden. Es ist heute offenbar selbstverständlich, dass „Geist" und „Körper" einerseits zusammengehören und andererseits nicht zusammenpassen, und ihre Verbindung daher zwangsläufig problematisch erscheinen muss.

Dem war nicht immer so. Wenn man, wie Aristoteles, die Seele als funktionale Organisation und in diesem Sinne als Form des lebenden Körpers auffasst, dann mag es zwar viele offene Fragen rund um die Verbindung von Form und Körper geben. Doch dass Form und Körper nicht zusammenpassen könnten und es daher ein „Form-Körper-Problem" gebe, wäre Aristoteles nie in den Sinn gekommen. Die Stoiker haben sogar behauptet, dass die Seele ihre Funktionen nur ausüben kann, wenn sie selbst ein Körper ist. Da sie die Existenz seelischer Funktionen nicht leugnen wollten, mussten sie die Ontologie um einen zweiten Körper erweitern. Aber diese Ontologie führte die Stoiker keineswegs in ein „Zwei-Körper-Problem". Vielmehr war für sie alles in der Welt eine Mischung aus zwei Körpern – eine Annahme, die ihnen nicht mehr Schwierigkeiten bereitete als uns heute der Umstand, dass auf alles in der Welt elektromagnetische und gravitationale Kräfte einwirken.[1]

Es ist also nicht so selbstverständlich, wie es heute den Anschein hat, dass Geist und Körper nur auf problematische Weise miteinander verbunden sein können. Die immer noch geläufige Formel vom „Leib-Seele-Problem" suggeriert eine theologische Wurzel des Problems. Ist das Leib-Seele-Problem also vielleicht nur ein Erbe der europäischen Geistesgeschichte, die unter dem Einfluss mythischer Seelenwanderungslehren, neuplatonischer Vorstellungen oder christlicher und islamischer Dogmen die Seele in einer Weise substantialisiert hat, dass sie nicht mehr zum Körper passen will? So einfach liegen die Dinge sicherlich nicht, aber die Beiträge des vorliegenden Bandes möchten dafür werben, dass man in der Tat auf Körper und Geist in einer Weise blicken kann, die ihre Kombination von der Aura des unüberwindlich Problematischen befreit.

Am Beginn jeder Theorie über das Verhältnis von Geist und Körper sollte eine klare Auskunft darüber stehen, was unter „Geist" und „Körper" zu verstehen ist und insbesondere, was sie unterscheidet. Diese Auskunft zu geben ist jedoch weitaus schwieriger als es die Geläufigkeit der Begriffe erwarten lässt. Der Geist – bzw. die Instantiierungen geistiger Eigenschaften, sei es als Zustand, sei es als Ereignis – wird in der Regel durch charakteristische Merkmale bestimmt, unter denen drei herausragen: Intentionalität, Bewusstsein und Normativität. Was unter diesen Merkmalen zu verstehen ist, wird wiederum durch Beispiele erläu-

---

1 Vgl. Myles Burnyeat, „Is an Aristotelian Philosophy of Mind Still Credible? (A Draft)", in: M. Nussbaum, A. Rorty (Hg.), *Essays on Aristotle's De Anima*, Oxford 1992, S. 15-26 zu den tiefgreifenden Unterschieden zwischen Aristoteles' Auffassung und dem modernen Funktionalismus; zur stoischen Auffassung vgl. z.B. A.A. Long, „Soul and Body in Stoicism", in: *Phronesis* 27 (1982), S. 34-57.

tert: Jeder, der mit dem Gebrauch von Zeichen vertraut ist, weiß, was es heißt, dass etwas für etwas anderes steht oder sich auf etwas anderes bezieht; jeder, der schon einmal bei Bewusstsein war, weiß, „wie es ist", ein Gefühl, eine Wahrnehmung oder einen Gedanken zu erleben; und jeder, der handelt, versteht, was es heißt, richtig zu handeln oder nach etwas Gutem zu streben. Vermutlich sind diese Merkmale des Geistes gar nicht anders zu erläutern und können daher nicht auf etwas von ihnen Verschiedenes zurückgeführt werden. Mit dem Begriff des Geistes muss also immer etwas gemeint sein, mit dem wir vertraut sind. Diese Vertrautheit muss nicht zwingend am subjektiven Pol einer Opposition zwischen Subjektivität und Objektivität angesiedelt sein; es kann sich um eine Vertrautheit handeln, die wir allesamt miteinander teilen, die also uns einander nicht fremd werden lässt. Wichtiger ist, dass sie der Erforschung des Geistes eine Grenze zu setzen scheint: Was immer wir über den Geist herausfinden, es muss der Bedingung genügen, dass wir wiedererkennen, was uns als Geist vertraut ist.

Für die Erforschung der Natur – dies gilt auch für unseren eigenen Körper – scheint es eine solche Grenze nicht zu geben: Es stört uns nicht, dass die Natur vermutlich eine mikrostrukturelle Beschaffenheit aufweist, die nur noch mit komplexen mathematischen Mitteln erfassbar ist und von unserem alltäglichen Weltbild erheblich abweicht. Dem entspricht, dass unser gegenwärtiges Bild der Natur Resultat eines Prozesses zunehmender „Entzauberung" ist, also des zunehmenden Verzichts auf animistische, genauer: auf mentalistische Erklärungen natürlicher Vorgänge. Deshalb erschiene es uns heute als haltlose Spekulation, wollte man wie die Stoiker eine in der ganzen Natur anwesende vernünftige Materie postulieren.

Geist und Körper sind also offenbar in epistemischer Hinsicht voneinander unterschieden, und diese Differenz spielt im Körper-Geist-Problem in der Tat eine prominente Rolle. Allerdings handelt es sich möglicherweise nicht um eine unverrückbare und unüberwindliche Grenze. Auch wenn mit „Geist" immer etwas gemeint sein muss, womit wir vertraut sind, kann sich die Art und Weise, wie wir mit ihm vertraut sind, verändern. Beispielsweise es gibt deutliche Hinweise, dass das Konzept des Bewusstseins historischen und kulturellen Veränderungen unterworfen ist.[2] Außerdem ist das Bild unseres Geistes gegen naturwissenschaftliche Erkenntnisse über uns selbst nicht hermetisch abgeriegelt. Dies lässt Spielraum für die Möglichkeit, nach einer modifizierten Konzeption des Geistes zu suchen. Genau darauf konzentrieren sich moderne Vorschläge zur Lösung des Körper-Geist-Problems: Sie gehen davon aus, dass Zuschreibungen mentaler Eigenschaften reale Sachverhalte beschreiben, die sich aber auch anders beschreiben lassen, als wir es aus der Tradition der Alltagspsychologie kennen, und versuchen, das Konzept des Geistes so zu fassen, dass es mit unserem Bild von der Natur kompatibel wird. Typenidentitätstheorien postulieren unmittelbare Entsprechungen zwischen den vertrauten mentalen und unvertrauten physiologischen Beschreibungen; funktionalistische Theorien nehmen einen Umweg über die These, dass mentale Eigenschaften nichts anderes als funktionale Rollen sind, deren Realisierbarkeit durch natürliche Eigenschaften dann keine Schwierigkeiten mehr bereitet. Die Debatten um diese Vorschläge drehen sich entweder um die Frage, ob auf dem vorge-

---

2 Vgl. Kathy Wilkes, „–, yìshì, duh, um, and consciousness", in: A. Marcel, E. Bisaich (Hg.), *Consciousness in Contemporary Science*, Oxford 1988, S. 16-41.

schlagenen Weg tatsächlich alle vertrauten Merkmale des Geistes eingeholt werden können, oder um die Frage, ob der epistemische Unterschied in der Perspektive auf Geist und Natur nicht doch prinzipiellen Charakter hat, ob es also zwischen unserem Zugang zum Geist und seiner Beschaffenheit eine intrinsische Verbindung gibt. Vor allem Diskussionen um Fragen der zweiten Art münden häufig in eine Pattsituation, in der nur noch tiefsitzende Intuitionen einander gegenüberstehen.[3]

Meist versucht man also einer Lösung des Körper-Geist-Problems durch die Modifizierung unserer Auffassung vom Geist näher zu kommen. Diese Strategie dürfte ihren Grund nicht zuletzt darin haben, dass die Natur in mehrfacher Hinsicht als primär gilt. Der Geist muss einen Körper haben, um als Person identifizierbar zu sein, aber der Körper bedarf zur Identifikation nicht eines Geistes; der Geist muss einen funktionierenden Körper haben, um selbst zu funktionieren, denn die Erfahrung lehrt uns, dass körperliche Schäden am Gehirn immer geistige Schäden nach sich ziehen, aber wiederum gilt die umgekehrte Beziehung nicht; und nicht zuletzt hat die Natur auch in genetischer Hinsicht Vorrang: Die Naturgeschichte legt nahe, dass der Geist ein sehr spätes Produkt einer kontinuierlichen Evolution ist, und dass man sich sehr wohl ein Universum ohne Geist denken kann.

Derartige Gründe schließen aber nicht aus, dass es außer dem Begriff des Geistes noch eine andere Stellschraube zur Lösung des Körper-Geist-Problems gibt: nämlich den Begriff der Natur. Auch dieser Begriff ist nämlich – zumal wenn es darum geht, die Natur vom Geist abzugrenzen – keineswegs ein für alle Mal klar umrissen. Auf diesen Umstand wird zwar immer wieder nachdrücklich hingewiesen,[4] doch hat er noch nicht dazu geführt, dass sich eine weitere grundsätzliche Option als Alternative zur Lösung des Körper-Geist-Problems durchgesetzt hätte: nämlich eine veränderte Auffassung des Naturbegriffs.

Es würde hier zu weit führen, alle Versuche der Bestimmung des Naturbegriffs sowie die Schwierigkeiten aufzuzählen, die dabei jeweils auftreten. Grundsätzlich gibt es zwei Optionen: entweder legt man fest, was als natürliche Eigenschaft und natürliche Entität gilt, und was nicht, oder man überlässt die Beantwortung dieser Frage dem jeweiligen Stand der Naturwissenschaft. Die erste Option ist offenkundig nicht attraktiv, weil sich auch unser Konzept der Natur immer wieder geändert hat und eine dogmatische Festlegung Gefahr läuft, von der zukünftigen Entwicklung der Naturwissenschaften überholt zu werden. Die zweite Option hat demgegenüber den Vorzug, die Bestimmung des Naturbegriffs zu einer empirischen Angelegenheit zu machen. Allerdings stellt sich dann eine Schwierigkeit ein, die in der Literatur als „Hempels Dilemma"[5] bezeichnet wird: Entweder, wir orientieren uns am gegenwärtigen Stand der Naturwissenschaft; dann müssen wir damit rechnen, dass unser Naturbegriff möglicherweise in erheblichem Umfang fehlerhaft ist. Oder wir orientieren uns an einer zukünftigen idealen Naturwissenschaft; dann haben wir heute aber keine operatio-

---

3 Vgl. z.B. Peter Bieri, „Nominalismus und innere Erfahrung", in: *Zeitschrift für philosophische Forschung* 36 (1982), S. 1-24 und im Kontrast dazu Holm Tetens, *Geist – Gehirn – Maschine*, Stuttgart 1994, Kapitel 3.
4 Siehe z.B. Tim Crane, David Mellor, „There is No Question of Physicalism". *Mind* 99 (1990), S. 185-206, Barbara Montero, „The Body Problem". *Noûs* 33 (1999), S. 183-200 und Geert Keil, Herbert Schnädelbach, „Naturalismus", in: dies. (Hg.), *Naturalismus. Philosophische Beiträge*. Frankfurt 2000, S. 7-45.
5 Vgl. Andrew Melnyk, „How to Keep the ‚Physical' in Physicalism", in: *Journal of Philosophy* 94 (1997), S. 622-637.

nalisierbaren Kriterien zur Verfügung, um festzulegen, was als natürliche Eigenschaft oder Entität gilt.

Ganz gleich, wie man die Lösbarkeit dieses Dilemmas einschätzt: es zeigt, dass selbst im Rahmen einer Orientierung an naturwissenschaftlicher Forschung für die Philosophie ein beträchtlicher Spielraum bleibt, den Naturbegriff als einen offenen Begriff zu betrachten. Und das heißt: Sie kann zumindest in Erwägung ziehen, dass der Geist, so wie er uns vertraut ist – also ohne reduktive Zurechtschneidung – ein natürliches Phänomen ist. Natürlich kann sie das nicht durch simple Setzung tun; sonst könnte sie ja nach Belieben auf das Angebot der Philosophiegeschichte zurückgreifen. Sie muss sich am Stand der Naturwissenschaften orientieren, aber sie muss diesen Stand nicht zum Dogma erheben. Vielmehr kann sie anstreben, Beiträge zu einer „undogmatischen Anthropologie" zu leisten, zum Projekt eines Bildes unserer selbst, das keine der Quellen des Wissens über uns von vornherein ausschließt und ihr Verhältnis nicht aufgrund vorgängiger Fixierungen als grundsätzlich problembehaftet ansieht.

Ausgangspunkt und Grundlage von *Wolfgang Detels* Beitrag ist die Überzeugung, dass der „Geist", d.h. Instantiierungen mentaler Eigenschaften, nicht weniger real ist als körperliche Eigenschaften. Damit widerspricht Detel sowohl eliminativistischen wie instrumentalistischen Theorien des Geistes. Sein Beitrag konzentriert sich auf das Merkmal der Intentionalität: Er legt dar, dass verschiedene Theorien des Intentionalen – die Alltagspsychologie, die Hermeneutik, die Theorie sprachlicher Bedeutung – jeweils eine realistische Auffassung favorisieren. Diese Theorien scheinen sehr unterschiedliche, vor allem unterschiedlich komplexe Phänomene zu erfassen. Tatsächlich beschreiben sie ein Kontinuum von Phänomenen, das weit in den subsprachlichen Bereich hineinreicht und damit eine der Naturgeschichte entsprechende Kontinuität aufweist. Verstehen ist immer das Erfassen geistiger Episoden anderer Wesen, und geistige Episoden sind repräsentationale Episoden; Repräsentation ist aber ein gestaffeltes Phänomen, wie Detel zeigt.

Wenn mentale und körperliche Eigenschaften gleichermaßen real sind, was sind dann „wir"? Was sind die Subjekte, denen wir alle diese Eigenschaften zuschreiben? Diese Frage stellt *Gerson Reuter* in seinem Beitrag. Er plädiert für die Annahme, dass wir, obgleich uns der Status zukommt, Personen zu sein, in einem grundlegenden Sinne biologische Organismen sind. Die mentalen Eigenschaften, einen Gedanken zu denken oder ein bestimmtes Gefühl zu haben, kommen also nicht primär einer Person, sondern dem jeweiligen biologischen Organismus zu. Begründet wird diese Behauptung durch die Zusammenführung von Überlegungen zu alltäglichen Praktiken der Zuschreibung mentaler und körperlicher Eigenschaften und zur Frage nach unserer diachronen (der sogenannten „personalen") Identität. Reuter macht damit auch auf eine wichtige Facette eines naturalistischen Bildes unserer selbst aufmerksam, das in den Debatten über die Naturalisierung des Geistes selten berücksichtigt wird.

Michael Kohler knüpft an das Thema von Detels Beitrag an: das Verstehen. Während Detel den Begriff der Repräsentation in den Mittelpunkt stellt, greift Kohler jene Tradition der philosophischen Semantik auf, die davon ausgeht, dass repräsentationale Gehalte als Grundlage des Verstehens nicht ausreichen. Wenn sie nicht ausreichen, dann ist die Tatsache, dass wir uns verständigen können, aber umso erstaunlicher. Von Donald Davidson stammt ein bekanntes Argument, mit dessen Hilfe er zu zeigen versucht, dass wir uns eine unverständliche Sprache oder einen Sprecher einer Sprache, den wir nicht verstehen können, nicht vorstellen können. Kohler kritisiert das Argument, so wie Davidson es ursprünglich vorgestellt hat, und führt zugleich vor, wie man es verteidigen kann: indem man den natürlichen Charakter „natürlicher Sprachen" ernst nimmt. Sein Resultat ist damit von demjenigen Detels nicht weit entfernt: Gerade die geisteswissenschaftliche Praxis des Verstehens bedarf einer naturalistischen Fundierung. Diese zu sichern ist aber wiederum keine triviale Aufgabe, denn die Sprachuniversalien, die Gegenstand empirischer linguistischer Forschung sind, haben zunächst einmal nichts mit Bedeutung zu tun, sondern betreffen Phonetik, Morphologie und Grammatik. Zu zeigen ist, dass diese Bedingungen tatsächlich universelle Bedingungen sprachlicher Bedeutung sind, und zwar nicht als konstitutive, sondern als natürliche Bedingungen. Um dies plausibel zu machen, entwirft Kohler ein großangelegtes Schema der Sprachevolution, aus dem hervorgeht, wie etwas, das der logischen Form natürlicher Sprachen entspricht, aus Bedingungen der Kommunikation emergieren kann.

Oliver Schützes Beitrag befasst sich mit einem Merkmal des Geistes, das die anderen Beiträge nur am Rande erwähnen: der Normativität. Insbesondere kursiert die Auffassung, dass Bedeutung und Gehalte deshalb nicht naturalisierbar seien, weil sie normativ sind, naturalistische Beschreibungen aber immer deskriptiv sind. Doch zeigt sich, dass mit „Normativität" keineswegs ein einheitliches Phänomen bezeichnet wird; vielmehr lassen sich stärkere und schwächere Formen unterscheiden. In einem schwächeren Sinne kann die Wahl eines Mittels geboten sein, um ein Ziel zu erreichen; in einem stärkeren Sinne gelten Normen in unbedingter Form oder sind konstitutiv für ein Phänomen. Schütze zeigt, dass die schwächeren Formen mit einer naturalistischen Perspektive vereinbar sind, während stärkere Formen wenigstens für eine plausible Konzeption semantischer Normativität zu anspruchsvoll sind. Wenn man also die Normativität der Bedeutung in einem angemessenen Sinn versteht, stellt sie kein Hindernis dar, Bedeutung als natürliches Phänomen aufzufassen.

Ralph Schrader widmet sich in seinem Beitrag den Formen des Naturalismus in den Sozialwissenschaften. Dazu gibt er zunächst einen umfassenden historischen Überblick und geht dann zu einer systematischen Sortierung der Optionen über, die heute die Diskussion beherrschen. Der Naturbegriff erweist sich dabei als sowohl in ontologischer wie in methodologischer Hinsicht mehrdeutig. Unter den ontologischen Naturbegriffen ist für die Sozialwissenschaften insbesondere derjenige relevant, der „Natur" als dasjenige bestimmt, was nicht vom Menschen herstellbar ist; unter den methodologischen ist es ein Naturbegriff, der die Natur als denjenigen Bereich bestimmt, der Kausalerklärungen zugänglich ist. Darüber hinaus zeigt Schrader, dass ein reduktives Verständnis der Natur im Bereich sozialwissenschaftlicher Gegenstände zwar populär, aber unangemessen ist, während sich eine nicht-reduktive Methodologie und Ontologie, wie sie etwa von Roy Bhaskar vertreten wird, als fruchtbar erweisen könnte.

In den aktuellen Debatten rund um den Naturalismus und seine Erklärungsansprüche herrscht der Eindruck vor, dass naturwissenschaftliches Wissen erstens in einem Konflikt zum lebensweltlichen Wissen steht und dass zweitens das naturwissenschaftliche Wissen gegenüber dem lebensweltlichen Wissen einen aufklärerischen Charakter hat. Diesen

Eindruck nimmt der Beitrag von *Alexander Becker* zum Ausgangspunkt, um in einem ersten Schritt die Perspektive eines „undogmatischen Naturalismus" zu entwerfen, der eher auf die Integration als auf die Ausgrenzung oder Überwindung des lebensweltlichen Wissens zielt. Diese Art von Naturalismus lässt sich besser als eine Haltung denn als eine theoretisch genau umrissene Position charakterisieren. Becker skizziert, wie diese Haltung in drei verschiedenen Gegenstandsbereichen – phänomenales Bewusstsein, Logik sowie Semantik – gleichermaßen zum Zuge kommen kann. In einem zweiten Schritt unterzieht Becker den undogmatischen Naturalismus einer Prüfung, die zu einem eher kritischen Ergebnis gelangt: Denn der undogmatische Naturalismus erweist sich als instabil, insofern er wenigstens in einigen Fällen nicht zugleich seine integrative Tendenz und einen substantiellen Naturbegriff vertreten kann, und insofern er nicht ausreicht, um den unbedingten „Willen zum Wissen", der ihn als aufklärerische Position auszeichnet, im eigenen Rahmen zu motivieren.

Die Beiträge des vorliegenden Bandes sind aus dem Projekt „Kontext, Kognition und Natur in der Genese von Wissenskulturen" hervorgegangen, das Teil des von der Deutschen Forschungsgemeinschaft geförderten Sonderforschungsbereichs „Wissenskultur und gesellschaftlicher Wandel" an der J.W. Goethe-Universität in Frankfurt war. Die Herausgeber und Autoren danken der DFG für die langjährige Unterstützung. Ein besonderer Dank gilt Oliver Schütze, der den Satz des Bandes besorgt hat, und Heike Bühn, die das Personenregister erstellt hat.

Wolfgang Detel

Naturalismus und intentionaler Realismus

1. Spielarten des intentionalen Realismus

Im Alltag und in vielen Wissenschaften schreiben wir anderen Menschen und uns selbst mentale Zustände zu. Wir sagen beispielsweise, dass wir von etwas überzeugt sind, uns etwas wünschen oder auf etwas hoffen, dass wir aggressiv, deprimiert oder nervös sind. Viele dieser Zustände sind repräsentational, d.h. sie haben einen semantischen Gehalt. Wenn dieser semantische Gehalt propositional ist, also sprachlich ausgedrückt werden kann, dann wird er gewöhnlich in dass-Klauseln formuliert, die einen intensionalen Kontext erzeugen, in dem synonyme Ausdrücke nicht salva veritate gegeneinander ausgetauscht werden können.

Im Alltag gehen wir davon aus, dass Zuschreibungen von mentalen Zuständen wahr oder falsch sein können und nicht selten wahr sind. Und wir nehmen meist auch an, dass die repräsentationalen Zustände, die wir anderen und uns wahrheitsgemäß zuschreiben, tatsächlich existieren und real sind. Diese Auffassung wird auch von einigen Philosophen geteilt. So schreibt beispielsweise John Searle:

> Mein Zugang zu mentalen Zuständen und Ereignissen ist insofern vollkommen realistisch, als ich glaube, dass es tatsächlich solche Dinge wie innere mentale Phänomene gibt, die sich nicht auf etwas anderes reduzieren oder durch irgendeine Form des Umdefinierens eliminieren lassen. Es gibt tatsächlich Schmerzen, Kitzel und Jucken, Überzeugungen, Befürchtungen, Hoffnungen, Wünsche, Wahrnehmungserlebnisse, Erlebnisse des Handelns, Gedanken, Gefühle und all das übrige.[1]

Dieser intentionale Realismus ist allerdings in den letzten Jahrzehnten auf unterschiedliche Weise attackiert worden, und daraus hat sich eine heftige Kontroverse zwischen intentionalen Realisten und ihren Gegnern, den intentionalen Antirealisten, entwickelt. Welche Gründe führen die intentionalen Antirealisten ins Feld, um die „offensichtlich wahre" (Searle) Position des intentionalen Realisten zu bestreiten? Wenn wir uns eine Übersicht über diese Gründe verschaffen wollen, ist es wichtig zu sehen, dass der intentionale Antirealismus keine einheitliche Gestalt hat und dass seine verschiedenen Versionen nicht in jedem Fall miteinander vereinbar sind.

Die einflussreichste Variante beruht auf dem *metaphysischen Naturalismus*,[2] der davon ausgeht, dass unsere Welt im Vokabular einer optimal entwickelten Physik vollständig charakterisiert werden kann. Die metaphysischen Naturalisten vermögen nicht zu sehen, auf welche Weise semantisch gehaltvolle Zustände in diesen Rahmen integriert werden können. Insbesondere bestreiten sie, dass die Erklärungen der Alltagpsychologie an die Struktur kausaler Erklärungen in der Physik angepasst werden können. Dieser Punkt kann auch so formuliert werden, dass das Problem der mentalen Verursachung unlösbar ist. Der metaphysi-

---

1 Searle 1991, S. 325.
2 Vgl. zur folgenden Übersicht z.B. Rey 1997, S. 69-77; Boghossian 1990; Wright 2002.

sche Naturalismus vertritt daher eine robust materialistische Typen-Identitätstheorie. Eine frühe und einflussreiche Variante war der Behaviorismus, wie er von Watson oder Skinner entwickelt wurde. Auf dieser Grundlage haben sich neuerdings zwei unterschiedliche Formen des metaphysischen Naturalismus formiert.

Der *Eliminativismus* vermag keinerlei empirische Daten zu erkennen, die ein theoretisches Existenz-Postulat mentaler Zustände erforderlich machen könnten. So behauptet zum Beispiel Quine in einer berühmten Passage:

> If there is a case for mental events and mental states, it must be just that the positing of them, like the positing of molecules, has some indirect systematic efficacy in the development of theory. But if a certain organization of theory could be achieved by thus positing distinctive mental states and events behind physical behaviour, surely as much organization could be achieved by positing merely certain correlative physiological states and events instead... The bodily states exist anyway; why add the others?[3]

Die Alltagspsychologie wird vom Eliminativismus als diskreditierte empirische Theorie betrachtet, so wie etwa auch die Phlogiston-Theorie. Paul Churchland bringt diese Sichtweise auf den Punkt:

> Our common-sense conception of psychological phenomenon constitutes a radically false theory, a theory so fundamentally defective that both the principles and the ontology of that theory will eventually be displaced, rather than smoothly reduced, by completed neuroscience... It is a stagnant or degenerating research program, and has been for millennia.[4]

Nach Churchland ist die Volkspsychologie also eine empirische Theorie des Geistes, aber sie ist eine schlechte Theorie, denn

(a) Sie ist extrem beschränkt in ihrer explanatorischen Breite, sie erfasst z.B. nicht Phänomene wie mentale Krankheit, Kreativität, Intelligenz, Schlaf, praktische Fertigkeiten, Wahrnehmung, Gedächtnis, Lernen – eine gute Theorie des Geistes sollte aber alle relevanten mentalen Phänomene erklären können, und das wird in naturwissenschaftlichen Theorien des Geistes auch angestrebt und z.T. schon geleistet.

(b) Sie ist stagnierend und theoretisch unfruchtbar, denn seit der klassischen Antike ist kein Fortschritt zu einer reifen Theorie erkennbar.

(c) Sie ist von ihrem Ansatz her isoliert, d.h. nicht integrierbar in die einflussreichsten naturwissenschaftlichen Theorien des Geistes und auch nicht in die führenden psychologischen Theorien.

Die Eliminativisten bestreiten also nicht nur, dass semantische Gehalte und Bedeutungen Objekte sind (wie der frühe Quine oder Davidson in all seinen Schriften), sondern halten die gesamte Idee von Zuständen mit semantischem Gehalt für überflüssig. Und es ist offensichtlich, dass sie ihren Standpunkt auf der Grundlage eines wissenschaftlichen Realismus entwickeln. Denn dem ontologischen Realismus (als Bestandteil des wissenschaftlichen Realis-

---

3 Quine 1960, S. 264.
4 Churchland 1990, S. 206 und 211. Eine ähnliche Position vertritt Stich 1984. Dabei wird u.a. betont, wie groß die explanatorischen Misserfolge der Alltagspsychologie sind: sie hat beispielsweise zur Erklärung des Lernens, der Geisteskrankheiten oder der Kreativität nichts beizutragen.

mus) zufolge impliziert die Akzeptanz einer Theorie T die Akzeptanz der These, dass die von T postulierten theoretischen Entitäten unabhängig von unseren Erkenntnisfähigkeiten und Sprachen existieren. Trivialerweise sind die Eliminativisten auch *intentionale Antirealisten*, denn sie bestreiten, dass es mentale Zustände oder mentale Ereignisse in unserer aktualen Welt tatsächlich gibt.

Eine andere Variante des metaphysischen Naturalismus in Hinsicht auf semantisch gehaltvolle Zustände ist eine eher *konservative Position*. Zwar teilt diese Position grundsätzlich den Standpunkt der Eliminativisten, dass seriöse empirische Theorien über das Gehirn und den Geist die Existenzannahme mentaler Zustände nicht erforderlich machen und dass es daher wissenschaftlich gesehen keine mentalen Zustände gibt. Aber zugleich bestehen die konservativen metaphysischen Naturalisten darauf, dass es sinnvoll und akzeptabel bleibt, im volkspsychologischen Sinne von mentalen Zuständen zu sprechen, weil diese Rede eine hilfreiche instrumentelle oder heuristische Rolle spielt, ähnlich wie zum Beispiel der Fiktionalismus in der Philosophie der Mathematik. Der bei weitem bekannteste und einflussreichste Proponent dieser Position ist Daniel Dennett. Der Kern seines Ansatzes ist, dass wir den rationalen Strukturen mentaler Zustände, die wir postulieren, wenn wir die intentionale Einstellung einnehmen, nur eine als-ob-Existenz zusprechen können. Wir können zunächst so tun, als ob ein Wesen S mentale Zustände mit rationalen interpretierbaren Strukturen hat. Und falls diese Zuschreibung (in der intentionalen Einstellung) erfolgreiche Prognosen über S erlaubt und daher uns ein erfolgreiches Umgehen mit S ermöglicht, haben wir gute Gründe, weiterhin so zu tun, als ob S mentale Zustände mit rationalen interpretierbaren Strukturen hätte. In Wirklichkeit verfügt S aber nicht über mentale Zustände mit rationalen Strukturen.[5]

Eine ganz andere Form des intentionalen Antirealismus, als ihn die Varianten des metaphysischen Naturalismus darstellen, ist der *semantische Antirealismus*. Wie der metaphysische Naturalismus ist auch der semantische Antirealismus vom Bild des wissenschaftlichen Realismus geleitet. Das bedeutet vor allem, dass wir von Realität sprechen sollten, wenn bestätigte Theorien Existenzpostulate aufstellen oder doch zumindest implizieren. Aus dieser

5 Vgl. Dennett 1971. In späteren Arbeiten hat Dennett diese schwer verständliche Position leicht verändert. In Dennett 1981 etwa behauptet er: Dass bestimmte Personen Überzeugungen haben, ist ein objektives Phänomen, das aber nur vom Standpunkt von Personen aus entdeckt werden kann, die eine bestimmte prognostische Strategie einnehmen und verfolgen. Die Existenz dieses Phänomens kann nur bestätigt werden durch den Erfolg der intentionalen Strategie. In dieser Strategie oder Einstellung rationalisieren wir Handlungen über Absichten und Überzeugungspaare, d.h. wir begründen, warum eine bestimmte Handlung von einer Person vollzogen werden sollte, und unter der zusätzlichen Unterstellung, dass diese Person rational ist, sagen wir voraus, dass diese Person diese Handlung auch vollziehen wird. Es ist ein objektives Faktum, dass die intentionale Strategie für einige Objekte keine zusätzliche prognostische Kraft ins Spiel bringt, für andere Objekte jedoch sehr wohl eine zusätzliche prognostische Kraft impliziert, und insofern ist es der faktische Erfolg der Strategie, der über ihre Anwendbarkeit entscheidet. Ein intentionales System zu sein, heißt nicht mehr und nicht weniger als ein System zu sein, für das es Interpreten gibt, die aufgrund der intentionalen Strategie zu besseren prognostischen Erfolgen kommen als mit Hilfe andere Strategien. Warum funktioniert die intentionale Strategie oft so gut? Nach Dennett gibt es zwei verschiedene Antworten auf diese Frage. Die schnelle Antwort ist, dass die Evolution menschliche Wesen zu rationalen Akteuren herangebildet hat. Der Umstand, dass wir Produkte einer langen und anspruchsvollen evolutionären Phase sind, garantiert, dass die Verwendung der intentionalen Strategie in Bezug auf unser Verhalten eine sichere Wette ist. Aber die schwierigere und härtere Antwort müsste zeigen, wie die Maschinerie im Rahmen der intentionalen Strategie genauer funktioniert. Diese Antwort kennen wir bisher noch nicht.

Perspektive behauptet auch der semantische Antirealismus, dass semantisch gehaltvolle Zustände nicht unabhängig von uns existieren. Aber der semantische Antirealismus hat dabei nicht den ontologischen Realismus, sondern den *intentionalen Realismus* als Komponente des wissenschaftlichen Realismus im Blick, demzufolge das nicht-logische Vokabular einer bestätigten wissenschaftlichen Theorie auf Gegenstände oder Eigenschaften der Welt referiert.[6] Die Kernthese des semantische Antirealismus ist daher, dass die Alltagspsychologie nicht auf Gegenstände oder Eigenschaften in der Welt referiert. Metaphysischer Naturalismus und semantischer Antirealismus haben also ein unterschiedliches Bild von der Alltagspsychologie und ihren Zuschreibungen semantisch gehaltvoller Zustände. Während der metaphysische Naturalismus die Alltagspsychologie als eine Theorie versteht, die ihrem Anspruch nach die Welt beschreiben und auf Weltstücke referieren will (wobei sie diesen Anspruch allerdings nicht zu erfüllen vermag), betrachtet der semantische Antirealismus die Alltagspsychologie als Standpunkt und Verfahren, die überhaupt nicht das Geschäft einer deskriptiven und repräsentationalen Beschreibung der Welt betreiben.

Auch der semantische Antirealismus tritt in verschiedenen Varianten auf. Eine dieser Varianten ist der *Normativismus*, der auf Kripkes Wittgenstein-Interpretation zurückgeht. Die These ist, dass die Frage, ob eine Person einer bestimmten Regel folgt, nicht im Blick auf das faktische Verhalten und mentale Leben dieser Person entschieden werden kann, sondern nur aufgrund der normativen Evaluationen der Gemeinschaft, zu der die Person gehört. Dies gilt insbesondere auch für semantische Regeln, für die Verwendung von sprachlichen Ausdrücken und damit auch von semantischen Gehalten. Kripkes Beispiel sind die Regeln der gewöhnlichen arithmetischen Addition und der Quaddition (die Quaddition ist für alle Zahlenpaare außer 68 und 57 identisch mit der Addition; für die Zahlen 68 und 57 gilt jedoch, dass sie addiert 125 und quaddiert 5 ergeben). Am tatsächlichen Rechenverhalten einer Person können wir nicht erkennen, welcher Additionsregel sie mit einem Rechenvorgang der Form x + y = z folgt. Denn angenommen, sie rechnet 68 + 57 = 5, dann wissen wir nicht, was sie mit „+" meint, d.h. ob sie der Quaddition oder der Addition folgt und im letzteren Fall lediglich einen Fehler macht. Wir müssten unabhängig von ihrem Verhalten herausbekommen können, welcher Regel sie zu folgen beabsichtigt, aber das ist hoffnungslos. Der Blick auf das Regelfolgen sollte nicht deskriptiv, sondern normativ sein, wie Kripke bemerkt:

> Suppose I do mean addition by „+". What is the relation of the supposition to the question how I will respond to the problem "68 + 57"? The dispositionalist gives a descriptive account of this relation: if "+" meant addition, then I will answer "125". But this is not the proper account of the relation, which is normative, not descriptive. The point is not that, if I meant addition by "+", then I will answer "125", but that, if I intend to accord with my past meaning of "+", I should answer "125".[7]

Das Zuschreiben des Regelfolgens hängt also nicht vom tatsächlichen Verhalten, sondern von der normativen Einschätzung einer Gemeinschaft ab, und das gilt auch vom Befolgen semantischer Regeln, d.h. vom Sprechen und Denken. Ob jemand spricht oder denkt, d.h. semantisch gehaltvolle Sätze äußert oder semantisch gehaltvolle Gedanken denkt, hängt da-

---

6 Eine gute Übersicht zum Konzept des wissenschaftlichen Realismus gibt Bartels 2007.
7 Kripke 1982, S. 37.

von ab, ob das Sprechen oder Denken in seinem jeweiligen Kontext korrekt oder gerechtfertigt ist, und darüber entscheidet die Sprachgemeinschaft als ganze:

> Wittgenstein proposes a picture of language based, not on *truth conditions*, but on *assertability conditions* or *justification conditions*... Others then will have justification conditions for attributing correct or incorrect rule following to the subject.[8]

Es ist umstritten, ob damit die Position Wittgensteins angemessen wiedergegeben wird. Man spricht hier daher oft von der Kripkenstein-Position. Kripkenstein ist jedenfalls klarerweise semantischer (und damit intentionaler) Antirealist, denn das Vorkommen semantisch gehaltvoller Sätze und Gedanken hängt seiner Auffassung nach davon ab, ob die Sprachgemeinschaft den Äußerungen und Gehirnaktivitäten einer Person die semantischen Gehalte in Form des Befolgens semantischer Regeln nach öffentlichen normativen Kriterien zuschreibt.

Wenn man das Zuschreiben von semantisch gehaltvollen Gedanken und Äußerungen als Interpretation ansieht, lässt sich der semantische Antirealismus von Kripkenstein auch als Variante des *Interpretationismus* betrachten, der in einer anderen, äußert einflussreichen Form von Davidson vertreten wurde.[9] Aus der Perspektive einer externalistischen Semantik wie des Interpretationismus könnten Personen keine semantisch gehaltvollen Gedanken oder Äußerungen produzieren, wenn sie nicht von anderen Personen angemessen interpretiert werden könnten. Das Verfügen über gehaltvolle Gedanken ist daher vom Zuschreiben dieser Gedanken durch andere Personen abhängig, so wie das Äußern bedeutungsvoller Sätze von der Zuschreibung von Bedeutungen zu Lautfolgen durch andere Personen abhängig ist. Die Wahrheit einer solchen Zuschreibung besteht in ihrer Übereinstimmung mit der bestmöglichen konsistenten Interpretation dieser Lautfolgen. Diese Sicht der Dinge kommt auch in der formalen Gestalt einer Davidsonianischen Interpretationstheorie zur Geltung, denn nach dieser Theorie formieren sich semantische Gehalte oder Bedeutungen erst im gesamten axiomatischen Rahmen der abgeschlossenen empirischen Interpretationstheorie, aus der sich empirische Belege in Gestalt von T-Theoremen ableiten lassen, so dass sie anhand dieser Ableitungen auch getestet werden kann. Erst in diesem holistischen Rahmen lassen sich semantische Gehalte überhaupt individuieren. So bemerkt Davidson in einer vielzitierten Passage, wir müssten für einen Sprecher

> eine Theorie dessen ausarbeiten, was er meint, wodurch wir dann seinen Einstellungen und zugleich auch seinen Worten Inhalt verleihen. Da wir seinen Äußerungen Sinn beilegen müssen, werden wir uns um eine Theorie bemühen, derzufolge er sich (nach unserem eigenen Verständnis freilich) widerspruchsfrei verhält, das Wahre glaubt und das Gute liebt.[10]

Ein anderer Aspekt des Interpretationismus ist, dass die Existenz gehaltvoller mentaler Zustände und Äußerungen konstitutiv an eine lange Geschichte von Interpretationspraktiken (meist erfolgreichen Versuchen gegenseitigen Verstehens) gebunden ist. Semantische Gehalte supervenieren daher nicht über internen Zuständen (z.B. Gehirnzuständen). Auch diese Geschichte gehört zu den Individuationsbedingungen semantischer Tatsachen. Daher ist zweifelhaft, ob semantische Tatsachen Ereignisse im strikten ontologischen Sinne sind (also

---

8 Kripke 1982, S. 74 und S. 89.
9 Vgl. Davidson 1990a und 1990b.
10 Davidson 1970, S. 312.

ob sie grundlegende Kriterien für Realität erfüllen, zum Beispiel raum-zeitlich lokalisierbar oder kausal wirksam zu sein).

Ein weiteres Argument für den semantischen Antirealismus auf der Grundlage des Interpretationismus wird oft aus der Unterbestimmtheit der Übersetzung und der Interpretation gezogen. Eine zentrale Prämisse ist dabei, dass nur solche Dinge als existent gelten, deren Individuation stets zu demselben Ergebnis führt. Nun sind jedoch zumindest nach bestimmten Lesarten dem Interpretationismus zufolge Übersetzungen und Interpretationen durch empirische Daten (Äußerungen, Für-Wahr-Halten, Referieren, T-Theoreme) unterbestimmt. Das heißt, dass verschiedene Interpretationen und Interpretationstheorien zu gegebenen empirischen Daten gleichwertig und miteinander inkonsistent sein können.[11] Die theoretische Individuation von semantischen Gehalten führt also nicht stets zum selben Ergebnis. Dies gilt auch dann, wenn die mangelnde Übereinstimmung der Interpretationen nicht durch kognitive Defekte einiger Interpretanden hervorgerufen werden. Daraus wird gefolgert, dass Sätze und Gedanken nicht auf eine unabhängig gegebene Realität referieren.[12] Der Interpretationismus wird daher manchmal auch als eine nonkognitivistische Position betrachtet.[13]

Eine dritte Variante des semantischen Antirealismus knüpft an jüngere Arbeiten zum verifikationistischen Wahrheitsbegriff an.[14] Man kann hier von einem *minimalistischen Antirealismus* sprechen, weil diese Position nur minimale Bedingungen an Wahrheit und Wahrheitsfähigkeit stellt. Die zentrale Idee ist, dass ein Satz schon dann assertorischen Gehalt hat, wenn er sich in eine elementare logische Struktur (mit Negation und materialer Implikation) einbetten und sich auf propositionale Attitüden beziehen lässt. Sätze mit assertorischem Gehalt sind wahr, falls sie nach akzeptierten Standards Zustimmung erhalten. Wahrheit in diesem Sinne enthält nicht die Idee, dass wahre Sätze mit assertorischem Gehalt etwas in der Welt präsentieren und sich auf unabhängig von uns gegebene Fakten beziehen, außer im trivialen Sinn der Zitattilgung, den auch Davidson akzeptiert. Die leitende Idee des minimalistischen Antirealismus ist dann, dass die Alltagspsychologie Sätze mit assertorischem Gehalt enthält, die wahrheitsfähig (und im besten Falle wahr) im minimalistischen Sinne sind, dass daraus jedoch nicht folgt, dass wahre Behauptungen der Alltagspsychologie sich auf eine unabhängig gegebene Realität beziehen.[15]

Eine intentionale Antirealistin zu sein kann also Verschiedenes heißen. Insbesondere könnte sie entweder eine metaphysische Naturalistin oder eine semantische Antirealistin sein, aber nicht beides zugleich. Nur im ersten Fall würde sie sich mit ihrem intentionalen Antirealismus auch auf einen eliminativen Naturalismus und ontologischen Realismus verpflichten; im zweiten Fall könnte sie jedoch in konsistenter Weise zugleich einen ontologi-

---

11 Dies lässt sich zum Beispiel anhand einer Analyse des Szenarios der radikalen Interpretation erkennen, vgl. Davidson 1973. Später hat Davidson allerdings die Unterbestimmtheit von Theorien durch empirische Daten von der Unbestimmtheit der Interpretation unterschieden, vgl. unten S. 56.

12 Das Argument der Unterbestimmtheit stellt Schröder 2004, S. 133-135 in den Mittelpunkt des intentionalen Antirealismus.

13 So von Crispin Wright in Wright 2002. Wright merkt zu Recht an, dass der Interpretationismus die metaphysische Kritik des metaphysischen Naturalismus an der Alltagspsychologie unterminiert, weil diese metaphysische Kritik voraussetzt, dass die Alltagspsychologie eine Theorie mit dem Anspruch einer Referenz auf Tatsachen in der Welt ist – eine Voraussetzung, die der Interpretationismus gerade leugnet.

14 Vgl. Wright 1992, Horwich 1996 und Horwich 1998.

15 Vgl. Wright 2002, S. 217-220.

schen Antirealismus und eine antireduktionistische Position hinsichtlich des semantischen Vokabulars vertreten.

In der umfassenden Debatte der letzten Jahrzehnte um den intentionalen Realismus und Antirealismus sind einige Versionen des intentionalen Antirealismus heftig kritisiert worden. Dies gilt vor allem für den metaphysischen Naturalismus. Die verschiedenen Argumente liegen allerdings auf höchst unterschiedlichen Ebenen und können hier nicht im Einzelnen wiedergegeben oder gar diskutiert werden. Es muss ausreichen, kurz auf einige der wichtigsten Arten von Argumenten hinzuweisen. Man hat zum Beispiel auf die enormen Kosten einer Zurückweisung der Alltagspsychologie hingewiesen. So schreibt Jerry Fodor:

> Wenn unsere intentionale Alltagspsychologie tatsächlich zusammenbrechen würde, wäre dies die unvergleichlich größte intellektuelle Katastrophe in der Geschichte unserer Gattung. Wenn wir uns im Hinblick auf das Mentale derartig irren würden <sc. wie es der metaphysische Naturalismus unterstellt>, dann wäre das der größte Irrtum, den wir je im Hinblick auf eine Sache begangen hätten... Wir wären in sehr, sehr ernsthaften Schwierigkeiten.[16]

Man hat den Erfolg der Alltagspsychologie betont und daher bestritten, dass die Alltagspsychologie eine defizitäre Theorie ist.[17] Der metaphysische Naturalismus ist als inkohärent bezeichnet worden, z.B. weil er selbst als semantisch gehaltvolle und wahre Behauptung auftritt.[18] Und man hat versucht, Churchlands Position Punkt für Punkt zu widerlegen.[19] All das sind freilich Einwände gegen eine spezifische Fassung des intentionalen Antirealismus, nämlich gegen den metaphysischen Naturalismus, nicht gegen den semantischen Antirealismus. Tatsächlich ist, wie bereits angedeutet, der semantische Antirealismus seinerseits eine Attacke auf den metaphysischen Naturalismus, unter anderem weil er dessen Unterstellung bestreitet, dass die Alltagspsychologie eine normale empirische Theorie ist. Dieser Punkt ist von vielen Autoren aufgenommen worden, die immer wieder darauf hingewiesen haben, dass die Alltagspsychologie eine normative Theorie ist, in deren Rahmen wir unsere Gedanken und Behauptungen, unsere Wünsche und Handlungen rationalisieren können und uns Verantwortung zuschreiben können.[20]

Ich möchte mich im Folgenden näher mit dem semantischen Antirealismus beschäftigen und zu klären versuchen, ob und gegebenenfalls inwiefern die semantischen Theorien, die hinter dieser Position zu stehen scheinen, tatsächlich auf einen intentionalen Antirealismus

---

16 Fodor 1987, S. xii. Vgl. auch Baker 1987, S. 130ff.

17 Fodor 1987, Kap. 1; Horgan, Woodward 1985.

18 Vgl. z.B. Baker 1987, S. 135ff.; Wright 2002, S. 214-216. Zur Kritik dieses Einwandes vgl. Devitt 1990 und Beckermann 2001, S. 262-266. Zur Kritik weiterer philosophischer Einwände gegen den metaphysischen Naturalismus vgl. Rey 1997, S. 77-94.

19 So behauptet z.B. McGinn in McGinn 1989 zu den Punkten (a)-(c) bei Churchland (s.o. S. 14): Ad (a) Unvollständigkeit impliziert nicht Falschheit und auch nicht, dass Vervollständigung ohne Gehaltbegriff auskommen kann. Ad (b) Stabilität kann auch für Richtigkeit sprechen; und: Psychologie im wissenschaftlichen Sinne gibt es erst seit 100 Jahren, die zu Beginn in ersten Jahrzehnten eine Psychologie ohne Gehaltbegriff war (z.B. der Behaviorismus), und sich als unfruchtbar erwies; seit der Gehaltbegriff wieder eine Rolle spielt (seit ca. 3 Jahrzehnten), gibt es wieder Fortschritt und Entwicklung. Ad (c) VP ist sehr wohl integrierbar mit anderen Psychologien, sie ist nur nicht reduzierbar auf rein physikalische Theorien des Geistes ohne Gehaltbegriff – man darf aber nicht Integration mit Reduktion verwechseln.

20 Vgl. z.B. Dennett 1987a und Bieri 1987.

verpflichtet sind. Damit ist die weitere Frage verbunden, ob und inwiefern diese Semantiken auch mit einer Version des intentionalen Realismus vereinbar sein könnten.

Zuvor möchte ich jedoch kurz auf die bemerkenswerte Tatsache hinweisen, dass das Leitbild des wissenschaftlichen Realismus in den Debatten um den intentionalen Realismus und Antirealismus als Hintergrundtheorie stets präsent ist und unhinterfragt vorausgesetzt wird. Im Falle des metaphysischen Naturalismus ist dies offensichtlich. Aber auch viele intentionale Antirealisten benutzen die Idee des wissenschaftlichen Realismus, wenn sie auf den intentionalen Realismus zurückgreifen, um zum Beispiel zu behaupten, dass die Alltagspsychologie keine gewöhnliche empirische Theorie ist, die auf Gegenstände und Zustände in der Welt referiert und insofern die Bedingungen des intentionalen Realismus gerade nicht erfüllt. Zwar bestreiten viele intentionale Antirealisten, dass die Alltagspsychologie intentional realistisch ist, aber gerade aufgrund der Überzeugung, dass gewöhnliche empirische Theorien intentional realistisch (und ontologisch realistisch) sind.

Ich glaube, dass die Unterstellung des wissenschaftlichen Realismus durchaus berechtigt ist, weil der wissenschaftliche Realismus seinerseits eine akzeptable Position ist. Diese Auffassung kann ich hier nicht angemessen verteidigen. Ich möchte lediglich bemerken, dass das Standardargument zugunsten des wissenschaftlichen Realismus (das Argument der besten Erklärung für den Erfolg bestätigter wissenschaftlicher Theorien) meines Erachtens nach wie vor stark ist, und dass die bekanntesten Einwände gegen dieses Argument nicht überzeugend sind. So ist beispielsweise der Hinweis auf die Unterbestimmtheit von Theorien durch empirische Daten und damit auf die Möglichkeit zweier gleichwertiger, aber inkonsistenter Theorien, wie zum Beispiel in Putnams internem Realismus betont wird, dünn und abstrakt, weil die Wahrscheinlichkeit eines solchen Falles extrem gering ist und meines Wissens in der bekannten Wissenschaftsgeschichte noch niemals eingetreten ist. Kein kundiger Wissenschaftshistoriker zieht diese Möglichkeit im historischen Tagesgeschäft auch nur in Betracht. Denn wenn es um die extrem komplexen wissenschaftshistorischen Details geht, lassen sich stets Unterschiede in konkurrierenden Theorien entdecken.

Auch Laudans meta-induktives Argument ist wenig beeindruckend. Die These, dass viele Theorien prognostisch erfolgreich waren, obwohl sie sich als falsch erwiesen haben und verworfen wurden, ist zu vage formuliert. Es dürfte wohl kaum gemeint sein, dass Theorien prognostisch erfolgreich waren, insofern sie falsch waren, denn dann wäre der prognostische und damit auch der experimentelle und manipulative Erfolg von Theorien ein pures Mysterium, ja ein Paradox. Theorien können nur dann prognostisch erfolgreich sein, wenn sie einige Strukturen der Realität angemessen erfassen, auch wenn sie dabei vielleicht ungenau und in anderen Bereichen schlicht falsch sind. Man kann diesen Punkt auch so formulieren, dass die meisten Theorien die Realität nicht angemessen abbilden, sondern nur Modelle der Realität darstellen: Modelle sind gerade Behauptungen über die Welt, die nur bestimmte Parameter herausheben und deren klassifikatorische oder nomologische Relationen beschreiben. Darum bleibt auch der modelltheoretische und modellrelative wissenschaftliche Realismus letztlich ein robuster wissenschaftlicher Realismus.

Und wenn schließlich behauptet wird, dass der wissenschaftliche Realismus selbst eine Hypothese ist, zu der es eine gleichwertige Alternative gibt, nämlich den wissenschaftstheoretischen Antirealismus, dann kann man dem ersten Teil dieser Behauptung ohne weiteres zustimmen, während ihr zweiter Teil extrem fragwürdig ist. Denn es ist beim besten Willen nicht zu sehen, welchen Beitrag der wissenschaftliche Antirealismus zur Erklärung der Erfolge und Fortschritte vieler Wissenschaften leisten könnte.

Der wissenschaftliche Realismus impliziert meines Erachtens nicht einen naiven Realismus, demzufolge wir durch das Auge Gottes schauen und unsere Behauptungen direkt mit der Realität vergleichen können. Wie unsere Sprache auf der Realität hockt (wie Putnam einst fragte), ist sicherlich ein schwieriges Problem, aber es handelt sich um ein Problem, das keineswegs nur die wissenschaftliche Sprache betrifft, sondern sich auch auf die empirische und alltägliche Sprache bezieht – und selbst die härtesten wissenschaftlichen Antirealisten, wie etwa Bas van Fraassen, bestreiten nicht, dass es Sinn macht zu sagen, unsere empirischen Sätze bezögen sich auf die Welt.

Aus diesen und anderen Gründen werde ich im Folgenden ähnlich wie die Kontrahenten in der Debatte um den intentionalen Realismus und Antirealismus den wissenschaftlichen Realismus als Hintergrundannahme voraussetzen. Auf dieser Grundlage lässt sich die Frage nach der Haltbarkeit des intentionalen Antirealismus reformulieren. Wenn sich zeigen ließe, dass es gute theoretische Gründe dafür gibt, semantisch gehaltvolle mentale Zustände und Äußerungen für real zu halten, also einen intentionalen Realismus zu verteidigen,[21] so würde der intentionale Antirealismus seine Attraktivität einbüßen. Wenn man nach diesen Gründen sucht und den wissenschaftlichen Realismus zugrunde legt, muss man nach erfolgreichen Theorien Ausschau halten, die beanspruchen, semantisch gehaltvolle mentale Zustände und Äußerungen angemessen zu erfassen. Es gibt durchaus Theorien, die vielversprechende Kandidaten sein könnten, aber sie scheinen von unterschiedlicher Art zu sein. Da ist zunächst die vielbeschworene Alltagspsychologie, deren Status als Theorie und deren Erfolg – wie wir gesehen haben – kontrovers diskutiert wird. Daneben gibt es die Kunst des Auslegens (wie Schleiermacher einst formulierte), also die professionelle Interpretation – und die Hermeneutik als Theorie der professionellen Interpretation vornehmlich von Texten. Und schließlich gibt es die semantischen Theorien, also Theorien der Bedeutung und des semantischen Gehalts, zum Teil mit unterschiedlichen theoretischen Ambitionen.

Auf den ersten Blick haben wir also ein recht komplexes Untersuchungsfeld vor uns. Doch zeigt sich näher betrachtet schnell, dass die Formen des Verstehens und Interpretierens, die von den genannten Theorien in den Blick genommen werden, ein einheitliches Kontinuum darstellen. Der allgemeine Begriff des Verstehens lässt sich auf der elementarsten Ebene folgendermaßen kennzeichnen: Lebewesen A versteht Lebewesen B, wenn A und B einen Geist haben und A einige mentale Zustände von B erfasst. Verstehen ist ein Lesen des Geistes, und zwar gewöhnlich anhand der expressiven Zeichen, die B produziert und die von B's mentalen Zuständen hervorgerufen werden. Dies bedeutet genauer, dass A die Funktionalität, den semantischen (repräsentationalen) Gehalt und den psychologischen Modus eines mentalen Zustandes von B dadurch versteht, dass A die Folgen, die Bedeutung und den Sprechakt der expressiven informativen Zeichen erfasst, die B manifestiert und die von B's mentalen Zuständen hervorgerufen werden. Das Verstehen ist daher stets metarepräsentational. Sofern das Zeichen phonetisch oder syntaktisch gegliedert ist, impliziert das Verstehen des Zeichens ein Erfassen seiner phonetischen Gliederung und gegebenenfalls

---

21 Es geht im intentionalen Realismus also nicht um die These, dass Bedeutungen und semantische Gehalte reale Entitäten sind, sondern um die These, dass und in welchem Sinne semantisch gehaltvolle Entitäten (zum Beispiel Gesten, Lautfolgen oder Gehirnzustände mit semantischem Gehalt) real sind.

seiner syntaktischen und grammatischen Struktur. Das Verstehen des semantischen Gehalts eines mentalen Zustandes anhand des Erfassens der Bedeutung des entsprechenden expressiven Zeichens bedeutet einerseits zu erfassen, in welchem mentalen Zustand ein Wesen ist, und andererseits zu erfassen, welche Information über die Welt der semantische Gehalt des mentalen Zustandes und seines expressiven Zeichens im Normalfall enthält. Um ein Verstehen dieser Art geht es sowohl der Alltagspsychologie als auch der Hermeneutik und den semantischen Theorien.

Über die Alltagspsychologie mit ihrem grundlegenden Verfahren des Rationalisierens von Gedanken, Äußerungen, Texten und Handlungen kann ich hier nur einige kurze Bemerkungen machen. Dieses Verfahren erfasst bei weitem nicht alle mentalen Vorgänge, doch kann meines Erachtens die explanatorische und prognostische Zuverlässigkeit des alltagspsychologischen Verstehens in sehr vielen einfachen und wichtigen Fällen nicht ernsthaft in Zweifel gezogen werden. Ein wichtiger Aspekt der Frage nach der Zuverlässigkeit der Alltagspsychologie scheint mir darin zu bestehen, dass das Verstehen möglicherweise in der Evolution der Tiere verankert ist. Sollte das der Fall sein, so könnte daraus ein guter Grund für die grundlegende Zuverlässigkeit des Verstehens abgeleitet werden. Natürlich würde es sich um ein Verstehen auf subsprachlicher Ebene handeln. Zur Beschreibung eines solchen Verstehens braucht man eine Theorie subsprachlicher semantischer Gehalte, die in Gestalt der Teleosemantik heute auch zur Verfügung steht. Da ich in meiner Argumentation ohnehin auf diese Theorie zurückgreifen möchte, werde ich im nächsten Abschnitt zu diesem Komplex einige genauere Überlegungen anstellen.[22]

2. Die Referenz der Alltagspsychologie

Tiere[23] sprechen keine natürliche Sprache, wie wir Menschen sie sprechen und meistern können.[24] Haben dennoch einige Tiere mentale Zustände, die insbesondere repräsentational (semantisch gehaltvoll) sind? Und sind Tiere in der Lage, andere geistige Wesen zu verstehen? Diese Frage wird seit geraumer Zeit kontrovers diskutiert. Ein erster Schritt muss darin bestehen, Formen nicht-sprachlicher mentaler Zustände und repräsentationaler Zeichen, sowie Formen des Verstehens dieser Zustände und Zeichen zu beschreiben.

Dafür müssen wir zunächst den Begriff biologischer Funktionen so definieren, dass wir auch von Fehlfunktionen reden können. Wir wollen ausdrücken können, dass ein Wesen einer natürlichen Funktion nach auf bestimmte Weise agieren sollte, ohne dass es notwendi-

---

22 Der intentionale Realismus, den ich im folgenden entwickeln und verteidigen möchte, wird von Alexander Becker zutreffend als undogmatischer Naturalismus bezeichnet und in hilfreicher Weise durch vier zentrale Thesen gekennzeichnet (vgl. Alexander Beckers Beitrag in diesem Band, S. 229).
23 Zwar sind genaugenommen auch Menschen Tiere, aber der Einfachheit halber werden wir den Begriff des Tieres so verwenden, dass er sich auf nicht-menschliche Lebewesen bezieht, die keine Pflanzen sind.
24 Die einzige bekannte Ausnahme sind möglicherweise einige Schimpansen und Bonobos, die nach jahrelangem Training die Taubstummensprache auf dem Niveau zwei- bis dreijähriger Menschenkinder sprechen können (einzig das Sprachgenie unter den Primaten, der Bonobo Kanzi, scheint diese Sprachfähigkeit ohne Training erlernt zu haben). Doch ist kein Fall bekannt, in dem ein Tier eine Sprache erlernt hat, die syntaktisch so reich gegliedert ist wie menschliche natürliche Sprachen.

gerweise tut, was es tun sollte.[25] Biologische Funktionen dieses Typs nennt man meist echte Funktionen. Das Konzept einer echten Funktion eines Merkmals an einem konkreten lebenden Wesen ist im Kern: Dieses Lebewesen gehört zu einer Familie von Lebewesen der gleichen Art, die sich in der Vergangenheit immer wieder reproduziert haben, z.B. im Rahmen biologischer oder kultureller Evolution. Dabei reproduzierten sie auch immer ein Merkmal M. Bei einigen Vorfahren des Lebewesens, das wir gerade betrachten, rief Merkmal M, z.B. durch Mutation, kausal ein weiteres Merkmal M* hervor. Dieser kausale Zusammenhang bewährte sich evolutionär, d.h. hatte Anpassungsvorteile, so dass sich die Wesen mit Merkmalen M und M* besser durchsetzen konnten und immer zahlreicher wurden. Und daher hat unser Lebewesen auch weiterhin das Merkmal M sowie eine Vorrichtung, die das Merkmal M* hervorrufen kann. Aber selbst dann, wenn Merkmal M bei unserem speziellen Lebewesen das Merkmal M* nicht hervorruft, behält Merkmal M unter den angegebenen Bedingungen dennoch die echte Funktion, Merkmal M* hervorzurufen (das grundlegende Merkmal M, das die echte Funktion hat, das weitere Merkmal M* kausal hervorzurufen, wird manchmal auch Zustand von Lebewesen genannt – nämlich der Zustand, dass diese Lebewesen das Merkmal M haben). Damit wird das Vorliegen natürlicher Funktionen evolutionshistorisch erklärt. Man könnte sagen, dass der Begriff natürlicher Funktionen mit der Definition echter Funktionen historisiert wird und dass genau diese Historisierung die Rede von Dysfunktionen erläutern hilft. Wenn ein Merkmal oder Zustand von Lebewesen also eine echte Funktion hat, so hat er diese Funktion nicht aufgrund seiner aktuellen Performanz, sondern aufgrund der Geschichte der Wechselwirkungen seiner Vorfahren mit externen Ereignissen. Daher kann dieser Zustand die echte Funktion haben unabhängig davon, ob er seine echte Funktion gut, schlecht oder überhaupt nicht ausführt. Fehlfunktionalität ist mit dem Vorkommen von Funktionen vereinbar.

Auf der Grundlage dieses Begriffes echter Funktionen können wir einen subsprachlichen Repräsentationsbegriff einführen. Sei S ein lebendes System, das ein Mitglied einer reproduktiven Familie ist und ein Gehirn (d.h. ein – möglicherweise sehr einfaches – Nervensystem) hat; ein Gehirnzustand G(S) von S repräsentiert ein Ereignis A genau dann, wenn das Gehirn von S die echte Funktion hat, (i) zwischen den qualifizierten Zuständen von G(S) und den qualifizierten Zuständen von A eine 1-1-Abbildung herzustellen, und (ii) durch G(S) eine motorische Reaktion von S auszulösen, die im Falle des Vorkommens von A bisher für Mitglieder der reproduktiven Familie von S vorteilhaft war. Sind diese Bedingungen erfüllt, so hat G(S) den Teleogehalt A, und S ist ein repräsentationales System, d.h. hat einen repräsentationalen Geist₁.

Wir versehen hier den Ausdruck „Geist" mit dem Index 1 („Geist₁"), um anzudeuten, dass es sich um den repräsentationalen Geist auf der ersten, elementarsten Stufe handelt. Wichtig ist, noch einmal ausdrücklich hervorzuheben, dass bereits Repräsentationen auf dieser elementarsten Stufe nicht daran gebunden sind, dass die Reaktion eines repräsentationalen Lebewesen auf das repräsentierte Ereignis in jedem Fall vorteilhaft für dieses Lebewesen ist, sondern nur daran, dass es in der evolutionären Geschichte der reproduktiven Familie,

25 Das grundlegende Werk zur subsprachlichen Semantik, der *Teleosemantik*, ist Millikan 1984. Vgl. ferner etwa Godfrey-Smith 1996. Zu einem Überblick und einem Kommentar zur wichtigsten weiteren Literatur vgl. Detel 2001 und 2001a.

die schließlich auch zur Reproduktion unseres Lebewesens geführt hat, für die meisten Mitglieder dieser Familie vorteilhaft war.

Damit sind die zentralen Ideen der Teleosemantik als Theorie subsprachlicher Repräsentationen und subsprachlicher Gehalte skizziert. Wie bereits angedeutet, ist diese Theorie
subsprachlicher Repräsentationen externalistisch, insofern sie das Vorkommen von Repräsentationen an eine Geschichte der Interaktionen von Vorfahren repräsentationaler Wesen
mit externen Ereignissen und Zuständen in ihrer Umwelt bindet. Damit wird nicht nur die
Entstehung von subsprachlichen Repräsentationen evolutionstheoretisch erklärt. Vielmehr
behauptet die Teleosemantik auch, dass das Vorkommen von subsprachlichen Repräsentationen in einzelnen Wesen wie z.B. uns Menschen einen notwendigen Bezug auf die externe
Welt und auf eine Geschichte von Interaktionen mit der externen Welt enthält. Eine Repräsentation zu haben heißt, in dieser Weise auf die externe Welt bezogen zu sein. Repräsentationen können nicht allein internalistisch, also allein unter Hinweis auf Phänomene in repräsentationalen Wesen beschrieben werden. Dieser Theorie zufolge können mentale Repräsentationen nicht typen-identisch mit neurobiologischen inneren Gehirnzuständen sein und
nicht einmal über innere Gehirnzuständen supervenieren.

Wie uns die Biologen sagen, haben zumindest die meisten Tiere einen repräsentationalen
Geist$_1$ – auch sehr einfache Tiere wie zum Beispiel Quallen oder Seehasen (einfache Mee-
resschnecken).[26] Pflanzen haben dagegen im Allgemeinen keinen repräsentationalen Geist$_1$,
schon allein deshalb, weil sie kein Gehirn haben. Viele Tiere – auch sehr einfache Tiere –
können aber zusätzlich auch etwas über ihre Umwelt lernen, d.h. sie können konditioniert
werden und die neuronale Dynamik in ihrem Gehirn an neue Umweltbedingungen anpassen.[27] Diese elementare Form des Lernens ist wichtig, wenn Tiere in Umwelten leben, die
sich so verändern, dass ihre eingespielten Repräsentationen zum Teil keine vorteilhaften Reaktionen mehr auslösen. Das elementare Lernen verändert die Teleogehalte einiger Repräsentationen – und zwar im Allgemeinen so, dass sie andere, vorteilhaftere Reaktionen auslösen. Ein elementarer Lernprozess enthält eine Art von Evaluierung – einige Reaktionen auf
Repräsentationen werden negativ evaluiert, also werden die Teleogehalte der Repräsentationen und damit auch die Reaktionen (das anschließende Verhalten) geändert. Der neue Teleogehalt dieser Repräsentation ist kausal relevant für das neue Verhalten. In diesen Fällen
von elementarem Lernen können die Repräsentationen richtig oder falsch angewendet und
semantisch evaluiert werden. Damit ist eine höhere Form des repräsentationalen Geistes erreicht: *Lebewesen, die einen repräsentationalen Geist$_1$ besitzen und lernfähig im elementaren Sinne sind, d.h. ihre Repräsentationen (i) richtig oder falsch anwenden können, (ii) semantisch evaluieren können,[28] und (iii) über Konditionierungen in ihren Teleogehalten vorteilhaft verändern können, haben einen repräsentationalen Geist$_2$.*

---

26 Zur Frage des Geistes bei Tieren vgl. Einleitung und Arbeiten (nebst umfangreichen Literaturangaben) in
Perler, Wild (Hg.) 2005.
27 So lernt zum Beispiel der Seehase, taktile Reize zu ignorieren, die häufig wiederholt werden, oder seinen
Siphon zurückzuziehen, wenn er elektrische Schläge auf seinen Fuß erhält.
28 Diese Evaluierung reagiert darauf, dass sich eine 1-1-Korrelation zwischen mentalen Zuständen und externen Ereignissen als unvorteilhaft erweisen und als unvorteilhaft registieren lassen können.

Viele Autoren möchten erst auf dieser Stufe von einem repräsentationalen Geist reden.[29] Das ist aber nur eine terminologische Frage. Repräsentationale Geister$_1$ und repräsentationale Geister$_2$ scheinen sich als Phänomene ähnlich genug zu sein, um gemeinsam als repräsentationale Geister klassifiziert werden zu können. Aber wer im Falle von repräsentationalen Geistern$_1$ lieber einen anderen Begriff verwenden möchte, sollte frei sein, dies zu tun, solange dieser Begriff so bestimmt wird wie oben der repräsentationale Geist$_1$, so dass der sachliche Zusammenhang zwischen beiden Phänomenen deutlich bleibt.

Auf der Grundlage der Idee eines repräsentationalen Geistes$_2$ lässt sich bestimmen, was das Verfügen über nicht-sprachliche Begriffe ist[30]: Wenn ein Lebewesen einen repräsentationalen Geist$_2$ besitzt und in der Lage ist, (a) mit Hilfe von Wahrnehmungen zu unterscheiden, ob etwas ein X ist oder nicht und auf dieser Grundlage zu handeln, (b) die Unterscheidung zwischen X´s und Nicht-X´s auf neue, bisher unbekannte Fälle anzuwenden, (c) die Unterscheidung zwischen X´s und Nicht-X´s mit anderen Unterscheidungen zwischen Y´s und Nicht-Y´s zu assoziieren, und (d) einige seiner fehlerhaften Unterscheidungen zwischen X´s und Nicht-X´s festzustellen und durch einen Lernprozess zu korrigieren, so verfügt das Lebewesen über den nicht-sprachlichen Begriff X.

Neu und interessant ist hier gegenüber der Definition des repräsentationalen Geistes$_2$ vor allem Bedingung (c), die auf nicht-sprachlicher Ebene Ansätze von Vernetzungen einiger Teleogehalte beschreibt. Wenn zum Beispiel ein Schimpanse einen anderen Schimpansen als untergeordnet repräsentiert, dann repräsentiert er ihn auch als ein Wesen, mit dem er sein Essen nicht teilen muss.

Bisher haben wir erklärt, inwiefern subsprachliche mentale Episoden Repräsentationen sein können. Auf dieser Grundlage lässt sich aber auch beschreiben, was es heißt, dass subsprachliche Zeichen Repräsentationen sind und Teleogehalte haben.

Warnrufe von Vögeln sind z.B. nicht nur (a) Vorrichtungen mit echten Funktionen; sie sind auch (b) Zeichen, d.h. sie werden produziert von Vögeln, die einen herannahenden Fressfeind wahrgenommen haben (also eine subsprachliche Repräsentation des Fressfeindes haben) und werden (c) verstanden von anderen Vögeln, die den Warnruf hören und daraufhin entsprechende adaptive Maßnahmen wie Fluchtverhalten ergreifen können. Eine äußere körperliche Reaktion (Körperhaltung, Geste, Laut) eines Lebewesens, die von einem mentalen Zustand des Lebewesens hervorgerufen wird, ist somit ein repräsentationales Zeichen und repräsentiert ein Ereignis genau dann, wenn das Gehirn des Lebewesens die echte Funktion hat, zwischen den qualifizierten Zuständen seiner körperlichen Reaktion und den qualifizierten Zuständen des Ereignisses eine 1-1-Abbildung herzustellen. Ein produziertes repräsentationales Zeichen eines lebenden Systems hat den Teleogehalt A genau dann, wenn das repräsentationale Zeichen das Ereignis A repräsentiert. Teleogehalte repräsentationaler Zeichen sind subsprachlich, und Zeichen mit subsprachlichen Teleogehalten sind selbst sub-

---

29 Vgl. z.B. Dretske 2005 (nach Dretske kann man erst auf dieser Stufe davon sprechen, dass Repräsentationen aufgrund ihres Teleogehaltes das Verhalten steuern: genau dies ist „minimale Rationalität“).
30 Vgl. Allen 2005 und Proust 2005. Das allgemeinere Problem, ob Tiere über Sprachen verfügen und inwiefern sich Tiersprachen von menschlichen Sprachen unterscheiden, kann hier nicht diskutiert werden. Vgl. dazu und zum Konzept einer Protosprache aber die detaillierten Ausführungen von Michael Kohler in diesem Band S. 141-145 sowie die Abbildung auf S. 158. Kohler unterbreitet einen plausiblen Vorschlag zur evolutionären Entwicklung moderne natürlicher Sprachen aus einfachen Tiersprachen. Dieser Vorschlag unterstützt den intentionalen Realismus aus sprachtheoretischer Sicht.

sprachliche repräsentationale Zeichen. Die Teleogehalte subsprachlicher repräsentationaler Zeichen heißen auch die subsprachlichen Bedeutungen dieser Zeichen.

Bemerkenswert an dieser Bestimmung repräsentationaler Zeichen auf elementarster Grundlage ist, dass die Verstehbarkeit theoretisch in diese Bestimmung eingebaut ist. Laute, Gesten, Bewegungen oder Körperhaltungen von Lebewesen sind subsprachliche repräsentationale Zeichen genau dann, wenn es andere Lebewesen gibt, die diese Vorkommnisse wahrnehmen und dadurch ihrerseits wichtige echte Funktionen ausführen können, und zwar aufgrund der Bedeutungen der Zeichen. Wir können also sagen: Wenn ein Vogel den Warnruf eines anderen Vogels versteht, so heißt dies, dass der Vogel den Ruf des Warners als Laut registriert und dann auf diesen Laut mit einem funktional adaptiven Verhalten reagiert, das auch funktional adaptiv wäre, wenn die Bedeutung (der Teleogehalt) des Rufes, also die Anwesenheit eines Fressfeindes, bereits in der Nähe des Vogels realisiert wäre. Und damit versteht der Vogel auch den mentalen repräsentationalen Zustand des Warners, der den Gehalt hat, dass sich ein Fressfeind nähert. Allgemein formuliert: Ist L ein Lebewesen, das ein subsprachliches repräsentationales Zeichen Z mit dem Teleogehalt (der subsprachlichen Bedeutung) G produziert, dann versteht ein anderes Lebewesen L* das Zeichen Z im subsprachlichen repräsentationalen Sinne, wenn Z von L* wahrgenommen werden kann und wenn die Wahrnehmung von Z bei L* ein Verhalten auslöst, das im Falle eines Vorkommens von G in der Nähe von L* für die Mitglieder der reproduktiven Familie von L* bisher überwiegend funktional adaptiv war. Ist ferner R der mentale Zustand mit dem Teleogehalt G, der bei L die Produktion von Z mit demselben Gehalt hervorruft, so versteht L* mit Hilfe des Verstehens von Z auch den mentalen Zustand R von L. Dabei ist es wichtig, sich klarzumachen, dass weder das Verfügen über einen Geist$_2$ noch ein Verstehen im subsprachlichen repräsentationalen Sinne auf einer Zuschreibung oder Zuweisung mentaler Zustände bei anderen Lebewesen beruht.

Eine der bekanntesten Weisen, den Unterschied zu markieren, ist eine Differenzierung zwischen zwei Formen der Metarepräsentation: der Repräsentation einer Repräsentation und der Repräsentation einer anderen Repräsentation als einer Repräsentation. Nur eine Metarepräsentation im zweiten, stärkeren Sinne erfordert anderen geistigen Wesen gegenüber eine Zuschreibung mentaler Zustände, also, wie man häufig sagt, eine – zumindest rudimentäre – Theorie des Geistes, d.h. eine zumindest rudimentäre Theorie über die mentalen Zustände eines anderen geistigen Wesens.[31] Man kann deshalb zwischen rudimentärer und entwickelter Metarepräsentation unterscheiden. Eine rudimentäre Metarepräsentation ist eine sehr allgemeine Repräsentation einer Repräsentation, d.h. eine Repräsentation, die entweder nur repräsentiert, um welche andere Repräsentation es sich handelt (z.B. ob es ein Warnruf oder ein Distanzruf ist), ohne den genaueren Gehalt zu repräsentieren, oder die zwar den Gehalt einer anderen Repräsentation repräsentiert, aber nur in einer einfachen Weise, die nicht auf die Kompositionalität oder Rekursivität des Gehaltes Bezug nimmt. Rudimentäre Metarepräsentation beruht auf einem reinen Codierungs- und Decodierungssystem (z.B. die Wahrnehmung der Ankunft eines Feindes wird in einen Warnschrei enkodiert, und das Hören des Warnschreis wird als Ankunft eines Feindes dekodiert und löst eine angemessene Reaktion (z.B. Flucht) aus). Eine entwickelte Metarepräsentation ist demgegenüber eine Metarepräsentation, die den vollen Gehalt einer anderen Repräsentation repräsentiert, ein-

---

31 Vgl. Perner 1991.

schließlich der Kompositionalität und Rekursivität des Gehaltes. Die entwickelte Metarepräsentation beruht nicht nur auf einem reinen Codierungs- und Decodierungssystem, sondern muss ihrem semantischen Gehalt nach reicher sein als die Repräsentation, die sie repräsentiert. Die entwickelte Metarepräsentation ist daher in der Tat auch eine Repräsentation einer Repräsentation als Repräsentation.[32] Erst auf dieser Stufe gibt es auch Versuche geistiger Wesen, die mentalen Zustände anderer geistiger Wesen zu manipulieren.[33] Subsprachliches repräsentationales Verstehen ist demnach eine rudimentäre Metarepräsentation.

Spätestens an dieser Stelle liegt es nahe zu fragen, ob es sich im Falle des subsprachlichen repräsentationalen Verstehens als eines bloßen Enkodierungs- und Dekodierungsprozesses „wirklich" um Gehalte, Begriffe und Verstehen handelt. Beschreiben wir die Vorgänge, die wir elementares subsprachliches Repräsentieren, Verfügen über Begriffe und Verstehen nennen, nicht einfach im naturwissenschaftlichen Vokabular, also als kausale Vorgänge? Sind diese Vorgänge als Phänomene nicht meilenweit vom Gedanken- und Zeichenlesen und insbesondere von sprachlichem Repräsentieren, Verfügen über sprachliche Begriffe und Verstehen propositionaler Gehalte entfernt, wie es die philosophische Standardtheorie des Geistes skizziert? Diese Fragen sind durchaus berechtigt. In methodischer Hinsicht sollten wir dabei aber nicht von der Vorstellung ausgehen, was Verstehen „wirklich ist". Letztlich wollen wir uns hier nicht um Worte streiten. Vielmehr geht es um die Frage, ob die elementaren nicht-sprachlichen Repräsentationen und Reaktionen auf nicht-sprachliche Zeichen mentaler Repräsentationen mit entwickelteren Formen des Gedanken- und Zeichenlesens genügend Gemeinsamkeit und Kontinuität aufweisen, um in einer einheitlichen Theorie Platz zu finden.

Das ist meines Erachtens tatsächlich der Fall. Der wichtigste Grund, im Falle einer adaptiven Verhaltensreaktion auf repräsentationale Zeichen von einem subsprachlichen repräsentationalen Verstehen zu reden, ist die allgemeine Bestimmung des Verstehens als Lesen des Geistes, oder, anders formuliert, als Metarepräsentation, also als Repräsentation einer Repräsentation. Denn bereits in diesem Falle wird eine Repräsentation, nämlich ein repräsentationales Zeichen und damit indirekt auch die durch das Zeichen ausgedrückte mentale Repräsentation wahrgenommen und klassifiziert, also ihrerseits repräsentiert. Wenn Vögel einen bedrohlichen Fressfeind von ihren Nestern ablenken, sobald sie ihn wahrnehmen, so repräsentieren sie auf elementarer Stufe die Absicht des Fressfeindes (die selbst eine Repräsentation ist), ihr Nest auszurauben. Die einflussreichsten gegenwärtigen psychologischen Theorien der Metarepräsentation stützen diese Einschätzung.[34]

Allerdings, wenn wir Tieren gehaltvolle mentale Zustände zuschreiben wollen, dann müssen wir die spezifischen Gehalte ihrer einzelnen mentalen Zustände auch angeben und explanatorisch fruchtbar machen können. Und genau hier scheint ein Problem zu liegen. Denn wir können diese Gehalte nur in unserer Sprache, also propositional, angeben. Die Begriffe, die wir dabei benutzen, sind stets semantisch mit anderen Begriffen vernetzt. Wir haben jedoch keinerlei empirische Anhaltspunkte dafür, dass nicht-menschliche Tiere, z.B. Primaten, über Begriffe verfügen, die jene semantischen Vernetzungen aufweisen, wie sie jene unserer Begriffe aufweisen, mit deren Hilfe wir die spezifischen Gehalte der

---

32 Vgl. Sperber 2000.
33 Vgl. Dennett 1983.
34 Vgl. Sperber 2000.

mentalen Zustände nicht-menschlicher Tiere zu spezifizieren und explanatorisch fruchtbar zu machen versuchen.[35]

Wenn man zudem annimmt, dass die rationale holistische Organisation von semantischen Gehalten mentaler Zustände konstitutiv dafür ist, dass wir überhaupt vom Vorkommen gehaltvoller Gedanken sprechen können, dann haben Wesen, die keine natürliche Sprache meistern, überhaupt keine gehaltvollen mentalen Zustände. Solche Wesen können dieser Argumentation zufolge auch nicht verstanden werden, nicht einmal im allgemeinsten Sinne eines Lesen des Geistes, d.h. eines Erfassens der Gehalte mentaler Zustände anderer Wesen.[36]

Diese Argumentation schießt über das Ziel hinaus. Im Prinzip können wir nämlich nicht-sprachliche Gehalte auch anhand von Verhaltensweisen spezifizieren. Diese Spezifikation kann im Einzelfall schwierig sein und ist nicht so fein differenziert wie ein Erfassen propositionaler Gehalte, aber sie ist nicht prinzipiell unmöglich. Die Bedingungen (a)-(d) beispielsweise, die wir oben für das Verfügen über nicht-sprachliche Begriffe formuliert haben, lassen sich anhand von Verhaltensreaktionen auf die Unterscheidung von X's und Nicht-X's spezifizieren. Natürlich müssen wir diese Spezifikation in unserer Sprache formulieren, aber wir müssen schließlich jede Theorie in unserer Sprache spezifizieren.[37] Tatsächlich gibt es eindrucksvolle Belege für die kognitive Ausstattung vieler Tiere, die auf einen repräsentationalen Geist$_2$ schließen lassen.[38] Und wir sollten uns in diesem Kontext auch an die triviale Tatsache erinnern, dass wir Menschen ebenfalls sehr oft subsprachliches Verstehen mit rudimentären Metarepräsentationen praktizieren.

Ich glaube daher, dass es zwischen rudimentären und entwickelten Metarepräsentationen, und somit zwischen subsprachlichem und sprachlichem Verstehen (insbesondere der Alltagspsychologie) eine Kontinuität gibt, die es uns erlaubt zu sagen, dass das Verstehen als metarepräsentationales Erfassen von semantisch gehaltvollen Zuständen und Ereignissen, wie es unter anderem auch in sprachlicher Form vorkommt, in der Evolution der Tiere verankert ist und daher auf der grundlegendsten Ebene eine zuverlässige und erfolgreiche Form der Erkenntnis sein muss. Damit ist zugleich ein Grund unter mehreren anderen für die grundlegende Zuverlässigkeit der Alltagspsychologie geliefert.

3. Die Referenz des professionellen Interpretierens

Das professionelle Interpretieren insbesondere von Texten, das theoretisch von der Hermeneutik untersucht wird, hat im Reigen wissenschaftlicher Aktivitäten heutzutage keine gute

---

[35] Vgl. Stich 2005. Ein möglicher Ausweg für Stich ist: Wir schreiben Tieren überzeugungsartige Zustände zu, ohne deren Gehalt zu spezifizieren – Zustände, die einfach funktional dieselbe Rolle spielen wie unsere Überzeugungen. Das ist jedoch letztlich nicht zufriedenstellend. Solange wir die Volkspsychologie als grundlegendes Deutungsmuster beibehalten, gibt es letztlich keine gute Antwort auf die Frage, ob Tiere Überzeugungen haben. Erst wenn ein guter Überzeugungsbegriff gefunden ist, für dessen Kennzeichnung Gehalte keine Rolle mehr spielen, lässt sich die Frage wissenschaftlich bearbeiten.

[36] Vgl. Davidson 2005b.

[37] Vgl. Glock 2005.

[38] Vgl. zu den folgenden Thesen die Anekdoten über Primaten vor allem bei Hauser 2001; Cheney, Seyfarth 1994; de Waal 1997.

Reputation. Dazu haben einige Geisteswissenschaftler selbst beigetragen, beispielsweise durch Klagen über eine permanenten Krise der Literaturwissenschaft, die mit ihrer fortgesetzten narzistischen Spiegelung ihrer methodischen Möglichkeiten ihres eigentlichen Gegenstandes, der Literatur, verlustig gehe.[39] Auch die Methodenvielfalt des Textverstehens stützt nicht gerade den Eindruck, die professionelle Praktik des Interpretierens sei ein halbwegs verlässliches Verfahren. Zum Teil siedeln zum Beispiel Literaturwissenschaft und Literaturtheorie ihre methodologischen Reflexionen auf das Verstehen noch im Rahmen der klassischen Hermeneutik an: Schleiermacher, Dilthey, Heidegger und Gadamer gelten dabei immer noch als entscheidende Theoretiker des Verstehens.[40] Andererseits gewinnen neuere anti-hermeneutisch ausgerichtete Literaturtheorien vor allem im Umkreis des Strukturalismus und des Dekonstruktivismus, die das Verstehen literarischer Texte keineswegs mehr als den einzigen oder auch nur wichtigsten Zugang zur Literatur ansehen, zunehmend an Gewicht und haben zu einer Vielzahl konkurrierender Ansätze geführt.

Es ist hier nicht der Ort, dieses schwierige und komplexe Thema mit gebührender Genauigkeit zu diskutieren. Ich möchte aber zumindest darauf hinweisen, dass einige der einflussreichsten Hermeneutiker auf theoretischer Ebene die methodischen Vorbehalte gegenüber der Methode des Verstehens eher weiter geschürt als abgemildert haben. Dies gilt zum Beispiel von Hans-Georg Gadamer, dessen Buch *Wahrheit und Methode* zweifellos zu den prägendsten hermeneutischen Werken des 20. Jahrhunderts gehört. Gadamer geht davon aus, dass das Phänomen des Verstehens alle menschlichen Weltbezüge durchdringt und sich dem Versuch widersetzt, sich in eine wissenschaftliche Methode umdeuten zu lassen. Es ist nach Gadamer daher das Anliegen der Hermeneutik, vor allem jene Erfahrung von Wahrheit aufzusuchen, die den Kontrollbereich der Wissenschaft übersteigt, und diese Erfahrung auf ihre Legitimation hin zu befragen. Die Legitimitätsfrage wird letztlich durch ein Zeitkriterium beantwortet: Die klassischen Teile der Tradition, die über längere Zeiträume hinweg akzeptiert werden, sind legitim und können als Wahrheiten gelten.[41]

All dies trifft insbesondere auch auf die Kunst zu, denn „es gilt, dem Schönen und der Kunst gegenüber einen Standpunkt zu gewinnen, der der geschichtlichen Wirklichkeit des Menschen entspricht... Die Erfahrung der Kunst darf nicht in die Unverbindlichkeit des ästhetischen Bewusstseins abgedrängt werden."[42] Kunst ist vielmehr Erkenntnis, und das Verstehen der Kunst ist daher Teilhabe an dieser Erkenntnis. Damit aber stellt sich die Frage nach der Wahrheit der Kunst. Eine erste Antwort auf diese Frage entnimmt Gadamer der Ästhetik Hegels: Die Kunst spiegelt die Geschichte der Weltanschauungen, die ihren eigenen historischen Wahrheitsgehalt haben, ohne in eine wissenschaftlich geprüfte Fortschritt-

---

39 Vgl. z.B. Barner 1998; siehe auch Geisenhanslüke 2003, S. 11-12. Zuweilen wird Literaturwissenschaft geradezu mit ihrer eigenen Krise identifiziert, vgl. Stierle 1996,

40 Vgl. z.B. neuere Einführungen wie Ineichen 1991 und Jung 2001. Auch die Literaturtheorie geht immer noch von diesem Hintergrund aus, vgl. etwa Geisenhanslücke 2003. Zur theoretisch und strategisch unfruchtbaren dekonstruktivistischen Kritik an der klassischen Hermeneutik vgl. z.B. Madison 1988 und Angehrn 2003. Sieht man in neueren Lexika unter dem Stichwort *Hermeneutik* nach, schaut es nicht anders aus, vgl. etwa Nünning 2004.

41 Dabei gilt: „klassisch ist, was der historischen Kritik gegenüber standhält, weil seine geschichtliche Herrschaft, die verpflichtende Macht seiner sich überliefernden und bewahrenden Geltung, aller historischen Reflexion schon vorausliegt und sich in ihr durchhält" (Gadamer 1965, S. 271).

42 Gadamer 1965, S. 92.

geschichte eingebunden zu sein. Auch das Verstehen eines Textes soll auf die Ermittlung der Wahrheit der im Text verhandelten Sache durch den Interpreten zielen – aber nicht auf eine strikt wissenschaftliche Weise.[43]

Diese Position wird durch eine der grundlegendsten hermeneutischen Ideen Gadamers untermauert und vertieft. Wenn wir nämlich die Universalgeschichte verstehen wollen (für Gadamer die höchste Stufe des Verstehens), wird unmittelbar klar, dass dieses Verstehen standortgebunden sein muss. Denn der Interpret gehört zusammen mit seinem Standpunkt und Standort selber der Universalgeschichte an. Historisches Verstehen kann daher nicht neutral und objektiv sein.[44] Die geschichtliche und hermeneutische Erfahrung ist selber geschichtlich. Gadamers These ist jedoch nicht nur, dass wir als Interpreten von Kunst, Texten oder Geschichte faktisch stets in eine bestimmte Kultur, eine bestimmte Sprache und einen bestimmten historischen Kontext einsozialisiert sind, vor dessen Hintergrund sich das Verstehen vollzieht. Vielmehr behauptet Gadamer, dass diese Geschichtlichkeit und die Reflexion auf diese Geschichtlichkeit die (transzendentale) Bedingung allen Verstehens ist.

Jeder Interpret steht also an einem jeweils eigenen Punkt der Geschichte, mit jeweils eigenen, traditionell bestimmten Vorurteilen: „Eine jede Zeit wird einen überlieferten Text auf seine Weise verstehen müssen, denn er gehört in das Ganze der Überlieferung, an der sie ein sachliches Interesse nimmt und in der sie sich selbst zu verstehen sucht."[45] Für Gadamer liegt in dieser Struktur geschichtlichen Verstehens die Separation von einem Objektivitätsideal, wie es in den Naturwissenschaften üblich ist; hier liegt der tiefste Grund für die Eigenständigkeit der Geisteswissenschaften. Methodologisch betrachtet sind die verstehenden Wissenschaften nicht am Ideal gesicherter Wahrheit, sondern an Standards der Plausibilität und Wahrscheinlichkeit orientiert, wie es in der traditionellen Rhetorik und praktischen Wissenschaft im aristotelischen Sinne der Fall ist.[46] Die Ausschöpfung des wahren Sinnes eines Textes oder einer kulturellen Entität ist daher ein unendlicher Prozess, in dem das historische Denken seine eigene Geschichtlichkeit mitdenkt: Verstehen ist ein wirkungsgeschichtlicher Vorgang. Man kann den Bereich der legitimen Vorurteile, die jeder Interpret jeweils unhintergehbar mitbringt, seinen Horizont nennen. Und man könnte sagen, der Horizont des Interpreten geht stets in seine Interpretation ein. Aber das wäre ungenau. In der Interpretation sucht der Interpret sich mit dem im Text Gesagten ins Benehmen zu setzen und den Horizont des Textes mit seinem eigenen Horizont zu verschmelzen. So entsteht jeweils ein einziger Horizont der Interpretation, der sich freilich im Verlauf der Wirkungsgeschichte ständig wandelt.[47] Das wirkungsgeschichtliche Bewusstsein, in dem sich der Interpret der Geschichtlichkeit seiner Interpretation inne wird, ist jene Gemeinsamkeit, die die philologische und die historische Hermeneutik eint.[48]

Die theoretische Strategie Gadamers, das Verstehen als Erfassen semantischer Gehalte von Idealen strikter Wissenschaftlichkeit zu trennen, wird vom Poststrukturalismus auf die Spitze getrieben. Wenn man bedenkt, dass das poststrukturale Denken bis heute internatio-

---

43 Gadamer 1965, S. 168.
44 Gadamer 1965, S. 220 f.
45 Gadamer 1965, S. 280.
46 Für eine Kritik zu diesem Punkt vgl. Mantzavinos 2005, S. 61-63.
47 „Verstehen ist immer der Vorgang der Verschmelzung solcher vermeintlich für sich seiender Horizonte." (Gadamer 1965, S. 289).
48 Gadamer 1965, S. 323.

nal die methodischen Vorstellungen vieler geisteswissenschaftlicher Institute beherrscht, so muss man auch hier von einer einflussreichen Strömung sprechen. Dem Poststrukturalismus zufolge haben Texte keine feste Bedeutung und keine feste Struktur, denn – erstens – die Bedeutung in einem Zeichen ist nicht unmittelbar präsent, sondern hängt vor allem davon ab, was das Zeichen selbst nicht ist, d.h. hängt ab vom Verhältnis (der „Differenz") des Zeichens zu einer offenen, unabgeschlossenen Menge anderer Zeichen, und – zweitens – die Bedeutung eines Zeichens verändert sich in der Zeit, d.h. unterliegt im zeitlichen Prozess des Sprechens, Kommunizierens und Schreibens einer ständigen kontinuierlichen oder diskontinuierlichen Veränderung. Daher muss die Interpretierbarkeit und Verstehbarkeit von Texten radikal in Frage gestellt werden. Diese „Negation" von Interpretation beruht auf einem grundsätzlichen Zweifel an bisher leitenden Kategorien der Interpretationstheorie und Literaturtheorie – Sinn, Bedeutung, Subjekt, Autor und Geschichtlichkeit. Aus dieser Perspektive muss die Unterstellung der Hermeneutik und des Strukturalismus, dass (literarische) Texte einen Sinn und eine Form haben, die sich prinzipiell auch in ihrem Verhältnis zueinander entschlüsseln lassen, geradezu als Form eines ideologischen Vorurteils gelten. Daher kann es dem Poststrukturalismus zufolge auch keine wissenschaftliche Behandlung von Texten und Literatur geben – es gibt keine (wissenschaftliche) Kunst der Auslegung, keine wissenschaftliche Form der strukturellen Untersuchung von Texten – Literaturwissenschaft, Literaturtheorie und Theorien des Verstehens sind aussichtslose und vergebliche Projekte. Daher ist der Poststrukturalismus seinem Selbstverständnis nach nicht eine weitere Variante der Literaturtheorie, sondern eine Negation aller Literaturtheorie.[49]

Die Bedeutung eines Zeichens ist dem Poststrukturalismus zufolge niemals eindeutig, sondern unabgeschlossen komplex und vielschichtig. In jedem Text können wir die Spuren vieler anderer Zeichen und Texte entdecken – zum Teil anderer Zeichen und Texte, die der Text auszuschließen versucht, um seine Identität zu wahren. Dies gilt auch für natürliche Sprachen allgemein. Natürliche Sprachen haben nicht eine linguistisch erfassbare Struktur und lassen sich nicht auf eine bestimmte Semantik beziehen, sondern gleichen eher grenzenlosen Netzen von flexiblen, sich ständig verändernden Strukturen und Bedeutungen – Netzen, in denen es einen beständigen Austausch und ein ununterbrochenes Zirkulieren von sprachlichen Elementen gibt, die ihrerseits nie fest definiert, sondern von allen anderen veränderlichen Elementen des Netzes durchdrungen sind. Die Unterstellung von Hermeneutik und Strukturalismus, es gäbe natürliche Sprachen mit festen linguistischen Strukturen und Semantiken, ist dem Poststrukturalismus zufolge eine metaphysische Fiktion. Daher ist auch die traditionelle Voraussetzung, es gäbe feste Texte, von denen man annehmen könnte, sie seien von Autoren produziert worden mit der Absicht, bestimmte Botschaften oder Inhalte zu übermitteln, zum Teil mit Hilfe von poetischen Formen, nichts weiter als eine metaphysische Fiktion – Texte dieser Art gibt es einfach nicht.[50]

Allerdings gibt es in der modernen Hermeneutik auch eine Gegenströmung, die auf die Wissenschaftlichkeit des professionellen Interpretierens pocht und damit an die klassische Hermeneutik bei Schleiermacher, Dilthey und Weber anknüpft. In jüngster Zeit wird dieser Ansatz manchmal als *naturalistische Hermeneutik* bezeichnet. Allerdings ist der Ausdruck

---

49 Vgl. dazu vor allem die hilfreiche Darstellung von Culler 1988.
50 Vgl. z.B. Jahraus 2004, S. 318f. Manfred Frank spricht vom Neostrukturalismus, um dieses vielschichtige Verhältnis anzudeuten, vgl. Frank 1984.

„naturalistisch" in diesem Zusammenhang ein wenig irreführend, weil er reduktionistische Positionen suggeriert.[51] Wenn man die bisher vorgelegten Arbeiten anschaut, schält sich zunächst ein gemeinsamer Kern heraus – nämlich die These, professionelles Interpretieren verfahre gewöhnlich nach der hypothetisch-deduktiven Methode, die auch in anderen Wissenschaften, insbesondere in den Naturwissenschaften, Anwendung finde und in allen Disziplinen den Kern der wissenschaftlichen Methode ausmache.[52] Mit dieser These ist das Eingeständnis vereinbar, dass es im allgemeinen Rahmen des hypothetisch-deduktiven Verfahrens deutliche Unterschiede zwischen Geisteswissenschaften und Naturwissenschaften gibt.

Ein gutes Beispiel für diese Position ist eine der frühesten Arbeiten, die diesen Ansatz entwickelt haben – ein Artikel, der von Dagfinn Føllesdal verfasst wurde.[53] Føllesdal betrachtet die Hermeneutik als generelle Methode der Interpretation von (menschlichen) Handlungen und den Produkten dieser Handlungen. Zu diesen Handlungen gehören auch Sprechakte. Die zentrale These ist, dass die hermeneutische Methode die hypothetisch-deduktive Methode in ihrer Anwendung auf bedeutungtragende Entitäten und Phänomene (meaningful material) ist.[54] Die hypothetisch-deduktive Methode wird in der üblichen Weise gekennzeichnet. Am Anfang steht die Formulierung von Hypothesen; dann erfolgt eine Ableitung von Konsequenzen aus diesen Hypothesen (mit Hilfe weiterer Annahmen, Theorien, Gesetze etc.). Schließlich werden die Hypothesen geprüft, indem man verifiziert, ob die Konsequenzen mit dem zur Verfügung stehenden empirischen Material (zu dem auch Belege über einzelne Handlungen und Äußerungen gehören können) und unserem bisherigen (etablierten) Überzeugungssystem übereinstimmen. Wenn verschiedene Hypothesenmengen (Theorien) ähnlich oder gleich gut bestätigt sind, kommen in der Auswahl der Hypothesen pragmatische Kriterien – insbesondere ‚Einfachheitskriterien' – ins Spiel.[55]

---

51 Die zentrale naturalistische Intuition ist, dass wir Teil einer einheitlichen – Natur sind. Diese Intuition wird durch den überwältigenden Erfolg der Naturwissenschaften in den letzten Jahrhunderten gestützt. Und hinter dieser Intuition steht der Wunsch, unsere unterschiedlichen Selbstbeschreibungen auf biologischer, mentaler und sozialer Ebene zu vereinheitlichen. Die Naturalisten sind insbesondere davon überzeugt, dass sich das Problem der mentalen Verursachung außerhalb eines naturalistischen Ansatzes nicht lösen lässt. Man unterscheidet gewöhnlich drei Spielarten des Naturalismus. Der ontologische Naturalismus behauptet, dass alles, was es gibt, Teil der einen – einheitlichen – Natur ist. Dabei gilt all das als Teil der Natur, was Gegenstand der Naturwissenschaften ist – also im Wesentlichen der etablierten Physik, Chemie und Biologie. Der methodologische Naturalismus fordert, alle Phänomene (also auch mentale und soziale Phänomene) mit naturwissenschaftlichen Methoden zu beschreiben und zu erklären. Der intentionale Naturalismus schließlich geht davon aus, dass sich alle Vokabulare, also auch unser Vokabular zur Beschreibung mentaler und kultureller Phänomene, auf eine naturalistische Weise reformulieren lassen. Vgl dazu neben vielen anderen Arbeiten Reuter 2003.

52 Vgl. vor allem Abel 1948, Albert 1994, Böhm 2005, Føllesdal 1979, Føllesdal 1982, Føllesdal 2001, Gigerenzer 2000, Göttner 1973, Kanitscheider, Wetz (Hg.) 1998, Levine, (Hg.) 1993, Livingston 1988, Livingston 1993, Mantzavinos 2005.

53 Vgl. Føllesdal 1979.

54 Dabei sind bedeutungtragende Entitäten all jene Entitäten, die die Überzeugungen und/oder Werte eines Akteurs ausdrücken (Føllesdal 1979, S. 320). Genaugenommen ist diese These stärker als das, was im Text begründet wird. Føllesdal räumt an anderer Stelle ein, dass er nur behauptet, *auch* die hypothetisch-deduktive Methode finde typischerweise in Interpretationsprozessen Anwendung (S. 328, siehe auch S. 331).

55 Føllesdal 1979, S. 321. Als exemplarische Demonstration diskutiert Føllesdal fünf Vorschläge für die Interpretation der Figur *des Fremden* aus Henrik Ibsens *Peer Gynt* (fünfter Akt), die man in einschlägigen literaturwissenschaftlichen Texten findet – mit dem Ziel zu zeigen, dass zumindest vier dieser fünf Interpretationen nach der hypothetisch-deduktiven Methode vorgehen (S. 322ff.). Allerdings ist nicht klar, ob Følles-

Ein zweites Ziel dieser Arbeit ist, die Argumente zurückzuweisen, die zeigen sollen, dass die hypothetisch-deduktive Methode nicht die allgemeine Methode der Hermeneutik sein kann.[56] Die wichtigsten Unterschiede zwischen Naturwissenschaften und Geisteswissenschaften sieht Føllesdal darin, dass der Einfluss der Interpretationstheorie auf die Struktur des Belegmaterials in den Geisteswissenschaften erheblich größer ist als in den Naturwissenschaften, und dass Rationalitätsunterstellungen in Interpretationen von Handlungen eine zentrale Rolle spielen, nicht aber in nomologischen Erklärungen der Naturwissenschaften.[57]

Auch in einigen neueren Arbeiten aus dem Umkreis des Kritischen Rationalismus wird das Programm einer naturalistischen Hermeneutik propagiert.[58] Doch setzen sich die Autoren hauptsächlich kritisch mit den Defiziten der klassischen Hermeneutik auseinander und kommen über sehr allgemeine und programmatische Bemerkungen zur naturalistischen Hermeneutik nicht hinaus. Allerdings scheinen diese Bemerkungen auf ein schärferes Programm der naturalistischen Hermeneutik hinzudeuten, als es sich in Føllesdals Arbeiten abzeichnet. Denn als theoretische Basis der Hermeneutik wird eine Analyse der tatsächlich ablaufenden Verstehensprozesse eingefordert, die diese Prozesse kausal erklären soll.[59] Zudem wird betont, dass auch Handlungen kausal erklärt und nicht nur verstanden und rationalisiert werden können, denn Gründe können Ursachen sein. Kausale Handlungserklärungen liegen vor, wenn die Gründe und Absichten des Akteurs für sein Verhalten korrekt identifiziert sind und man einen gesetzesartigen Zusammenhang zwischen Gründen und Absichten dieses Typs und einem Verhalten dieses Typs kennt. Handlungserklärungen sind als Kausalerklärungen demnach deduktiv-nomologische Erklärungen.[60] Darum besteht eine grundlegen-

---

dal die literaturwissenschaftliche Praxis zu beschreiben beansprucht oder behauptet, man sollte oder könnte die Interpretationshypothesen hypothetisch-deduktiv evaluieren.

56 Dazu gehören die Behauptungen, dass die hypothetisch-deduktive Methode eine spezifisch naturwissenschaftliche Methode ist, ferner dass sie voraussetzt, dass der Forscher keinen Einfluss auf den Untersuchungsgegenstand hat – was jedoch in den Sozialwissenschaften der Fall ist, und dass sie keinen Raum für die Möglichkeit lässt, dass der betreffende Forscher Teil der untersuchten Gesellschaft ist.

57 Wir unterstellen nach Føllesdal in Handlungserklärungen, dass der betreffende Akteur ein rationaler Akteur im Sinne der Entscheidungstheorie ist, dass er die Transitivität von Präferenzen beachtet, dass seine Präferenzen über die Zeit hinweg konsistent sind oder Präferenzänderungen begründbar sind, dass er sich um seine Zukunft kümmert, und dass er die Überzeugungen und Präferenzen anderer Personen im Sinne der Spieltheorie für seine Handlungsentscheidungen beachtet (S. 333-335). Eine genauere Untersuchung zu diesem Topos legt Føllesdal in Føllesdal 1982 vor (es handelt sich im Kern um eine Ausarbeitung der Position Davidsons).

58 Vgl. vor allem Albert 1994, Böhm 2005.

59 Vgl. z.B. Albert 1994, S. 99-100. Dazu passt auch der vage Hinweis, dass es nur graduelle und kontinuierliche Übergänge von tierischem zu menschlichem Verhalten gibt (ibid. S. 103). Ähnlich äußert sich Böhm 2005, S. 162f. Dabei bleibt freilich gänzlich unklar, inwiefern eine kausale, kognitionswissenschaftliche Erklärung von interpretativen Prozessen eine Grundlage für die Methode des Verstehens bilden könnten.

60 So bemerkt Albert 1994, S. 110: „Dass eine Erklärung sinnvollen Verhaltens sich nicht darauf beschränken kann, sinnhafte Elemente in den betreffenden Verhaltensweisen aufzusuchen und daran anknüpfend das betreffende Verhalten in irgendeiner Weise – durch teleologische Rationalisierungen oder gar durch emotionalen Nachvollzug – mehr oder weniger „verständlich" erscheinen zu lassen, dürfte von der Logik der Erklärung her ohne weiteres klar sein. Wenn für die Erklärung solchen Verhaltens verstehende Verfahrensweisen eine Rolle spielen, dann dadurch, dass sie dabei helfen, solches Verhalten und darüber hinaus kausal relevante sinnhafte Komponenten dieses Verhaltens zu *identifizieren*. Dass es sich dabei jeweils um kausal relevante Komponenten handelt, muss sich aber aus entsprechenden Gesetzmäßigkeiten ergeben."

de Einheit der wissenschaftlichen Methode, die unabhängig vom jeweiligen Gegenstandsbereich ist.[61]

Die bislang ausführlichste und anspruchsvollste Studie zur naturalistischen Hermeneutik ist von Mantzavinos vorgelegt worden.[62] Mit der Verteidigung eines methodologischen Naturalismus wiederholt und untermauert diese Studie zunächst ältere Konzepte der naturalistischen Hermeneutik. Denn dem *methodologischen Naturalismus* zufolge ist die hypothetisch-deduktive Methode, wie sie erfolgreich in den Naturwissenschaften ausgearbeitet und angewendet wurde, auch in allen anderen wissenschaftlichen Bereichen gültig, also auch in Sozial- und Geisteswissenschaften. Mit dem methodologischen Naturalismus ist vereinbar, dass es in unterschiedlichen Wissenschaften verschiedene Sprachen, verschiedene Forschungsstile und verschieden strukturierte Gegenstandsbereiche gibt. Der methodologische Naturalismus impliziert hingegen, dass Philosophie gegenüber anderen Wissenschaften keine theoretischen Fundamente liefert und keine epistemologischen Privilegien hat, sondern vielmehr die Ergebnisse anderer Wissenschaften zu beachten hat.[63] Und die Anwendung der hypothetisch-deduktiven Methode läuft nicht zwangsläufig auf deduktiv-nomologische Erklärungen hinaus, sondern kann auch auf singuläre Tatsachen und nicht-nomologische Bereiche angewandt werden, ohne dabei auf Gesetzeshypothesen zu rekurrieren. Diese Methode kann daher sowohl auf Kausalzusammenhänge als auch auf Bedeutungszusammenhänge erfolgreich angewandt werden.[64] Sie erlaubt folglich eine angemessene methodische Kennzeichnung des Verstehens im Sinne eines mentalen Prozesses.[65]

Doch auch wenn die hypothetisch-deduktive Methode als Methode des Verstehens nicht notwendigerweise auf nomologische Zusammenhänge zurückgreift, beruht sie nach Mantzavinos oft auf dem Erfassen von Invarianzen im Bereich semantisch gehaltvoller Entitäten wie Handlungen und Texten. Die zentrale Idee ist, dass Handlungen und Textproduktionen auf Motive, Intentionen, Gründe oder Entscheidungen zurückgehen können. Wenn der Zusammenhang zwischen einem dieser Faktoren und dem Verhalten und insbesondere der Textproduktion regulär beobachtbar ist und somit eine Invarianz darstellt (bei verschiedenen Personen, aber auch im Verhalten ein- und derselben Person), kann man einen kausalen Nexus zwischen mentalen Zuständen und Handlungen postulieren, der seinerseits ggf. weiter

---

61 Wenn Böhm allerdings hinzusetzt dass jegliche Regeln und Ergebnisse der Interpretation fallibel sind und nicht a priori gerechtfertigt werden können (Böhm 2005, S. 163) und dass Interpretationshypothesen – wie alle anderen wissenschaftlichen Hypothesen auch – dem „Objektivitätskriterium der intersubjektiven Nachprüfbarkeit" unterliegen (ibid. S. 164), dann würden auch die meisten klassischen Hermeneutiker (und ganz gewiss Føllesdal) zustimmen.

62 Vgl. Mantzavinos 2005.

63 Diese Thesen geraten allerdings mit dem Vorhaben in Konflikt, der Hermeneutik und den Praktiken des Verstehens aus philosophischer Sicht die hypothetisch-deduktive Methode und kausale Erklärungen dringend zu empfehlen.

64 Was Bedeutungszusammenhänge genauer sind, wird leider nicht erläutert. Handelt es sich zum Beispiel um semantische Relationen oder um Relationen semantisch gehaltvoller mentaler Zustände?

65 Mantzavinos macht allerdings keinen Unterschied zwischen Kausalerklärungen und nomologischen Erklärungen. Auch scheint er zu unterstellen, dass Kausalerklärungen immer deduktiv-nomologische Erklärungen sind und umgekehrt, dass ferner wissenschaftliche Erklärungen immer Kausalerklärungen sind und dass schließlich jedes Naturgesetz ein Kausalgesetz ist. Die Darstellung beruht daher in diesem Kontext auf einer Simplifikation.

erklärt werden kann.[66] Diese Invarianz muss aus mindestens einer möglichen Beschreibungsperspektive des entsprechenden Verhaltens und dem entsprechenden spezifischen Vokabular (zu dem auch das mentale Vokabular gehören kann) empirisch feststellbar sein (Einzeldinge sind ja stets unter vielen verschiedenen Perspektiven beschreibbar). Wenn diese Invarianzen für alle Personen gelten, sind sie genetisch, wenn sie für eine bestimmte soziale Gruppe gelten, sind sie kulturell, und wenn sie nur für eine Person gelten, sind sie personell. Mit Hilfe der Feststellung von Invarianzen zwischen mentalen Zuständen und Verhalten oder Textproduktion können Erklärungen von Verhalten oder Textproduktion also im besten Fall in kausale Erklärungen transformiert werden.

Das Verstehen als Methode kann jedoch auch auf einzelne Handlungen und Texte gerichtet sein. In diesem Fall können natürlich keine Invarianzen entdeckt werden. Vielmehr handelt es sich nach Mantzavinos um rationale Rekonstruktionen, die keine Erklärungen, sondern Beschreibungen von Tatsachen rund um einzelne Handlungen und Texte sind, zum Beispiel

- dass eine einzelne Handlung von einer bestimmten Person und niemand anderem vollzogen wurde,
- dass diese Person dabei die *Absicht* hatte, ein bestimmtes Ziel Z zu erreichen und glaubte, die Handlung sei dafür notwendig oder sogar hinreichend, dass P gewisse Gründe G dafür hatte, A zu entwickeln, und
- dass der Zusammenhang zwischen Gründen, Absicht und Handlung *ein rationaler Bedeutungsnexus* war.

Auch im Falle rationaler Rekonstruktionen einzelner Handlungen und Texte lässt sich die hypothetisch-deduktive Methode durchaus anwenden: Die naturalistische Hermeneutik betrachtet nach Mantzavinos die einzelnen Elemente dieser Beschreibung als Hypothesen, die sich anhand empirischer Daten zu den postulierten Gründen und Absichten und deren Konsequenzen testen lassen. Diese Tests können auf humanwissenschaftlichen Techniken beruhen (zum Beispiel Sammlung von Äußerungen oder von Zeugen, Quellenkritik, Untersuchung der Glaubwürdigkeit der Zeugen), aber auch naturwissenschaftliche Techniken vor allem der Kognitionswissenschaften einbeziehen (etwa Untersuchen von Gehirnaktivitäten bei Wahrnehmung von etwas Sinnvollem und Sinnlosem).[67] Im Prinzip können daher auch rationale Rekonstruktionen angemessen oder unangemessen, wahr oder falsch sein.

Die naturalistische Hermeneutik hat sich Mantzavinos zufolge nicht nur mit dem Verstehen als Methode, sondern auch mit dem Verstehen als einer bestimmten Art des Wissens von sinnvollen Handlungen oder Texten zu befassen. In diesem Kontext kann man untersuchen, nach welchen Naturgesetzen der mentale Prozess des Verstehens vor sich geht. So beginnt zum Beispiel die kognitive Psychologie zu untersuchen, welche Besonderheiten die Wahrnehmung sozialer (sinnvoller) Prozesse aufweist.[68] Oder – um ein zweites Beispiel zu

---

66 Das Verhältnis von Invarianzen, Naturgesetzen und kausalen Relationen bleibt unklar. Wenn man zum Beispiel eine Regularitätstheorie der Naturgesetze vertritt (eine sehr verbreitete Position), gibt es hier keine relevanten Unterschiede.
67 Vgl. z.B. Gazzaniga 2002, Kap. 4.
68 Eines der Resultate scheint zu sein, dass es in den bisherigen Theorien eine Überschätzung der mentalen Konsistenz als Bedingung für ein Verstehen sozialer Aktoren gibt (vgl. McClelland, Rumelhart 1986 und Holland et al. 1986).

erwähnen – im Falle der Zuschreibung von mentalen Zuständen auf mimetischer oder symbolischer Basis lassen sich Invarianzen untersuchen und entdecken. Denn die Zuschreibung von mentalen Zuständen ist eine technische Fähigkeit, die meist automatisiert und unbewusst angewendet wird und keinesfalls stets oder oft auf Rationalitätsannahmen zurückgreift. Auch wenn falsche Meinungen zugeschrieben werden müssen, um Personen zu verstehen, oder wenn man pathologisch gestörte Personen verstehen will,[69] lassen sich meist keine Rationalitätsunterstellungen verwenden. Die rationalistisch orientierte Volkspsychologie hat also große Lücken und muss theoretisch ergänzt werden, und zwar auf der Basis nomologischer Erklärungen. Daher kann natürlich auch in Untersuchungen zum Verstehen als bestimmter Art von Wissen die hypothetisch-deduktive Methode eingesetzt werden.[70]

Diese kurze Übersicht zu den einflussreichsten theoretischen Tendenzen in der zeitgenössischen Hermeneutik zeigt, dass es zwei diametral entgegen gesetzte Positionen gibt, deren eine die Wissenschaftlichkeit und Wahrheitsfähigkeit des professionellen Verstehens von Texten, Äußerungen und Handlungen bestreitet, während die andere der Kunst des Auslegens (wie Schleiermacher und Dilthey einst formulierten) prinzipiell den Status der Wissenschaftlichkeit und Wahrheitswertdefinitheit zubilligen. Es gibt eine Reihe von Gründen, die zweite dieser Positionen zu favorisieren. Zu diesen Gründen gehören zunächst die offenkundigen theoretischen Defizite der ersten Position, ferner der Eindruck vieler professioneller Interpreten, dass die kunstgerechte Auslegung vieler Texte in den letzten Jahrhunderten durchaus zunehmenden Erfolg und Fortschritt aufzuweisen hat, und nicht zuletzt der Umstand, dass klassische und moderne Hermeneutik detaillierte methodische Vorschläge entwickelt haben, die eine kontrollierte Überprüfung und Diskussion vorgeschlagener Deutungshypothesen ermöglichen. Zu diesen Vorschlägen gehört sicherlich auch die Anwendbarkeit der hypothetisch-deduktiven Methode, die von der naturalistischen Hermeneutik so stark betont wird. Zweifellos sind die Interpretationen komplexer und raffinierter Handlungen, Texte und Reden etwa in juristischen Bewertungen, Rhetorik und Literatur durch die verfügbaren Daten erheblich unterbestimmter als zum Beispiel physikalische Theorien durch physikalische Daten aus Beobachtungen und Experimenten, doch handelt es sich hier lediglich um graduelle Unterschiede. Ich glaube daher, dass sich aus den besten hermeneutischen Reflexionen der Gegenwart keine überzeugenden Gründe

---

69 In diesem Kontext ist auch Autismus-Forschung wichtig.

70 Ähnliches gilt nach Mantzavinos auch für das Verstehen von Texten, das ein komplexer Prozess ist. Eine der Ebenen des Textverstehens ist zum Beispiel die Wahrnehmung von Zeichen, wobei diese Wahrnehmung eine interpretative Komponente hat. Der geschriebene Text hat die Bedeutung enkodiert, bevor das Parsen (die mentale Transformation des Textes in eine mentale Repräsentation mit kombinierter Bedeutung der Worte) beginnen kann (mehr dazu z.B. bei Pinker 1996 und Anderson 2002. Meist wird im Verlauf des Parsens aus jedem Wort soviel Bedeutung wie möglich sofort heraus geholt (Unmittelbarkeit der Interpretation), dann wird eine semantische Zusammensetzung vorgenommen. Nur wenn es an diesem Punkt schwierig wird, muss schneller auf das Ganze des Textes eingegangen werden, und Unmittelbarkeit der Interpretation geht verloren. Das Parsen ist ein nomologischer Vorgang, der sich hypothetisch-deduktiv untersuchen und kausal erklären lässt. Man kann auch (hypothetisch-deduktiv) untersuchen und (kausal) zu erklären versuchen, wie die kognitiven Prozesse weiterlaufen, wenn das Parsen abgeschlossen ist und der Text umfassender interpretiert wird. Und man kann entsprechend auch die Kreativität der Interpretation untersuchen (dazu Turner 2001).

für einen intentionalen Antirealismus ableiten lassen, sondern dass diese Reflexionen im Gegenteil eher den intentionalen Realismus stützen.[71]

Die Frage ist freilich, ob mit einem intentionalen Realismus auch irgendeine Art von hermeneutischem Naturalismus verbunden ist, wie es die naturalistische Hermeneutik zu unterstellen scheint. Wenn man sich die Arbeiten zur naturalistischen Hermeneutik unter diesem Aspekt anschaut, wird schnell deutlich, dass es sich hier – wenn überhaupt – allenfalls um einen extrem schwachen Naturalismus handelt. Zwar hängt diese Diagnose offensichtlich von dem verwendeten Begriff von Naturalismus ab, aber zum Glück müssen wir uns nicht auf die komplizierten laufenden Debatten um einen angemessenen Begriff von Naturalismus einlassen, um sehen zu können, dass die naturalistische Hermeneutik ihren Naturalismus hauptsächlich mit der Anwendung des hypothetisch-deduktiven Verfahrens in der Begründung vorgeschlagener Interpretationen und mit der Möglichkeit und sogar Notwendigkeit nomologischer Erklärungen verschiedener Aspekte des Verstehens begründet.

Das hypothetisch-deduktive Verfahren ist freilich höchstens in dem trivialen Sinne naturalistisch, als es historisch gesehen zuerst die Naturwissenschaften waren, die verbreitet mit diesem Verfahren gearbeitet zu haben scheinen.[72] Theoretisch gesehen handelt es sich aber der naturalistischen Hermeneutik zufolge um eine Methode, die für alle Wissenschaften gültig ist oder zumindest gültig sein sollte. Folglich ist die hypothetisch-deduktive Methode auch dem Ansatz der naturalistischen Hermeneutik zufolge gerade nicht spezifisch naturalistisch.

Die Behauptung, im Bereich des Verstehens und der Erklärungen von Äußerungen, Texten und Handlungen seien nomologische Erklärungen die einzig genuinen Erklärungen, ist bei Mantzavinos nicht überzeugend begründet. Wenn er zum Beispiel darauf hinweist, dass die Kognitionswissenschaften jede Menge gute Handlungserklärungen liefern, ohne dabei Akteuren Rationalität zu unterstellen, so wird dabei schlicht unterstellt, dass die Kognitionswissenschaften primär ,nomologische Wissenschaften' sind, die ausschließlich kausale Erklärungen liefern wollen, und dass kognitionswissenschaftliche kausale Erklärungen als Handlungserklärungen (und nicht lediglich als Erklärungen von Verhalten) angemessen sind. Das ist in diesem Kontext keine Begründung, sondern eine petitio principii.

Zudem scheint Mantzavinos die Explanatia und Explananda nomologischer Erklärungen als physikalische, chemische oder biologische (neuronale) Zustände zu betrachten und damit die Möglichkeit mentaler Verursachung, bei der diese Relata semantisch gehaltvolle Zustände sind, außer Acht zu lassen.

Es ist ferner nicht richtig, dass rationale Rekonstruktionen von Handlungen mittels Hinweis auf Wünsche und Überzeugungen lediglich Feststellungen einzelner Fakten und nicht Antworten auf Warum-Fragen – und damit überhaupt keine Erklärungen – sind. Auch diese These beruht auf einer petitio principii, weil sie unterstellt, dass alle Erklärungen und Antworten auf Warum-Fragen nomologisch sind (was gerade umstritten ist und begründet werden sollte).

Endlich wirkt die Behauptung, der Rationalitätsbegriff sei ein vorwissenschaftlicher Begriff, der letztlich aus der Hermeneutik als Theorie des wissenschaftlichen Verstehens elimi-

---

71 Dies gilt auch für die klassische Hermeneutik bei Schleiermacher und Dilthey und sogar für die noch frühere Hermeneutik der Neuzeit, vgl. z.B. Schröder (Hg.) 2001.
72 Allerdings müsste auch diese These wissenschaftshistorisch noch überprüft werden.

niert werden sollte, wenig überzeugend, wenn – wie es bei Mantzavinos der Fall ist – der Rationalitätsbegriff extrem vereinfacht verwendet wird und sogar noch hinter die Unterscheidungen bei Føllesdal zurückfällt.

Ein ähnlicher Kommentar lässt sich auch zu der These formulieren, dass kognitive Prozesse, die zum Verstehen als einer Form des Wissens führen, in den Kognitionswissenschaften rein nomologisch beschrieben und erklärt werden und auf semantisch gehaltvolle Entitäten nicht zurückgreifen. Es ist kein Argument für diese These, wenn man einige wenige kognitive Prozesse ausfindig macht, die am Prozess des Verstehens irgendwie beteiligt sind und naturgesetzlich abzulaufen scheinen. An dieser Stelle müsste man erst einmal diskutieren, ob diese kognitiven Prozesse und Zustände auch mental und epistemisch sind. Mantzavinos scheint dies eher ohne Argument vorauszusetzen, und er unterstellt zudem, dass die von ihm herbeizitierten Theorien angemessene Theorie des Mentalen sind – so als könne man beliebigen empirischen Theorien einfach glauben, dass sie auf angemessene Weise von mentalen Phänomenen handeln.

Wenn die naturalistische Hermeneutik in der von Mantzavinos verteidigten Variante also ihren Naturalismus unter anderem darin begründet sieht, dass das Verstehen auf wissenschaftliche Weise nur nomologisch beschrieben und erklärt werden kann (im Gegensatz zu Føllesdal, jedoch im Einklang mit Albert), dann ist diese Kennzeichnung nicht überzeugend begründet. Insgesamt ist daher kein guter Grund in Sicht, warum die wissenschaftliche Hermeneutik, die Mantzavinos im Sinn hat, in einem substantiellen Sinne naturalistisch sein sollte.

Die meisten Arbeiten zur naturalistischen Hermeneutik scheinen ontologisch zu einer typen-physikalischen Identitätstheorie des Mentalen zu neigen, ohne diesen Punkt freilich ausdrücklich zu diskutieren. Mantzavinos, Albert und auch Böhm beispielsweise halten nomologische Beschreibungen des Verstehens als Methode und epistemischen Zustand für grundlegend und betrachten den Rationalitätsbegriff als vorwissenschaftlich (eine Ausnahme ist Føllesdal, der eher moderat dualistisch zu argumentieren scheint). Sollte dieser Eindruck richtig sein, so wäre die naturalistische Hermeneutik wie jede starke Identitätstheorie auf einen intentionalen Antirealismus in der Version des intentionalen Naturalismus festgelegt und könnte zur Debatte um den intentionalen Realismus und Antirealismus nichts Substantielles beitragen. Es bliebe dann nur die Unterstützung der alten These, dass das professionelle Interpretieren die hypothetisch-deduktive Methode benutzt oder zumindest benutzen sollte und insofern seine Wissenschaftlichkeit, seinen Erfolg und seinen Fortschritt gewährleisten kann.

4. Der Realismus in der sublinguistischen Semantik

In den letzten beiden Abschnitten haben wir gesehen, dass der evolutionär tief verankerte Erfolg des Verstehens und Interpretierens von semantisch gehaltvollen Entitäten wie Gedanken und Äußerungen sowie der Status des alltäglichen und professionellen Interpretierens einige Gründe für eine Favorisierung des intentionalen Realismus enthalten, wenn man von einem wissenschaftlichen Realismus ausgeht.[73] In den nächsten beiden Abschnitten wollen

---

73 Die wichtige Frage, inwieweit ein angemessenes Verstehen über verschiedene soziale und kulturelle

wir prüfen, ob auch die gegenwärtig einflussreichsten semantischen Theorien eine ähnliche Konsequenz enthalten. Dabei sollten wir zunächst sublinguistische und erst dann linguistische Semantiken betrachten.

Oben in Abschnitt (2) sind die wichtigsten Begriffe und Thesen der Teleosemantik, der führenden Theorie der sublinguistischen semantischen Gehalte und Bedeutungen, bereits skizziert worden. Wir müssen diese Grundlagen jetzt noch einmal aufnehmen und um einige Punkte ergänzen, wenn wir den Status dieser Theorie diskutieren wollen.

Wie bereits bemerkt, ist eine der zentralen Ideen der Teleosemantik, dass die Geschichte der Organismen Auswirkungen auf die echten Funktionen einiger ihrer inneren Zustände hat: in diesem Sinne wird in der Teleosemantik die Funktion historisiert. Damit wird es möglich, einem Merkmal eine natürliche oder echte Funktion zuzuschreiben auch dann, wenn diese Funktion nicht voll erfüllt wird – die Idee der Dysfunktionalität kann theoretisch integriert werden. Diesem Bild zufolge hat ein Ding eine echte Funktion aufgrund seiner Reproduktionsgeschichte und nicht aufgrund seiner aktuellen Dispositionen oder seiner aktuellen Performanz.

Einer der wichtigsten weiteren Schritte der Teleosemantik ist die Definition von relationalen und adaptiven echten Funktionen. Ein Chamäleons beispielsweise hat eine Vorrichtung, deren Funktion es ist, im Chamäleon eine Pigmentverteilung zu produzieren, die in der Relation *x hat dieselbe Farbe wie y* zur Umgebung des Chamäleon steht; oder Bienentänze haben die Funktion, die Relation zwischen Stock, Sonne und Nektar anzuzeigen und die beobachtenden Bienen auf den Ort des Nektars auszurichten. Die Teleosemantik sagt daher: Die echte Funktion einer Vorrichtung ist relational, falls die Ausführung dieser Funktion etwas produziert, das zu einem gegebenen Gegenstand in einer bestimmten Relation steht. Relationale echte Funktionen kommen allerdings stets in konkreten raum-zeitlich lokalisierten Fällen zur Anwendung (das Chamäleon sitzt z.B. zu einer bestimmten Zeit an einem bestimmten Ort in einer braunen Umgebung), also in einer spezifischen Form, die wir aus der allgemeinen relationalen Funktion ableiten können: diese spezifische Form heißt auch *adaptive Funktion*. Adaptive Funktionen sind keine echten Funktionen, denn die Konfigurationen, die von ihnen produziert werden, sind nicht Mitglieder einer reproduktiven Familie: wenn bestimmte individuelle Bienen an einem bestimmten Ort zu einer bestimmten Zeit einen Tanz aufführen, der auf eine bestimmte Nektarquelle deutet, dann ist dies ein einmaliges historisches Ereignis, das möglicherweise nie wieder reproduziert wird. Der historisch einmalige individuelle Einzelfall kann damit eine Funktion erhalten. Man kann dann auch leicht sagen, in welchen Fällen solche Funktionen missadaptiv sind. Der entscheidende Punkt ist hier, dass adaptive Funktionen keineswegs an eine biologische Vererbungsgeschichte gebunden sind. Die Teleosemantik hat einen Weg gefunden, auch im Falle von Funktionen, die nicht an eine biologische Vererbungsgeschichte gebunden sind, von Dysfunktionalität reden zu können. Spätestens mit den adaptiven Funktionen können auch Mechanismen des individuellen Lernens in das Bild eingefügt werden.[74]

Kontexte hinweg möglich ist, kann hier nicht diskutiert werden; vgl. dazu die eingehenden Überlegungen von Michael Kohler in diesem Band.

74 Der Begriff einer echten Funktion deckt ausdrücklich auch nicht-biologische Fälle, d.h. Fälle, in denen die Funktion nicht von der Biologie studiert wird und in denen die Reproduktion im Rahmen der reproduktiven Familie nicht ein Vererbungsmechanismus ist. Sätze beispielsweise können eine reproduktive Familie bilden, und eine bestimmte syntaktische Form kann eine Eigenschaft sein, die dabei kopiert wird; das Kopie-

Die meisten Experten gehen davon aus, dass die Teleosemantik durchaus eine erfolgreiche Theorie ist. Äitiologische Funktionsanalysen im Stil der Teleosemantik können erklären, warum ein Merkmal existiert, und zwar durch Information darüber, wie dieses Merkmal selektiert wurde. Die Analyse ist ferner ohne Probleme in ein naturalistisches Weltbild integrierbar. Es kann leicht zwischen Funktionen und zufälligem Nutzen unterschieden werden, denn nur Merkmale, die aufgrund ihrer Effekte selektiert wurden, haben Funktionen. Eine Erklärung für Dysfunktionen ist möglich. Die Analyse liefert einen einheitlichen Zugang zu biologischen Funktionen und Funktionen von Artefakten, denn beide Erklärungen referieren auf das Wirken von Selektionsmechanismen. Die äitiologische Analyse erklärt auch, warum eine teleologische Sprache im Zusammenhang mit Funktionszuschreibungen angemessen ist: der Zweck oder das Ziel eines biologischen Merkmals oder eines Artefaktes ist es, eben den Effekt zu produzieren, für den er selektiert wurde; dies sollte es tun. Die Analyse steht schließlich auch in Übereinstimmung mit dem, was Biologen von einer funktionalen evolutionären Erklärung erwarten. Allerdings sind evolutionstheoretische Erklärungen in einigen Teilen der Biologie (Physiologie, Teile der Verhaltensbiologie, Molekulargenetik) irrelevant, obwohl auch dort die Zuschreibung von Funktionen eine zentrale Rolle spielt.

---

ren selbst wird dann zum Teil einer kulturellen Tradierung, also einem Lernmechanismus geschuldet sein. Bedingung ist natürlich, dass diese Art der Reproduktion für die Wesen, deren Komponenten die Reproduktionsmechanismen von Sätzen sind, vorteilhaft sind, so dass wir eine Normale Erklärung dafür liefern können, dass die Komponenten und ihre umfassenderen Systeme jetzt existieren.

Der Grundbegriff der echten Funktion ist zwar die Grundlage für die Einführung des Repräsentationsbegriffs, aber es sind noch weitere Schritte erforderlich, um den Repräsentationsbegriff einzuholen. Einer der Schritte auf diesem Weg ist die skizzierte Definition von *relationalen und adaptiven Funktionen*. Ein weiterer wichtiger Schritt ist die Einführung des Begriffs *intentionaler Zeichen*. Bienentänze z.B. sind nicht nur Vorrichtungen mit relationalen echten Funktionen und im konkreten Falle mit adaptiven Funktionen; sie sind auch *Zeichen*, d.h. werden *produziert* von den tanzenden Bienen und zugleich *interpretiert* von *anderen*, beobachtenden Bienen, deren Job (echte Funktion) es u.a. ist, zur Nektarquelle zu fliegen und den Honig zu beschaffen. Das Ganze funktioniert ferner nur dann, wenn die Konfigurationen und Transformationen der Zeichen (die verschiedenartigen Bienentänze z.B. und ihre Veränderungen) den Konfigurationen und Transformationen der Adaptoren (der jeweiligen geometrischen Konstellation von Sonne, Bienenstock und Nektarquelle z.B.) "entsprechen". Diese "Entsprechung" ist eine 1-1-Abbildung (dem Tanz Adagio Nr. 4 etwa ist eine bestimmte geometrische Figuration von Sonne, Bienenstock und Nektarquelle eineindeutig zugeordnet), also eine umkehrbar eindeutige Funktion im mathematischen (nicht im biologischen) Sinne. Diese Abbildung enthält eine *systematische* und *reguläre* Kovariation ihrer Relata, steht also gleichsam in der Mitte zwischen einer produzierenden und einer interpretatorischen Vorrichtung und wird immer wieder produziert, ist also Mitglied einer reproduktiven Familie. Ihre echte Funktion ist es, auf der Basis der genannten Abbildung eine Adaption der interpretatorischen Vorrichtungen an Bedingungen (Adaptoren) herzustellen, unter denen diese Vorrichtungen ihre eigenen echten Funktionen erfüllen können. Beispielsweise ist es eine echte Funktion bestimmter Bienentänze, die interpretierenden Bienen auf die Nektarquelle (also auf den entscheidenden Adaptor) auszurichten, und diese Ausrichtung ist die Bedingung dafür, dass die interpretierenden Bienen ihren Job (die Nektarbeschaffung) adäquat –durchführen können. Aber zugleich ist auch klar, dass die tanzenden Bienen ihre echte Funktion nicht wirklich erfüllen, wenn die beobachtenden Bienen sie nicht korrekt interpretieren: die adäquate Kooperation zwischen tanzenden Bienen (die Zeichenproduzenten) und beobachtenden Bienen (die Zeichenkonsumenten) ist die Bedingung dafür, da beide ihre jeweilige echte Funktion gut ausführen. Nur wenn alle diese genannten Bedingungen erfüllt sind, spricht die Teleosemantik von *intentionalen Standbildern (intentional icons)*, oder, wie wir auch sagen können, von *intentionalen Zeichen*.

Wenn wir also von einem wissenschaftlichen Realismus ausgehen, steht die Teleosemantik nicht prinzipiell anders da als zum Beispiel etablierte physikalische Theorien. Das bedeutet, dass wir zum gegenwärtigen Zeitpunkt davon ausgehen dürfen, dass einige Merkmale von Lebewesen tatsächlich echte Funktionen haben, und dass insbesondere einige mentale Zustände und expressive Gesten oder Lautproduktionen einiger Tiere tatsächlich Teleogehalte haben und subsprachliche Repräsentationen sind.

Nach Auffassung einflussreicher Vertreter der Teleosemantik gilt diese Realitätsannahme insbesondere auch für die normativen Aspekte der Teleogehalte. Nach Ruth Millikan beispielsweise ist es eine der zentralen Thesen der Teleosemantik, dass Gehalte und insbesondere auch Teleogehalte wesentlich normativ sind, insofern sie repräsentationale Funktionalität aufweisen. Die Teleosemantik ist eine theoretische Alternative zur Erklärung des Ursprungs dieser Normativität zur weithin anerkannten Wittgensteinschen Strategie, den Ursprung semantischer Normativität in Strukturen menschlicher Gemeinschaften zu finden. Im Gegensatz dazu legt die Teleosemantik nahe, die Quelle der semantischen Normativität in der evolutionären Biologie zu suchen – in der Sache also, wie Millikan formuliert, in den Darwinschen natürlichen Zwecken, die die Standards generieren, von denen her Fehler, Falschheiten und Inkorrektheiten gemessen werden.[75]

Auch nach Auffassung von Colin McGinn gründet die Normativität propositionaler Gehalte in der Normativität natürlicher und echter Funktionen, auch wenn hier keine Reduktion möglich ist. Eine Beschreibung der Art und Weise, wie Repräsentationen aktuell gebraucht werden oder welche faktischen Dispositionen eines Gebrauches von Repräsentationen vorliegen, kann die Normativität des Gehalts der Repräsentationen nicht einfangen. Und diese Normativität besteht im Wesentlichen in der Idee, dass eine Repräsentation gebraucht werden kann, wie sie angesichts ihres Gehaltes gebraucht werden sollte, dass sie aber auch gebraucht werden kann, wie sie angesichts ihres Gehaltes nicht gebraucht werden sollte. Das Herz kann vom Körper so gebraucht werden, dass es Blut zu anderen Organen pumpt, und so sollte es auch gebraucht werden; aber (in Einzelfällen) wird es auch so gebraucht, dass es ein Blutgefäß zerstört und kein Blut zu anderen Organen bringt, was es allerdings nicht tun sollte. Ähnlich sollten z.B. Zeichen die Präsenz eines X anzeigen, aber wenn dies ihre biologische Funktion ist, dann ist es möglich, dass es faktisch so gebraucht wird, dass es die Präsenz anderer Dinge als X anzeigt und X nicht anzeigt. Dieser Beschreibung lässt sich entnehmen, dass es schon auf dieser Ebene Raum für eine Unterscheidung zwischen Sein und Sollen gibt, die das Fundament für einen normativen Begriff des Gehaltes bildet.[76]

Nach Karen Neander schließlich lässt sich aus der zentralen Idee einer echten Funktion folgern, dass dieser Funktionsbegriff normativ ist: Ein Effekt Z ist die echte Funktion einer Eigenschaft oder eines Elementes X im Organismus O genau dann, wenn der Genotyp, der für X verantwortlich ist, dafür selektiert wurde, Z zu tun, und zwar deshalb, weil das Tun von Z adaptiv für die Vorfahren von O war.[77] Die Normativität dieses Funktionsbegriffes ist offensichtlich gegründet im Begriff der Adaptivität, der im Definiens der De-

75 Vgl. z.B. Millikan 1991, bes. S. 151. In ihrer ursprünglichen Monographie (Millikan 1984) diskutiert Millikan den Normativitätsbegriff nicht explizit. Bezeichnend ist, dass im Index des Buches kein Eintrag für Normativität auftaucht.
76 McGinn 1989, S. 159-161.
77 Vgl. Neander 1995, bes. S.111f.

finition verwendet wird. Diese Normativität echter Funktionen ist weder einfach evaluativ noch statistisch. Zu sagen, dass X angemessen funktioniert, heißt nicht zu sagen, dass X eine gute Sache ist. Geschlechtsreife bei jungen Teenagern ist biologisch normal (Ausdruck angemessener Funktionalität), aber (unter heutigen Umständen) nicht besonders gut. Zu sagen, dass X bei den Fs angemessen funktioniert, heißt ferner auch nicht zu sagen, dass X bei den meisten Fs vorhanden ist. Wenn die meisten von uns Menschen aufgrund einer Epidemie mit Blindheit geschlagen würden, hätten unsere Augen dennoch weiterhin die biologische Funktion, das Sehen zu ermöglichen. In jedem Fall können biologische Normen ohne intentionale oder theologische Begriffe analysiert werden; und das heißt, dass der Begriff biologisch-funktionaler Normativität in einem relevanten Sinne naturalistisch ist.[78]

Als ein wichtiges Kriterium von Realität gilt oft kausale Kraft. Daher ist in Debatten um den intentionalen Realismus und Antirealismus die Frage wichtig, ob semantisch gehaltvolle Entitäten aufgrund ihres semantischen Gehaltes kausale Kraft besitzen können. Diese Frage artikuliert offensichtlich *das Problem der mentalen Verursachung*, das zu den schwierigsten Problemen in der Theorie des Geistes gehört und daher hier natürlich nicht ausführlich erörtert werden kann. Ich möchte hier aber zumindest darauf hinweisen, dass es eine Reihe interessanter und erfolgversprechender Versuche gibt, zu einer Lösung dieses Problems beizutragen, und einige dieser Versuche greifen explizit auf den Theorierahmen der Teleosemantik zurück. Der prominenteste dieser Versuche, entwickelt von Fred Dretske, soll im Folgenden kurz skizziert werden. Die Herausforderung ist zu erklären, wie ein Verhalten von einem Gedanken so gelenkt wird, dass es von diesem Gedanken aufgrund seines repräsentationalen Gehaltes gelenkt wird. Sage ich zu einem Mikrophon: „Vibriere!" so vibriert es – aber nicht aufgrund der Bedeutung von „vibriere", sondern aufgrund der Schallwellen, die ich mit dem Wort „vibriere" auf das Mikrophon übertrage.

Dretskes Kernidee lässt sich an einem Beispiel erläutern. Nehmen wir an, ein Tier lernt ein neues Verhalten: Ein Vogel versucht einen Monarch-Schmetterling zu fressen, der aber giftig ist und ihn zum Erbrechen bringt. Der Vogel wird nie wieder einen Monarch-Schmetterling fressen – aber er wird auch einen schmackhaften Eisvogel-Schmetterling verschmähen, der dem Monarch-Schmetterling täuschend ähnlich sieht. Denn der Vogel denkt fälschlicherweise, dass der Eisvogel-Schmetterling ein Monarch-Schmetterling ist. Deshalb frisst er ihn nicht: Sein Fressverhalten wird von einem Gedanken gelenkt, aufgrund des Gehalts des Gedankens – des Gedankens, dass dort ein Monarch-Schmetterling ist. Der Gehalt dieses Gedankens ist kausal relevant für das Verhalten – ein Umstand, der bei Artefakten und Pflanzen nicht vorkommt.

In der theoretischen Ausarbeitung dieser Idee greift Dretske auf den teleosemantischen Begriff der Repräsentation (d.h. des semantischen Gehalts) zurück. Allerdings ist seine Terminologie insofern ein wenig simplifiziert, als er meist von der natürlichen oder echten Funktion innerer Zustände spricht. Ich gehe im Folgenden davon aus, dass die These, der mentale Zustand Z eines Lebewesens S habe die natürliche Funktion, Zustand A anzuzeigen, eine Abkürzung ist für die These, das Gehirn von S habe die echte Funktion, eigene Zustände C(S) zu produ-

---

78 Derartige Überlegungen sind insofern ein wenig unterkomplex, als sie nicht zwischen verschiedenen Arten von Normativität unterscheiden. In Detel 2005 wird dieses Defizit gemildert und dafür argumentiert, dass das phänomenale Bewusstsein die Quelle genuiner (nicht-physikalischer) Normativität ist, die auch auf die Normativität von semantischen Gehalten durchschlagen kann.

zieren derart, dass die Zustände der Art C(S) auf andere Zustände der Art A 1:1 abgebildet werden können. Wenn also C(S) die (echte) Funktion hat, A anzuzeigen, dann ist C(S) eine Repräsentation von A, und die Proposition, die das externe Ereignis A beschreibt, ist der Gehalt von C(S). Es kann dann z.B. der Fall sein, dass C(S) die Funktion hat, A anzuzeigen, dass C(S) aber aktuell für keinen Ereignistyp ein natürliches Zeichen ist oder dass S in einem von B verschiedenen Kontext B* ist, so dass C(S) in B* nicht ein natürliches Zeichen für A ist (sondern vielleicht für ein von A verschiedenes A*). In solchen Fällen liegt Missrepräsentation vor.[79]

In teleosemantischem Sinne lässt sich dann sagen: Der innere Zustand C(S) *repräsentiert (auf natürliche Art)* A genau dann, wenn gilt: (a) S hat von seinen Vorfahren S_i ein genetisches Programm geerbt, das den Übergang von C(S) zum motorischen Verhalten M(S) bewirkt, wann immer C(S) in S auftritt; (b) unter den S_i war $C(S_i)$ ein verlässlicher Indikator von A, und die Reaktion $M(S_i)$ auf A war für die S_i adaptiv vorteilhaft; (c) der Umstand, dass heute exklusiv S-Organismen existieren, die bei C(S) zu M(S) übergehen, wird erklärt u.a. durch (a)-(b); (d) aus (a)-(c) folgt nicht, dass in den heutigen S-Organismen C(S) ein verlässlicher Indikator für A ist, denn aufgrund des genetischen Programmes geht S von C(S) zu M(S) über, ob A in der Umwelt von S vorhanden ist oder nicht.

Im Fall von tropistisch und instinktiv operierenden Organismen liegt entgegen dem ersten Anschein allerdings noch keine echte Missrepräsentation vor.[80] Um das zu sehen, ist es wichtig, sich daran zu erinnern, dass natürliche Repräsentation fast immer gröber differenziert, als es den wirklichen Relationen zwischen den Eigenschaften externer Dinge und den adaptiv vorteilhaften motorischen Reaktionen repräsentationaler Organismen entspricht. Das heißt: Im Allgemeinen ist es zwar etwa die F-Eigenschaft von Dingen, für welche die Reaktion M(S) vorteilhaft für S ist; aber da in der gewöhnlichen Umwelt von S fast alle G-Dinge auch F-Dinge sind (obgleich die F's oft eine klare echte Teilmenge der G's bilden oder zumindest eng mit den G's korreliert sind), reicht es für S, dass C(S) die Funktion hat, G's anzuzeigen.[81] Wir haben dann die Wahl zu sagen, dass das Lebewesen S innere Zustände hat, die (a) F's repräsentieren, oder die (b) G's repräsentieren. Wenn sich die Umwelten von S ändern, so dass die verlässliche Korrelation zwischen F-Dingen und G-

---

79 Bereits dieser allgemeine Begriff von Repräsentation zeigt nach Dretske, dass Repräsentationen eigenschaftsspezifisch sind, d.h. intensionale Kontexte erzeugen. Denn wenn in der Umgebung von S jedes F-Ding auch G ist oder sogar zusätzlich fast alle G-Dinge auch F sind, ist es gleichwohl möglich, dass C(S) F(x) repräsentiert, ohne G(x) zu repräsentieren, und sogar, dass es für C(S) reicht G(x) zu repräsentieren, um auf F(x) adäquat reagieren zu können.

80 Diese Intuition wird in Dretske 1986 deutlicher formuliert und ausgearbeitet als in Dretske 1988, weil es in Dretske 1988 primär um das Problem der mentalen Verursachung geht. Allerdings gibt es auch eine enge Verbindung zwischen beiden Problembereichen (s.u.): Dretskes These ist nämlich, dass genau dann, wenn echte Repräsentation *mit* möglicher Missrepräsentation vorliegt, auch mentale Verursachung vorkommt.

81 In der gewöhnlichen Umwelt von Fröschen sind fast alle kleinen schwarzen beweglichen Punkte (G) Fliegen (F), und obgleich natürlich der Schnappmechanismus der Frösche vorteilhaft ist, wenn und weil er zum Schnappen von Fliegen führt und Fliegen eine echte Teilmenge der Menge kleiner schwarzer beweglicher Punkte bilden, reicht es, dass innere visuelle Zustände von Fröschen die Funktion haben, kleine schwarze bewegliche Punkte anzuzeigen und die Frösche nach diesen kleinen Punkten schnappen zu lassen. Dretskes eigenes Beispiel sind Meeresbakterien, die interne Magneten (Magnetosomen) besitzen, die sich am Magnetfeld der Erde (G) ausrichten. Die Folge ist, dass sich diese Bakterien in den Meeren der nördlichen Hemisphäre, wo sie zu Hause sind, in Richtung des geomagnetischen Nordens, also weg von der Meeresoberfläche und hin zu oxygen-armen Wasserschichten (F) bewegen, die sie zum Überleben brauchen.

Dingen zusammenbricht, dann liegt zwar unter der Interpretation (a) Missrepräsentation vor, nicht aber unter Interpretation (b). Und in jedem Fall, also selbst unter (a), ist es nicht der Fehler der Arbeitsweise der inneren Zustände, die zu Problemen führt, denn auch Fall (a) setzt gerade die verlässliche funktionale Arbeitsweise der inneren Indikatorzustände voraus.[82]

Dretskes Folgerung ist, dass wir in diesen Fällen von einfachen Organismen noch nicht von Missrepräsentation und damit auch noch nicht von echter Repräsentation sprechen sollten. Und seine These ist, dass genuine Repräsentation und Missrepräsentation erst auf der Ebene von komplexeren Organismen vorkommen können, die zwei Merkmale aufweisen: erstens, dass sie über zwei oder mehr Kanäle verfügen, auf denen sie mit F's in Kontakt treten können, und zweitens, dass sie zu assoziativ-individuellem Lernen fähig sind. Das erste dieser Merkmale hat folgende Konsequenz: F's haben verschiedene Eigenschaften G1 und G2 und senden vielleicht verschiedene Arten von Stimuli ST1 und ST2 aus, die in unserem komplexeren Organismus S beide unabhängig voneinander die Reaktion M(S) auslösen, weil C(S) kausal sowohl auf G1 bzw. ST1 als auch auf G2 bzw. ST2 reagiert. Aber da G1, G2, ST1 und ST2 sämtlich Effekte von F's sind, haben wir theoretisch unter dem skizzierten Szenario, so scheint es, allen Anlass zu sagen, dass C(S) die Funktion hat, F's anzuzeigen. Denn es wäre offenbar falsch zu sagen, C(S) habe z.B. die Funktion G1 anzuzeigen (dasselbe gilt von G2, ST1 oder ST2). Allerdings, ein Ausweg scheint noch verfügbar zu sein: könnten wir nicht sagen (unter dem skizzierten Szenario), C(S) habe die Funktion, G1-oder-G2 (bzw. ST1-oder-ST2) anzuzeigen (das ist das später so genannte Disjunktionsproblem)? An diesem Punkt setzt Dretske auf das zweite der genannten Merkmale komplexerer Organismen: S lernt im Laufe seiner eigenen Lebensgeschichte, mit C(S) auch auf neue Stimuli STN oder neu sich zeigende Eigenschaften GN zu reagieren, die ihrerseits, wie wir annehmen wollen, ebenfalls auf die F's kausal zurückgehen. In diesem Fall wird offensichtlich die natürliche Bedeutung von C(S) partiell zeitabhängig und historisch relativ auf die Biographie von S. Aber vom biologisch-funktionalen Gehalt von C(S) wollen wir sagen können, dass er unabhängig vom Zeitrahmen der Biographie von S ist. Das kann dann nur auf die F's zutreffen, nicht auf G1-oder-G2-oder-GN bzw. S1-oder-S2-oder-SN. Folglich haben wir theoretisch allen Anlass zu sagen, dass unter diesem Szenario C(S) die Funktion hat, F's anzuzeigen. Und unter dieser Voraussetzung ist dann eine Reaktion von C(S) auf G1 oder G2 oder GN oder ST1 oder ST2 oder STN ohne Vorkommen von F's eine echte Missrepräsentation, und wir können die Funktion von C(S), F's anzuzeigen, als echte Repräsentation der F's ansehen, die den genuinen Gehalt dass F's präsent sind erzeugt.[83]

Erst auf dieser Ebene kann nach Dretske angegeben werden, inwiefern Gehalte selbst kausal wirksam werden können. Die Idee ist, dass der Gehalt A von C(S) genau dann kausal wirksam wird, wenn – nicht A, sondern – der Umstand, dass C(S) ein verlässlicher kausaler Indikator für A ist, die Ursache für das Auslösen von M(S) durch C(S) ist. Diese Ursachenrelation kann durch evolutionäre Selektion etabliert werden, also dadurch, dass die Responsivität von C(S) auf A zu einer Reaktion M(S) geführt hat, die für S's in der

---

82 Aus dieser Problemlage heraus lässt sich auch eine der meistdiskutierten Schwierigkeiten der Teleosemantik entwickeln – das *Unterbestimmtheitsproblem* (vgl. Detel 2001 und 2001a).
83 Vgl. vor allem Dretske 1986.

Vergangenheit angesichts von A evolutionär vorteilhaft war; sie kann aber auch durch individuelles Lernen etabliert werden. Wir wollen aber sagen können, dass der Gehalt von C(S) als jenes A identifiziert werden kann, aufgrund dessen der adaptive Vorteil von M(S) für S erklärbar wird, und dass der Gehalt von C(S) für individuelle S kausal wirksam wird. Wie wir jedoch gerade gesehen haben, kann dies erst auf der Ebene komplexer Organismen mit verschiedenen physiologischen Kanälen für Stimuli und mit Lernfähigkeit eindeutig gelingen. Erst bei diesen komplexeren Lebewesen gibt es daher so etwas wie mentale Verursachung und sind die Gehalte einiger ihrer inneren Zustände nicht epiphänomenal.[84]

Die Bedingung der Fähigkeit zu individuell-assoziativem Lernen enthält nach Dretske ihrerseits weitere Aspekte jener Ausstattung, die komplexe Organismen mitbringen müssen, die zu genuinen Repräsentationen fähig sind. Der wichtigste dieser Aspekte ist, dass diese Wesen einen weiteren Typ von inneren Zuständen D(S) entwickelt haben müssen, den Dretske Detektorzustände nennt. Denn individuell-assoziatives Lernen beruht auf positiven und negativen Verstärkungen, und diese Verstärkungen beruhen ihrerseits darauf, dass das Lebewesen S die Wirkungen neu gelernter Reaktionsweisen evaluieren können muss. Diese Detektorzustände müssen die natürliche Funktion haben, körpereigene Zustände positiv oder negativ zu bewerten, und zwar in assoziativer Verbindung mit bestimmten Arten von motorischen Reaktionen M(S) (Schmerzen beispielsweise sind Gewebeschäden-Detektoren). Auch sie gewinnen auf diese Weise Gehalt und repräsentative Kraft. Erst wenn Indikatorzustände und Detektorzustände zusammenwirken, lässt sich nach Dretske das Phänomen mentaler Verursachung und genuiner Repräsentation wirklich aufklären. Dabei muss ein Detektorzustand verlässlich mit dem zu detektierenden Zustand korreliert sein, damit er seine Funktion gut erfüllen kann. Aber der entscheidende Punkt für Dretske ist, dass sich im Rahmen des individuell-assoziativen Lernens Gehalte an Indikatorzustände C(S) nur aufgrund der Evaluationen der Detektorzustände D(S) ankoppeln lassen. Andererseits können nur externe Zustände, auf die die Indikatorzustände C(S) einmal verlässlich kausal reagiert haben, einer Evaluation durch die D(S) überhaupt zugänglich werden. Auf diese Weise wird klar, dass Indikatorzustände und Detektorzustände zusammenwirken müssen, um genuine Gehalte und Repräsentationen zu erzeugen. Wenn das der Fall ist, spricht Dretske auch von Proto-Überzeugungen (im Falle der C(S)) und Proto-Wünschen (im Falle der D(S)).

Wenn diese Analyse im großen und ganzen in die richtige Richtung geht (und davon gehen viele Kommentatoren aus[85]), dann wäre zumindest im Rahmen der sublinguistischen Teleosemantik plausibel gemacht, dass semantisch gehaltvolle Entitäten aufgrund ihres sublinguistischen semantischen Gehaltes kausale Kraft haben können, und dieses Resultat untermauert die Hypothese, dass der intentionale Realismus für Entitäten mit sublinguistischen Teleogehalten korrekt ist.[86]

---

84 Vgl. vor allem Dretske 1988.
85 Vgl. z.B. Schanz 1996, S. 393-404.
86 Dretskes Theorie der kausalen Rolle semantischer Gehalte ist eine Antwort und Alternative zu der verbreiteten Auffassung, es seien allein die syntaktischen Merkmale semantisch gehaltvoller Entitäten, die kausale Kraft haben können. Eine der einflussreichsten Darstellungen dieser Idee ist Fodor 1987.

5. Naturalistische Theorien natürlicher Sprachen

Aus der Korrektheit des intentionalen Realismus für Entitäten mit sublinguistischen Teleogehalten folgt nicht ohne weiteres, dass sich der intentionale Realismus auch für propositionale Gehalte und Bedeutungen, also für Elemente natürlicher Sprachen mit semantischen Gehalten verteidigen lässt. Auf sprachlicher Ebene hat der intentionale Antirealismus vielmehr einiges für sich. Einer der Gründe dafür ist, dass sublinguistische Teleogehalte der Teleosemantik zufolge nicht holistisch vernetzt sind, während nach Auffassung vieler Autoren und Autorinnen für propositionale semantische Gehalte und Bedeutungen eine holistische Vernetzung konstitutiv ist. Mit dieser Vernetzung werden Inferenzen etabliert, die ihrerseits in propositionale Bedeutungen und semantische Gehalte eingehen. Und es gibt ernstzunehmende Argumente, dass gerade die holistische Vernetzung propositionaler semantischer Gehalte und Bedeutungen und ihr Zustandekommen im Rahmen eines intentionalen Realismus nicht angemessen erklärt werden können. Wie bereits erwähnt,[87] kann man zum Beispiel dem Interpretationismus die These entnehmen, dass eine empirische Interpretationstheorie in Gestalt von extensional formulierten T-Theoremen genau dann interpretativ wird, wenn ihre axiomatische Fassung den Holismus sprachlicher Bedeutungen widerspiegelt, und dass die Etablierung einer interpretativen Interpretationstheorie, die in Form von T-Theoremen tatsächlich auch die Bedeutungen der objektsprachlichen Sätze anzugeben vermag, wesentlich auf Interpretationsversuche und ihre Geschichte verwiesen ist. Aus dieser Perspektive scheinen sprachliche Bedeutungen und propositional gehaltvolle mentale Zustände nicht unabhängig von interpretativen Praktiken vorzuliegen.

So geht zum Beispiel auch Dretske davon aus, dass die Erklärung von propositional gehaltvollen Meinungen und Wünschen auf der Grundlage des teleosemantischen Begriffsapparates allein nicht geleistet werden kann. Einen der wesentlichen Gründe dafür sieht Dretske darin, dass viele menschliche Wünsche und Meinungen ihrem Gehalt nach weder auf Erfahrungen in der Vergangenheit noch auf wahrnehmbare herausspringende Faktoren der unmittelbaren Umwelt zurückgehen. Das ist nach Dretske der tiefere Grund dafür, dass wir den vernetzten, holistischen Charakter propositionaler Gehalte beachten müssen, wenn wir verstehen wollen, wie aus Proto-Überzeugungen und Proto-Wünschen propositional gehaltvolle Meinungen und Wünsche werden können. Dretske skizziert einige der theoretischen Schritte, die zu einer solchen Vernetzung führen können. Schon für eine hinreichende Erklärung der mentalen Verursachung auf der Basis von Proto-Einstellungen beispielsweise muss man Dretske zufolge die Kooperation von Proto-Überzeugungen und Proto-Wünschen so verstehen, dass eine Art impliziter Modus Ponens im Hintergrund operiert (das ist eine Art von prozeduraler Meinung). Weitere Vernetzungen können aus der Kombination mehrerer Proto-Wünsche oder eines Proto-Wunsches und einer Proto-Überzeugung entstehen; und Proto-Überzeugungen können untereinander vernetzt werden, wenn, grob formuliert, im Rahmen von Lernprozessen die kausale Vernetzung von Eigenschaften in der externen Welt in die Kombination der Proto-Überzeugungen, von denen sie repräsentiert werden, abgebildet wird. Bei Dretske handelt es sich in diesem Punkt aber eher um einige tentative Überlegungen, die nicht wirklich ausgearbeitet sind.

---

87 Vgl. oben S. 17.

Ein anderer einflussreicher Autor, David Papineau, hat in diesem Kontext konkretere Überlegungen präsentiert. Papineau glaubt, dass man auf der Grundlage der Teleosemantik einen Gehaltsbegriff für propositional gehaltvolle Wünsche und Meinungen einführen kann.[88] Begriffe von Wahrheitsbedingungen (für Meinungen) und für Erfüllungsbedingungen (für Wünsche) sind auf der Basis der Teleosemantik zirkelfrei (d.h. auf der Basis von nicht-repräsentationalen Tatsachen) zu explizieren, denn üblicherweise werden Wahrheitsbedingungen als Gehalte von Meinungen (als das, was Meinungen repräsentieren) und Erfüllungsbedingungen als Gehalte von Wünschen (als das, was Wünsche repräsentieren) angesehen. Eine mögliche Strategie ist, daran anzuknüpfen, dass im Alltag gehaltvolle mentale Zustände wie Meinungen und Wünsche eine entscheidende Rolle in der Erklärung von Handlungen spielen. Aber was haben Repräsentationen zu tun mit Handlungserklärungen? Das ist auf den ersten Blick nicht leicht zu sehen, denn die Wahrheit oder Falschheit einer Meinung ist im Allgemeinen gerade irrelevant für die explanatorische Rolle dieser Meinung für Handlungen. Handlungserklärungen erfordern nur die Annahme, dass die Aktoren gewisse Meinungen und Wünsche haben, nicht aber die Annahme, dass sie wahr (falsch) oder erfüllt (unerfüllt) sind.

Aber Papineau macht auf eine spezifische Klasse von Handlungserklärungen aufmerksam, für die der Wahrheitswert von Meinungen relevant ist: Erklärungen, die den Erfolg von Handlungen erklären wollen, nach dem Schema

(C) 1. S wünscht dass p; 2. S meint, dass Handlung H das p herbeiführen wird; 3. diese Meinung ist wahr; also 4. S schafft es, p herbeizuführen (dadurch, dass S H tut).

Schema (C) zeigt: die Wahrheitsbedingungen einer Meinung M zu kennen heißt zu wissen, wann M einen Handlungserfolg erklären kann. Wir können dann sagen:

(D) Die Wahrheit einer Meinung M ist diejenige Eigenschaft, die eine notwendige Bedingung dafür ist, dass Handlungen auf der Grundlage von M erfolgreich sind.[89]

Damit ist erklärt, was die Repräsentation von Meinungen ist – nämlich jener Aspekt an diesen mentalen Zuständen, der die Erklärung erfolgreicher Handlungen erlaubt. Allerdings, (D) ist noch nicht genau genug, denn es gilt:

(D)* Die Wahrheitsbedingung einer Meinung M ist diejenige Bedingung, die garantiert, dass Handlungen, die in gültiger Weise auf M basieren, erfolgreich sind.

Allerdings setzt der Begriff der Gültigkeit den Begriff der Wahrheitsbedingung voraus: Es muss tatsächlich der Fall und damit wahr sein, dass der Erfolg der Handlungen tatsächlich auf der Meinung M beruht. Hier scheint eine substantielle Schwierigkeit von (D)* und damit auch von (D) vorzuliegen. Ein anderes Problem mit (D) und (D)* ist, dass diese Analysen den Begriff des Erfolgs verwenden. Es ist naheliegend zu sagen, dass eine Handlung H erfolgreich ist genau dann, wenn die Erfüllungsbedingung des Wunsches, der mit der Handlung gegeben ist (unter dem die Handlung beschrieben wird), erfüllt ist. Aber natürlich sind die Erfüllungsbedingungen von Wünschen gerade die Gehalte der Wünsche, und

---

88 Vgl. Papineau 1990.
89 Der Ausdruck „garantiert" klingt sehr scharf und enthistorisiert. Diese Lesart enthält ein Problem, weil sie ausschließt, daß auch Missrepräsentationen vorkommen können. Vielleicht wäre daher ein weicherer Terminus angebracht.

daher taugt diese Argumentationslinie nicht zur zirkelfreien Erklärung des Gehaltes von Wünschen und Meinungen. Wir können auch nicht, analog zu (D), sagen, dass die Erfüllungsbedingung eines Wunsches W diejenige Bedingung ist, die garantiert in Handlungen H resultiert, die auf W beruhen, wenn die mit H verbundenen Meinungen wahr sind. Denn dabei verwenden wir wieder den Begriff der Wahrheit und damit auch den Begriff der Wahrheitsbedingung, der gerade in (D)* erläutert werden sollte.

An diesem Punkt bringt Papineau die Teleosemantik ins Spiel. Denn die Teleosemantik enthält die Idee:

(E)   (a) Die Wahrheitsbedingung einer Meinung M ist diejenige Tatsache B, für die gilt: Es ist der Zweck oder die Funktion von M, mit B ko-präsent zu sein. (b) Die Erfüllungsbedingung eines Wunsches W ist diejenige Bedingung B, für die gilt: Es ist der Zweck oder die Funktion von W, Anlass zu geben für die Herbeiführung von B.

Natürlich ist (E) seinerseits sinnvoll nur dann, wenn der Begriff der Funktion in nicht-metaphorischer Weise erläutert wird. Und das geschieht im Rahmen der Teleosemantik, grob formuliert, mit der teleosemantischen Intuition:

(F)   Es ist der Zweck oder die Funktion von A, B zu tun, wenn A jetzt präsent ist, weil vergangene Selektionsprozesse Elemente ausgewählt haben, die B tun.[90]

Papineau betont, dass teleologische Theorien im Sinne von (E) und (F) den Wahrheitsbegriff keineswegs über die Idee der Erfolgsgarantie ersetzen, sondern ihn inkorporieren. Um das zu sehen, sollten die Funktionen von Meinungen und Wünschen im Rahmen der Beiträge betrachtet werden, die sie für die Zwecke eines ganzen Entscheidungssystems leisten, zu dem sie gehören. Und hier zeigt sich eine wichtige Asymmetrie zwischen Wünschen und Meinungen. Denn die Funktion eines Entscheidungssystems von Organismus O ist es, Resultate zu produzieren, die für O günstig sind. Aber nur Wünsche, nicht Meinungen, sind mit Resultaten direkt verbunden. Explikativ müssen wir daher beginnen mit (b) aus (E), allerdings mit einem Zusatz:

(E*) Die Erfüllungsbedingung eines Wunsches W ist diejenige Bedingung B, für die gilt: Es ist der Zweck oder die Funktion von W, Anlass zu geben für die Herbeiführung von B, und wenn W Teil des Entscheidungssystems von O ist, dann ist B förderlich für O.

Anschließend können wir dann sagen:

(G)   Die Wahrheitsbedingung der Meinung M ist diejenige Bedingung C, für die gilt: Es ist die Funktion von M, eine Handlung H produzieren zu helfen, derart dass H das Herbeiführen von B im Sinne von (E)* ist, wenn C der Fall ist.

Aber (G) läuft gerade auf (D) hinaus, nur dass die teleologische Theorie nun eine unabhängige Erklärung für den Gehalt und Erfolg von Wünschen geliefert hat. Die biologische Funktion von Meinungen ist es dann, den Wünschen zu ermöglichen, ihre biologische Funktion zu erfüllen. Aber das gilt gerade aufgrund der Wahrheit von Analyse (D).

---

90 Mit (F) ist nach Papineau nicht behauptet, dass alle mentalen Repräsentationen auf vererbter Selektion beruhen. Sie können ebenso gut ein Produkt von Selektionen im Rahmen individuellen Lernens sein.

Aus dieser Perspektive ist nach Papineau auch klar, dass Inferenzen als Verknüpfungen von mentalen Zuständen die biologische Funktion haben, Wahrheit zu transportieren. Denn ansonsten könnten Meinungen, die aus wahren Prämissen abgeleitet werden, ihre Funktion im Sinne von (G) offensichtlich nicht erfüllen, wenn z.B. aus der Meinung, dass X ein gutes Mittel ist, um etwas zu erreichen, folgen soll, dass auch Y ein Mittel dafür ist, weil Y von X vorausgesetzt wird. Also wird die Gültigkeit von Inferenzen selektiert, und das Zirkularitätsproblem von (D)* und damit von (D) ist bereinigt.[91]

Es dürfte deutlich geworden sein, dass diese Überlegungen eine Reformulierung und Begründung des Standardargumentes für den wissenschaftlichen Realismus auf teleosemantischer Grundlage ermöglichen – nämlich des Argumentes der besten Erklärung des Erfolges der Wissenschaften. Der Erfolgsbegriff kann in diesem Ansatz freilich nur dann zirkelfrei mit Hilfe der Teleosemantik eingeführt werden, wenn man dabei auf die evolutionären Reproduktionsbedingungen zurückgreift (der Begriff der Förderlichkeit in (E)*). Und insoweit wird der intentionale Realismus auf dieser Ebene durch Papineaus Argumentation auch gestützt. Auf höheren Ebenen von Handlungen und Wunscherfüllungen sind jedoch viele andere Erfolgskriterien im Spiel, die vielleicht nicht ohne weiteres zirkelfrei (ohne Rückgriff auf Wahrheit und semantische Gehalte) verwendet werden können.

Wenn es um die Frage geht, worauf sich moderne Sprachtheorien (zu denen auch Bedeutungstheorien gehören) beziehen, dann darf auch die generative Grammatik nicht außer acht bleiben. Denn die generative Grammatik versteht sich als umfassende Sprachtheorie mit einer kognitivistischen Ausrichtung – als Teil der kognitiven Psychologie. Im Rahmen dieser theoretischen Ausrichtung untersucht die generative Grammatik das sprachliche Wissen als wichtigen Teil der menschlichen Kognition. Die zentrale Frage der generativen Grammatik ist, was jemand im Kopf hat und weiß, insofern er eine natürliche Sprache meistert. Das Beherrschen einer natürlichen Sprache ist im Kern eine kognitive Fähigkeit. Ausgangspunkt der Theorie sind empirische Beobachtungen, die hauptsächlich mit dem Spracherwerb zusammenhängen. Der zentrale Punkt ist, dass es höchst unplausibel ist anzunehmen, dass kleine Kinder ohne jede kognitive Grundlage innerhalb kurzer Zeit eine so enorm komplexe Sprachkompetenz erwerben können, wie sie für das Meistern einer entwickelten natürlichen Sprache erforderlich ist.[92] Daher postuliert die generative Grammatik, dass die grammatische Kompetenz in Form einiger einfacher universalgrammatischer Prinzipien angeboren sein muss. Im Spracherwerb starten Kinder mit diesen Prinzipien und spezialisieren sie je nach spezifischem sprachlichem Input aus der Sprachgemeinschaft, in der sie aufwachsen.

---

91 Allerdings bleibt eine harmlose Zirkularität bestehen. Allgemein kommt es oft vor, daß zugleich gilt: Fs haben die Funktion G nur, weil Hs J sind, und Hs haben die Funktion J nur, weil Fs G sind (z.B.: Lungen haben die Funktion, Blut zu oxygenisieren, nur, weil das Herz das Blut zirkuliert, und das Herz hat die Funktion, das Blut zu zirkulieren, nur, weil die Lungen das Blut oxygenisieren). So auch im Fall der Inferenzen: Inferenz-Prozeduren haben die Funktion, gültig zu sein, nur insofern, als sie mit wahren Prämissen versorgt werden, und zugleich haben Meinungen die Funktion, wahr zu sein, nur insofern, als die Inferenzen aus ihnen gültig sind. Auch hier gibt es eine evolutionäre Koordination von Funktionen.

92 Im Verlauf des Spracherwerbs machen Kinder zum Beispiel gewisse Fehler, aber andere, eher grammatische Fehler machen sie nie. Und Kinder, die zuerst mit Pidginsprachen bekannt gemacht werden, die syntaktisch und grammatisch kaum strukturiert sind, entwickeln daraus selbständig oft innerhalb einer Generation eine syntaktisch und grammatisch voll entfaltete natürliche Sprache, ohne die Syntax und Grammatik je gelernt zu haben.

Für die generative Grammatik ist das Sprachwissen, das ihren Untersuchungsgegenstand ausmacht, also genauer eine grammatische Kompetenz, und das heißt hier im Kern, eine syntaktische Kompetenz. Kognitionstheoretisch gesehen geht die generative Grammatik von einer Modularisierung des Wissens aus. Weltwissen, Handlungswissen, Wahrnehmungswissen, motorisches Wissen und sprachliches Wissen sind diesem Bild zufolge unterschiedliche und weitgehend voneinander unabhängige kognitive Module, die freilich in der menschlichen Kognition zusammenwirken. Im Rahmen des modularisierten sprachlichen Wissens gibt es aber eine spezifische syntaktische Kompetenz (die auch „grammatische Kompetenz" genannt wird). Die *Syntax* wird dabei wie in der formalen Logik als Menge von Regeln für die Zusammenstellung von einzelnen Wörtern zu Phrasen und Sätzen nach dem Kriterium der *syntaktischen Wohlgeformtheit* (die man manchmal auch *Grammatikalität* nennt) verstanden.

Die zentrale These der generativen Grammatik ist daher genauer, dass

- die grundlegenden Prinzipien für die Hervorbringung der syntaktisch wohlgeformten Ausdrücke einer natürlichen Sprache,
- die kognitive Fähigkeit, diese Prinzipien und Regeln anzuwenden, und
- die Kompetenz, jeden komplexen Ausdruck einer muttersprachlich gelernten Sprache spontan korrekt auf Wohlgeformtheit hin zu beurteilen,

auf algorithmischen kognitiven Prozessen im Gehirn aller Menschen beruhen, d.h. angeboren und somit auch kulturell universal sind. Das wichtigste theoretische Ziel der generativen Grammatik ist, diese Prinzipien und Kompetenzen zu untersuchen und zu ermitteln.[93] In wissenschaftstheoretischer Hinsicht behauptet die generative Grammatik, dass ihre kognitiven Hypothesen Postulate über theoretische Entitäten und ihr algorithmisches Verhalten im Gehirn sind, die als Modelle hohe Erklärungskraft für empirisch beobachtbare Sachverhalte des Spracherwerbs und der Sprachbeherrschung haben und in dieser Hinsicht bislang konkurrenzlos sind (auch im Vergleich mit neueren psychologischen und philosophischen Theorien des Geistes). Das sprachliche Wissen im Sinne der generativen Grammatik (also als syntaktische Kompetenz in Gestalt universeller angeborener Algorithmen) ist also real, wenn der wissenschaftliche Realismus akzeptiert wird – im Sinne theoretischer Entitäten, die in einer bewährten empirischen Theorie eine wichtige explanatorische Rolle spielen und daher mit guten Gründen als existent postuliert werden.

Es ist meines Erachtens nicht immer klar, in welcher Weise Syntaxtheorie und Semantik theoretisch integriert werden könnten. Die linguistische Syntaxtheorie greift auf semantische Verhältnisse durch die Rede von einem mentalen Lexikon zurück, das die Bedeutungen sprachlicher Ausdrücke speichert. Auch das mentale Lexikon ist eine theoretische Entität, die in der generativen Grammatik explanatorische Funktionen übernimmt. Aber wie syntaktische und semantische Kompetenzen zueinander stehen, bleibt dunkel. Umgekehrt gehen syntaktische Kompetenzen in vielen philosophischen Semantiken nicht substantiell in die Betrachtung ein. Aber wenn und insofern die generative Grammatik eine bestätigte empirische Theorie ist und der wissenschaftliche Realismus akzeptabel ist,

---

[93] Eine gute Übersicht bietet Pinker 1996, bes. S. 97-143, aber auch die Einführungen Vater 2002 und Linke, Nussbaumer, Portmann 2003.

lässt sich die Realität syntaktischer Kompetenzen und ihrer algorithmischen Grundlagen im Gehirn von Sprechern natürlicher Sprachen wohl kaum ernsthaft bezweifeln.

6. Intentionaler Realismus und Interpretationismus

Wie steht es aber um den intentionalen Realismus und Antirealismus, wenn wir von einer externalistischen interpretationistischen Semantik im Stile Davidsons ausgehen? Auf den ersten Blick scheint es bei den Vertretern dieser Theorie und insbesondere auch bei Davidson selbst widersprüchliche Signale zu geben. Ich habe oben bereits einige Gründe für die Einschätzung aufgeführt, dass diese Theorie auf dem Boden des intentionalen Antirealismus steht, weil sie unter anderem behauptet, dass Interpretationen durch das empirische Belegmaterial der T-Theoreme unterbestimmt sind und dass das Vorkommen semantisch gehaltvoller Gedanken und das Äußern bedeutungsvoller Sätze von angemessenen wechselseitigen Interpretationen abhängt. So schreibt Davidson zum Beispiel:

> Die Hauptthese meiner Abhandlung ist, dass ein Wesen nur dann Gedanken haben kann, wenn es der Interpret der Sprache eines anderen ist.[94]

> We would have no full-fledged thoughts, if we were not in communications with others, and therefore no thoughts about nature.[95]

Aber nicht nur semantisch gehaltvolle Gedanken, sondern auch Sätze und Äußerungen mit Bedeutungen sind nach Davidson von interpretativen Aktivitäten abhängig. Denn, wie Davidson bemerkt:

> Natürlich gibt es die Frage, ob Bedeutungen und Propositionen existieren... Falls sie existieren, sind sie abstrakte Entitäten und bedürfen nur der Definition. Wenn sie einmal definiert sind, muß sich immer noch erweisen, ob sie zur Erklärung und Beschreibung nützliche Dienste tun.[96]

Nun wird aber in einer Interpretationstheorie, wie sie Davidson vorschwebt, kein Gebrauch von Bedeutungen als Entitäten gemacht, weil die Annahme von Bedeutungen als Entitäten in Interpretationshypothesen eben keine explanatorische Funktion hat.[97] Dazu kommt, dass Zuschreibungen von Bedeutungen erst nach dem Aufstellen einer erfolgreichen Interpretationstheorie, also nach und aufgrund erfolgreicher Interpretationsversuche möglich sind, weil T-Theoreme erst im holistischen Rahmen einer solchen Theorie interpretativ werden. Wenn wir also eine erfolgreiche Interpretationstheorie im Davidsonschen Sinne etabliert haben, die es uns ermöglicht, Äußerungen und Gedanken anderer Personen angemessen zu verstehen, dann folgt aus dieser Theorie keineswegs, dass es Bedeutungen und semantische Gehalte gibt, die die Interpreten im Prozess des Verstehens erfassen. Dies gilt auch und sogar gerade dann, wenn wir hinsichtlich von Interpretationstheorien den Standpunkt des wissenschaftlichen Realismus einnehmen, denn – wie schon bemerkt – nach Davidson ist in erfolgreichen Interpretationstheorien von Bedeutungen und semantischen Gehalten nicht die Rede.

---

94 Es handelt sich um die Abhandlung Davidson1975, vgl. S. 227.
95 Davidson 1994, S. 233. Diese These wird u.a. auch verteidigt in Davidson 1991.
96 Vgl. Davidson 1997, S. 24 Anm. 3, ferner zum Beispiel Davidson 1974, S. 215.
97 Vgl. z.B. Davidson 1967, S. 44f.

Auf der anderen Seite kann kaum ein Zweifel daran bestehen, dass für Davidson Zuschreibungen der Form „S sagt, dass p" und „S glaubt, dass p" oft wahr sind. Und wenn wir – wie heute üblich – annehmen, dass die Formel „dass p" die Bedeutung von Äußerungen oder den semantischen Gehalt von Gedanken beschreibt, dann müssen wir anerkennen, dass Zuschreibungen der genannten Formen feststellen, dass Person S eine Äußerung mit der Bedeutung „dass p" getan oder einen Gedanken mit dem semantischen Gehalt „dass p" gedacht hat. Und wenn diese Zuschreibungen wahr sind, müssen wir, wie es scheint, anerkennen, dass es Äußerungen mit bestimmten Bedeutungen (seitens gewisser Personen) sowie Gedanken mit bestimmten semantischen Gehalten (bei einigen Personen) tatsächlich gibt:

> Kurz, viele unserer Überzeugungen und Feststellungen darüber, was Leute glauben, beabsichtigen, wünschen und erhoffen, sind wahr, und sie sind wahr, weil die Leute diese Einstellungen haben.[98]

Und im Rahmen einer sehr kritischen Auseinandersetzung mit Dennetts intentionalem Antirealismus bemerkt Davidson:

> Daniel Dennett hat erfreulicherweise beklagt, dass nach meiner Auffassung intentionale Zustände *zu* wirklich sind.[99]

Wenn es schließlich um die Frage geht, anhand welcher Entitäten wir intentionale Einstellungen festhalten können, dann ist nach Davidson eine naheliegende Antwort, dass es die Sätze sind, in denen diese Einstellungen beschrieben werden. Wir müssen Sätze der Form „S glaubt, dass p" verwenden, um die Meinung von S zu identifizieren. Doch lassen sich verschiedene Sätze verwenden, um mentale Einstellungen zu identifizieren. Davidson präferiert daher die Antwort, dass diejenigen Entitäten, auf die wir Bezug nehmen müssen, um mentale Einstellungen zu identifizieren, mündliche oder schriftliche Äußerungen des Zuschreibenden sind – Äußerungen, die natürlich eine Bedeutung haben. Der Vorschlag ist also

> die (mündliche oder schriftliche) *Äußerung* des Zuschreibenden selbst als den Gegenstand aufzufassen, auf den jemand sich bezieht, um den Inhalt einer Einstellung anzugeben.[100]

Diese Referenz ist in vielen Fällen wahr, so dass wir uns kaum der Folgerung entziehen können, dass es nach Davidson Äußerungen mit bestimmten Bedeutungen tatsächlich gibt. Und das folgt auch daraus, dass eine Interpretationstheorie, auch wenn sie in ihrem axiomatischen Apparat nicht explizit von Bedeutungen spricht, dennoch das Ziel hat, für jeden Satz der betrachteten Objektsprache seine Bedeutung anzugeben. Wenn die Interpretationstheorie tatsächlich, wie Davidson meint, eine empirische Theorie ist, die auch empirisch getestet werden kann, dann beschreiben gut bestätigte Interpretationstheorien Fakten in der Welt, und insbesondere auch, dass gewisse aus ihr abgeleitete T-Theoreme interpretativ sind, und das heißt nichts anderes, als dass in einem interpretativen T-Theorem der Form „s ist wahr gdw p" die Formel „dass p" die Bedeutung jenes Satzes der interpretierten Objektsprache angibt, dessen metasprachlicher Name „s" ist. Daher gilt auch in methodologischer Hinsicht:

---

98 Vgl. Davidson 1997, S. 20.
99 Vgl. Davidson 1997, S. 29.
100 Vgl. Davidson 1997, S. 26.

> Glaubenszuschreibungen sind ebenso öffentlich verifizierbar wie Inter-
> pretationen (sc. von Äußerungen), denn sie basieren auf denselben Bele-
> gen: Wenn wir verstehen können, was jemand sagt, können wir auch wis-
> sen, was er glaubt.[101]

Es sollte auch nicht übersehen werden, dass nach Davidson Holismus, Kohärenz und Rationalität zwar für das Vorkommen von bedeutungsvollen Äußerungen und semantisch gehaltvollen Gedanken konstitutiv sind, dass jedoch eine Interpretationstheorie als empirische
Theorie auch scheitern kann. Und wenn sie scheitert, so lässt sich dieses Scheitern nicht anders beschreiben, als dass die betrachteten Interpretanden keine Sprache sprechen und keine
gehaltvollen Gedanken haben. Ob also gewisse Wesen eine Sprache mit Sätzen, die bestimmte Bedeutungen haben, tatsächlich sprechen, und ob sie semantisch gehaltvolle Gedanken tatsächlich haben, hängt von der empirischen Wirklichkeit ab. Tatsächlich muss ein
Interpret nach Davidson im Szenario der radikalen Interpretation sogar zweifelsfrei empirisch feststellen können, ob seine Interpretanden gewisse Äußerungen für wahr halten. Dafür
ist es zwar nicht erforderlich, den semantischen Gehalt dieser Äußerungen zu kennen, aber
ein mentaler Zustand, das Für-Wahr-Halten, muss als tatsächlich gegeben angesehen werden
können, damit es überhaupt zur Aufstellung von T-Theoremen kommen kann. Wenn Davidson in einer berühmten Passage bemerkt:

> Wenn wir keine Möglichkeit finden, die Äußerungen und das sonstige
> Verhalten eines Geschöpfs so zu interpretieren, dass dabei eine Menge
> von Überzeugungen zum Vorschein kommen, die großenteils wider-
> spruchsfrei und nach eigenen Maßstäben wahr sind, dann haben wir kein-
> en Grund, dieses Geschöpf für ein Wesen zu erachten, das rational ist,
> Überzeugungen vertritt oder überhaupt etwas sagt,[102]

so heißt dies zwar einerseits, dass unsere interpretativen Prinzipien in gewisser Weise konstitutiv eingehen in das Vorkommen von Sprache und Gedanken bei den Interpretanden,
aber zugleich können wir kaum umhin anzuerkennen, dass nach Davidson die Frage, ob ein
Geschöpf nun tatsächlich rational ist, eine Sprache spricht und Gedanken hat oder nicht, davon abhängt, wie es mit diesem Geschöpf tatsächlich in dieser Hinsicht bestellt ist. Im Übrigen argumentiert Davidson ausdrücklich dafür, dass die Unbestimmtheit der Interpretation
den intentionalen Antirealismus nicht stützt:

> In diesem Aufsatz möchte ich eine bestimmte Sorte von Antirealisten un-
> tersuchen, nämlich solche, die die „Wirklichkeit" mentaler Zustände und
> Ereignisse im Lichte der Unbestimmtheit der Übersetzung oder Interpre-
> tation in Zweifel ziehen... Weil ich die These von der Unbestimmtheit
> der Interpretation akzeptiere, wäre ich betrübt, wenn ich feststellen
> müsste, dass aus ihr eine Version des Antirealismus folgte. Doch damit
> rechne ich nicht, wie ich im Folgenden erklären möchte. Ich glaube
> weder, dass die Unbestimmtheitsthese zeigt, dass propositionale Einstel-
> lungen nicht vollständig wirklich sind (was immer das heißen mag), noch
> dass wir den Wahrheitsbegriff ändern müssen, wenn wir von proposi-
> tionalen Einstellungen reden.[103]

---

101 Vgl. Davidson 1974, S. 222.
102 Vgl. Davidson 1973, S. 199.
103 Vgl. Davidson 1997, S. 20.

Es scheint also prima facie sowohl Anzeichen dafür zu geben, dass eine Interpretations-theorie à la Davidson auf einen intentionalen Antirealismus festgelegt ist, als auch Anzei-chen dafür, dass dies nicht der Fall ist. Die Frage ist, wie wir diese unterschiedlichen Hin-weise konsistent interpretieren können. Um diese Frage einer Antwort näher zu bringen, lohnt es sich zu klären, in genau welchem Sinne Davidson davon redet, dass propositiona-le Einstellungen und Äußerungen mit bestimmten Bedeutungen „vollständig wirklich" sind.

Davidson hat immer wieder erklärt, dass er den Realismus in folgender Weise ablehnt:

(R1)   Wenn Sätze S oder Gedanken G wahr sind, so gibt es nicht Dinge D in der Welt,
        derart dass gilt: D machen S bzw. G wahr, und die Wahrheit von S bzw. G besteht
        in einer Korrespondenz zwischen S bzw. G und D, und diese Korrespondenz er-
        klärt, warum S bzw. G wahr sind.[104]

Auf die Frage, was Satz „p" wahr macht, können wir nämlich nur mit einem weiteren Satz antworten, nämlich mit dem Satz: „Das Faktum, dass p, macht den Satz ‚p' wahr." Kurz: Satz „p" ist wahr gdw p. Und wenn wir eine seriöse Semantik formulieren, die eine Refe-renz auf Fakten beschreiben soll, zeigt sich, dass das Steinschleuder-Argument von Frege und Church unabweisbar ist: alle wahren Sätze referieren auf dasselbe – auf das Wahre.

Mit (R1) ist aber für Davidson ein externalistischer Blick auf Bedeutungen vereinbar, der unter anderem den Fakten oder Situationen in der Welt eine kausale Rolle für das Ent-stehen und Lernen von Bedeutungen zubilligt, unter anderem wenn in Situationen der Tri-angulation durch Ostension gelernt wird:

> It is plain that we learn what many simple sentences, and the terms in
> them, mean through ostension...To hold that the situations in which
> words are learned confers meaning on them is to embrace a form of ex-
> ternalism.[105]

In einer externalistischen semantischen Theorie müssen wir über Situationen und Fakten in der Welt also unter anderem so reden:

(R2)   Ein Wort W oder ein Satz S erhält Bedeutung und kann gelernt werden nur, weil
        W*-Dinge und Fakten S* kausal dazu beitragen, dass Sprecher W oder S äußern.

Wenn es nun aber um Fakten geht, die mit semantischen Verhältnissen zu tun haben, so ist bereits klar geworden, dass Davidson meint:

(R3)   Eine erfolgreiche Interpretationstheorie erlaubt uns nicht zu sagen, dass Bedeutun-
        gen   existieren.

Darüber hinaus behauptet Davidson aber auch

(R4)   Eine erfolgreiche Interpretationstheorie erlaubt uns nicht zu sagen, dass propositio-
        nale Einstellungen oder Äußerungen mit Bedeutungen Entitäten sind und als solche
        existieren.[106]

---

104 Vgl. z.B. Davidson 1997, S. 19-20. Siehe auch Davidson 2005a, S. 5f.
105 Vgl. Davidson 1994, S. 233.
106 Vgl. z.B. Davidson 1994, S. 31.

Dennoch gibt es für Davidson einen guten Sinn, in dem Sätze der Form „S sagt (ist davon überzeugt), dass p" wahr sind und etwas in der Welt beschreiben, auch wenn Sätze Elemente des Raumes der Gründe sind und der anomale Monismus verteidigt werden muss:

> Anomaler Monismus unterstellt nicht, dass mentale Ereignisse und Zustände bloß von der zuschreibenden Person auf eine handelnde Person projiziert werden. Im Gegenteil, er hält mentale Ereignisse für ebenso wirklich wie physische Ereignisse, [...] und Zuschreibungen von Zuständen für ebenso objektiv. Wenn Quine solche Zuschreibungen als schauspielerische Darstellungen bezeichnet, so folgt daraus nicht, dass es nichts gibt, das dargestellt werden kann. Dass das mentale Vokabular nicht für Wissenschaften wie Physik oder Physiologie geeignet ist, besagt noch nicht, dass damit die Wirklichkeit der Zustände, Ereignisse und Gegenstände in Frage gestellt würde, die es beschreibt.

> Des Rätsels Lösung erfordert die Aufgabe der Idee, man müsse die grammatischen Objekte von Überzeugungssätzen so auffassen, als bezeichneten sie physisch reale Objekte – Gegenstände, die die überzeugte Person weiß, kennt, begreift oder erfasst. Der einzige Gegenstand, der für das Bestehen einer Überzeugung erforderlich ist, ist jemand, der überzeugt ist. [...] Für die Wahrheit einer Einstellungszuschreibung ist es allein notwendig, dass das verwendete Prädikat auf die Person mit der Einstellung zutrifft.[107]

Davidson behauptet also:

(R5)   Eine erfolgreiche Interpretationstheorie erlaubt uns zu sagen, dass Sätze der Form „S sagt (ist davon überzeugt), dass p" wahr sind genau dann, wenn es auf S zutrifft, dass sie sagt (davon überzeugt ist), dass p der Fall ist, d.h. wenn S tatsächlich sagt (davon überzeugt ist), dass p der Fall ist.

Analog gilt natürlich

(R6)   Eine erfolgreiche Interpretationstheorie, aus der ein wahres T-Theorem der Form „s ist wahr gdw p" deduzierbar ist, erlaubt uns zu sagen, dass ein Sprecher der Objektsprache, der den Satz s äußert, damit sagt, dass p der Fall ist, d.h. dass auf diesen Sprecher das Prädikat „x sagt, dass p der Fall ist" zutrifft.

Mit (R5) und (R6) ist eine Form des intentionalen Realismus umrissen, die aus einer externalistischen Semantik davidsonscher Art folgt. Denn nach (R5) und (R6) beschreiben Zuschreibungssätze, wenn sie wahr sind, durchaus etwas in der Welt, nämlich dass es eine Person gibt, auf die ein Sagens- oder Überzeugungsprädikat zutrifft. Und da die Phrasen „...dass p (der Fall ist)" Bedeutungen oder semantische Gehalte anzeigen, können wir nach (R5) und (R6) auch sagen, dass Zuschreibungssätze, wenn sie wahr sind, feststellen, dass eine Person in der Welt tatsächlich das Prädikat erfüllt, eine Äußerung mit einer bestimmten Bedeutung zu formulieren oder einen Gedanken mit einem bestimmten semantischen Gehalt zu haben.

---

107 Vgl. Davidson 1997, S. 22 und S. 23f.

Allerdings haben Zuschreibungen dieser Form für Davidson zugleich einen Status, den er oft mit dem Messen von Gegenständen vergleicht.[108] Diese Analogie ist für Davidson relevant für die entscheidende Frage, „ob Zuschreibungen von Einstellungen objektiv wahr oder falsch sind."[109] Wir können zum Beispiel Gegenstände mit unterschiedlichen Parametern und Skalen messen, das Gewicht zum Beispiel in pound oder kilo. Insofern ist die Weise des Messens unbestimmt (nicht unterbestimmt, wie Theorien durch empirische Daten vielleicht unterbestimmt sind) – unbestimmt gegenüber alternativen Parametern. Alternative Skalen für Messungen sind jedoch nicht inkonsistent miteinander (wie alternative Theorien, die durch empirische Daten unterbestimmt sind, vielleicht inkonsistent sein können), denn sie messen dasselbe. Darum sind Skalen für Messungen nicht empirische Gegenstände, sondern unsere Mittel, um gewisse Eigenschaften von empirischen Gegenständen, wie etwa Gewichte, zu messen.

Analog besagen nach Davidson Zuschreibungssätze der Form „S sagt (ist davon überzeugt), dass p" nicht, dass die Äußerung, dass p, oder die Überzeugung, dass p, eine Entität in der Welt ist, zu der S eine Relation aufweist – sondern dass S das Prädikat „sagen (davon überzeugt sein), dass p" erfüllt. Im Prinzip könnte es jedoch eine alternative Sprache geben, mit der dasselbe ausgedrückt werden kann, vielleicht in der Form „S sagt (ist davon überzeugt), dass q". Darum dürfen wir vielleicht nicht einfach sagen, dass mit einem Satz der Form „S sagt (ist davon überzeugt), dass p" auf ein Faktum der Art, dass S sagt (davon überzeugt ist), dass p, verwiesen wird ganz unabhängig von der Sprache, die wir sprechen, und von der Interpretationstheorie, die wir vertreten. Doch ist diese Qualifizierung nicht besonders weitreichend, denn wie die verschiedenen Skalen für Messungen sind auch verschiedene Sprachen ineinander übersetzbar. In Hinsicht auf die Fakten gibt es also keinen relevanten Unterschied zwischen Sätzen der Form „S sagt (ist davon überzeugt), dass p" und Sätzen der Form „S sagt (ist davon überzeugt), dass q", wenn diese Sätze zwei verschiedenen Sprachen L1 und L2 angehören und wenn „p" in L1 wahr ist gdw q (wobei L2 die Metasprache ist).

Die Unbestimmtheit der Interpretation und damit auch die Unerforschlichkeit der Referenz ist also nicht unvereinbar mit dem intentionalen Realismus in der Form (R5) und (R6). Aber das ist noch nicht alles, was sich dem Interpretationismus nach zum Verhältnis von mentaler Sprache und den Fakten sagen lässt und was sich zum Beispiel dem intentionalen Antirealisten Dennett aus interpretationistischer Sicht entgegenhalten lässt. Denn wenn es um den Status der verschiedenen Einstellungen (physikalische, funktionale, intentionale) geht, mit denen Dennett operiert, lässt sich die Unbestimmtheit der Interpretation nicht in Anschlag bringen, weil die mentale Sprache nach Davidson nicht in die physikalische Sprache übersetzbar ist.

Vielmehr müssen wir Davidsons Hinweis auf die Analogie der mentalen Sprache zu den Messungen beachten und berücksichtigen, denn in dieser Analogie scheint eine interessante Idee zu stecken.

Diese Idee kann folgendermaßen ausbuchstabiert werden. Auf der allgemeinsten Ebene ist die mentale Sprache, in der wir Gedanken, Äußerungen und Handlungen beschreiben, durch Annahmen bestimmt, die beschreiben, was – wie man oft sagt – konstitutiv für Ge-

---

108 Z.B. Davidson 1997, S. 24f.
109 Ibid.

danken, Äußerungen und Handlungen ist.[110] Diese Annahmen besagen zum Beispiel, dass das Erzeugen intensionaler Kontexte, die holistischen Vernetzungen sowie bestimmte Formen von Normativität und Rationalität konstitutiv für Gedanken, Äußerungen und Handlungen sind – oder auch, dass die naturgesetzliche Organisation konstitutiv für physikalische Zustände und Prozesse ist, und dass evolutionäre Strukturen für funktionale natürliche Zustände konstitutiv sind. Davidsons Idee ist, dass sich der Status solcher Konstitutionsannahmen mit der Wahl von Skalen für Messungen vergleichen lässt. *Diese Annahmen sind nämlich a priori in dem Sinne, dass sie erst festlegen, was wir zum Beispiel unter Gedanken, Äußerungen und Handlungen verstehen wollen und wonach wir suchen sollten, wenn wir den Geist erforschen wollen.* Es kann sich daher nicht empirisch herausstellen, dass einige propositionale Gedanken nicht holistisch vernetzt und rational organisiert sind, und es kann sich auch nicht empirisch herausstellen, dass einige Handlungen nicht mit semantisch gehaltvollen Absichten korreliert oder nicht rationalisierbar sind. Aber diese Annahmen lassen sich zugleich so erweitern, dass sie einen empirischen Status gewinnen – indem man sie ergänzt um Sätze der Form „Es gibt (im Bereich X) Geschöpfe, die Gedanken haben, Äußerungen formulieren und Handlungen vollziehen." Denn für einen gegebenen Gegenstandsbereich ist es eine empirische Frage, eine Frage der Fakten, eine Frage der Beschaffenheit der Welt, ob sich Geschöpfe finden lassen, für die die erweiterten Konstitutionsannahmen wahr sind.

Diese Sicht der Dinge erinnert an einige Grundsätze des internen Realismus, wie ihn Putnam entwickelt hat, vor allem an Putnams Behauptung, dass ein Bezug auf Fakten immer nur innerhalb eines bestimmten Begriffsschemas oder Theorierahmens möglich ist, und dass es dabei verschiedene (manchmal sogar konkurrierende) Begriffschemata oder Theorierahmen geben kann.[111] Aber im internen Realismus bleibt der Status dieser Rahmenbedingungen ungeklärt. Eine bessere Reformulierung des Status erweiterter konstitutiver Annahmen mit einem apriorischen und einem empirischen Anteil könnte davon ausgehen, dass derartige Annahmen beschreiben, unter welchen Bedingungen gewisse Wissenschaften möglich sind. Wir würden nicht von Physik reden, wenn wir Prozesse nicht in naturgesetzlichen Relationen betrachten würden. Die Biologie erfordert zum Teil funktionale Analysen. Und wir würden nicht von Psychologie im Sinne einer Theorie des Geistes oder von Handlungstheorie reden, wenn die Erklärungen mentaler und semantischer Phänomene oder die Erklärungen von Handlungen nicht mit Rationalitätsunterstellungen arbeiten würden. Es handelt sich um metawissenschaftliche Sätze, die beschreiben, unter welchen Bedingungen wir überhaupt von bestimmten wissenschaftlichen Feldern reden können. In diesem Sinne haben Konstitutionsannahmen einen schwach-transzendentalen Status.[112]

---

110 Davidson spricht hier einfach über Definitionen von semantischen oder mentalen Zuständen, vgl. Davidson 1997, S. 24 Anm. 3.

111 Einige Elemente des internen Realismus passen allerdings nicht in das interpretationistische Bild, zum Beispiel der Begriff der Wahrheit als rationale Akzeptierbarkeit unter idealen Bedingungen.

112 Vgl. dazu den instruktiven und hilfreichen Aufsatz von Tetens 2006. Von einem schwach-transzendentalen Status sollte man reden, weil diese Bestimmungen vielleicht nicht alle jene steilen theoretischen Ambitionen erfüllen, die Kant mit transzendentalen Annahmen verbunden hat. Der Status von Konstitutionsaussagen wird eingehend von Becker diskutiert (vgl. Alexander Becker, in diesem Band, S. 245-255). Becker weist auf einige Fälle hin, die dafür sprechen, dass manche Konstitutionsaussagen in keiner Weise mit der Erfahrung zusammenhängen.

Auf diese Weise lässt sich der Status der physikalischen, funktionalen und intentionalen Einstellungen präzise bestimmen und vom antirealistischen und instrumentalistischen Image befreien, das sie bei Dennett haben. Davidsons Idee scheint es aber zu sein, dass auch etablierte Interpretationstheorien für einzelne Sprachen einen gewissen schwach-transzendentalen Status besitzen, weil Interpretationstheorien angeben, was semantisch konstitutiv für eine gegebene Objektsprache ist. Diese Idee ist auf den ersten Blick prekär, wenn man bedenkt, dass eine Interpretationstheorie für eine bestimmte Objektsprache eine empirische Theorie ist. Inwiefern kann eine empirische Theorie einen schwach-transzendentalen Status haben? Eine Interpretationstheorie zu einer Objektsprache L wird zwar anhand empirischer Belege in Gestalt von T-Theoremen etabliert und muss sich an weiteren dieser Belege auch bewähren, aber sie gibt zugleich den axiomatischen Rahmen vor, innerhalb dessen einzelne Gedanken, Äußerungen und Handlungen der betrachteten Geschöpfe interpretiert werden sollen. Solange keine alternative Interpretationstheorie zu L zur Verfügung steht, kann man sagen, dass die Interpretationstheorie die Sprache L definiert. Es kann sich empirisch nicht herausstellen, dass die betrachteten Geschöpfe eine Sprache sprechen, die dem axiomatischen Apparat von L nicht entspricht. Lautfolgen und mentale Episoden, die diesem Apparat nicht entsprechen, sind dann vielmehr überhaupt keine sprachlichen Äußerungen oder Gedanken.

Diese Überlegung ist nicht von der Voraussetzung abhängig, dass es für die betrachtete Sprache L nur eine einzige Interpretationstheorie gibt. Mit anderen Worten, diese Überlegung hängt nicht davon ab, dass die Interpretation nicht unbestimmt sein darf. Denn angenommen, es gäbe eine endliche Anzahl verschiedener Interpretationstheorien für die Sprache L, die empirisch gleichwertig sind, dann kann man sagen: Lautfolgen und mentale Episoden, die nicht mindestens einer der Interpretationstheorien entsprechen, sind keine sprachlichen Äußerungen bzw. keine Gedanken. Damit ist im Übrigen auch klar, dass der schwach-transzendentale Status einzelner Interpretationstheorien auch nicht davon abhängt, dass die einzelnen Interpretationstheorien infallibel sind. Falls eine gegebene Interpretationstheorie zugunsten einer empirisch besseren Theorie aufgegeben wird, geht der schwach-transzendentale Status vielmehr auf die Nachfolgetheorie über.

Man könnte überlegen, ob der Status einzelner Interpretationstheorien nicht eher einem paradigmatischen Zustand im Sinne Kuhns als einem schwach-transzendentalen Zustand entspricht. Tatsächlich wäre Davidsons – ein wenig vage – Analogie mit Skalen für Messungen auch mit dem Paradigma-Bild vereinbar. Aber es gibt auch einen Punkt, an dem diese Analogie zusammenbricht. Wenn wir physikalische Theorien im Rahmen eines Kuhnschen Paradigmas entwickeln, können wir das Paradigma wechseln (so wie insbesondere auch Skalen für Messungen), ohne die allgemeine sprachliche Grundlage zu verlieren, auf der wir gegebenenfalls ein neues Paradigma establieren und es mit dem alten Paradigma vergleichen können. Wenn wir dagegen eine Interpretationstheorie aufgeben, ohne über eine Alternative zu verfügen, hätten wir keine Möglichkeit mehr, überhaupt etwas zu sagen oder über etwas zu urteilen. Wir müssen immer über mindestens eine bestimmte Interpretationstheorie verfügen, um in beliebigen Feldern theoretisch und wissenschaftlich aktiv sein zu können. Und diese Interpretationstheorie beruht letztlich immer auf gelungenen wechselseitigen Interpretationen unter der Maßgabe der allgemeinen Konstitutionsannahmen für die intentionale Einstellung – wie Davidson ausdrücklich betont:

Meine Analogie zwischen dem Messen in den physikalischen Wissenschaften und der Zuschreibung von Inhalten zu den Worten und Gedanken anderer ist in einer wesentlichen Hinsicht unvollkommen. Im Falle des gewöhnlichen Maßnehmens gebrauchen wir die Zahlen, um die Tatsachen festzustellen, die uns interessieren. Im Falle der propositionalen Einstellungen benutzen wir unsere Sätze. Der Unterschied ist der folgende: Die Eigenschaften der Zahlen können wir gemeinsam herausarbeiten… So kann es sich mit unseren Sätzen nicht verhalten. Sie und ich können uns nicht über die relevanten Eigenschaften unserer Sätze verständigen, bevor wir uns ihrer bedienen, um andere zu interpretieren… Es ergibt keinen Sinn, einen gemeinsamen Standard der Interpretation zu fordern, denn gegenseitige Interpretation ergibt den einzigen Standard, den wir haben. Wir sollten nicht daran verzweifeln, dass wir über keinen Standard verfügen, an dem wir den Standard beurteilen können, keinen Test dafür, ob das Urmeter in der Tat einen Meter lang ist. Unsere Schlussfolgerung sollte vielmehr die sein: Falls unsere Urteile über die propositionalen Einstellungen anderer nicht objektiv sind, so gibt es keine Urteile, die dies sind.[113]

Wir können die wichtigsten Überlegungen, die wir im letzten Abschnitt dieses Aufsatzes angestellt haben, so zusammenfassen:

(R7) Der Erfolg einer Interpretationstheorie und die Annahmen (R5)-(R6) sind mit der Unbestimmtheit der Interpretation und der Unerforschlichkeit der Referenz vereinbar.

(R8) Interpretationstheorien über einen Bereich B lassen sich nur im Rahmen von allgemeinen Annahmen etablieren, die die folgende Form haben: A1 (a) Propositionale Gedanken und sprachliche Äußerungen erzeugen intensionale Kontexte, sind holistisch vernetzt und stehen in logischen und rationalen Beziehungen zueinander; (b) Im Bereich B gibt es Geschöpfe, die propositionale Gedanken haben und sprachliche Äußerungen formulieren.

(R9) Eine bestimmte Interpretationstheorie ILB über eine Objektsprache L im Bereich B setzt folgende Annahme voraus: A2 (c) ILB definiert in B die Sprache L; (d) im B gibt es Geschöpfe, die die Sprache L sprechen und deren einzelne Äußerungen als Teile von L verstanden werden können. Diese Voraussetzung ist mit der Unbestimmtheit der Interpretation und der empirischen Fallibilität von Interpretationstheorien vereinbar.

(R10) Für die Annahmen A1 und A2 in (R8)-(R9) gilt: (i) sie bestimmen mit (a) und (c) a priori, unter welchen Bedingungen das verstehende Erforschen des Geistes und das verstehende Erforschen einzelner Sprachen möglich ist; (ii) sie haben wegen (b) und (d) empirischen Gehalt und können daher an der Realität scheitern. Die Annahmen A1 und A2 in (R8)-(R9), und damit die intentionale Einstellung allgemein und jede einzelne etablierte Interpretationstheorie, haben wegen (i) und (ii) einen schwach-transzendentalen Status.

---

113 Vgl. Davidson 1997, S. 32.

Die Thesen (R5)-(R10) umreißen den moderaten intentionalen Realismus, der mit einer externalistischen interpretationistischen Semantik im Stile Davidsons verknüpft ist.[114] Gegenüber den realistischen Unterstellungen, die – wie wir gesehen haben – mit dem Erfolg volkspsychologischen Verstehens, professioneller Auslegungen und sublinguistischer Semantiken im Rahmen des wissenschaftlichen Realismus verknüpft sind, ist der moderate intentionale Realismus theoretisch grundlegend, weil er für alle sprachlichen Äußerungen und propositionalen Gedanken gilt – also auch für jene Äußerungen und Gedanken, die in volkspsychologischen Erklärungen, professionellen Auslegungen, sublinguistischen Semantiken und Thesen zum wissenschaftlichen Realismus zum Ausdruck gebracht werden.

---

114 Zu einer eingehenden kritischen Diskussion des intentionalen Realismus als einer Variante des undogmatischen Naturalismus vgl. Becker, in diesem Band, Abschnitte 5-8. Becker macht u.a. geltend, dass der undogmatische Naturalismus Probleme damit hat, die Begriffe von Natur und Realität diskriminativ zu verwenden und zugleich seine integrative Strategie aufrechtzuerhalten, und dass er von seinen eigenen Voraussetzungen her seine aufklärerische Motivation nicht begründen kann (zu Beckers Kritik an der These, Konstitutionsaussagen hätten einen lediglich schwach-transzendentalen Status, vgl. oben Anm. 112). Hier handelt es sich zweifellos um ernste Einwände, die der undogmatische Naturalist zu bearbeiten hat. Dass andererseits selbst aus der Realität intentionaler Zustände nicht folgt, dass wir Menschen wesentlich Personen mit einem mentalen Haushalt sind, wird vom Animalismus behauptete – einer Theorie der Person, die von Gerson Reuter in diesem Band verteidigt wird, und zwar in einer Form, die dem undogmatischen Naturalismus im Sinne Beckers zumindest sehr nahe kommt. Zur Beziehung zwischen intentionalem Realismus und sozialontologischem Realismus vgl. Ralph Schrader in diesem Band S. 209-214.

Zitierte Literatur

Abel, Theodore (1948), „The Operation Called *Verstehen*", in: H. Feigl, M. Brodbeck (Hg.), *Readings in the Philosophy of Science*. New York 1953, S. 677-687

Albert, Hans (1994), *Kritik der reinen Hermeneutik*. Tübingen

Allen, Colin (2005), „Tierbegriffe neu betrachtet. Ein empirischer Ansatz: Die Analyse einer Selbststeuerung", in: Perler, Wild (Hg.), S. 191-200

Anderson, John (2002), *Cognitive Psychology and its Implications*. New York

Angehrn, Emil (2003). *Interpretation und Dekonstruktion. Untersuchungen zur Hermeneutik.* Weilerswist

Baker, Lynne R. (1987), *Saving Beliefs.* Princeton

Barner, Wilfried (1998), „Kommt der Literaturwissenschaft ihr Gegenstand abhanden?" *Jahrbuch der Deutschen Schillergesellschaft* 42, S. 457-462

Bartels, Andreas (2007), „Wissenschaftlicher Realismus", in: A.Bartels, M.Stöckler (Hg.), *Wissenschaftstheorie. Ein Studienbuch*. Paderborn 2007, S. 199-221

Beckermann, Angsar (2001), *Analytische Einführung in die Philosophie des Geistes*. Berlin/New York

Bieri, Peter (1987), „Intentionale Systeme: Überlegungen zu Daniel Dennetts Philosophie des Geistes", in: J. Brandtstädter (Hg.), *Struktur und Erfahrung in der psychologischen Forschung,* Berlin / New York 1987, S. 208-252.

Böhm, Jan M. (2005), *Kritische Rationalität und Verstehen. Thesen zu einer naturalistischen Hermeneutik.* Amsterdam/New York

Boghossian, Paul (1990), „The Status of Content". *Philosophical Review* 99, S. 157-184

Cheney, Dorothy L., Seyfarth, Robert M. (1994), *Wie Affen die Welt sehen. Das Denken einer anderen Art*. München/Wien (orig. *How Monkeys See the World: Inside the Mind of Another Species*. Chicago/London 1990)

Churchland, Paul (1990), „Eliminative Materialism and Propositional Attitudes", in: Lycan (Hg.) (1990), S. 206-223

Culler, Jonathan (1988), *Dekonstruktion. Derrida und die poststrukturalistische Literaturtheorie,* Reinbek

Davidson, Donald (1963), „Handlungen, Gründe und Ursachen", in: Davidson (1990a), S. 3-29

ders. (1967), „Wahrheit und Bedeutung", in: Davidson (1990b), S. 40-68

ders. (1968), „Sagen, daß", in: Davidson (1990b), S. 141-162

ders. (1970), „Geistige Ereignisse", in: Davidson (1990a), S. 291-316

ders. (1973), „Radikale Interpretation", in: Davidson (1990b), S. 183-203

ders. (1974), „Der Begriff des Glaubens und die Grundlage der Bedeutung", in: Davidson (1990b), S. 204-223

ders. (1975), „Denken und Reden", in: Davidson (1990b), S. 224-246

ders. (1990a), *Handlung und Ereignis*. Frankfurt/Main (orig. *Essays on Action and Events*. Oxford 1980)

ders. (1990b), *Wahrheit und Interpretation*. Frankfurt/Main 1990 (orig. *Inquiries into Truth and Interpretation*. Oxford 1984)

ders. (1991), „Three Varieties of Knowledge", in: A.P. Griffiths (Hg.), *A.J. Ayer Memorial Essays*. Cambridge 1991, S. 153-166

ders. (1994), „Davidson, Donald", in: S. Guttenplan (Hg.), *A Companion in the Philosophy of Mind*.
     Oxford 1994, S. 231-236

ders. (1997), „Unbestimmtheit und Antirealismus", in: W. Köhler (Hg.), *Davidsons Philosophie des
     Mentalen*. Paderborn 1997, S. 19-32

ders. (2005), *Truth, Language, and History*. Oxford

ders. (2005a), „Truth Rehabilitated", in: Davidson (2005), S. 3-18

ders. (2005b), „Rationale Tiere", in: Perler, Wild (Hg.), S. 117-131

Dennett, Daniel (1971), „Intentional Systems". *Journal of Philosophy* 68, S. 87-106

ders. (1981), „True Believers: The Intentional Strategy and Why It Works", in: A.F. Heath (Hg.), *Sci-
     entific Explanation*, Oxford 1981, S. 53-75

ders. (1983), „Intentional Systems in Cognitive Ethology". *The Behavioral and Brain Sciences* 6, S.
     343-355

ders. (1987), *The Intentional Stance*. Cambridge (Mass.)

ders. (1987a), „Three Kinds of Intentional Psychology", in: Dennett (1987), S. 69-81

Detel, Wolfgang (2001), „Teleosemantik. Ein neuer Blick auf den Geist?" *Deutsche Zeitschrift für
     Philosophie* 49, S. 465-491

ders. (2001a), „Haben Frösche und Sumpfmenschen Gedanken? Einige Probleme der Teleosemantik."
     Deutsche Zeitschrift für Philosophie 49, S. 601-626

ders (2005), „Hybrid Theories of Normativity", in: Ch. Gill (Hg.), *Norms, Virtues, and Objectivity*.
     Oxford, S. 113-144

ders. (2006), „Mental Causation and the Notion of Collective Action", in: P. Stekeler-Weithofer, N.
     Psarros (Hg.), *Facets of Sociality*. Frankfurt/Main 2006, S. 51-84

Devitt, Michael (1990), „Transcendentalism about Content". *Pacific Philosophical Quarterly* 71, S.
     247-263

Dretske, Fred (1986), „Misrepresentation", in: R. Bogdan (Hg.): *Belief: Form, Content, and Function*.
     Oxford 1986, S. 17-36

ders. (1988), *Explaining Behavior*. Cambridge (Mass.)

ders. (1995), *Naturalizing the Mind*. Cambridge (Mass.)

ders. (2005), „Minimale Rationalität", in: Perler, Wild (Hg.), S. 213-222

Fodor, Jerry (1987), *Psychosemantics*. Cambridge (Mass.)

Føllesdal, Dagfinn (1979), „Hermeneutics and the Hypothetic-Deductive Method". *Dialectica* 33, S.
     319-336

ders. (1982), „The Status of Rationality Assumptions in Interpretation and the Explanation of Action".
     Dialectica 36, S. 301-316

ders. (2001), „Hermeneutics". *International Journal of Psychoanalysis* 82, S. 1-5

Frank, Manfred (1984) : *Was ist Neostrukturalismus?* Frankfurt/Main

Gadamer, Hans-Georg (1965), *Wahrheit und Methode. Grundzüge einer philosophischen Hermeneu-
     tik*. Tübingen (2. Auflage)

Gazzaniga, Michael et al. (2002), *Cognitive Neuroscience: The Biology of the Mind*. New York

Geisenhanslücke, Achim (2003), *Einführung in die Literaturtheorie*. Darmstadt

Gigerenzer, Gerd (2000), *Adaptive Thinking. Rationality in the Real World*. Oxford

Glock, Hans-Johann (2005), „Begriffliche Probleme und das Problem des Begrifflichen", in: Perler,
     Wild (Hg.), S.153-188

Godfrey-Smith, Peter (1996): *Complexity and the Function of Mind in Nature*. Cambridge

Göttner, Heide (1973), *Logik der Interpretation*. München

Hauser, Marc D. (2001), *Wilde Intelligenz. Was Tiere wirklich denken*. München (orig. *Wild Minds: What Animals Really Think*. New York 2000)

Holland, John H. et al. (1986), *Induction: Processes of Inference, Learning, and Discovery*. Cambridge (Mass.)

Horgan, Terence, Woodward, James (1985), „Folk Psychology is Here to Stay". *Philosophical Review* 94, S. 197-226

Horwich, Paul (1996), „Realism Minus Truth". *Philosophy and Phenomenological Research* 56, S. 877-883

ders. (1998), *Truth*. Oxford

Ineichen, Hans (1991), *Philosophische Hermeneutik*. Freiburg/München

Jahraus, Oliver (2004), *Literaturtheorie*. Tübingen/Basel

Jung, Matthias (2001), *Hermeneutik zur Einführung*. Hamburg

Kanitscheider, Bernulf, Wetz, Franz J. (Hg.) (1998), *Hermeneutik und Naturalismus*. Tübingen

Kripke, Saul (1982), *Wittgenstein on Rules and Private Language*. Cambridge (Mass.)

Levine, George (Hg.) (1993), *Realism and Representation: Essays on the Problem of Realism in Relation to Science, Literature, and Culture*. Madison

Linke, Angelika, Nussbaumer, Markus, Portmann, Paul R. (2003), *Studienbuch Linguistik*. Tübingen (s. Auflage)

Livingston, Paisley (1988), *Literary Knowledge: Humanistic Inquiry and the Philosophy of Science*. Ithaca

ders. (1993), „Why Realism Matters: Literary Knowledge and the Philosophy of Science", in: Levine (Hg.), S. 134-154

Lycan, William (Hg.) (1990), *Mind and Cognition*. Oxford

Madison, Gary B. (1988): *The Hermeneutics of Postmodernity*. Bloomington

Mantzavinos, Chris (2005), *Naturalistic Hermeneutics*, Cambridge

Millikan, Ruth G. (1984), *Language, Thought and other Biological Categories*. Cambridge (Mass.)

dies. (1991), „Speaking Up for Darwin", in: B. Loewer, G. Rey (Hg.), *Meaning in Mind*. Oxford, S. 151-164

McClelland, James, Rumelhart, David (Hg.) (1986), *Parallel Distributed Processing: Explorations in the Microstructure of Cognition*. Cambridge (Mass.)

McGinn, Colin (1989), *Mental Content*. Oxford

Neander, Karen (1995), „Misrepresenting and Malfunctioning". *Philosophical Studies* 79, S. 109-141

Nünning, Ansgar (Hg.) (2004), *Grundbegriffe der Literaturtheorie*. Stuttgart

Papineau, David (1987), *Reality and Representation*. Oxford

ders. (1990), „Truth and Teleology", in: D. Knowles (Hg.) *Explanation and its Limits*. Cambridge 1990, S. 21-44

ders. (1991), „Teleology and Mental States". *Proceedings of the Aristotelian Society* 65, S. 33-54

ders. (1993), *Philosophical Naturalism*. Oxford

ders. (1998), „Teleosemantics and Indeterminacy". *Australasian Journal of Philosophy* 76, S. 1-14

ders. (1999), „Normativity and Judgement". *Proceedings of the Aristotelian Society*, Suppl. Vol. 73. S. 17-43

Perler, Dominik, Wild, Markus (Hg.) (2005), *Der Geist der Tiere*. Frankfurt/Main

Perner, Josef (1991), *Understanding the representational mind*. Cambridge (Mass.)

Pinker, Stephen (1996), *Der Sprachinstinkt. Wie der Geist die Sprache bildet*. München 1996 (orig. *The Language Instinct. How the Mind Creates Language*. New York 1994)

Proust, Joelle (2005), „Das intentionale Tier", in: Perler, Wild (Hg.), S. 223-243

Quine, Willard V.O. (1960), *Word and Object,* Cambridge (Mass.)

Reuter, Gerson (2003), „Einige Spielarten des Naturalismus", in: A. Becker et al. (Hg.), *Gene, Meme und Gehirne.* Frankfurt/Main 2003, S. 7-48

Rey, Georges (1997), *Contemporary Philosophy of Mind.* Cambridge (Mass.)

Schanz, Richard (1996), *Wahrheit, Referenz und Realismus.* Berlin/New York

Schröder, Jan (Hg.) (2001), *Theorie der Interpretation vom Humanismus bis zur Romantik.* Stuttgart

Schröder, Jürgen (2004), *Einführung in die Philosophie des Geistes.* Frankfurt/Main

Searle, John (1991), *Intentionalität. Eine Abhandlung zur Philosophie des Geistes.* Frankfurt/Main

Sperber, Dan (2000), *Metarepresentations – A Multidisciplinary Perspective.* Oxford

Stich, Stephen (1984), *From Folk Psychology to Cognitive Science.* Cambridge (Mass.)

ders. (2005), „Haben Tiere Überzeugungen?", in: Perler, Wild (Hg.), S.95-116

Stierle, Karlheinz (1996): „Literaturwissenschaft", in: U. Ricklefs (Hg.), Fischer Lexikon Literatur, Bd. 2. Frankfurt/Main 1996, Sp. 1156-1185

Tepe, Peter (2007), *Kognitive Hermeneutik.* Würzburg

Tetens, Holm (2006), „Transzendentale Begründung der Naturwissenschaften?" *Deutsche Zeitschrift für Philosophie* 54, S. 384-386

Turner, Mark (2001), *The Cognitive Dimensions of Social Science.* Oxford

Vater, Heinz (2002), *Einführung in die Sprachwissenschaft.* München (4.Auflage)

de Waal, F. (1997), *Der gute Affe.* München/Wien (orig. *Good Natured: The Origins of Right and Wrong in Humans and Other Animals.* Cambridge (Mass.) 1996).

Wright, Crispin (1992), *Truth and Objectivity.* Cambridge

ders. (2002), „What Could Antirealism about Ordinary Psychology Possibly Be?" *The Philosophical Review* 111, S. 205-233

Gerson Reuter

Wem schreiben wir mentale Eigenschaften zu? Biologische Lebewesen als Subjekte von Erfahrungen

1. Einleitung

Wer oder was denkt, wenn mir beispielsweise der freudige Gedanke durch den Kopf geht, dass der Sommer jetzt wohl richtig anfängt? Wer oder was empfindet einen Schmerz, wenn ich in eine Glasscherbe getreten bin? Dieser Aufsatz versucht eine Antwort auf derartige Fragen zu geben. Argumentiert werden soll für die Behauptung, dass dann, wenn wir denken oder Empfindungen haben, es jeweils das *biologische Lebewesen* bzw. der *biologische Organismus* ist, der denkt oder Empfindungen hat. Ich *bin* der biologische Organismus, der hier vor dem Computer sitzt, einen Text schreibt und von dem vermutlich manche sagen würden, dass ich ihn nur ‚habe‘. Weil ich denke, Empfindungen habe, ich jedoch numerisch identisch bin mit ‚meinem‘ biologischen Organismus, ist er es, der denkt und Empfindungen hat.

Die Behauptung, dass wir, die wir uns mit Eigennamen und Personalpronomina herauszugreifen und als Personen zu beschreiben gewohnt sind, jeweils numerisch identisch sind mit einem biologischen Lebewesen, kann man sicherlich eine *naturalistische These* nennen.[1] (Um eine griffige und mittlerweile auch etablierte Bezeichnung der von ihr markierten Position zur Verfügung zu haben, könnte man sie als zentrale Behauptung des *Animalismus* bezeichnen.)[2] Sie mag auf den ersten – oder auch noch auf den zweiten – Blick recht radikal anmuten, und tatsächlich ist sie auch folgenreich. Jedoch kann sie durch einigermaßen unkontroverse Hintergrundannahmen zumindest *plausibilisiert* werden. Dieser Nachweis ist das Ziel des vorliegenden Aufsatzes. Letztlich müsste man gewiss weit mehr Aufwand betreiben, um diese Behauptung angemessen zu verteidigen. Aber wenn einsichtig gemacht werden kann, dass einige recht harmlos wirkende Überlegungen für sie sprechen, wäre gezeigt, dass wir uns mit dieser erst einmal womöglich überraschenden Behauptung sehr wohl anfreunden können und vielleicht auch sollten.

2. Zwei Hintergrundannahmen

Eine Argumentation mit Annahmen zu beginnen, die dem ‚common sense‘ zugehören sollen, ist meist etwas heikel. Gleichwohl vermute ich einmal, dass für viele – ob nun philosophisch ausgebildet oder nicht – folgende zwei Behauptungen zumindest erst einmal recht unstrittig sind:

---

1 Die Frage, was dieser Naturalismus genauer besagt, werde ich am Ende des Aufsatzes behandeln. Erst einmal nur so viel: Es handelt sich um einen recht harmlosen Naturalismus.
2 Die bislang umfangreichsten (und aussichtsreichsten) Verteidigungen des Animalismus finden sich in van Inwagen 1990 und vor allem in Olson 1997.

(HA₁)   Wir schreiben in Selbstinterpretationen und in Interpretationen anderer
           (Fremdinterpretationen) jeweils ein und demselben Gegenstand sowohl
           mentale als auch körperliche (genauer: nicht-mentale) Eigenschaften zu.
(HA₂)   Wir schreiben *Personen* sowohl mentale als auch körperliche (nicht-menta-
           le) Eigenschaften zu.

Was besagt die erste Behauptung genauer? Und weshalb sollte sie zumindest vorderhand
plausibel sein? Vielleicht ist es klärend, sich eine Schlussfolgerung anzusehen, wie wir sie
in alltäglichen Interpretationssituationen zuhauf antreffen:

(i)   Ich wiege 64 Kilo.
(ii)   Ich glaube, dass der FC Bayern München Deutscher Meister ist.
(iii) Also wiege ich 64 Kilo und glaube, dass der FC Bayern München Deutscher Meis-
       ter ist.

Die Eigenschaft, 64 Kilo zu wiegen, ist klarerweise eine körperliche (nicht-mentale) Eigenschaft. Die Eigenschaft, davon überzeugt zu sein, dass der FC Bayern Deutscher Meister ist,
kann hingegen – ebenso unstrittig – als eine mentale Eigenschaft bezeichnet werden.[3] *Wem*
werden diese beiden Eigenschaften zugeschrieben? Mir natürlich – demjenigen, der der *Bezugsgegenstand* der Verwendung des Ausdrucks „ich" ist. Unterstellt ist also, dass sich die
Ausdrücke „ich" in (i) und „ich" in (ii) tatsächlich auf *ein und denselben* Gegenstand beziehen. Die kleine Schlussfolgerung – und das ist entscheidend – ist nur dann überhaupt *gültig*,
wenn diese Voraussetzung gemacht wird. Und offenkundig unterstellen wir in solchen Fällen genau diese Koreferentialität, weil wir diese – und verwandte – Schlussfolgerungen für
gültig halten. (Diese Unterstellung dürfte derart selbstverständlich sein, dass wir normalerweise gar nicht auf die Idee kämen, an ihrer Angemessenheit zu zweifeln.) Folglich unterstellen wir in derartigen Schlussfolgerungen etwas von der Art der Hintergrundannahme
(HA₁): Wir schreiben ein und demselben Gegenstand – in Selbstzuschreibungen *jeweils uns
selbst* – sowohl mentale als auch körperliche Eigenschaften zu.[4]

    Manche Theoretiker wären von diesem ‚alltagssprachlichen Befund' natürlich nicht be-
eindruckt; und sie bräuchten es auch nicht zu sein. Natürlich sollte man aus unserem alltäglichen Reden nicht umstandslos metaphysische Konsequenzen ziehen. So würden manche
Theoretiker, die der einen oder anderen Variante eines Dualismus anhängen, wahrscheinlich
behaupten, der Ausdruck „ich" in (i) nehme *strenggenommen* – oder *in Wahrheit* – auf den
Körper bzw. den biologischen Organismus Bezug, den ich (allenfalls) *habe*, der Ausdruck
„ich" in (ii) indes auf etwas, das vom jeweiligen (meinem) Körper bzw. Organismus numerisch verschieden ist und dem allein mentale Eigenschaften zukommen. („Bloße Körper
denken nicht!")[5] Der Ausdruck „ich" wäre demzufolge in dem Sinne *mehrdeutig*, dass seine

---

3 Damit will ich nicht behaupten, die generelle Unterscheidung zwischen mentalen und körperlichen (nicht-
mentalen) Eigenschaften sei unproblematisch. Es gibt aber zumindest zweifelsfreie Beispiele.
4 Parallele Überlegungen könnten natürlich auch für Interpretationen *anderer* Personen angestellt werden.
5 An dieser Stelle ist es nicht sonderlich wichtig, den Begriff des Körpers und den Begriff des biologischen
Lebewesens (Organismus) voneinander zu unterscheiden. (Relevant wird diese Unterscheidung erst in Abschnitt 4.) Ich werde deshalb im vorliegenden Abschnitt recht undifferenziert manchmal von Körpern,
manchmal von Organismen reden und den einen oder anderen Begriff auch mitunter in Klammern ergänzen.
Trotzdem sollte hier nochmals festgehalten werden, dass in diesem Aufsatz, wie eingangs angekündigt, für
die Behauptung plädiert werden soll, wir seien *biologische Lebewesen (Organismen)*. Diese Behauptung be-

Referenz je nach der Art von Prädikaten variiert, die wir uns und anderen zuschreiben. Unser alltägliches Reden, wollten wir philosophisch aufgeklärt sprechen, müsste somit einer umfangreichen Rekonstruktion unterzogen werden.[6]

Obwohl eine solche dualistische Option letztlich nicht vorschnell verworfen werden sollte, kann die Hintergrundannahme (HA₁) zumindest noch weiter plausibilisiert werden, indem man sich *Handlungszuschreibungen* zuwendet. Bislang war von der Zuschreibung von mentalen und körperlichen (nicht-mentalen) Eigenschaften die Rede. Diese Einschränkung suggerierte vielleicht, alle Eigenschaften, die wir einander alltäglich zuschreiben, ließen sich in dieser Zweiteilung recht leicht unterbringen. Handlungszuschreibungen verkomplizieren die Sachlage. Denn Prädikationen wie *Paul macht einen ausgedehnten Spaziergang* oder *Paul redigiert einen Text* schreiben weder lediglich mentale noch lediglich körperliche Eigenschaften zu.

Erneut könnte ein kurzer Blick auf eine kleine Schlussfolgerung hilfreich sein. Vertraut sind gewiss Schlussfolgerungen wie die folgende:

(i)   Paul klettert an einer Felswand hoch.
(ii)   Paul fühlt sich bei dieser Klettertour glücklich.
(iii) Also klettert Paul an einer Felswand hoch und fühlt sich dabei glücklich.

Auch diesen inferentiellen Übergang dürften die allermeisten als völlig unproblematisch ansehen. Und wenn er korrekt ist, dann haben die Ausdrücke „Paul" in (i) und „Paul" in (ii) offenbar denselben Bezugsgegenstand. Was würden Dualisten sagen? Sie würden auf jeden Fall behaupten, „Paul" in (ii) referiere auf etwas, das von seinem biologischen Organismus verschieden und der eigentliche Träger mentaler Eigenschaften ist. Wer (oder was) ist aber der *Akteur* in (i)? Die Schwierigkeit (zumindest für einen Dualisten), diese Frage zu beantworten, rührt daher, dass am Handeln trivialerweise *der Körper* beteiligt ist. Wenn wir sagen, jemand klettere, dann schreiben wir diesem Kletterer zu, bestimmte körperliche Bewegungen auszuführen. Gleichzeitig ist jemand aber natürlich nur dann ein Akteur, wenn er, grob gesagt, etwas *absichtlich* tut. Ist ein Akteur womöglich ein Einzelding, das allenfalls eines (irgendeines) Körpers bedarf, um sich auf eine bestimmte Weise verhalten und in die Welt körperlicher Gegenstände eingreifen zu können? Dann schiene man eine Behauptung wie die, dass Paul eine Felswand hochklettert, zerlegen zu müssen in Behauptungen über den Organismus (bzw. Körper) von Paul, die zusammengenommen die Beteiligung des Organismus am Klettern beschreiben, und Behauptungen über mentale Eigenschaften eines nicht-körperlichen Einzeldings, aufgrund derer die Kletterbewegungen eine Handlung sind

---

sagt *nicht* das Gleiche wie etliche naheliegende Lesarten der These, dass wir Körper sind. Nicht behauptet werden soll beispielsweise, dass wir numerisch identisch sind mit Körpern im Sinne von Zusammensetzungen (Aggregaten) aus physikalischen Kleinstpartikeln. Damit verpflichte ich mich natürlich auf die Annahme, dass biologische Lebewesen nicht lediglich Zusammensetzungen (Aggregate) aus Kleinstpartikeln sind. Diese Annahme werde ich hier allerdings nicht eigens begründen (siehe dazu beispielsweise van Inwagen 1990 und Merricks 2001). In der Behandlung der Frage, was wir wesentlich sind, wird sich der Aufsatz hauptsächlich mit zwei Kandidaten beschäftigen: Personen und biologische (menschliche) Lebewesen.
6 In diesem Aufsatz soll nicht ausführlich gegen dualistische Ansätze argumentiert werden. Und zugegebenermaßen enthält unsere alltägliche Sprachpraxis auch Elemente, an die ein Dualist anknüpfen kann. So reden wir beispielsweise oft davon, dass wir einen Körper *haben* – was vermutlich so klingt, als glaubten wir, wir seien etwas von unserem Körper Verschiedenes. Auch soll nicht geleugnet werden, dass es gewichtige theoretische Gründe oder zumindest starke Motive für einen Dualismus geben mag.

(die Handlung des Kletterns). Aber ist – ungeachtet strikt theoretischer Gründe – die Behauptung, der *Akteur* Paul sei strenggenommen etwas, das von seinem Körper bzw. Organismus numerisch verschieden ist, überhaupt auch nur einigermaßen überzeugend?[7]

Akteure, so könnte man vielleicht sagen, nehmen eine Art *‚Zwischenstellung'* ein. Nicht nur denken und empfinden wir und haben körperliche Eigenschaften, wir handeln auch. Und wenn wir handeln, *gibt es jemanden, der* handelt – so, wie es dann, wenn wir denken, jemanden gibt, der denkt, oder dann, wenn wir eine bestimmte Körpergröße haben, es jemanden (oder etwas) gibt, der (oder das) eine bestimmte Größe hat. Selbst wenn man der Annahme etwas abgewinnen kann, beispielsweise eine bestimmte Größe komme strenggenommen dem Körper (Organismus) zu, Empfindungen oder Gedanken hingegen strenggenommen einem vom jeweiligen Körper verschiedenen Einzelding, dem eigentlichen Träger mentaler Eigenschaften, dürfte man *zögern*, Akteure als etwas von ihrem jeweiligen Körper Verschiedenes aufzufassen. Denn Akteure sind *zu* offensichtlich Einzeldinge, die in eine natürlichen (materiellen) Umgebung eingebettet sind. Beschränkt man sich auf die Frage, welchem Gegenstand mentale Eigenschaften und welchem Gegenstand körperliche (nicht-mentale) Eigenschaften zukommen, wird allzu leicht übersehen, dass wir, die wir denken, eben auch handeln. Insbesondere dann, wenn wir uns introspektiv unserem ‚mentalen Innenleben' zuwenden, mag es so *scheinen*, als könne es ein von unserem Körper verschiedenes ‚Ich' tatsächlich geben. Erweitern wir den Blick und sehen uns auch als Handelnde, verliert diese Vorstellung an Suggestivkraft, selbst wenn wir in manchen Situationen weiterhin den Eindruck haben sollten, unser Körper (Organismus) sei lediglich etwas, das wir ‚besitzen'.

Wenn Paul also eine bestimmte Empfindung hat, Paul ferner zu diesem Zeitpunkt eine bestimmte Handlung ausführt, dann scheint derjenige, der diese Empfindung hat, genau derselbe sein, der handelt. Denker sind auch Akteure. Zusätzlich jedoch dürfte dann, wenn Paul beispielsweise die körperliche Eigenschaft hat, einen gebrochenen Zeh zu haben, Paul ferner (deshalb) humpelnd die Straße überquert, der Akteur genau derselbe Gegenstand sein, dem die Eigenschaft zukommt, einen gebrochenen Zeh zu haben. Zumindest dürfte unser alltägliches Sprechen über uns und unsere Mitmenschen für diese Beschreibung sprechen. Unsere Praxis scheint die Hintergrundannahme (HA$_1$) klarerweise zu stützen.

Behauptung (HA$_1$) lässt jedoch offen, *von welcher Art* der Gegenstand ist, auf den wir in Selbstzuschreibungen mit der Verwendung von „ich" oder auch in der Interpretation anderer durch die Verwendung eines Eigennamens oder Personalpronomens Bezug nehmen und dem wir sowohl mentale als auch körperliche Eigenschaften zuschreiben. Und an genau dieser Stelle kommt Hintergrundannahme (HA$_2$) ins Spiel. Es sind, so möchte man meinen, naheliegenderweise *Personen*, denen sowohl mentale als auch körperliche Eigenschaften zukommen. Es ist also die *Person Paul*, die denkt, Glücksgefühle hat, klettert oder auch mit einem gebrochenen Zeh vorerst nicht klettern kann. Es sind Personen, die wir mit Personalpronomina oder Eigennamen herausgreifen können. Und es ist eine Person, die auf sich selbst Bezug nimmt, wenn sie einen Gedanken wie „Ich bin müde und sollte wohl ins Bett gehen" denkt.

---

7 Oder ist ein Akteur womöglich so etwas wie die *Zusammensetzung* aus einem Körper (Organismus) und einem von ihm verschiedenen (vielleicht immateriellen) Einzelding? (Diese Idee wird gegen Ende der Diskussion in Abschnitt 5 aufgegriffen und kurz diskutiert.)

Warum bietet sich diese Antwort an? Der Grund ist schlicht der, dass gemäß einem weit-verbreiteten Verständnis Personen nun einmal diejenigen Einzeldinge sind, denen wir (wahrheitsgemäß) sowohl mentale als auch nicht-mentale (körperliche) Eigenschaften zu-schreiben können.[8] Eine solche Erläuterung des Personenbegriffs findet man beispielsweise bei Peter Strawson.[9] Er schreibt:

> What I mean by the concept of a person is the concept of a type of entity such that *both* predicates ascribing states of consciousness *and* predicates ascribing corporeal characteristics, a physical situation &c. are equally applicable to a single individual of that single type.[10]

Es wäre nun sicherlich überzogen, wollte man alle Wesen, denen wir Prädikate aus diesen beiden Mengen (wahrheitsgemäß) zuschreiben können, als Personen bezeichnen.[11] Gewiss haben viele Tiere mentale Fähigkeiten, wie ‚simpel‘ diese Fähigkeiten auch ausfallen mö-gen, voraussichtlich auch rudimentäre Formen des Bewusstseins, doch wohl kaum jemand wollte beispielsweise die Katze seines Nachbarn als Person bezeichnen. Strawson hat somit sicherlich keine befriedigende Definition des Personenbegriffs vorgelegt – zumindest nicht mit der zitierten Formulierung.[12] Entschärfen lässt sich dieses Problem jedoch durch eine Spezifizierung derjenigen mentalen Eigenschaften (oder Fähigkeiten), die notwendig – und im günstigsten Fall auch hinreichend – dafür sein sollen, eine Person zu sein. Und die Kon-troversen um den Personenbegriff betreffen auch zumeist die Frage, welche mentalen Eigen-schaften (oder Fähigkeiten) für die Zuschreibung des Personenbegriffs als relevant betrach-tet werden sollten. Ein aussichtsreicher Kandidat dafür, diese Rolle auszufüllen, ist sicher-lich die Eigenschaft, *Selbstbewusstsein* zu besitzen – verstanden als die Fähigkeit, Gedanken der Art „Ich befürchte, dass ich noch intensiver nachdenken sollte" zu haben. Und gerade

---

8 Diese Erläuterung der Behauptung (HA2) bedient sich also der Behauptung (HA1). Beide bilden, so könnte man sagen, ein 'begriffliches Paket'.

9 Siehe beispielsweise auch Tugendhat 1979, Glock & Hyman 1997, Spitzley 2000 und Hacker 2002.

10 Strawson 1959, S. 101f. (Ich mache im Folgenden keinen Unterschied zwischen der Zuschreibung von „states of consciousness", wie es bei Strawson heißt, und der Zuschreibung mentaler Eigenschaften.)

11 Seine berühmte Unterscheidung zwischen P-Prädikaten und M-Prädikaten erläutert Strawson folgender-maßen: „The [...] [latter] kind of predicate consists of those which are also properly applied to material bod-ies to which we would not dream of applying predicates ascribing states of consciousness. I will call this first kind M-predicates: and they include things like ‚weighs 10 stone', ‚is in the drawing room' and so on. The [...] [former] kind consists of all the other predicates we apply to persons. These I shall call P-predic-ates. P-predicates, of course, will be very various. They will include things like ‚is smiling', ‚is going for a walk', as well as things like ‚is in pain', ‚is thinking hard, ‚believes in God' and so on. (Strawson 1959, S. 104.) Noch etwas genauer gesagt: Die hier relevanten mentalen Eigenschaften sind für Strawson entweder solche Eigenschaften, mit deren Zuschreibung wir direkt behaupten, dass sich jemand in bewussten Zustän-den befindet (z.B. wenn wir sagen, jemand habe Schmerzen), oder solche Eigenschaften, deren wahrheitsge-mäße Zuschreibung *voraussetzt*, dass das betreffende Wesen Bewusstsein (als Fähigkeit) besitzt (wie z.B. bei der Zuschreibung der Fähigkeit, drei Sprachen zu sprechen). Siehe dazu Strawson 1959, Kapitel 3.

12 Siehe zu einer Kritik an Strawsons Personenbegriff z.B. Frankfurt 1971. Es ist allerdings unklar, ob Strawson seine Erläuterung des Personenbegriffs tatsächlich als Angabe nicht nur notwendiger, sondern auch hinreichender Bedingungen verstanden wissen wollte. Ferner kann man den Überlegungen Strawsons selbst auch einen anspruchsvolleren Personenbegriff entnehmen. Zumindest manche seiner Bemerkungen könnte man so lesen, dass er behauptet, einem Wesen x könnten nur dann P-Prädikate wahrheitsgemäß zuge-schrieben werden, wenn x in der Lage ist, sie sich selbst und anderen zuzuschreiben. Und das liefe auf die Behauptung hinaus, dass x *Selbstbewusstsein* besitzen muss. (Siehe Strawson 1959, Kap. 3.)

(aber nicht nur) in den Debatten rund um das *Problem der personalen Identität* ist die Auskunft, Personen seien Wesen mit Selbstbewusstsein, auch die Standarderläuterung des Personenbegriffs.[13] Allerdings ist es für die folgenden Überlegungen nicht entscheidend, welche Präzisierung des Personenbegriffs letztlich gewählt wird – welche mentalen Eigenschaften (oder Fähigkeiten) Wesen also genau mitbringen müssen, um als Personen gelten zu dürfen. Entscheidend ist nur, dass der Personenstatus an den Besitz bestimmter mentaler Eigenschaften oder Fähigkeiten geknüpft ist.

Wie sollte nun auf der Grundlage der beiden Hintergrundannahmen (HA$_1$) und (HA$_2$) für die Behauptung argumentiert werden, wir seien jeweils numerisch identisch mit einem biologischen Lebewesen? Wie sollte insbesondere plausibel gemacht werden, dass dann, wenn wir denken oder Empfindungen haben, das jeweilige biologische Lebewesen, das wir sind, denkt oder Empfindungen hat?

Der Überlegungsgang, der dies leisten soll, wird einen kleinen Umweg nehmen. Eingeleitet wird dieser Umweg dadurch, dass im Folgenden der *Begriff* der Person erst einmal ausgeklammert wird, auch wenn bislang viel von Personen die Rede war. Warum ist das nötig? Es sollte keine Vorentscheidung darüber getroffen werden, von welcher *grundlegenden Art* diejenigen Gegenstände sind, denen wir im Zuge von Interpretationsprozessen mentale und auch körperliche Eigenschaften zuschreiben. Hintergrundannahme (HA$_2$) besagt zwar, dass Personen körperliche und mentale Eigenschaften zukommen. Und mit der (passenden) Verwendung des Ausdrucks „ich" nehmen wir jeweils auf uns, die wir (auch) Personen sind, Bezug. Das soll weiterhin nicht geleugnet werden. Offen bleibt durch diese Behauptungen jedoch, ob wir, die wir Personen sind, *wesentlich* Personen sind. Und vor allem dieser Frage soll im Folgenden erst nachgegangen werden.

Was ist hier mit den Ausdrücken „grundlegende Art" und „wesentlich" gemeint?[14] Der Begriff der *grundlegenden Art* soll im Kern Folgendes besagen:[15]

> Wenn ein Einzelding x zu einer bestimmten Art A (von Einzeldingen) gehört, ist A die grundlegende Art von x genau dann, wenn x nicht existieren würde (bzw. aufhören würde zu existieren), wäre x kein Einzelding der Art A (bzw. nicht länger ein Einzelding der Art A).[16]

Für die Überlegungen in diesem Aufsatz besonders entscheidend ist die Verknüpfung zwischen der Zugehörigkeit eines Einzeldings x zu einer bestimmten grundlegenden Art und

---

13 Siehe dazu Garrett 1998.

14 Hinter diesen Ausdrücken verbergen sich zugegebenermaßen eine Menge komplizierter ontologischer Fragen und Probleme, denen ich hier nicht nachgehe. Die folgenden Überlegungen arbeiten also mit einer Reihe nicht eigens gerechtfertigter Voraussetzungen.

15 Manchmal reden Autoren in den einschlägigen zeitgenössischen Debatten auch von *primären Arten* (z.B. Baker 2000 und 2002a) oder *substantiellen Arten* (z.B. Lowe 1991). Hier soll nicht behauptet werden, es handele sich dabei letztlich um Synonyme. Und unabhängig von der jeweiligen Wortwahl weichen die Ausbuchstabierungen einzelner Autoren auch sachlich – mitunter recht weit – voneinander ab. Die im Folgenden angebotene knappe Erläuterung des Begriffs der grundlegenden Art kann jedoch vielleicht als eine Art ‚Minimalkonsens' angesehen werden.

16 Unterstellt ist ferner, dass ein Einzelding nur *einer* grundlegenden Art angehört. (Erwähnt werden sollte auch, dass der Begriff der grundlegenden Art eine offenkundig Verwandtschaft mit dem Begriff des Sortals aufweist. Siehe zum Begriff des Sortals z.B. Wiggins 1980.)

den *diachronen Identitätsbedingungen* („Überlebensbedingungen') von x. Daraus, dass ein Einzelding zu einer bestimmten grundlegenden Art gehört, folgt zwar keine detaillierte Liste an notwendigen und hinreichenden Bedingungen für das Überleben (Fortbestehen) dieses Einzeldings. Aber wenn beispielsweise x eine Katze ist, nennen wir sie Louise, es ferner plausibel ist anzunehmen, dass Louise im grundlegenden Sinne eine Katze ist (so kann sich Louise beispielsweise nicht in einen Hund, ein Meerschweinchen oder einen Hai verwandeln), dann hat Louise die diachronen Identitätsbedingungen von Katzen: Sie überlebt unter genau den Bedingungen, unter denen auch andere Katzen überleben, und hört genau unter den Bedingungen auf zu existieren, unter denen andere Katzen aufhören zu existieren.[17] (Welche Bedingungen das genau sind, ist sicherlich größtenteils eine empirische Frage.)

Man kann den engen Zusammenhang zwischen den diachronen Identitätsbedingungen eines Einzeldings und der grundlegenden Art, der es zugehört, auch in umgekehrter Richtung betrachten. Wenn beispielsweise ein Mensch M zu einem Zeitpunkt t_1, zu dem wir ihm den Personenstatus zusprechen, *genau dann* bis t_2 überlebt, wenn zwischen M zu t_1 und der ,Entität', die zu t_2 existiert, eine bestimmte Art von *psychischer Kontinuität* besteht (Erinnerungsketten und Derartiges), dann scheint M wesentlich eine Person zu sein. Zumindest scheint beispielsweise *ausgeschlossen* zu sein, dass M im grundlegenden Sinne ein biologischer Organismus der Art *Homo Sapiens* ist. Denn für die Überlebensbedingungen biologischer Organismen dürfte ein Aufrechterhalten irgendeiner Form psychischer Kontinuität irrelevant sein. Zu behaupten, dass ein Einzelding von einer bestimmten grundlegenden Art A ist, *heißt* also letztlich (zumindest partiell), dass dieses Einzelding die diachronen Identitätsbedingungen von A-Dingen hat.

Der Ausdruck „wesentlich", zumindest in der hier vorgeschlagenen Verwendungsweise, gehört zur direkten Nachbarschaft des Ausdrucks „grundlegende Art". Mit dem Ausdruck „wesentlich" soll gemeint sein, dass eine Eigenschaft E genau dann eine *wesentliche Eigenschaft* eines Einzeldings x ist, wenn x nicht existieren würde, hätte x E nicht (und wenn x somit auch aufhören würde zu existieren, hätte x nicht länger E). Zusammenführen lassen sich beide Ausdrücke dann naheliegenderweise durch die Formulierung, dass dann, wenn die Art A die grundlegende Art eines Einzeldings x ist, es eine wesentliche Eigenschaft von x ist, ein Einzelding der Art A zu sein.[18]

Zweifellos sind wir (oder viele von uns) Personen. Mit dieser Auskunft ist aber noch nichts darüber gesagt, ob wir *wesentlich* Personen sind. Offen bleibt damit also auch, ob wir die diachronen Identitätsbedingungen von Personen haben oder womöglich diejenigen von (menschlichen) biologischen Organismen. Und somit ist auch noch nicht entschieden, ob die

---

17 Es dürfte keine überzogene Voraussetzung sein, dass die Frage, zu welcher grundlegenden Art ein Einzelding gehört, sowohl sinnvoll ist als auch (prinzipiell) eine Antwort hat, obgleich es viele Fälle geben mag, in denen unklar ist, welche Antwort wir geben sollen. Wir könnten beispielsweise fragen, was Mehmet Scholl im grundlegenden Sinne ist. Er ist nicht im grundlegenden Sinne ein Fußballspieler. Denn trivialerweise existiert Mehmet Scholl – *dieses Einzelding* – weiterhin, obgleich er nicht mehr Fußballer ist. Und Mehmet Scholl *hätte* existiert, auch wenn er nicht Fußballspieler geworden wäre. (Anders gesagt: Nicht in allen möglichen Welten, in denen Mehmet Scholl existiert, ist er ein Fußballspieler.) Eine Person oder auch ein biologisches Lebewesen der Art *Homo Sapiens* zu sein, sind weit aussichtsreichere Kandidaten für die grundlegende Art, zu der Mehmet Scholl gehört.
18 Man könnte in diesem Fall abgekürzt sagen, dass x wesentlich ein A-Ding ist.

Behauptung, es seien Personen, denen sowohl mentale als auch körperliche (nicht-mentale) Eigenschaften zukommen, nur einen *Zwischenschritt* in einer ‚ontologischen Analyse' darstellt, die zeigt, wem (oder was) wir mentale und körperliche Eigenschaften zuschreiben, oder bereits (mehr oder weniger) ihr Ende. Weil also erst danach gefragt werden soll, was wir wesentlich sind, wäre es günstig, für die nächsten Überlegungsschritte einen Begriff zu wählen, mit dessen Hilfe man etwas neutraler über diejenigen Gegenstände – letztlich *uns* – reden kann, denen wir mentale und eben auch körperliche Eigenschaften zuschreiben. Das soll der Begriff des *Subjekts* sein.

3. Subjekte von mentalen Zuständen

In alltäglichen Kommunikationssituationen schreiben wir einander vielerlei mentale Prädikate zu. So gelangen wir in solchen Situationen beispielsweise zu Überzeugungen darüber, was unsere Gesprächspartner glauben, beabsichtigen oder empfinden. Auch erwerben wir in solchen Situationen Überzeugungen über unser eigenes mentales Leben. So vielfältig alltägliche Prozesse des Selbst- und Fremdverstehens gewiss sind, scheint zumindest in einem gewichtigen Ausschnitt dieser Prozesse die *Unterstellung* eingebaut zu sein, dass *es jemanden gibt, dem* wir bestimmte mentale Eigenschaften zuschreiben. Anders gesagt: In unsere Interpretationspraxis scheint die Unterstellung eingebaut zu sein, dass es *Subjekte* gibt, denen bestimmte Eigenschaften zukommen.

Im Grunde bedienten sich die bisherigen Überlegungen, insbesondere in der Erläuterung der Annahme (HA₁), auch schon dieser Vorstellung, wenn auch nicht in dieser Terminologie. Der Gegenstand, dem wir Gedanken, Empfindungen und andere mentale Zustände zuschreiben, bekommt nun lediglich eine Bezeichnung. Die Rede von Subjekten ist vorerst allerdings nicht viel mehr als ein Platzhalter. So sollte insbesondere offen bleiben, was Subjekte genauer sind – ob sie beispielsweise materielle Einzeldinge sind oder nicht. Die Annahme, es gebe Subjekte von Gedanken und Erfahrungen, soll hier also erst einmal eine ontologisch möglichst neutrale Lesart erhalten. Allerdings soll unterstellt sein, dass Subjekte *Einzeldinge* sind, denen im Laufe der Zeit verschiedenste Eigenschaften zukommen können. Ferner soll die Annahme, es gebe Subjekte, ausdrücklich *realistisch* gedeutet werden. Damit ist aber nur gemeint: Was immer Subjekte genauer sind, sie existieren in einem genauso substantiellen Sinn wie Bäume oder Tische.[19] Schaut man sich die Verwendung des Subjektbegriffs in etlichen philosophischen Texten quer durch die Jahrhunderte an, können sich zwar vermutlich nur wenige des Eindrucks erwehren, Subjekte seien, wenn es sie denn überhaupt gibt, arg merkwürdige Entitäten. Hier soll der Begriff des Subjekts jedoch einigermaßen schlicht aufgefasst werden: All jene Einzeldinge sind Subjekte, die ein wie auch immer geartetes mentales Leben *haben* und *an denen* sich (mentale) Veränderungen vollziehen.

Warum sollte man die Unterstellung, es gebe Subjekte in (ungefähr) diesem Sinn, überhaupt realistisch deuten? Nun, wir gehen davon aus, dass *wir* existieren. Und gewiss ist es

---

19 Siehe dazu beispielsweise Nida-Rümelin 2006. Diese realistische Deutung wendet sich etwa gegen die von Parfit (in Parfit 1984) vertretene Behauptung, man könne – ohne Verlust – auf die Annahme verzichten, dass es Subjekte von Gedanken und Erlebnissen gibt. Die hier anvisierte Ausbuchstabierung eines solchen Realismus unterscheidet sich allerdings erheblich von dem Realismus Nida-Rümelins.

vorderhand vernünftig anzunehmen, wir seien jeweils Einzeldinge. Womöglich kann man beispielsweise davon überzeugt werden, dass wir Bündel von Eigenschaften (Universalien) sind – und manche scheinen das in der Tat zu glauben.[20] Aber die Argumentationslast liegt klarerweise auf Seiten derer, die meinen, wir seien keine Einzeldinge. Ferner ist es sicherlich nur unter Einsatz etlicher (guter) philosophischer Argumente möglich, uns die Überzeugung zu rauben, dass uns nicht nur mentale Eigenschaften zukommen, sondern sich unser ,mentaler Haushalt' im Laufe der Zeit auch verändert, ohne dass wir dadurch automatisch zu existieren aufhören. Wir dürfen also vorerst davon ausgehen, dass wir ,persistierende' Einzeldinge sind. Viel mehr, so denke ich, bedarf es nicht, um einen ,Subjekt-Realismus' im skizzierten Sinne erst einmal akzeptabel zu finden.[21]

4. Subjekte und das Problem diachroner Identität

Subjekte haben offenbar nicht nur mentale Eigenschaften. Wir, denen mentale Eigenschaften zukommen, sind Subjekte eben dieser Eigenschaften, haben aber auch körperliche (nicht-mentale) Eigenschaften. Körperliche und mentale Eigenschaften kommen *ein und demselben* Gegenstand zu. Das besagt die Hintergrundannahme (HA₁). Wir sollten dementsprechend nicht behaupten, dass wir beispielsweise in einer Gesprächssituation mit den Äußerungen „Du hast einen knallroten Sonnenbrand" und „Dieser Sonnenbrand tut gewiss höllisch weh" das eine Mal über einen geröteten Körper und das andere Mal über ein von diesem Körper (numerisch) *verschiedenes* Subjekt sprechen, von dem wir glauben, es habe eine Schmerzempfindung.

Gemäß der Annahme (HA₂) haben wir es in diesem Fall mit einer *Person* zu tun, deren Gesicht gerötet ist und die Schmerzen empfindet. Gerade der Personenbegriff scheint sich dazu zu eignen, eine *Art von Einzelding* herauszugreifen, dem sowohl mentale als auch körperliche (nicht-mentale) Eigenschaften zukommen. Das ist, so könnte man sagen, gerade die *Pointe* des Personenbegriffs. Warum sollte diese Auskunft aber gleichwohl unbefriedigend sein? Das soll im Folgenden entlang eines kleinen Beispielsfalls herausgearbeitet werden.

Es gibt Fälle, in denen wir einem Menschen zu einem Zeitpunkt t₁ sowohl körperliche als auch mentale Eigenschaften zuschreiben, zu einem späteren Zeitpunkt t₂ hingegen nur noch körperliche (nicht-mentale) Eigenschaften. Ein solcher Fall lässt sich auch leicht imaginieren. Stellen wir uns vor, dass sich ein Mann namens Paul aufgrund einer massiven Schädigung seines Gehirns in einem sogenannten vegetativen Zustand befindet und sogar die Fähigkeit verloren hat, mentale Zustände zu haben. Paul hat zu diesem Zeitpunkt, so würden viele Autoren sagen, den *Personenstatus* verloren – zumindest gemäß gängiger ,Kriterien' dafür, wann jemand eine Person ist.[22]

---

20 Dennett könnte beispielsweise jemand sein, der das glaubt – zumindest wenn man seine Bemerkung, wir seien (so etwas wie) Computerprogramme, ernst nimmt. So schreibt er beispielsweise: „If [was Dennetts Behauptung zu sein scheint] what you are is that organization of information that has structured your body's control system (or, to put it in its more usual provocative form, if what you are is the program that runs on your brain's computer), then you could in principle survive the death of your body as intact as a program can survive the destruction of the computer on which it was created and first run." (Dennett 1991, S. 430.)
21 Zugegebenermaßen müsste man letztlich mehr Aufwand betreiben, um diesen ,Subjekt-Realismus' angemessen zu verteidigen.
22 Man könnte hier auch annehmen, dieser Personenstatus sei unwiederbringlich verloren, weil die Hirn-

Wenn der Patient zu t_2 keine Person ist, was ist er zu diesem Zeitpunkt statt dessen? Zu welcher grundlegenden Art von Gegenstand gehört der Patient, den wir weiterhin – ob zu Recht oder zu Unrecht – Paul nennen? Nun, trivialerweise ist er ein *Mensch* in dem Sinne, dass er zur biologischen Art *Homo Sapiens* gehört. Er ist ein *lebendiger biologischer (menschlicher) Organismus* dank des Umstands, dass sein Stammhirn weiterhin alle lebensnotwendigen Körperfunktionen (z.B. den Stoffwechsel) reguliert. (Das sei hier einmal angenommen.) Dieser Patient, so scheint es, ist zu t_2 auch *wesentlich* ein biologischer Organismus. Er – dieses Einzelding – würde aufhören zu existieren, wenn er kein biologisches Lebewesen mehr wäre, wenn er (im biologischen Sinn) sterben würde. Etwas technischer ausgedrückt: Der Patient hat zu t_2 offenbar die *diachronen Identitätsbedingungen* eines (menschlichen) biologischen Lebewesens. Welche Bedingungen auch immer notwendig und hinreichend dafür sind, dass ein (menschliches) biologisches Lebewesen überlebt (weiterexistiert), Paul – dieser Patient – wird so lange (und nur so lange) existieren, so lange diese Bedingungen erfüllt sind. Aber war Paul zum früheren Zeitpunkt t_1 *etwas anderes (ein anderes Einzelding) als dieser lebendige Organismus* – eben vielleicht eine Person?

Man stelle sich vor, Paul habe seit Jahrzehnten eine äußerst beeindruckende, stolz geschwungene Nase. Und diese Nase kann man zu t_2 noch immer bewundern. Die Eigenschaft, eine derartige Nase zu haben, kommt zu t_2 klarerweise *dem biologischen Organismus* zu, dem Menschen im biologischen Sinne. Nun würde man sicherlich sagen wollen, genau diese Eigenschaft habe Paul auch zu t_1 besessen. Und im Lichte der Annahme (HA_1) würde man behaupten, zu t_1 sei genau demjenigen Gegenstand diese körperliche Eigenschaft zugekommen, dem auch etliche mentale Eigenschaften zukamen – Eigenschaften, die dafür verantwortlich waren, dass Paul zu t_1 eine *Person* war. Aber wem genau – welchem Einzelding – kam nun zu t_1 tatsächlich die Eigenschaft zu, eine solche Nase zu haben?

Man darf sicherlich annehmen, dass der biologische Organismus, der zu t_2 existiert, auch schon zu t_1 existierte. Und natürlich kamen diesem Organismus auch zu t_1 bestimmte körperliche Eigenschaften zu. Da die Eigenschaft, eine Nase einer bestimmten Form zu haben, gewiss eine körperliche Eigenschaft ist, scheint der Organismus zu t_1 auch der aussichtsreichste Kandidat für dasjenige Einzelding zu sein, dem zu t_1 die Eigenschaft zukam, eine Nase dieser Form zu haben. Nun besagt Annahme (HA_1), es sei ein und derselbe Gegenstand, dem *sowohl* mentale *als auch* körperliche Eigenschaften zugesprochen werden. *Wenn* klarerweise der Organismus zu t_1 körperliche Eigenschaften hatte (eben z.B. die fragliche Nase): Müsste man dann nicht auch genau diesen Organismus zu t_1 als dasjenige Einzelding betrachten, dem sowohl körperliche *als eben auch mentale Eigenschaften* zukamen?

An welchen Stellen dieser Überlegung ließe sich kritisch einhaken? Natürlich könnte man Annahme (HA_1) angreifen. Sie soll jedoch weiterhin den Hintergrund der Diskussion bilden. Welche Optionen für einen Einwand bestehen also in genau diesem Rahmen? Nun, man könnte sich der Annahme (HA_2) bedienen und behaupten, die Eigenschaft, eine Nase dieser beeindruckenden Gestalt zu haben, sei zum Zeitpunkt t_1 nicht dem Organismus zugekommen, sondern der *Person* Paul. Paul, die Person, mag zu t_1 einen Organismus gehabt ha-

schäden irreversibel sind.

ben, aber strenggenommen sind es *Personen*, denen mentale *und* körperliche (nicht-mentale) Eigenschaften zugeschrieben werden.

Dieser Einwand bedient sich jedoch nicht schlicht der Annahme (HA$_2$). Er verwendet diese Annahme vielmehr in *einer bestimmten Lesart*. Denn um einen Einwand handelt es sich nur dann, wenn unterstellt ist, dass die Person Paul zu t_1 *numerisch verschieden* von dem betreffenden Organismus war. Unterstellt wäre also, dass Paul, die Person, zu t_1 ein anderes Einzelding war als der Organismus zu t_1. Demgemäß wäre es falsch zu behaupten, Paul (die Person) sei zu t_1 nichts anderes als ein bestimmter biologischer Organismus *mit* bestimmten mentalen Fähigkeiten gewesen – eben solchen mentalen Fähigkeiten, die es rechtfertigen, Paul zu t_1 als eine Person anzusehen.

Die Überzeugung, (menschliche) Personen seien auf irgendeine Weise *mehr* – oder ‚Alles in Allem‘ *etwas anderes* – als ‚nur‘ biologische Organismen mit bestimmten mentalen Eigenschaften und Fähigkeiten, ist weit verbreitet. Und die bisherigen Überlegungen können zugegebenermaßen nicht zeigen, dass eine solche Überzeugung falsch ist. Der skizzierte Einwand hat jedoch irritierende Konsequenzen für die Beschreibung von Pauls imaginiertem Schicksal.

Im Grunde dürfte bereits die Behauptung überraschen, zu t_1 habe zwar Pauls biologischer Organismus (im Sinne eines Einzeldings) existiert, diesem Organismus sei aber nicht – oder nicht buchstäblich bzw. ‚streng genommen‘ – die Eigenschaft zugekommen, eine Nase der betreffenden Gestalt zu haben, sondern der *Person* Paul. Wie irritierend der Einwand letzten Endes ist, wird jedoch besonders offenkundig, wenn man bedenkt, dass die Eigenschaft, eine Nase dieser Gestalt zu haben, natürlich nur ein Beispiel für eine Unmenge an körperlichen Eigenschaften ist, die der biologische Organismus zu t_2 hat und von denen man erst einmal zu sagen geneigt wäre, sie seien auch dem Organismus zu t_1 zugekommen. Und was gemäß dem Einwand für die Eigenschaft gelten soll, eine auf eine bestimmte Weise geformte Nase zu haben, müsste eigentlich auch für *alle anderen* körperlichen Eigenschaften gelten, die Kandidaten dafür sind, dem biologischen Organismus zu t_1 zugekommen zu sein. Letztlich kämen dem biologischen Organismus zu t_1 also offenbar *gar keine* körperlichen Eigenschaften zu (oder nicht buchstäblich bzw. ‚strenggenommen‘), sondern der Person Paul. Diese Annahme dürfte aber recht absurd zu sein. Die Behauptung, strenggenommen seien der Person Paul und nicht dem biologischen Organismus zu t_1 körperliche Eigenschaften zugekommen, untergräbt sicherlich die Behauptung, dass zu t_1 *überhaupt* ein biologischer Organismus existierte. Aber natürlich existierte zu t_1 ein solcher Organismus. Das zu bestreiten, wäre noch waghalsiger. Wollte man das bestreiten, wäre man beispielsweise auf die weitere Behauptung verpflichtet, dass in dem Moment, in dem Paul seine mentalen Fähigkeiten verlor, die ihn zu einer Person ‚machten‘, die Person Paul, dieses Einzelding, nicht nur zu existieren aufhörte, sondern auch ein *neues Einzelding* – eben ein biologischer Organismus – *zu existieren anfing*. (Denn klarerweise existiert zu t_2 ein biologischer Organismus. Wer wollte *das* leugnen?) Nicht nur Biologen wären erstaunt zu hören, dass biologische Organismen zu existieren beginnen können, wenn Personen zu existieren aufhören.

Ferner müsste man, wollte man an dem Einwand weiter festhalten, *erklären* können, wie es kommt, dass zwar dem biologischen Organismus zu t_2 körperliche Eigenschaften zukommen, dem biologischen Organismus zu t_1 jedoch nicht. Aber wie sollte man das bewerkstelligen? Raubte vielleicht der Umstand, dass Paul zu t_1 mentale Eigenschaften hatte, ‚seinem‘

Organismus körperliche Eigenschaften – Eigenschaften, die der Organismus zu t_1 *gehabt hätte, hätte* Paul zu t_1 keine mentalen Fähigkeiten *besessen*?

Mit diesen Bemerkungen sind gewiss nicht alle Optionen ausgelotet, wie die Behauptung vermieden werden kann, zum Zeitpunkt t_1 sei der biologische Organismus dasjenige Einzelding gewesen, dem mentale und körperliche (nicht-mentale) Eigenschaften zukamen. Aber zumindest dürfte deutlich geworden sein, wie überaus naheliegend diese Behauptung *gerade* vor dem Hintergrund der Annahme (HA_1) ist. Entsprechend scheint die argumentative Last auf der Seite derjenigen zu liegen, die zwar an dieser Annahme festhalten, jedoch zugleich bestreiten wollen, dass der biologische Organismus das Subjekt mentaler und körperlicher Eigenschaften ist. Zusammenfassen lassen sich die bisherigen Überlegungen zum imaginierten Schicksal von Paul demnach durch folgende kleine Argumentationsskizze:

(i)   Dem Patienten zu t_2, den wir (weiterhin) Paul nennen, kommen zu t_2 diverse körperliche Eigenschaften K_n zu.

(ii)   Der Patient Paul zu t_2 ist (wesentlich) der biologische Organismus O.

(iii)   Die Eigenschaften K_n kommen zu t_2 dem Organismus O zu.

(iv)   O existiert auch zu t_1.

(v)   Zu t_1 kommen O zumindest einige Eigenschaften K_i der K_n zu (z.B. die Eigenschaft, eine stolz geformte Nase zu haben).

(vi)   Zu t_1 kommen Paul mentale Eigenschaften zu.

(vii)   Ein und demselben Einzelding kommen zu t_1 sowohl mentale Eigenschaften als auch körperliche (nicht-mentale) Eigenschaften zu. (Hintergrundannahme (HA_1))

(viii) Zu t_1 kommen O sowohl körperliche Eigenschaften (unter anderem die Eigenschaften K_i) und mentale Eigenschaften zu.

(ix)   Paul *ist* der Organismus O, dem zu t_1 sowohl mentale als auch körperliche Eigenschaften (unter anderem die Eigenschaften K_i) zukommen.

Schlussfolgerung (ix) behauptet, dass Paul mit dem („seinem") Organismus O numerisch identisch ist. Es handelt sich um *ein und dasselbe* Einzelding. Von hier bis zur nur vermeintlich stärkeren Behauptung, Paul sei *wesentlich* ein biologischer Organismus, ist es nur ein kleiner Schritt. Denn wenn Paul und der betreffende Organismus identisch sind, sind sie notwendigerweise identisch.[23] In allen möglichen Welten, in denen Paul existiert, ist Paul also dieser Organismus. Anders gesagt: Paul existierte nicht, wäre er nicht dieser Organismus. Insofern hat Paul auch die diachronen Identitätsbedingungen dieses Organismus. Und der Organismus hat zweifellos biologische Identitätsbedingungen, welche auch immer das im Detail sein mögen. Dieser Organismus gehört grundlegend zur biologischen Art *Homo Sapiens* – und insofern auch Paul.

Was für Paul gilt, dürfte sicherlich auch auf uns zutreffen. Wie auch immer wir uns jeweils sprachlich herausgreifen (als Subjekte, Personen etc.): Wir sind jeweils *wesentlich* menschliche biologische Lebewesen – wir gehören zur natürlichen Art *Homo Sapiens*.[24]

---

23 Die Annahme, dass generell dann, wenn ein x und ein y identisch sind, x und y notwendigerweise identisch sind, kann hier nicht weiter begründet werden. Es handelt sich jedoch um eine vergleichsweise unstrittige Voraussetzung.

24 Es gibt natürlich noch weit mehr Kandidaten für eine Antwort auf die Frage, was wir wesentlich sind. So könnten wir beispielsweise wesentlich Gehirne oder Aggregate aus physikalischen Kleinstpartikeln sein. Und im Grunde müsste man gegen all diese weiteren Kandidaten argumentieren, bevor die Behauptung, wir

Diese Behauptung, und das ist wichtig, widerspricht *nicht* der zweiten Hintergrundannahme (HA₂). Weiterhin kann behauptet werden, dass es Personen sind, denen wir (bestimmte) mentale und körperliche Eigenschaften zuschreiben. Die Überlegungen wenden sich lediglich gegen eine Lesart dieser Annahme, die unterstellt, Personen seien von ,ihrem' Organismus numerisch verschieden. Personen bilden keine eigene grundlegende Art von Einzeldingen. Der Personenbegriff kann demnach als ein sogenanntes *Phasensortal* angesehen werden:[25] Mit dem Begriff der Person greifen wir Menschen in einer bestimmten Phase, einem bestimmten Zeitabschnitt ihrer Existenz (ihres Lebens) heraus. Und dieser Zeitabschnitt wird begrenzt zum einen durch den Zeitpunkt, zu dem Menschen die für den Personenstatus relevanten mentalen Eigenschaften (oder Fähigkeiten) erworben haben, und zum anderen durch den Zeitpunkt, zu dem sie diese Eigenschaften wieder verlieren. Ontologisch gesehen, sind wir bzw. viele von uns somit Personen in einem Sinne, wie wir zeitweise Kinder sind, Jugendliche, Sportler oder Musiker. So, wie beispielsweise Paul, als er ein Student war, nicht dadurch aufhörte zu existieren, dass er exmatrikuliert wurde, oder Oliver Kahn nicht dadurch aufgehört hat zu existieren, dass er seine Torwartkarriere beendet hat, hören Menschen, die über einen bestimmten Zeitraum Personen sind, nicht dadurch auf zu existieren, dass sie den Personenstatus verlieren. Weil wir wesentlich biologische Organismen sind, können wir derartige Veränderungen überleben, auch wenn der Verlust des Personenstatus in vielerlei Hinsicht natürlich eine gravierende und alles andere als wünschenswerte Veränderung ist.

Wenn man somit neben all den nicht-lebendigen physischen Einzeldingen alle biologischen Lebewesen aufzählen würde, einschließlich aller menschlichen biologischen Lebewesen, dürfte man das Inventar an *Einzeldingen* auf unserer Erde vollständig aufgelistet haben. Etwas schwächer formuliert: Man müsste in dieser Inventarisierung zumindest nicht noch *zusätzlich* (menschliche) Personen aufführen. Damit werden (menschliche) Personen aus der Ausstattung der Welt nicht eliminiert. Es gibt (menschliche) Personen, insofern biologische Lebewesen der Art *Homo Sapiens* mit genau den mentalen Fähigkeiten existieren, die für den Personenstatus erforderlich sind. Deshalb sind (menschliche) Personen auch ,mehr' als ,bloße' biologische Lebewesen – Lebewesen, die diese Fähigkeiten nicht besitzen. Gleichwohl: Wenn wir denken oder Erlebnisse haben, *ist* dasjenige Einzelding, das denkt oder Erlebnisse hat, das jeweilige biologische (menschliche) Lebewesen. *Das jeweilige biologische Lebewesen ist das Subjekt mentaler Zustände.*[26]

Dieser Behauptung lässt sich auch nahtlos eine semantische These über den *Gegenstand der Selbstbezugnahme* in selbstbewussten Gedanken – und den entsprechenden Äußerungen – anschließen. In solchen Gedanken (bzw. Äußerungen) nehmen wir trivialerweise jeweils auf uns selbst Bezug. Und für diese Selbstbezugnahme gilt: Der Bezugsgegenstand des be-

---

seien biologische Organismen, als einigermaßen gesichertes Ergebnis präsentiert werden kann. Aber Personen und biologische Lebewesen (Organismen) sind sicherlich zwei der aussichtsreichsten Kandidaten, gerade wenn die Annahmen (HA₁) und (HA₂) den Diskussionsrahmen abstecken.

25 Siehe zum Begriff des Phasensortals beispielsweise wiederum Wiggins 1980.

26 Ähnlich lassen sich auch die traditionsreichen Begriffe des (menschlichen) *Selbst* und des *Ich* erläutern. So könnte eine Erläuterung dieser Begriffe mit der folgenden Behauptung starten: Ein *Selbst* (oder *Ich*) ist ein Wesen, das *Selbstbewusstsein* (als Fähigkeit) besitzt. Ein Wesen x ist zu einem Zeitpunkt t somit ein menschliches Selbst (oder Ich) genau dann, wenn x ein Lebewesen der Art *Homo Sapiens* ist und zu t zu der Klasse von Wesen gehört, die Selbstbewusstsein besitzen.

grifflichen Bestandteils ‚ich' in selbstbewussten Gedanken ist das biologische Lebewesen, das wir jeweils sind.[27] ‚Ich-Sager' mögen besondere biologische Lebewesen sein, trotzdem nehmen wir, wenn wir über uns sprechen (und denken) auf das biologische Lebewesen Bezug, das wir (wesentlich) sind.

Warum sollten diese Behauptungen irritieren? Es sollte nicht unterschlagen werden, dass es vielfältige Gründe (und Ursachen) dafür gibt, sie in Zweifel zu ziehen, auch wenn ich hoffe, dass die bisherigen Überlegungen zumindest andeuten konnten, wie mühelos sich die Behauptung, wir seien wesentlich biologische Lebewesen, in unser alltägliches Reden über uns einfügt. Deshalb sollten wenigsten noch einige Überlegungen angestellt werden, die dieser Behauptung den ‚kontraintuitiven' Charakter, den sie vielleicht immer noch haben mag, weiter nehmen könnten.

Eine Ursache dafür, die These des Animalismus wenig glaubhaft zu finden, könnte darin bestehen, nicht ausdrücklich zwischen dem Begriff des *Körpers* und dem Begriff des *lebendigen Organismus* zu unterscheiden und infolgedessen die Behauptung, wir seien biologische Organismen, als die (vage) Behauptung zu lesen, wir seien schlicht identisch mit unserem *Körper*. Diese Differenzierung ist insofern wichtig, als die Aussage „Der Körper denkt" gegen unseren Sprachgebrauch zu verstoßen scheint, die Aussage „Das Lebewesen denkt" hingegen nicht (oder zumindest längst nicht in dem gleichen Maße). Was macht den Unterschied aus? Mit der Verwendung des Ausdrucks „Körper" (oder der Wendung „unser Körper") in alltäglichen Sprachpraktiken scheinen wir gerade über unsere *nicht-mentalen* Eigenschaften zu reden. Wir sprechen in diesen Fällen über uns in einer *Hinsicht*, die mentale Eigenschaften ausklammert und ausschließlich nicht-mentale Eigenschaften fokussiert. Wenn wir beispielsweise sagen „Ich sollte meinen Körper mehr trainieren", meinen wir, dass wir den Muskelaufbau fördern, die Beweglichkeit unserer Gliedmaßen verbessern sollten oder Derartiges mehr. Einen solchen Satz würden wir vermutlich nie (oder fast nie) verwenden, um beispielsweise auszudrücken, dass wir unsere mathematischen oder auch sprachlichen Fähigkeiten verbessern sollten – selbst wenn wir glauben, dass Ausübungen kognitiver Fähigkeiten neuronal (also in einem Körperteil) realisiert sind.

Demgegenüber scheint der Gebrauch der Ausdrücke „biologischer Organismus" und „biologisches Lebewesen" weit flexibler zu sein. Es scheint keine parallele Einschränkung zu geben, mit der Verwendung dieser Ausdrücke nur nicht-mentale Eigenschaften in den Blick zu nehmen.[28] Deshalb sollte der Satz „Das biologische Lebewesen denkt" eigentlich weit weniger irritieren als der Satz „Der Körper denkt". Wenn diese Differenzierung allerdings übersehen wird, könnte die Äußerung des Satzes „Das biologische Lebewesen denkt" ebenfalls den Eindruck erwecken, etwas zu produzieren, das unserem Sprachgebrauch zuwiderläuft. Aber das ist ein Leseeindruck, der sich, sollte die kleine Diagnose zutreffen, verflüchtigt, sobald man diese Differenzierung vor Augen hat.

Wenn man beantworten möchte, was wir (wesentlich) sind, und dabei nur von Personen und – in undifferenzierter Manier – ihren Körpern redet, besteht zudem die Gefahr, dass die Option schlicht *übersehen* wird, wir könnten biologische Organismen (Lebewesen) sein.[29]

---

27 Aus der ontologischen Kernthese, dass wir wesentlich (menschliche) biologische Lebewesen sind, lassen sich somit auch semantisch interessante Konsequenzen ziehen, die für eine Analyse des Selbstbewusstseins fruchtbar gemacht werden können.

28 Immerhin schreiben wir (ob nun zu Recht oder nicht) vielerlei Tieren mentale Eigenschaften zu.

29 In der philosophischen Literatur wird, wenn von unseren Körpern die Rede ist, nicht gerade häufig genauer ge-

Und in der zeitgenössischen Literatur finden sich auch Argumente für die These, Personen bildeten eine eigene grundlegende Art von Einzeldingen, die ausdrücklich auf der Behauptung fußen, dass die Rede von *bloßen Körpern* als Subjekten von Gedanken und Empfindungen sprachwidrig ist. Eine undifferenzierte Verwendung des Ausdrucks „Körper" kann somit enorm folgenreich sein. Das demonstrieren beispielsweise die Überlegungen von Glock und Hyman:

> We are therefore inclined to conclude that [...] substitution of ‚N.N.'s body for ‚N.N.' will often produce a sentence that is [...] simply nonsensical: ‚N.N.'s body is proud of his body', for example, [...].[30]

Die Berufung auf derartige sinnlose (*nonsensical*) Sätze ist zentraler Bestandteil ihres Arguments:

> [T]he fact that substitution is illicit (i.e. produces nonsense) in some cases shows that Carter [die Person in dem von ihnen diskutierten Beispiel] and his body belong to different categories of particular [...].[31]

Wie sollte vor dem Hintergrund der Annahme, wir seien biologische Lebewesen, der Satz „N.N.'s body is proud of his body" kommentiert werden? Zugestanden werden kann, dass dieser Satz tatsächlich etwas ‚Sprachwidriges' an sich hat. (Allerdings scheint die Behauptung, er sei sinnlos, vielleicht doch etwas übertrieben zu sein.) Daraus folgt jedoch ganz sicher nicht, dass Personen eine eigene (grundlegende) Art bilden. Und der entscheidende Grund dafür ist nicht (oder nicht allein), dass man aus Tatsachen über unseren Sprachgebrauch nicht umstandslos ontologische Schlussfolgerungen ziehen sollte. Entscheidend ist vielmehr, dass die Option übersehen (oder nicht diskutiert) wird, wir könnten (wesentlich) biologische Lebewesen sein. Es greift somit zu kurz, in der Beantwortung der Frage, was wir wesentlich sind, unser Reden über Personen mit Sätzen wie „Pauls Körper ist auf seinen Körper stolz" zu kontrastieren. Die klarerweise nicht sprachwidrige Alternative „Das biologische Lebewesen, das Paul ist, ist auf bestimmte seiner körperlichen Eigenschaften stolz" wird dabei übersehen. Und damit wird übergangen, dass wir wesentlich biologische Lebewesen sein könnten. Eine Analyse unseres üblichen Gebrauchs des Ausdrucks „Körper" gibt somit keinen Aufschluss darüber, ob der biologische (menschliche) Organismus das Subjekt von Gedanken und Erfahrungen sein könnte (oder nicht).

Der Argwohn, wir könnten letztlich doch nicht nur biologische Organismen sein, könnte sich natürlich auch an der Behauptung entzünden, dass wir die *diachronen Identitätsbedingungen* von biologischen Organismen haben. Wie bereits oben skizziert, sind Antworten auf die Frage, von welcher grundlegenden Art Einzeldinge sind, zugleich Antworten darauf, welche (Art von) diachronen Identitätsbedingungen diese Einzeldinge haben. Daraus, dass wir wesentlich (menschliche) biologische Lebewesen sind, folgt also auch, dass wir die diachronen Identitätsbedingungen von (menschlichen) biologischen Lebewesen haben. Somit liefert diese ontologische Auskunft auch eine Lösung des Problems der (sogenannten) *personalen Identität*. Diese Lösung kann, in einem ersten Anlauf, folgendermaßen formuliert werden:

---

sagt, was ein (menschlicher) Körper sein soll.
30 Glock & Hyman 1994, S. 376.
31 Ebd., S. 379.

Ein Mensch x, der zum Zeitpunkt t_1 existiert, ist genau dann identisch mit einem y, das zu t_2 existiert, wenn x und y *dasselbe biologische Lebewesen (derselbe lebendige Organismus)* sind.

Diese Behauptung steht quer zu den meisten Vorschlägen in der Debatte um das Problem der personalen Identität. Sicherlich vorherrschend ist die Ansicht, dass eine Form von *psychischer Kontinuität* notwendig und hinreichend für unser Überleben ist (z.B. Erinnerungsketten oder die kausale Verknüpfung zwischen Absichten und den entsprechenden Handlungen).[32] Vertreter derartiger Theorien berufen sich meist auf Intuitionen, die in unserer Urteilspraxis verankert sein sollen. Verdeutlichen lassen sich diese Intuitionen gut an dem wohl beliebtesten Gedankenexperiment in dieser Debatte: dem der Gehirntransplantation. Man soll sich vorstellen, unser Großhirn würde in einen anderen (gesunden) Körper transplantiert und mit ihm alle unsere mentalen Zustände. Die resultierende Person hat also die gleichen Überzeugungen wie wir vor der Operation, behauptet, dieselbe Person zu sein, erzählt von unserem bisherigen Leben auf eine Weise, als seien es unsere Erinnerungen etc. Man könnte auch annehmen, dass sie unser ganzes soziales Leben fortführt, unseren Beruf ausübt, die Freundschaften pflegt, die wir pflegten usw. Sind wir diese Person? Haben wir überlebt? Viele glauben, dass wir ein derartiges Szenario überleben würden. Wären diese Interpretationen des Gedankenexperiments richtig, könnten wir natürlich nicht wesentlich biologische Lebewesen sein. Denn wenn einem biologischen Lebewesen das Großhirn entnommen wird, verliert es schlicht ein Organ. Es wandert nicht mit, sondern bleibt zurück. (Sofern sein Stammhirn nicht mittransplantiert wird, intakt bleibt und weiter die lebensnotwendigen Funktionen des Organismus aufrechterhält, überlebt das Lebewesen – und somit wir.)[33]

Hier kann nicht breiter gegen ein psychologisches Kriterium für personale Identität argumentiert werden. Zwei kleinere Hinweise müssen genügen. Erstens hat auch der Animalismus ‚Intuitionen' auf seiner Seite. So dürfte es unserem alltäglichen Nachdenken über uns entsprechen zu sagen, *wir* seien einmal Föten gewesen, ohne dass es irgendeine halbwegs substantielle psychische Kontinuität zwischen dem Fötus damals und uns heute gibt. Und wenn wir über unsere mögliche Zukunft nachdenken, würden vermutlich etliche von uns (wenn auch zugegebenerweise nicht alle) einräumen, dass wir die mentalen Fähigkeiten, die uns zu Personen ‚machen', auch wieder verlieren könnten, ohne dass wir dadurch zu existieren aufhören. Vielleicht ist die hartnäckig vertretene Überzeugung vieler Autoren, dass psychische Kontinuität für unser Überleben entscheidend ist, auch ein Produkt einer philosophischen Ausbildung und Philosophietradition? Womöglich ist das so. Andererseits lässt sich schwerlich wegdiskutieren, dass viele nun einmal intuitiv zu einem psychologischen Kriterium für unsere diachrone Identität neigen – wie auch immer diese Intuitionen zustande gekommen sein sollten. Wahrscheinlich sollte man davon ausgehen, dass die Frage, welche Theorie personaler Identität angemessen ist, letztlich nicht durch ein Abfragen derartiger Intuitionen sinnvoll beantwortet werden kann.

Zweitens könnte es sein, dass die Antwort des Animalismus auf das Problem der personalen Identität deshalb den Anschein erweckt, nicht angemessen sein zu können, weil diese Antwort *Personen nicht einmal erwähnt*. Hat man damit nicht im Grunde das eigentliche Thema gewechselt? Dieser Eindruck könnte dadurch entstehen, dass das Problem der perso-

---

32 Siehe z.B. Parfit 1971, Nozick 1981, Shoemaker 1984, Garrett 1998 und Noonan 2003.
33 Siehe dazu vor allem Olson 1997.

nalen Identität häufig bereits als die Frage *formuliert* wird, unter welchen Bedingungen es wahr ist, dass eine *Person* P$_1$, die zu t$_1$ existiert, identisch ist mit einer *Person* P$_2$, die zu t$_2$ existiert.[34]

Gemäß dem Animalismus kann ich, der ich zu einem Zeitpunkt t$_1$ eine Person bin, mit einem Lebewesen zu t$_2$ identisch sein, auch wenn dieses Lebewesen keine Person ist. Ich kann also den Verlust meines Personenstatus überleben. Auch war ich einmal ein Fötus, ohne damals die für den Personenstatus relevanten mentalen Fähigkeiten besessen zu haben. Ich war also nicht schon immer eine Person.[35] Ein Ansatz wie der Animalismus, der derartige Behauptungen theoretisch zu rechtfertigen versucht, wird allein durch die obige Problemformulierung ausgeschlossen. Das ist allein deshalb nicht wünschenswert, weil nicht *vorentschieden* werden sollte, was wir wesentlich sind – und welche diachronen Identitätsbedingungen wir folglich haben. In der Bearbeitung des Problems der personalen Identität fragen wir danach, unter welchen Bedingungen *wir* überleben können – auch wenn die Bezugnahme mittels dieses Personalpronomens natürlich nicht klärt, über welche Art von Entitäten wir reden wollen.

Das Problem der personalen Identität sollte also möglichst *neutral* formuliert werden.[36] Ein Vorschlag für eine vielleicht hinreichend neutrale Formulierung kann auf die unkontroverse Annahme zurückgreifen, wir seien Menschen zumindest in dem Sinne, dass wir einen biologischen Organismus *haben*.[37] Diese Redeweise ist zwar – gerade aus Sicht des Animalismus – etwas irreführend, weil sie suggeriert, wir seien etwas von unserem jeweiligen Organismus Verschiedenes. (Denn wie könnten wir ,unseren' Organismus anderenfalls *haben*?). Aber der Vorzug dieser Formulierung ist gleichwohl, dass mit ihr nicht wirklich vorentschieden ist, worin unsere diachrone Identität besteht. Ebenso ist nicht vorentschieden, was wir wesentlich sind – ob nun biologische Organismen, Personen, Gehirne oder was auch immer. Der Vorschlag ist also, das Problem der personalen Identität als die Frage danach aufzufassen, unter welchen Bedingungen ein x, das zu t$_1$ existiert und einen biologischen Organismus hat (zur Klasse der Gegenstände mit einem biologischen Organismus gehört), identisch ist mit einem y, das zu t$_2$ existiert. Vor dem Hintergrund dieser – oder einer ähnlich neutralen – Problemformulierung dürfte der Animalismus nicht den Eindruck erwecken, das Thema zu wechseln.

Eine angemessene Verteidigung der Behauptung, wir hätten biologische Identitätsbedingungen, müsste natürlich möglichst detailliert darüber Auskunft geben, was nun genau die Identitätsbedingungen menschlicher biologischer Lebewesen sind. Ansetzen würde eine solche Auskunft sicherlich mit der Annahme, dass das Überleben biologischer Lebewesen – und Menschen bilden dabei gewiss keine Ausnahme – durch das Aufrechterhalten lebenswichti-

---

34 Siehe z.B. Swinburne 1984 und Garrett 1998. Natürlich ist bereits der Ausdruck „personale Identität" als Titel der Debatte tendenziös.

35 Je nachdem, welche mentalen Eigenschaften oder Fähigkeiten für den Besitz des Personenstatus ausschlaggebend sind, werden wir früher oder später Personen, ob noch im Mutterleib, im Zuge der ersten Lebensmonate nach der Geburt oder erst Jahre danach.

36 Die Suche nach einer möglichst neutralen Formulierung des Problems der personalen Identität besteht im Kern in der Suche nach einem möglichst neutralen Ausdruck für die Art von Gegenständen, über die man reden möchte.

37 Siehe dazu Olson 2007, S. 10.

ger Funktionen (wie z.B. den Stoffwechsel) gewährleistet wird.[38] Wie die Details einer solchen Theorie genau aussehen sollten, kann an dieser Stelle jedoch offen bleiben.[39] Denn es darf unterstellt werden, dass biologische Lebewesen – mithin Menschen – diachrone Identitätsbedingungen haben, die nicht allzu rätselhaft sind. Es gibt voraussichtlich keine guten Gründe dafür, die Ausarbeitung einer solchen Theorie für prinzipiell aussichtslos zu halten.[40] Und insofern hängt die Plausibilität der zentralen ontologischen These des Animalismus und der mit ihr verknüpften Behauptung über unsere (Art von) Identitätsbedingungen nicht entscheidend davon ab, ob man bereits über eine ausgearbeitete Theorie verfügt oder nicht.

Gleichwohl: Die bisherigen Überlegungen zugunsten der Behauptung, wir seien wesentlich biologische Lebewesen, haben zugegebenermaßen etliche Probleme ausgeklammert, manche nur angerissen. Aber sollte es gelungen sein, diese ontologische Grundthese als einigermaßen ,natürliche' Konsequenz der Hintergrundannahmen (HA₁) und (HA₂) darzustellen, wäre das Ziel der bisherigen Überlegungen erreicht. Dieses Zwischenergebnis sollte jedoch im Folgenden zumindest noch etwas konsolidiert werden. Zu diesem Zweck wird der nächste Abschnitt einen Versuch diskutieren, die (numerische) Verschiedenheit von Personen und ihren jeweiligen Körpern mit der Behauptung zu *vereinbaren*, dass letztlich doch *einem* oder einem (irgendwie) *einheitlichen Gegenstand* sowohl mentale als auch körperliche Eigenschaften zukommen. Die bisherigen Überlegungen könnten also (auch) deshalb zu vorschnell ein Zwischenergebnis präsentiert haben, weil womöglich doch – entgegen dem ersten Anschein – die Hintergrundannahmen (HA₁) und (HA₂) von Theorien respektiert werden können, denen zufolge (menschliche) Personen nicht lediglich biologische Organismen mit bestimmten mentalen Fähigkeiten sind.

5. Konstituierte Personen

Vielen Autoren zufolge sind Personen *wesentlich* Personen. Diese Behauptung verteidigt auch Lynne R. Baker.[41] Um auf das oben skizzierte (imaginäre) Beispiel zurückzukommen:

---

38 Man würde biologische Lebewesen aller Voraussicht nach als funktionale Systeme beschreiben, die dank eines hohen Maßes an Selbstorganisation eine Struktur-Stabilität über die Zeit hinweg aufweisen (bei gleichzeitigem Austausch von Energie mit der Umgebung und dem ständigen Austausch und der Reparatur von Materieteilen). Letztlich sind unsere diachronen Identitätsbedingungen vermutlich nicht gravierend verschieden von denen vieler anderer Tiere. Aber weshalb sollte es auch anders sein?

39 Olson zufolge ist es primär eine empirische Aufgabe, eine solche Theorie auszuarbeiten. (Siehe Olson 1997.) Dabei übersieht er jedoch, dass eine Menge begrifflicher Aufgaben zu erledigen sind – beispielsweise eine Erläuterung des Begriffs des Lebens oder des Begriffs des (biologischen) Systems. Eine Bearbeitung derartiger Aufgaben ist nicht allein – und vielleicht nicht einmal primär – eine empirische Angelegenheit. Es handelt sich um eine typisch philosophische Aufgabenstellung. Damit soll nicht gesagt sein, solche Aufgaben könnten (oder sollten) nicht von Biologen geleistet werden. Es sind nur philosophische Aufgaben – ob sie nun Fachphilosophen bearbeiten, Biologen oder wer auch immer.

40 Damit soll nicht behauptet werden, dass eine solche Theorie keine hartnäckig rätselhaften philosophischen (insbesondere metaphysischen) Probleme zu lösen hätte. Solche Probleme gibt es zuhauf – beispielsweise die Frage, ob die Behauptung, dass ein bestimmtes Lebewesen zu einem bestimmten Zeitpunkt existiert, immer eindeutig entweder wahr oder falsch ist. (Siehe dazu beispielsweise van Inwagen 1990.)

41 Siehe vor allem Baker 2000, S. 59ff. Ihr zufolge sind Wesen Personen aufgrund des Besitzes einer *Erste-Person-Perspektive*. Eine solche Erste-Person-Perspektive liegt vor, wenn ein Wesen die Fähigkeit besitzt,

Wären wir wesentlich Personen, würde Paul die Hirnschädigung, durch die er alle für seinen Personenstatus relevanten mentalen Fähigkeiten verliert, nicht überleben. Demnach handelte es sich bei dem betreffenden Patienten zum Zeitpunkt t_2 um ein *anderes* Einzelding als die Person Paul zu t_1. Wir können diesen Patienten zwar noch Paul nennen, und dafür mag es pragmatische oder vielleicht auch ethische Gründe geben, aber strenggenommen ist es nicht mehr Paul. Personen haben andere diachrone Identitätsbedingungen als biologische Organismen.[42]

Sollten wir wesentlich Personen sein, sind wir numerisch verschieden von unserem jeweiligen Organismus. Man möchte meinen, diese Behauptung verletze *offensichtlich* die Annahme (HA$_1$), dass wir mentale und körperliche Eigenschaften *ein und demselben* Gegenstand zuschreiben. Wenn Paul zu t_1 denkt, denkt dann nicht die Person und gerade nicht ‚sein' biologischer Organismus? Und müsste man nicht allein ‚seinem' Organismus alle körperlichen (nicht-mentalen) Eigenschaften zuschreiben, nicht aber der Person Paul?

Baker möchte derartige Behauptungen vermeiden. Sie versucht, so könnte man sagen, einen *Mittelweg* zu beschreiten. Ihr zufolge sind Personen zwar numerisch verschieden von ihrem jeweiligen Organismus, aber gleichzeitig sollen wir nicht schlicht in zwei Einzeldinge auseinanderfallen, von denen eines (die Person) das Subjekt ausschließlich mentaler Eigenschaften ist, das andere hingegen (der Organismus) nur Träger körperlicher (nicht-mentaler) Eigenschaften. Auch richtet sie sich gegen ‚klassische' dualistische Theorien, indem sie behauptet, Personen seien, obwohl (numerisch) verschieden von ihrem jeweiligen Organismus, *keine immateriellen Einzeldinge* und könnten auch nicht unabhängig von irgendeinem Körper existieren. (Es muss aber kein bestimmter Körper, nicht einmal ein biologischer Organismus sein.) Personen sind laut Baker *materielle* Einzeldinge. Und sie sind deshalb materielle Einzeldinge und zudem nicht lediglich (numerisch) verschieden von ihrem Organismus, vielmehr äußerst ‚intim' mit ihm verknüpft, weil sie durch ihren jeweiligen Organismus *konstituiert* sind. Der Begriff der Konstitution hat die Funktion, eine äußerst enge Relation zwischen zwei Einzeldingen – hier zwischen Personen und ihrem jeweiligen Organismus – zu markieren, die der Identitätsrelation *sehr nahe kommt*, aber eben nicht mit ihr zusammenfällt.

Die Behauptung, es gebe überhaupt eine solche ‚intime' Relation zwischen numerisch verschiedenen Einzeldingen, ist umstritten.[43] Erläutert und begründet wird sie meist – und auch bei Baker – am Beispiel des Verhältnisses zwischen einer Statue und dem Materialklumpen, aus dem sie gemacht ist, beispielsweise einem Bronzeklumpen. Eine solche Statue soll ein von dem betreffenden (und spezifisch geformten) Bronzestück verschiedenes Einzelding sein. Zugleich soll es sich bei der Statue jedoch um ein materielles Einzelding han-

---

Gedanken zu denken, mit denen es auf sich selbst Bezug nimmt und sich ‚zugleich' auch dessen bewusst ist, dass es auf sich selbst Bezug nimmt. (Der Besitz dieser Fähigkeit wird in der Literatur oft auch durch die Formulierung beschrieben, dass man dann über sich selbst *als sich selbst* nachdenken kann.) Diese Form des Selbstbewusstseins wird sprachlich üblicherweise ausgedrückt durch Sätze der Art „Ich wünsche, ich wäre gesund" oder „Ich weiß, dass ich übermüdet bin". Dabei referieren laut Baker jeweils beide Vorkommnisse von „ich" auf die Person, die ich (wesentlich) bin.

42 Baker selbst verwendet meist den Begriff des Körpers, nicht den des biologischen Organismus.

43 Siehe z.B. die Diskussion zwischen Johnston (Johnston 1992) und Noonan (Noonan 1993). Im Rahmen der Debatte rund um das Problem der personalen Identität versuchen beispielsweise auch Parfit und Shoemaker die Idee ‚konstituierter Personen' fruchtbar zu machen (siehe Parfit 2008 und Shoemaker 2008).

deln. Die Annahme, eine solche Statue sei ein materielles Einzelding, ist sicherlich überaus plausibel – egal, was man vom Begriff der Konstitution hält. Denn eine solche Statue ist offensichtlich deshalb ein materielles Einzelding, *weil* sie aus einem bestimmten Bronzestück geformt ist. Aber warum sind die Statue und das Bronzestück überhaupt numerisch verschieden?

Ein entscheidender Grund für die vermutlich für manche erst einmal kontraintuitive Behauptung, es handele sich um (numerisch) verschiedene Einzeldinge, lautet, dass die Statue und der Bronzeklumpen zu ein und demselben Zeitpunkt *unterschiedliche dispositionale Eigenschaften* haben und numerisch identische Einzeldinge – laut Leibniz' Gesetz – keine verschiedenen Eigenschaften haben (können).[44] So hat der Bronzeklumpen die Eigenschaft („Fähigkeit"), radikale Veränderungen seiner Form zu ,überleben', während eine Statue diese Eigenschaft nicht hat. Die Statue hat hingegen, so würden viele sagen, beispielsweise die dispositionale Eigenschaft, einen Austausch von Teilen – bei gleichzeitiger Wahrung ihrer Form – zu überleben, während dem Bronzeklumpen diese Eigenschaft nicht zukommt. Wendet man also Leibniz' Gesetz auf Statuen und die Materialklumpen an, aus denen sie gemacht sind, scheint zu folgen, dass sie nicht ein und dasselbe Einzelding sein können.

Einmal angenommen, die Statue und der Bronzeklumpen seien tatsächlich zwei verschiedene Einzeldinge. *Aufgrund welcher Bedingungen* tritt eine Statue als ein zusätzliches Einzelding in Erscheinung? Wie sollte man das erklären? Mit einer Antwort auf diese Frage befindet man sich bereits mitten in der Erläuterung des Begriffs der Konstitution. Bezogen auf das hier diskutierte Beispiel, sollte man Baker zufolge sagen: Dank der *Einbettung* eines auf eine bestimmte Weise geformten Bronzestücks in eine bestimmte Kunstpraxis – es befindet sich in einem Museum, ist Gegenstand ästhetischer Urteile u.ä. – existiert *zusätzlich* zu diesem Bronzestück eine bestimmte Statue. Allgemeiner formuliert, wenn auch noch recht grob, besagt ihre zentrale Idee:

> Wenn sich ein Einzelding x der grundlegenden Art F[45] zu einem bestimmten Zeitpunkt in einer Situation befindet, in der Bedingungen herrschen, die für die das Vorliegen von *G-Dingen günstig* sind, dann existiert an genau dieser ,Raum-Zeit-Stelle' ein *weiteres* (*neues*) Einzelding y der grundlegenden Art G.[46]

Die Idee der Konstitution ist sicherlich irritierend genug, so dass es hilfreich sein könnte, sich auch Bakers ausführliche Definition des Konstitutionsbegriffs anzusehen. Sie besagt das Folgendes:[47]

> Ein Einzelding x konstituiert ein Einzelding y zum Zeitpunkt t $=_{\text{def.}}$ Es gibt eine grundlegende Art F und eine grundlegende Art G (und entsprechend die Eigenschaft, wesentlich ein F-Ding zu sein, und die Eigenschaft, wesentlich ein G-Ding

---

44 Formal ausgedrückt, lautet dieses Gesetz: $\forall x \forall y \, (x = y \to Fx \leftrightarrow Fy)$. Neben den Merkmalen der Symmetrie, der Transitivität und der Reflexivität gehört auch die Erfüllung dieses Gesetzes (das Merkmal der sogenannten Kongruenz) zur Standarderläuterung des Begriffs der numerischen Identität. (Allerdings ist die Kongruenz das im Grunde einzige der vier genannten Merkmale, das zumindest manchmal kontrovers diskutiert wird.)

45 Bakers Ausdruck für grundlegende Arten ist „primary kinds".

46 Dabei sollen diese neuen Einzeldinge von dem sie jeweils konstituierenden Einzelding jedoch *nicht* kausal hervorgebracht werden.

47 Siehe Baker 2000, S. 43ff., und insbesondere die überarbeitete Version ihrer Definition in Baker 2002b.

zu sein), ferner Bedingungen, die für die Existenz von G-Dingen günstig sind (kurz: G-günstige Bedingungen) – und zwar derart, dass gilt:

(i) x hat die Eigenschaft, wesentlich ein F-Ding zu sein, und y hat die Eigenschaft, wesentlich ein G-Ding zu sein;

(ii) x und y nehmen zu t ein und denselben Raum ein;

(iii) x befindet sich in G-günstigen Bedingungen;

(iv) $\Box \forall z \forall t$ [(z hat die Eigenschaft, wesentlich ein F-Ding zu sein $\wedge$ z befindet sich in G-günstigen Bedingungen) $\supset \exists u$ (u hat die Eigenschaft, wesentlich ein G-Ding zu sein $\wedge$ u nimmt zu t ein und denselben Raum ein wie z)];

(v) $\Diamond \exists t$ [(x existiert zu t $\wedge \neg \exists w$ (w hat die Eigenschaft, wesentlich ein G-Ding zu sein $\wedge$ w nimmt zu t ein und denselben Raum ein wie x)];[48] und

(vi) wenn y immateriell ist, dann ist auch x immateriell.[49]

Erläutern lässt sich diese Definition recht gut an dem bisher diskutierten Beispiel. Man stelle sich also erneut eine Statue und den Bronzeklotz vor, aus dem die Statue gemacht ist. (Um zwei Eigennamen für diese (vorgeblich verschiedenen) Einzeldinge zu haben, soll der Bronzeklotz hier schlicht „Klumpen" heißen und die Statue „Mary-Lou"). Die Behauptung, der Bronzeklotz (Klumpen) konstituiere zu einem bestimmten Zeitpunkt t die betreffende Statue (Mary-Lou) *besagt* gemäß Bakers Definition dann Folgendes:

(i) Klumpen hat die Eigenschaft, wesentlich ein Bronzeklumpen zu sein, und Mary-Lou hat die Eigenschaft, wesentlich eine Statue zu sein (kurz: Klumpen ist wesentlich ein Bronzeklumpen und Mary-Lou wesentlich eine Statue);

(ii) Klumpen und Mary-Lou nehmen zu t ein und denselben Raum ein;

(iii) Klumpen befindet sich in für Statuen günstigen Bedingungen (Klumpen steht in einem Museum, Kunstkritiker und das Publikum beschreiben den Gegenstand als Statue mit diversen ästhetischen Eigenschaften und Derartiges mehr);

(iv) notwendigerweise gilt: wenn sich ein (irgendein) Bronzeklumpen zu einem bestimmten Zeitpunkt in für Statuen günstigen Bedingungen befindet, dann existiert zu genau diesem Zeitpunkt eine Statue, die denselben Raum einnimmt wie dieser Bronzeklumpen; und

(v) es ist möglich, dass Klumpen existiert, ohne dass er ein und denselben Raum einnimmt wie eine (irgendeine) Statue.[50]

Das, was auf das Verhältnis zwischen Statuen und ihre jeweiligen ‚Materialklumpen' zutrifft, soll nun auch auf das Verhältnis zwischen Personen und ihrem jeweiligen Organismus zutreffen: Personen sind von ihrem jeweiligen Organismus zwar (numerisch) verschieden, aber durch ihn konstituiert. Diese theoretische Konstruktion gibt sicherlich Anlass für viele Fragen. Hier entscheidend ist aber vor allem eine Frage: Bietet diese Auskunft tatsächlich

---

48 Wenn eine Konstitutionsrelation besteht, besteht sie folglich *kontingenterweise*. Allein dadurch unterscheidet sich die Konstitutionsrelation von der Relation der Identität.

49 Diese Bedingung soll im Kern markieren, dass die von materiellen Einzeldingen konstituierten Einzeldinge ihrerseits materielle Einzeldinge sind. (Allerdings schließt Baker die Existenz immaterieller Einzeldinge nicht aus.)

50 Die Bedingung (vi) – nämlich dass dann, wenn Mary-Lou immateriell ist, Klumpen immateriell ist – gehört wohl eher in eine Fußnote. Sie ist nicht arg wichtig und erhellend. Die Statue Mary-Lou ist also – wenig überraschend – ein materielles Einzelding, da Klumpen klarerweise ein materielles Einzelding ist.

Raum für die Behauptung, dass Personen und ihr jeweiliger Organismus insofern eine Art von ‚Einheit' bilden, als es letztlich doch irgendwie *ein* Gegenstand ist, der beispielsweise gerade von einem Glücksgefühl beseelt *und* 75 Kilogramm schwer ist?

Laut Baker besteht dieser Raum. Sie behauptet, dass Personen und der sie jeweils konstituierende Organismus viele Eigenschaften *gemeinsam* haben, viele Eigenschaften *teilen*. Personen sollen nicht nur mentale Eigenschaften zukommen, sondern auch körperliche Eigenschaften. Und diese körperlichen Eigenschaften kommen Personen laut Baker auch in einem hinreichend *robusten* Sinne zu. Personen und nicht nur ihr Organismus sollen also beispielsweise *tatsächlich* ein bestimmtes Gewicht oder eine bestimmte Größe haben. Das *klingt* zumindest so, als strebe Baker an, eine hinlänglich buchstäbliche Interpretation der Hintergrundannahme (HA₁) vertreten zu können.

Zum Zweck der Erläuterung dieser Art von ‚Einheit' führt Baker den Begriff der *derivativ zukommenden Eigenschaft* ein. Grob formuliert, besagt ihre Idee:

> Einem Einzelding x kommt eine Eigenschaft E zu einem Zeitpunkt t genau dann derivativ zu, wenn
> (i) x zu t E aufgrund der Tatsache hat, dass x zu t in einer Konstitutionsrelation zu einem Einzelding y steht; und
> (ii) das Einzelding y E zu t unabhängig davon hat, in welchen Konstitutionsrelationen y zu t steht.[51]

Um erneut von Paul zu reden: Paul, der Person, kommt zum Zeitpunkt t₁ beispielsweise die Eigenschaft, 75 Kilo zu wiegen, insofern derivativ zu, als er 75 Kilo *aufgrund der Tatsache* wiegt, dass er durch einen biologischen Organismus konstituiert ist, der 75 Kilo wiegt. Und diesem Organismus kommt diese Eigenschaft unabhängig davon zu, dass er zu dem betreffenden Zeitpunkt Paul – oder was auch immer – konstituiert. Aber wirkt das nicht so, als wiege Paul, die Person, *nicht* wirklich 75 Kilo, sondern eben nur sein Organismus? Laut Baker handelte es sich dabei um einen nur oberflächlichen Eindruck. Denn man soll behaupten dürfen:

(a) Wenn ein Einzelding x ein Einzelding y konstituiert und x eine bestimmte Eigenschaft E derivativ hat, während y diese Eigenschaft E nicht-derivativ zukommt, dann haben x *und* y E *wirklich*. (Gleiches gilt natürlich auch für die derivativen Eigenschaften von y.)[52]

Wir sollten also sagen, dass *Paul* – dieses Einzelding – *wirklich* 75 Kilo wiegt. Zwar kommt Paul diese Eigenschaft nur aufgrund der Tatsache zu, dass er durch einen Organismus konstituiert ist, der 75 Kilo wiegt. Aber das soll uns nicht veranlassen zu glauben, Paul komme diese Eigenschaft in einem weniger robusten (oder eben weniger wirklichen) Sinne zu als seinem Körper. Das derivative Zukommen einer Eigenschaft soll also gerade im Vergleich zum nicht-derivativen Zukommen einer Eigenschaft generell kein weniger wirklicher (oder weniger robuster) ‚Besitz' der fraglichen Eigenschaft sein.[53]

---

51 Zu ihrer ausführlicheren Definition des Begriffs der derivativ zukommenden Eigenschaft siehe Baker 2000, S. 46ff. und Baker 2002b.

52 Siehe z.B. Baker 2000, S. 177f.

53 Es ist nicht leicht zu sagen, wie die Ausdrücke „wirklich" und robust" in diesem Kontext genauer erläutert werden sollten. Vielleicht kann das an dieser Stelle aber auch offen und dem ‚intuitiven' Verständnis überlassen bleiben. Bakers Punkt wäre dann so zu beschreiben: Was immer es auch heißen mag, dass einem

Diese Behauptung provoziert jedoch eine Anschlussfrage: Gibt es nun nicht *zwei* Einzeldinge, die *jeweils* sowohl mentale als auch körperliche (nicht-mentale) Eigenschaften tatsächlich (wirklich) haben? Mitnichten, würde Baker einwenden. Denn gelten soll ferner:

(b) Wenn ein Einzelding x ein Einzelding y konstituiert, x die Eigenschaft E derivativ und y die Eigenschaft E nicht-derivativ zukommt, dann gibt es *keine zwei* E-Dinge, sondern nur *ein* E-Ding.[54]

Die *Kombination* aus diesen beiden Thesen scheint der Hintergrundannahme (HA₁) zumindest sehr nahe zu kommen. Gelingt es Baker also doch, die Intuition, dass *einem* Gegenstand sowohl mentale also auch körperliche Eigenschaften zukommen, mit der Behauptung zu vereinbaren, wir seien nicht lediglich jeweils ein biologischer Organismus, sondern eben eine Person?

Zweifel sind sicherlich berechtigt.[55] Nicht nur ist beispielsweise die Behauptung nicht gerade leicht zu verstehen, dass zwei Einzeldinge doch (irgendwie) eines sind. Fraglich ist vor allem, ob die Kombination aus beiden Behauptungen (a) und (b) tatsächlich kohärent ist.

Recht einsichtig ist zumindest, weshalb Baker (a) und (b) überhaupt vertritt – vor allem dann, wenn man sich diese beiden Behauptungen erneut am Beispiel einer Statue, die durch einen Bronzeklumpen konstituiert sein soll, etwas genauer ansieht. Wir möchten beispielsweise gewiss sagen, eine Statue habe ein bestimmtes Gewicht, z.B. 58 Kilo. Nun soll der Statue das Gewicht zwar ‚nur‘ derivativ zukommen (eben dank des Umstands, dass die Statue durch diesen bestimmten Bronzeklumpen konstituiert ist, der 58 Kilo wiegt), aber *klarerweise*, möchte man meinen, wiege die Statue wirklich 58 Kilo. Immerhin ist sie mit dem Bronzeklumpen offenbar *physisch identisch*! Wie sollte eine aus solch massivem Material geformte Statue kein Gewicht haben!?[56]

Ebenso plausibel dürfte sein, warum Baker Behauptung (b) vertritt: Der Bronzeklumpen und die Statue mögen zwar (numerisch) verschiedene Einzeldinge sein, aber es kann schlicht nicht sein, dass beispielsweise dadurch, dass dem Bronzeklumpen die Eigenschaft, 58 Kilo zu wiegen, nicht-derivativ, der Statue hingegen die Eigenschaft, 58 Kilo zu wiegen, derivativ zukommt, das ‚Paket‘ aus beiden Einzeldingen 116 Kilo wiegt. Es gibt selbstverständlich nur einen 58-Kilo-schweren-Gegenstand.[57] Eine Theorie, aus der Derartiges folgen würde, könnte man gewiss nicht ernst nehmen.[58]

Jede der beiden Behauptungen (a) und (b) lässt sich also zumindest recht überzeugend motivieren. Aber damit ist natürlich noch nicht gezeigt, dass Baker die Kombination aus

---

Gegenstand eine Eigenschaft wirklich zukommt – wenn einem Gegenstand eine Eigenschaft derivativ zukommt, kommt sie ihm *nicht weniger* wirklich zu als dann, wenn sie ihm nicht-derivativ zukäme.

54 Siehe z.B. Baker 2000, S. 198.

55 Siehe dazu auch Zimmerman 2002.

56 Würden wir im gleichen Ausmaß auch geneigt sein zu sagen, der Bronzeklumpen habe diejenigen Eigenschaften wirklich, die ihm nur derivativ zukommen? Wollten wir beispielsweise behaupten, dieser Bronzeklumpen koste wirklich so und so viel Geld, beispielsweise 200 000 €, obgleich er diesen Wert nur derivativ hat? Vielleicht.

57 Entsprechend kostet das ‚Paket‘ aus Bronzeklumpen und Statue nicht 400 000 €.

58 Die Bemerkung ist jedoch angebracht, dass diese ‚intuitiven Gründe‘ für die Thesen (a) und (b) auch als Gründe für die Behauptung verwendet werden können (und vielleicht sogar naheliegenderweise), die Statue und der Bronzeklumpen seien gerade *keine* zwei numerisch verschiedenen Einzeldinge, sondern ein und dasselbe Einzelding.

beiden Behauptungen kohärent vertreten kann. Für eine Beantwortung dieser Frage sollten jedoch statt Statuen wieder Personen und ihr jeweiliger Organismus in den Fokus der Diskussion rücken. Was besagen die Thesen (a) und (b) also für *uns*? Baker schreibt:

> [I]f x constitutes y and x is an F and y is an F, it does not follow that there are two Fs. Since H [das Kürzel für den Organismus Bakers] is a person solely in virtue of constituting me, H is not a different person from me. I have the property of being a person nonderivatively (and essentially), and H has the property of being a person derivatively (and contingently). So, the Constitution View neither denies that H is a person nor implies that wherever you are, there are two persons – you and H. You and H are the same person.[59]

Ferner soll gelten:

> When I think „I am a person", there are not two separate thoughts, entertained by two separate thinkers, one of whom may be right and the other wrong. There is one thought – „I am a person" – entertained by two separate thinkers, one of whom may be right and the other wrong. There is one thought „I am a person" – entertained nonderivatively by the person constituted by the organism and hence entertained derivatively by the organism.[60]

Wenn ich also gerade auf meinem Stuhl vor dem Computer sitze und einem Gedanken nachhänge, soll es da, wo ich sitze, nicht zwei Gedanken geben, die von zwei Personen (oder denkenden Wesen) gedacht werden, sondern nur *eine* Person mit *einem* Gedanken. Aber was passiert zu diesem Zeitpunkt in (oder mit) meinem Organismus – vor allem aufgrund der Vorgänge in meinem Gehirn, das trivialerweise Teil meines Organismus' ist? Baker zufolge ist mein Organismus auch tatsächlich nicht geistig untätig. Er denkt auch diesen Gedanken, wenn auch nur in einem derivativen Sinne – und zwar dank des Umstands, dass er mich konstituiert und *ich* gerade diesen Gedanken denke. Und mein Organismus ist auch eine Person, wenn auch wiederum nur im derivativen Sinne – erneut dank des Umstands, dass es ‚mein' biologischer Organismus ist (er ist es, der mich konstituiert). Gleichwohl soll er aber offenbar *wirklich* denken und eine Person sein – in einem genauso robusten Sinne, wie mir, der Person, die körperliche Eigenschaft (derivativ) zukommt, ein bestimmtes Gewicht zu haben. Das besagt oder fordert zumindest Behauptung (a).

Wie stimmig ist nun dieses Bild? Aus der These (b) folgt, dass es jeweils nur *eine* Person (einen Denker) und jeweils nur *einen* Gedanken gibt. Das ist auch gewiss plausibel. Außerhalb philosophischer Zusammenhänge würde wohl niemand auch nur erwägen, ob dann, wenn wir einen Gedanken denken, im Grunde zwei Gedanken von zwei denkenden Wesen gedacht werden. Aber die Annahme, es handele sich um einen Gedanken und eine Person, *untergräbt* ganz offensichtlich die These (b), dass Eigenschaften, die einem Gegenstand derivativ zukommen, ihm gleichwohl wirklich zukommen. Denn immerhin gibt es hier *zwei* numerisch verschiedene Einzeldinge, eine Person und ihren Organismus, auch wenn sie durch ein Konstitutionsverhältnis äußerst eng verbunden sein sollten. Und *wenn* es nur eine Person und einen gedachten Gedanken gibt, ferner klarerweise *ich* denke und diese Person

---

59 Baker 2000, S. 198.
60 Baker 2000, S. 197.

bin, ich jedoch nicht identisch bin mit meinem Organismus: Wie sollte man die Schlussfolgerung vermeiden, dass mein Organismus eben gerade *nicht* denkt – oder *nicht wirklich*? Und offenbar ist er eben doch keine Person, kein denkendes Wesen, zumindest nicht wirklich (bzw. in einem buchstäblichen Sinne). *Ich bin nun einmal die Person, die denkt.*

Wenn man hingegen These (a) sehr ernst nimmt, also beispielsweise behauptet, dem biologischen Lebewesen, das uns jeweils konstituiert, komme wirklich die Eigenschaft zu, Gedanken zu denken (oder eine Person zu sein) – wenn auch im derivativen Sinne: Wie sollte man dann den Eindruck vermeiden, dass es doch jeweils *zwei* Gedanken und *zwei* denkende Wesen (Personen) gibt? Immerhin sind Personen und ihr jeweiliger Organismus numerisch verschiedene Einzeldinge. Wenn eine Eigenschaft zwei Mal an zwei verschiedenen Einzeldingen *wirklich* (bzw. in einem buchstäblichen Sinne) vorkommt bzw. instantiiert wird, ob nun derivativ oder nicht, dann gibt es zwei Einzeldinge mit *jeweils* dieser Eigenschaft. Wie sollte es auch anders sein?[61]

Baker scheint Hintergrundannahme (HA₁) somit nicht in einer hinreichend buchstäblichen Lesart respektieren zu können. In dem von ihr entworfenen Bild ist nicht ersichtlich, wie es letztlich doch ein Gegenstand sein kann, dem sowohl mentale als auch körperliche (nicht-mentale) Eigenschaften *gleichermaßen* wirklich zukommen. Und das grundsätzliche Problem dürfte sein, dass dann, wenn wir und unser jeweiliger Organismus zwei numerisch verschiedene Einzeldinge sind, es nicht doch irgendwie *ein* Gegenstand sein kann, dem sowohl mentale als auch körperliche Eigenschaften gleichermaßen wirklich zukommen – *egal* wie ‚eng' oder ‚intim' die Relation der Konstitution sein soll. Man kann zwar postulieren, dass die Relation der Konstitution *fast* mit der Relation der Identität zusammenfällt. Aber vermutlich gibt es nicht wirklich einen gangbaren Mittelweg zwischen numerischer Identität und numerischer Verschiedenheit.

Stehen aber vielleicht grundsätzlich andere Optionen offen, um eine hinreichend buchstäbliche Lesart von Hintergrundannahme (HA₁) anzubieten, ohne dabei die ontologische Kernthese aufzugeben, dass Personen und ihr jeweiliger Organismus numerisch verschieden sind? Eine Alternative, deren Erwähnung für manche vielleicht auch schon längst überfällig ist, besteht in der Annahme, dass der eine Gegenstand, dem mentale und körperliche Eigenschaften buchstäblich zukommen, die *Zusammensetzung* (oder Verbindung) aus einem Organismus und einem davon verschiedenen Einzelding ist – einem Einzelding, das man vielleicht, um etwas traditionell zu reden, *Seele* nennen könnte.[62] *Beide* Einzeldinge, so könnte die Idee lauten, bilden zusammen eine *Einheit*, die es rechtfertigt, von einem weiteren Einzelding zu reden. Und genau dieses zusammengesetzte Einzelding könnte man dann vielleicht als *Person* bezeichnen.[63] Und genau einer solchen ‚zusammengesetzten Person', so

---

61 Man könnte vielleicht sagen: Je ‚wirklicher' mein Organismus die derivativ zukommende Eigenschaft besitzen soll, eine Person zu sein, desto stärker wird man in die Richtung der Behauptung gedrängt, dass es doch zwei Personen gibt – den Organismus und mich. An der Annahme festhalten zu wollen, dass es nur eine Person gibt (nämlich mich), drängt *umgekehrt* dazu, den Organismus nicht so richtig (wirklich) als Person anzusehen und somit die ‚Wirklichkeit' des derivativen Zukommens von Eigenschaften herabzustufen, als irgendwie zweitklassig zu betrachten.

62 Es ist an dieser Stelle aber nicht wichtig, wie man dieses Einzelding nennt. Hier soll unterstellt sein, dass es sich um eine Art von Einzelding handelt, dem (bestimmte) mentale Eigenschaften oder Fähigkeiten wesentlich zukommen.

63 Eine derartige Position scheint Swinburne zu vertreten (in Swinburne 1984). Er bezeichnet sie als *Carte-*

könnte man weiter behaupten, kämen buchstäblich sowohl mentale als auch körperliche Eigenschaften zu.[64] Eine solche Option deuten auch manche verstreuten Bemerkungen Bakers zumindest an – entgegen ihrer ‚offiziellen' Theorie. So schreibt sie beispielsweise:

> The word „I" has a single referent here – this nonderivative person, *myself-constituted-by-my-body* [...].[65]

Zumindest wenn man die Bindestriche in dem Ausdruck „myself-constituted-by-my-body" betont, erweckt diese Textstelle den Eindruck, der Bezugsgegenstand des Ausdrucks „ich" sei das ‚Ganze' bzw. die ‚Einheit' aus konstituierendem Körper (Organismus) und dem konstituierten Einzelding. Was ist von dieser Idee zu halten?[66]

Eine Schwierigkeit wird sichtbar, wenn man sich fragt, welche diachronen *Identitätsbedingungen* zusammengesetzte Personen haben sollen.[67] Ist eine zusammengesetzte Person wesentlich genau *diese spezifische* Zusammensetzung? In diesem Fall würde eine Person zu existieren aufhören, hörte eines der beiden Einzeldinge auf zu existieren – also *entweder* das geistige Einzelding (die Seele) *oder* der spezifische Organismus. Was immer mit Pauls Seele passierte, würde Paul also allein dann zu existieren aufhören, wenn sein Organismus zu existieren aufhörte. Um wieder das meistdiskutierte Gedankenexperiment in der Debatte um personale Identität zu bemühen: Paul würde beispielsweise nicht überleben, wenn man die für sein Denken relevanten Gehirnteile (insbesondere sein Großhirn) in einen anderen funktionstüchtigen Körper (Organismus) transplantierte.[68] Er überlebte ein solches Szenario nicht, weil sein Organismus nicht mit verpflanzt würde.

Diese letzte Behauptungen mag nicht kontraintuitiv sein. Aber sie hat entschieden nachteilige Konsequenzen für das Gesamtbild, das der hier diskutierte Vorschlag zeichnet: Sie untergräbt nämlich die Motivation, überhaupt ein Einzelding *zusätzlich* zu einem jeweiligen Organismus zu postulieren (wie immer man dieses Einzelding auch nennen mag), das dann im Verbund mit einem Organismus eine Person ‚ergibt'. Denn eine der zentralen *Pointen* der Annahme, es existierten von ihren jeweiligen Körpern verschiedene Einzeldinge (eine Seele o.ä.), besteht schlichtweg darin, dass erstens diese Einzeldinge auch jeweils ohne einen *bestimmten* Organismus existieren könnten und dass zweitens – und natürlich entscheidend – dadurch auch *wir* ebenfalls weiterexistieren könnten. Dazu müssten wir aber

---

sianischen Dualismus. Der philosophiehistorischen Frage, ob Descartes diese Art von Dualismus vertreten hat, gehe ich im Folgenden jedoch nicht nach.

64 Dieser Vorschlag mag manchen (vermutlich eher vagen) Intuitionen von einer ‚Einheit von Körper und Geist' entgegenkommen.

65 Baker 2002b, S. 43 (Hervorhebung von mir, G.R.).

66 Im Folgenden geht es mir nicht um die Frage, ob sich Bakers Theorie tatsächlich gemäß dieser Idee rekonstruieren lässt. (Wahrscheinlich ist das nicht der Fall.)

67 Hier ist vorausgesetzt, dass der Begriff der *relativen Identität* unplausibel ist. (Diesen Begriff hat Geach (in Geach 1967) in die Diskussion eingeführt (und auch verteidigt). Eine Kritik dieses Begriffs findet sich z.B. in McGinn 2000.) Es ist also beispielsweise nicht angemessen zu behaupten, dass ich manche Veränderungen *als* eine Person, nicht aber *als* Organismus, andere Situationen hingegen *als* Organismus, nicht aber *als* Person überleben könnte. Generell gesagt, kann es nicht sein, dass ein x zu t_1 zwar dasselbe F-Ding ist wie ein y zu t_2, nicht aber dasselbe G-Ding.

68 Wie bereits weiter oben erwähnt, wird an diesem Gedankenexperiment meist die Intuition veranschaulicht und zu plausibilisieren versucht, dass *psychische Kontinuität* – zumindest auf eine bestimmte Weise verursacht (hier durch die Transplantation des Gehirns) – notwendig und/oder hinreichend für unser Überleben ist. (Siehe z.B. Parfit 1971, Nozick 1984 und Garrett 1998.)

diese Seele *sein*. Wenn wir wesentlich Personen im Sinne spezifischer Zusammensetzungen sein sollten: Warum sollte es solche merkwürdigen Einzeldinge zusätzlich zu einem Organismus überhaupt geben? Eine zentrale Motivation für eine solche Annahme drohte abhanden zu kommen.

Dieses Problem könnte man durch den Vorschlag zu umgehen versuchen, dass wir einen bestimmten Organismus nur kontingenterweise haben. Inwiefern wären wir dann aber noch Personen im Sinne einer Zusammensetzung aus einem (irgendeinem) Organismus und einem davon verschiedenen Einzelding (der Seele)? Welche diachronen Identitätsbedingungen würden wir haben?

Auch hinter diesem Vorschlag steckt sicherlich die Vorstellung, dass wir überleben können, *indem* unsere Seele – dieses zusätzliche geistige Einzelding – überlebt. Einmal angenommen, eine Seele könne den biologischen Tod des Organismus überleben, mit dem sie vormals eine zusammengesetzte Person bildete, und zumindest eine Zeitlang ‚körperlos' existieren – vielleicht bis sie erneut mit einem Körper, diesmal einem anderen, eine ‚Verbindung' eingeht. Wie jedoch sollten *wir*, die wir zusammengesetzte *Personen* sein sollen, zu einem zukünftigen Zeitpunkt existieren, wenn zu diesem Zeitpunkt allein unsere Seele körperlos existiert, die – nach Voraussetzung – aber nur ein Bestandteil von uns und folglich von uns numerisch verschieden ist? Was (oder wer) wären wir in einer solchen ‚Überlebenssituation'? Offenkundig müssten wir genau diese Seele sein. (Gewiss gäbe es in einer solchen Situation nicht meine Seele und *zusätzlich* noch mich – ein weiteres Einzelding.) Aber ich kann natürlich nicht irgendwann genau dieses geistige Einzelding sein, wenn ich es nicht bereits jetzt *bin*. Einzeldinge können nicht zu anderen Einzeldingen *werden*. Demnach können wir nur überleben, indem unsere Seele überlebt, wenn wir bereits jetzt genau diese Seele *sind*. Wenn wir also die diachronen Identitätsbedingungen des von dem jeweiligen Organismus verschiedenen geistigen Einzeldings haben sollen, das allein noch keine Person ergibt, sondern eben nur im Verbund mit einem Organismus, dann wären *wir wesentlich genau dieses Einzelding*. Und somit wären wir *nicht* jeweils (wesentlich) eine zusammengesetzte Person.[69]

Dieses Problem wird auch nicht dadurch vermieden, dass man behauptet, wir könnten *nie* in einem ‚körperlosen' Zustand existieren (und sei er auch noch so kurz). Behauptet werden könnte also, unsere jeweilige Seele – und somit wir – überlebte(n) nur wiederum in einer Zusammensetzung aus genau dieser Seele und einem (irgendeinem) Körper. Einmal angenommen, meine Seele existiere zu einem bestimmten zukünftigen Zeitpunkt (unter anderem) dank des Umstands, dass sie mit einem neuen Körper verbunden ist. Diesen Verbund könnte man nun wiederum als eine Person bezeichnen. Bin *ich* dann diese Person – dieses zusammengesetzte Einzelding? Das kann nicht sein. Denn dieses zusammengesetzte Einzelding ist klarerweise numerisch verschieden von der Person, die ich – laut Voraussetzung – heute sein soll. Sollte *ich* überleben können, indem meine Seele eine solche neue Verbindung eingeht, müsste ich diese Seele *sein*. Nur in diesem Fall könnte ich überleben, indem meine Seele überlebt, selbst wenn es dazu eines neuen Körpers bedürfte.

Zusammengesetzte Personen sind vermutlich keine sonderlich aussichtsreiche Idee. Das zeigt sich auch an einer weiteren Schwierigkeit: Entgegen dem ersten Anschein eignen sich zusammengesetzte Personen nicht wirklich als Kandidaten für diejenigen Gegenstände, die

---

[69] Siehe dazu auch Olson 2007.

mentale Eigenschaften buchstäblich haben. Seelen – bzw. derartige geistige Einzeldinge – dürften, falls es sie gibt, dadurch ausgezeichnet sein, dass sie Träger mentaler Eigenschaften sind. Was sollten sie sonst sein? Wenn dem aber so ist, dann denkt, wenn ich, die Person, zu denken glaube, streng genommen lediglich einer meiner Bestandteile. Sollten *wir* jeweils zusammengesetzte Personen sein, denken *wir* also nicht wirklich. Wohl kaum jemand wäre bereit, diese Konsequenz zu akzeptieren. Denn wenn etwas sicher ist, dann, so scheint es, dass, *ich* es bin, der denkt, wenn an dieser Raum-Zeit-Stelle, an der ich mich befinde, ein Gedanke gedacht wird – was immer ich letztlich auch genauer sein mag. Demnach sollte man, wenn man überhaupt eine Art Seele zu postulieren geneigt ist, eher sagen: Weil ich es bin, der denkt, ferner die Seele der Träger mentaler Eigenschaften ist, *bin* ich diese Seele. Und somit bin ich *keine* zusammengesetzte Person.

Natürlich müsste auch die Idee, wir könnten zusammengesetzte Personen sein, letztlich weit ausführlicher besprochen werden, als es hier geschehen ist. So schnell lässt sie sich gewiss nicht abhandeln. Aber die skizzierten Schwierigkeiten dürften ihr zumindest etwas von der Attraktivität genommen haben, die sie auf den ersten Blick vielleicht hat. Dass wir aus einem Organismus (Körper) + X bestehen, mag eine weitverbreitete Intuition sein. Die Behauptung, dass wir wesentlich biologische Organismen sind, widerspricht dieser Intuition aber im Grunde auch nicht – nur einigen ihrer philosophischen Interpretationen. Viele von uns sind tatsächlich über eine lange Zeit ihres Lebens ein biologischer Organismus + X; dieser Zusatz ist jedoch kein Einzelding, sondern nur ein Bündel an mentalen Eigenschaften und Fähigkeiten. Mehr nicht, aber auch nicht weniger.

6. Naturalistische Implikationen für unser Selbstbild

Einmal angenommen, es sei tatsächlich plausibel, dass wir wesentlich biologische Lebewesen sind. Wenn wir denken, denkt also das biologische Lebewesen, das wir jeweils sind. Auf welche Art von *naturalistischer These* haben wir uns damit festgelegt? Diese Frage kann nicht mit ein paar wenigen Sätzen beantwortet werden, weil es viele verschiedene Versionen naturalistischer Theorien, Programme und Haltungen gibt. Eine Version davon kann als *ontologischer Naturalismus* bezeichnet werden. Die Startidee dieser Version lässt sich durch folgende Behauptung ausdrücken:

(ON)   Alles, was es gibt, sind *natürliche* Einzeldinge und Eigenschaften.

Zu dieser Spielart des Naturalismus gehört beispielsweise die strikt *physikalistische* These, dass es nur physikalische Kleinstpartikel gibt, Zusammensetzungen aus diesen Partikeln und physikalische Eigenschaften. Eine ‚tolerantere‘ Version würde auch Gegenstände anderer Naturwissenschaften – beispielsweise der Biologie oder Chemie – zum Inventar unserer natürlichen Welt rechnen, selbst wenn sie nicht auf physikalische Entitäten reduzierbar wären.

Bekanntterweise stellt es ein nicht zu unterschätzendes Problem dar, Versionen eines Naturalismus angemessen zu definieren (oder auch nur zu erläutern). Wollte man beispielsweise (ON) vertreten, stellte sich die Aufgabe zu erläutern, was genau *natürliche* Gegenstände sind. Üblicherweise wird der dabei veranschlagte Begriff der Natur mit Hilfe des Begriffs der Naturwissenschaft erläutert, so dass – grob gesagt – natürliche Gegenstände all diejenigen Gegenstände sein sollen, die (zumindest prinzipiell) zum Gegenstandsbereich einer Na-

turwissenschaft gehören. Aber was genau sind *Naturwissenschaften*? Derartige Anschluss-
fragen sind nicht leicht zu beantworten.[70]

Die Behauptung, wir seien (wesentlich) biologische Lebewesen und *insofern* natürliche
Einzeldinge, ist gewiss eine dezidiert *ontologische* These. Deshalb könnte man auch meinen, sie sei eine Variante eines ontologischen Naturalismus im Stile von (ON). Diese Ein-
ordnung hakt jedoch. Zuerst einmal besagt die hier vertretene ontologische These nichts darüber, welche *Eigenschaften* es gibt (oder welche Eigenschaften wir haben). Sie ist schlicht
damit *vereinbar*, dass es nicht-natürliche Eigenschaften gibt – Eigenschaften, die sich nicht
als Gegenstände irgendeiner Naturwissenschaft eignen (vielleicht nicht einmal ‚prinzipiell')
Somit verpflichtet man sich durch diese ontologische These auch nicht auf die Annahme,
mentale Eigenschaften ließen sich auf physische, biologische etc. Eigenschaften *reduzieren*
(nach welchem Reduktionsmodell auch immer). Kurz gesagt: Man könnte der Überzeugung
sein, wir seien biologische Lebewesen, und gleichwohl einen *Eigenschaftsdualismus* vertreten. Diese Vereinbarkeit rührt daher, dass nicht alle Eigenschaften eines Einzeldings daran
beteiligt sind zu bestimmen, zu welcher *grundlegenden Art* dieses Einzelding gehört. Wir
gehören zwar grundlegend zur biologischen Art *Homo Sapiens*. Welche Eigenschaften wir
jedoch *zusätzlich* zu Eigenschaften haben, die klarerweise biologische Eigenschaften sind,
und anhand welcher Theorien – und in welchem Vokabular – diese zusätzlichen Eigenschaften beschrieben und erklärt werden sollten, bleibt offen (und darf offen bleiben). Geleugnet
wird also nicht die Existenz oder Irreduzibilität mentaler Eigenschaften, sondern ‚nur', dass
mentalen Eigenschaften eine bestimmte *Relevanz* (oder Rolle) haben: Der Besitz oder das
Fehlen einer bestimmten mentalen Eigenschaft (oder eines Bündels an mentalen Eigenschaften) entscheidet nicht darüber, zu welcher grundlegenden Art wir gehören. Dass manche
biologische Einzeldinge mentale Eigenschaften besitzen, ist für eine Einzeldingontologie
also irrelevant.[71]

Zweitens sagt die Behauptung, wir seien biologische Lebewesen, nichts generell darüber
aus, was es *sonst noch* für *Einzeldinge* gibt. Ihr Gegenstandsbereich ist eingeschränkt. Sie
sagt etwas über *uns* aus. Anders gesagt: Sie antwortet nicht wie (ON) auf die Frage, was es
(alles) gibt, sondern auf die Frage, was wir sind. Man könnte somit die Behauptung vertreten, dass wir wesentlich biologische Lebewesen sind, und beispielsweise gleichzeitig der
Meinung sein, es gebe in unserer Welt irgendwelche rein ‚geistigen Wesen'. Eine solche Position mag gänzlich unattraktiv sein, sie wird aber durch die ontologische These des Animalismus nicht ausgeschlossen. Sie ist somit auch nicht auf die Plausibilität eines generellen
Naturalismus im Sinne von (ON) angewiesen, selbst wenn man ihn nur als Antwort auf die
Frage formulierte, welche Arten von Einzeldingen es gibt (und von Eigenschaften absieht).
Und insofern erbt die These des Animalismus auch nicht die Begründungs- und Erläute-
rungsschwierigkeiten dieser *generellen* Behauptung.[72]

---

70 Zu den Schwierigkeiten einer Erläuterung des (eines) Naturalismus siehe beispielsweise Schnädelbach &
Keil 2000, Reuter 2002 und vor allem auch den Beitrag von Alexander Becker in diesem Band.
71 Hier ist unterstellt, dass (instantiierte) Eigenschaften keine Einzeldinge sind. Diese Annahme hat jedoch
kein inhaltliches Gewicht. Würde man (instantiierte) Eigenschaften als Einzeldinge auffassen, müsste die
Sachlage nur anders beschrieben werden.
72 Wollte man behaupten (was im Grunde wie eine Selbstverständlichkeit klingt), wir seien natürliche Einzeldinge, weil (oder insofern) wir biologische Einzeldinge sind, verwendet man trivialerweise den Ausdruck
„natürlich" und ist dementsprechend auch verpflichtet anzugeben, wie man ihn verstanden wissen will. An

Gleichwohl eignet sich die These des Animalismus dazu, einen umfassenderen Einzelding-Naturalismus zumindest zu *motivieren*. Denn die Auffassung, es gebe nicht nur natürliche Einzeldinge, tritt häufig als die Behauptung auf, dass *wir* die naheliegenden (und womöglich einzigen) Kandidaten dafür sind, aus der übrigen natürlichen Welt herauszufallen oder zumindest aus ihr hervorzustechen – etwa weil wir (wesentlich) *Personen* sind. Die ontologische Auskunft zu akzeptieren, wir seien wesentlich biologische Lebewesen, könnte somit ein wichtiger Schritt hin zur Akzeptanz eines umfassenderen Naturalismus sein.

Welche Konsequenzen hat die Behauptung, wir seien wesentlich biologische Lebewesen, für unsere *Selbstbeschreibungen*, für unser *Selbstbild?* Weiterhin dürfen wir uns natürlich – und sollten wir uns im Grunde auch – als Personen ansehen und uns selbst und anderen eine Fülle an mentalen Eigenschaften zuschreiben. Die ontologische Auskunft des Animalismus hilft jedoch zu präzisieren, *was wir dabei tun.* So schreiben wir im Zuge von Selbstinterpretationen keinem Einzelding mentale Eigenschaften zu, das verschieden von dem biologischen Lebewesen wäre, das wir allmorgendlich im Spiegel sehen. Es gibt beispielsweise kein ‚Ich' (oder ‚Selbst'), das sich, wenn wir über uns nachdenken, im Zuge des Nachdenkens entzieht oder verflüchtigt und deshalb einen merkwürdigen metaphysischen Status hat – wie manchmal zu lesen ist. ‚Mein Ich' (oder ‚Selbst'), dieses Einzelding, auf das wir mit dem Ausdruck „ich" Bezug nehmen, ist – zumindest ontologisch gesehen – letztlich ungefähr so rätselhaft wie die Katze meines Nachbarn.

Wir verwenden den Ausdruck „ich" in verschiedenartigen Urteilen.[73] So reden wir häufig mit der Verwendung von „ich" über unsere Vergangenheit oder unsere Zukunft – beispielsweise mit den Äußerungen „Ich bin in Oberfranken geboren worden" oder „In drei Wochen muss ich ins Krankenhaus". Weil wir wesentlich (menschliche) biologische Lebewesen sind und somit auch die diachronen Identitätsbedingungen von (menschlichen) biologischen Lebewesen haben, folgen aus dem Animalismus auch Aussagen über die Angemessenheit oder Unangemessenheit einer Reihe von Urteilen über uns und unsere Mitmenschen, die *Unterstellungen über die diachrone Identität* des Bezugsgegenstands dieser Urteile involvieren.[74] Ich darf mich beispielsweise als jemanden beschreiben, der sich einmal im Bauch meiner Mutter befand. Derjenige, dessen Strampeln meiner Mutter in vielen Nächten etliche Stunden Schlaf raubte, war tatsächlich *ich.* Natürlich legitimiert der Animalismus nicht nur bestimmte Selbst- und Fremdinterpretationen; andere erweisen sich auf dieser Grundlage auch als falsch. Wenn wir wesentlich biologische Lebewesen sind, hört beispielsweise niemand allein deshalb auf zu existieren, weil ihm irgendwelche mentalen Eigenschaften oder Fähigkeiten abhandenkommen. Ferner führt auch keine noch so gravierende

---

dieser Stelle genügt aber vielleicht die Auskunft, dass es einen Grundstock an unstrittigen Beispielen für das gibt, was wir mit dem Ausdruck „natürliche Gegenstände" meinen bzw. meinen wollen. Und zu diesem Grundstock gehören gewiss biologische Lebewesen. Man muss also nicht unbedingt über eine generelle (und angemessene) Definition des Naturbegriffs verfügen, um uns zu Recht als biologische – und *insofern* natürliche – Einzeldinge zu bezeichnen.

73 Siehe dazu beispielsweise Nida-Rümelins Unterscheidung zwischen synchronen Selbstzuschreibungen, transtemporalen Selbstzuschreibungen und transtemporalen Selbstidentifikationen in Nida-Rümelin 2006, S. 172ff.

74 Letztlich reichen die Konsequenzen des Animalismus nicht nur in unsere Urteilspraxis hinein, sondern auch in nicht-sprachliche Praktiken des Umgangs mit anderen Menschen, die – ob ausdrücklich oder nur implizit – auf Annahmen über die diachrone Identität von Akteuren gründen. Insofern hat der Animalismus auch ethische Konsequenzen.

psychische oder charakterliche Veränderung eines unserer Mitmenschen dazu, dass buchstäblich eine neue Person – ein neues Einzelding – entsteht. Falsch wäre es also beispielsweise, wenn ich, aufgrund einschneidender Veränderungen in meiner *Persönlichkeit*, zu einem Freund sagte (und diese Äußerung buchstäblich verstanden wissen wollte), ich sei nicht mehr derselbe wie der, den er früher kannte.

Der Animalismus gestattet somit eine Analyse eines bestimmten Ausschnitts unserer Sprach- und Urteilspraxis: Er liefert Aussagen darüber, über wen (oder was) wir reden, wenn wir einander interpretieren, und von wem die Biographien handeln, die wir einander erzählen.[75] Und diese Analyse platziert uns, die Bezugsgegenstände des Ausdrucks „ich", in einer natürlichen Welt, insofern sie uns als biologische Lebewesen an die Seite vieler anderer biologischer Lebewesen stellt.

Der Naturalismus dieser ontologischen Auskunft – inklusive der aus ihr entwickelten Konsequenzen – befriedigt (zumindest teilweise) auch ein zentrales *Verstehensbedürfnis*. Und dieses Verstehensbedürfnis kann man zu Recht als ein *naturalistisches* Verstehensbedürfnis bezeichnen. Gebündelt drückt sich dieses Verstehensbedürfnis in der Frage aus, wie es sein und wie es genauer verstanden werden kann, dass wir Menschen Bestandteile *einer* natürlichen Umgebung sind, mit anderen Gegenständen und Lebewesen zu *einer* natürlichen Welt gehören, obgleich wir uns anhand von radikal verschiedenen Vokabularen beschreiben, deren Zusammenhang bestenfalls rätselhaft ist.

Diese sehr generell gehaltene Frage macht natürlich wieder von einem allgemeinen Naturbegriff Gebrauch, dessen Angemessenheit (oder Erläuterbarkeit) bezweifelt werden kann. Und was genau soll es vor allem heißen, dass es eine – eine irgendwie *einheitliche* – Natur gibt, zu der wir gehören sollen (oder auch nicht)?[76] Vielleicht kann jedoch eine Beschäftigung mit diesen generellen Fragen – und den mit ihnen einhergehenden Problemen – erneut umgangen werden. Denn sie lassen sich zerlegen in *spezifische* Fragen, bezogen auf einen bestimmten *Gegenstandsbereich*. Das hier unterstellte Verstehensbedürfnis entzündet sich beispielsweise – und auch in einem besonderen Maße – an dem folgenden Problem: Einerseits beschreiben wir uns als biologische Lebewesen, eingegliedert in eine Evolutionsgeschichte und dadurch auch in einen kontinuierlichen Zusammenhang mit anderen Lebewesen. Anderseits beschreiben wir uns als Personen, ausgestattet mit komplexen mentalen Fähigkeiten. Weil nun alle Verstehensprozesse darauf ausgerichtet zu sein scheinen, möglichst enge und detaillierte *Zusammenhänge* herzustellen und Lücken auszufüllen, ist die Situation unbefriedigend, zwei grundlegend verschiedene und nur lose verbundene Beschreibungsweisen zu haben, um über uns zu reden. Zerfallen nicht auch *wir*, wenn das Sprechen über uns in verschiedene Beschreibungsweisen zerfällt?

Dieses spezifische Verstehensbedürfnis lässt sich mit Hilfe der hier vertretenen ontologischen Auskunft – und ihren Konsequenzen – zumindest partiell befriedigen: Wir sind biologische Lebewesen der Art *Homo Sapiens* und nicht aufgrund unserer kognitiven oder sprachlichen Fähigkeiten Personen, die von ihrem jeweiligen Organismus verschieden wä-

---

75 Je nachdem, wie fest die Annahme, wir seien wesentlich Personen, und die verwandte Annahme, unsere diachrone Identität beruhe auf einer Form von psychischer Kontinuität, in unseren alltäglichen Praktiken verwurzelt sind, fallen die Konsequenzen des Animalismus mehr oder weniger ‚revisionär' aus.
76 Siehe dazu vor allem den Beitrag von Alexander Becker in diesem Band.

ren. Wir zerfallen also nicht in zwei (oder mehr) Einzeldinge, auch wenn wir uns mit verschiedenen Vokabularen beschreiben.

Dieses Verstehensbedürfnis wird dabei nur teilweise befriedigt, weil man sich mit dieser ontologischen Behauptung nicht auf die weitergehende Annahme verpflichtet, mentale Eigenschaften ließen sich restlos naturalisieren – etwa mit Mitteln der Biologie beschreiben und erklären. Insofern ist der erzielte Verständnisgewinn, gemessen an unserem ‚naturalistischen Verstehensbedürfnis‘, auch nur ein *Teilerfolg*. Weiterhin, so könnte man sagen, zerfällt die Menge der uns zukommenden *Eigenschaften* in (grob gegliedert) zwei Teilmengen, deren Beziehung zueinander uns vor etliche Rätsel stellt. Aber *wir* fallen nicht auseinander. Denn wir sind wesentlich biologische Lebewesen, Einzeldinge einer biologischen Art. Wenn wir denken, denkt das biologische Lebewesen, das wir jeweils sind. Diese Erkenntnis, sollte es denn eine sein, ist der zentrale Verständnisgewinn. Und insofern trägt der Vorschlag auch dazu bei, *besser* zu verstehen als bisher, wie wir zumindest in einen großen Ausschnitt desjenigen Bereichs eingeordnet sind, den wir, wenn auch letztlich vielleicht vage, als Natur bezeichnen: Wir stehen in einem kontinuierlichen Zusammenhang mit biologischen Lebewesen anderer Spezies. Wir sind Teil einer *biologischen Welt*. Das ist die spezifische Antwort auf die anfänglich generell formulierte Frage, inwiefern wir Teil einer einheitlichen Natur bzw. natürlichen Welt sind.

Dass es sich nur um einen Teilerfolg handelt, lässt sich auch als Vorzug deuten. Dieser Vorzug besteht darin, einen Verständnisgewinn erzielt zu haben, *ohne* sich auf reduktive – und in ihren Ansprüchen voraussichtlich überzogene – generelle naturalistische Programme festzulegen. Insofern gliedert sich der Animalismus auch in die breite Palette nicht-reduktiver naturalistischer Theorien ein. Diese Theorien, so könnte man sagen, eint der Versuch, naturalistische Intuitionen *so weit als möglich* voranzutreiben und auszubuchstabieren – wobei die *Grenze* dieser Bemühungen durch die Annahme gezogen ist, mentale Eigenschaften ließen sich nicht auf physische (oder auch biologische) Eigenschaften reduzieren.[77]

---

77 Fertiggestellt wurde diese Arbeit im Rahmen eines *Dilthey-Fellowships* der VolkswagenStiftung und der Fritz Thyssen Stiftung. Beiden Stiftungen möchte ich für die Förderung herzlich danken.

Zitierte Literatur

Baker, Lynne R. (2000), *Persons and Bodies: A Constitution View*. Cambridge
dies. (2002a), „The Ontological Status of Persons". *Philosophy and Phenomenological Research* 65, S. 370-388
dies. (2000b), „On Making Things Up: Constitution and Its Critics". *Philosophical Topics* 30, S. 31-51
Dennett, Daniel C. (1991), *Consciousness Explained*. Boston
Frankfurt, Harry G. (1971), „Freedom of the Will and the Concept of a Person". *Journal of Philosophy* 94, S. 5-20
Garrett, Brian (1998), *Personal Identity and Self-Consciousness*. London
Geach, Peter (1967), „Identity". *Review of Metaphysics* 21, S. 3-12
Glock, Hans-Johann, Hyman, John (1994), „Persons and their Bodies". *Philosophical Investigations* 17, S. 365-379
Hacker, Peter (2002), „Strawson's Concept of a Person". *Proceedings of the Aristotelian Society* 102, S. 21-40
Johnston, Mark (1992), „Constitution Is Not Identity". *Mind* 101, S. 89-105
Keil, Geert, Schnädelbach, Herbert (2000), „Naturalismus", in: G. Keil, H. Schnädelbach (Hg.), *Naturalismus. Philosophische Beiträge*. Frankfurt/Main 2000, S. 7-45
Lowe, Jonathan (1991), „Real Selves: Persons as a Substantial Kind", in: D. Cockburn (Hg.), *Human Beings*. Cambridge 1991, S. 87-107
McGinn, Colin (2000), *Logical Properties*. Oxford
Merricks, Trenton (2001), *Objects and Persons*. Oxford
Nida-Rümelin, Martine (2006), *Der Blick von innen*. Frankfurt/Main
Noonan, Harold (1993), „Constitution is Identity". *Mind* 102, S. 133-146
ders. (2003), *Personal Identity* (2. Auflage). London
Nozick, Robert (1981), *Philosophical Explanations*. Cambridge
Olson, Eric (1997), *The Human Animal. Personal Identity Without Psychology*. Oxford
ders. (2002), „Thinking Animals and the Reference of 'I'". *Philosophical Topics* 30, S. 189–208
ders. (2007), *What Are We? A Study in Personal Ontology*. Oxford
Parfit, Derek (1971), „Personal Identity". *Philosophical Review* 80, S. 3-27
ders. (1984), *Reasons and Persons*. Oxford
ders. (2008), „Persons, Bodies, and Human Beings", in: J. Hawthorne, T. Sider, D. Zimmerman (Hg.), *Contemporary Debates in Metaphysics*. Oxford 2008, S. 177-208
Reuter, Gerson (2000), „Spielarten des Naturalismus", in: A. Becker et al. (Hg.), *Gene, Meme und Gehirne*, Frankfurt/Main 2000, S. 7-48
Shoemaker, Sydney (1984), „Personal Identity: A Materialist's Account", in: S. Shoemaker, R. Swinburne (1984), S. 67-132
ders. (2008), „Persons, Animals, and Identity". *Synthese*, S. 313-324
Shoemaker, Sydney, Swinburne, Richard (1984), *Personal Identity*. Oxford
Swinburne, Richard (1984), „Personal Identity: The Dualist Theory", in: S. Shoemaker, R. Swinburne (1984), S. 1-66
Spitzley, Thomas (2000), *Facetten des „Ich"*. Paderborn
Strawson, Peter F. (1959), *Individuals*. London
Tugendhat, Ernst (1979), *Selbstbewußtsein und Selbstbestimmung*. Frankfurt/Main
Van Inwagen, Peter (1990), *Material Beings*. Ithaca

Wiggins, David (1980), *Sameness and Substance*. Oxford
Zimmerman, Dean (2002), „The Constitution of Persons by Bodies: A Critique of Lynne Rudder
    Baker's Theory of Material Constitution". *Philosophical Topics* 30, S. 295-338

Michael Kohler

Interpretation und Gattung

1. Einleitung

Seit jeher wird behauptet, dass die menschliche Gattung eine Sonderstellung in der belebten Natur einnimmt. Oft ist diese Behauptung damit begründet worden, dass unsere Gattung durch ihre Intelligenz hervorsticht. Wie immer es damit stehen mag, wahr ist, dass sie sich durch ihre Redseligkeit auszeichnet. Wo immer man auf diesem Planeten Populationen von Menschen antrifft, stellt man fest, dass die menschliche Existenz von sprachlicher Kommunikation nicht zu trennen ist. Doch während unser besonderes Talent zur sprachlichen Kommunikation für unsere Gattung distinktiv ist, gilt das nicht für die verwendeten Sprachen. Wenn man sich an den einschlägigen linguistischen Zählungen orientiert, tauschen sich Menschen zum gegenwärtigen Zeitpunkt in mindestens 6500 verschiedenen *natürlichen Sprachen* aus. Als natürliche Sprachen bezeichnet man in der Philosophie und Linguistik Sprachen, die nicht wie beispielsweise Esperanto erfunden wurden, sondern ihren Sprecherinnen und Sprechern, wie man sagt, ‚in die Wiege gelegt‘ wurden – man findet sie vor und wächst in sie hinein.

‚In eine Sprache hineinzuwachsen‘ scheint für das, was dabei vorgeht, ein überaus passendes Bild zu sein. Die allermeisten Menschen haben ihre erste Sprache dadurch erworben, dass sie sich spielerisch und ohne ersichtliche Mühe ihren Weg in den Kreis der Sprecherinnen und Sprecher gebahnt haben. Vor diesem Hintergrund erscheint es plausibel, die erworbene Sprache als etwas zu betrachten, dass zwischen dem frischgebackenen Sprecher und seiner sozialen Umwelt auf einer natürlichen Grundlage geteilt wird. Diese Intuition wird durch die Beobachtung gestützt, wie schwierig es ist, mit Menschen sprechen zu wollen, die in einer anderen ‚Sprachgemeinschaft‘ sozialisiert worden sind. Der Erwerb einer Fremdsprache ist eine mühsame und potentiell frustrierende Erfahrung, in nichts zu vergleichen mit der Mühelosigkeit, mit der ein Kind seine Muttersprache erwirbt.

Eine solche Überlegung klingt, als wäre sie kaum zu kritisieren, doch bei näherem Hinsehen wirft sie eine Reihe bekannter Probleme auf. Für die theoretische Beschreibung sprachliche Verständigung hat sich der intuitive Begriff einer geteilten Sprache als problematischer Wegweiser erwiesen. Der Kontrast zwischen der geteilten und einer fremden Sprache suggeriert klar identifizierbare Grenzen, die zwischen zwei eigenständigen Systemen von Ausdrücken gezogen werden können. Es wird somit unterstellt, dass sich solche Systeme durch hinreichend scharf bestimmte Kerne von geteiltem Wissen über die Verwendung ihrer Ausdrücke charakterisieren lassen. Diese Annahme wird seit einiger Zeit von einflussreichen Philosophen und Linguisten in Frage gestellt. Man hat darauf hingewiesen, dass sich empirisch allenfalls Überschneidungen zwischen den Idiolekten einzelner Sprecher nachweisen lassen, dass Sprachen speziell in Gebieten geographischer Durchmischung eher

kontinuierlich ineinander übergehen, und dass der Begriff einer für einer Sprache konstitutiven Menge von Regeln Probleme aufwirft, die den Verdacht wecken, der Begriff selbst sei
letztlich inkonsistent.

Es ist nicht meine Absicht, diese Argumente hier näher zu untersuchen. In diesem Kapitel möchte ich mich vielmehr mit einigen Fragen beschäftigen, die durch sie in den Hintergrund gedrängt worden sind, obwohl es sich, wie mir scheint, nach wie vor um herausfor-
dernde Probleme handelt. Die Unterscheidung zwischen einer Mutter- und einer Fremdsprache ist kein Artefakt einer bestimmten Theorie. Sie markiert trotz ihrer echten oder vermeintlichen internen begrifflichen Probleme ein reales Phänomen. Es ist eine erklärungsbe-
dürftige Tatsache, dass sich zwei Sprecher, die eine Muttersprache teilen, leichter verständigen können als zwei Sprecher, die unterschiedliche Sprachen erworben haben und mit der
Sprache des anderen nicht vertraut sind. Dieser simple Unterschied ist hinreichend, um uns
an die Möglichkeit zu erinnern, dass unsere Fähigkeit, andere Sprecherinnen und Sprecher
zu verstehen, begrenzt sein könnte.

Eine vollkommen simple Überlegung zeigt schon, dass die Kritik an der Unterscheidung
zwischen geteilter und fremder Sprache nicht die Frage zum Verschwinden bringt, wie wir
die Ausdrücke anderer Sprecher verstehen lernen können. Nehmen wir mit den Kritikern
des Begriffs einer geteilten Sprache an, dass es sich bei dem Unterschied zwischen Mutter-
und Fremdsprache um einen graduellen Unterschied handelt, nämlich um den zwischen
zwei ähnlichen und zwei weniger ähnlichen Idiolekten. Warum sollten zwei Idiolekte nicht
so weit voneinander verschieden sein, dass ihre Ausdrücke nicht mehr ineinander übersetzbar sind? Wenn die Schnittmenge der Bedeutungen der Ausdrücke zweier beliebiger Idiolekte nur partiell sein kann, dann besteht die logische Möglichkeit, dass zwei hinreichend
‚ferne‘ Idiolekte über keine geteilten Bedeutungen mehr verfügen. Die Kritik am Begriff einer geteilten Sprache bringt also nicht die Frage zum Verschwinden, wie Verständigung
zwischen Sprecherinnen unterschiedlicher Sprachen möglich ist. Tatsächlich wird das Problem verschärft. Die Schwierigkeiten beginnen bereits damit, ein angemessenes Kriterium
für die Schnittmenge zweier Idiolekte zu formulieren, wenn man auf den Begriff der geteilten Muttersprache verzichtet.

So gesehen ist die gewöhnliche Mühelosigkeit der sprachlichen Kommunikation, die
man im Alltag als selbstverständlich hinnimmt, eine erstaunliche Angelegenheit. Jede ober-
flächliche Übersicht über die Probleme, mit denen es die Philosophie der Sprache seit Beginn der analytischen Bewegung in der Philosophie zu tun bekommen hat, zeigt, dass eine
ganze Batterie von bedeutungstheoretischen Problemen das Verstehen von anderen Sprechern – und nicht nur der Sprecher fremder Sprachen – theoretisch gesehen unter denkbar
schlechte Vorzeichen stellt. Die Frage, was uns eigentlich den Schlüssel zur Bedeutung der
Ausdrücke anderer Sprecher liefert, hat sich als extrem schwer zu beantworten erwiesen.

Einige Zeit galt der repräsentationale Gehalt sprachlicher Ausdrücke als jener Schlüssel.
Ludwig Wittgenstein hat Generationen von Philosophen mit einem Thema versorgt, als er
zeigte, zu was für Verwirrungen es führen kann, den Begriff der Repräsentation als Basis
der Bedeutungstheorie zu wählen. Wittgenstein sprach stattdessen von der geteilten ‚Lebensform‘, die als Basis der Verständigung unverzichtbar sei.[1] Die meisten seiner Schüler
haben das als Hinweis auf die unreflektierten mentalen Gemeinsamkeiten einer Gemein-

1 Siehe Wittgenstein §§ 241-242 in Wittgenstein 1981.

schaft von Sprechern aufgefasst. Solche Übereinstimmungen der ‚Mentalität' – Übereinstimmungen in den fundamentalen Urteilen, Verhaltensweisen und Werteinstellungen' – legen eine Erklärung wechselseitigen Verstehens durch einen geteilten kulturellen Hintergrund nahe. In der Philosophie ist bis heute die Meinung sehr verbreitet, dass Bedeutungen
eine soziale und historische Basis haben. Tatsächlich hat sich diese Ansicht neuerdings auch
auf Forschungsfeldern durchgesetzt, die bisher wenig Verwendung für solche Kategorien zu
haben schienen. So hat mittlerweile die Frage nach den sozialen Bedingungen der Bedeutung in der formalen Semantik Einzug gehalten, und zwar in Form der Modellierung von ge-
brauchsabhängigen Phänomenen wie dem der Kontextabhängigkeit von Äußerungsbedeu-
tungen. Die häufige Inanspruchnahme sozialer Faktoren in der Bedeutungstheorie sollte
aber nicht darüber hinwegtäuschen, dass die eigentümliche Verschränktheit unserer Form
von Sozialität und unserer Form von sprachlicher Verständigung Fragen aufwirft, die mit
der Verständigung über kulturelle Grenzen hinweg zusammenhängen.

Wir haben es mit Problemen zu tun, die nicht nur die Philosophie betreffen. Die mit Begriffen wie dem der geteilten Lebensform oder dem der Sprachgemeinschaft einhergehenden Fragen, wie wir uns über historische und kulturelle Grenzen hinweg verständigen können, bildet ironischer Weise gerade für die sogenannten Kulturwissenschaften ein ernstes
Störpotential. Denn wenn das Verstehen wie in den Geschichtswissenschaften oder der Eth-
nologie methodisch kontrolliert geschehen soll, lässt sich der Verdacht, dass die sozialen
und historischen Bedingungen des Verstehens im Fall fremder Kulturen unübersteigbare
Hindernisse für die Interpretation aufwerfen, nicht mit dem Verweis abweisen, dass Verständigung alltäglich erfolgreich praktiziert wird. Beim Versuch, zeitlich oder zivilisatorisch
weit entfernte Sprecherinnen und Sprecher zu verstehen, kann sich die Forscherin nicht darauf zurückziehen, dass auf eine gemeinsame Praxis zurückgegriffen wird, in der die verwendeten Ausdrücke erfolgreich angewendet werden.

Diese Hindernisse für die Entzifferung der sprachlichen Zeugnisse des Fremden werde
ich das *Problem des Fremdverstehens* in der historischen und ethnologischen Forschung
nennen. Das Problem des Fremdverstehens steht im Kontrast zur Forschungspraxis dieser
Disziplinen, in der die breite Mehrzahl der Teilnehmer in ihren Untersuchungen – meist implizit – von der Annahme Gebrauch machen, dass sprachliche Ausdrücke über historische
und kulturelle Grenzen hinweg verstanden werden können. Damit soll nicht gesagt werden,
dass das Problem des Fremdverstehens in der kulturwissenschaftlichen Forschungspraxis
keine theoretische Beachtung gefunden hätte. Das Problem wird kontrovers diskutiert und
hat bei manchen Praktikern eine latente Sympathie für verschiedene Formen von Relativis-
mus geweckt. Doch die meisten Forscherinnen und Forscher handeln zumindest in ihren Arbeiten so, als gäbe es eine Möglichkeit, historische und zivilisatorische Grenzen methodisch
geregelt zu überwinden. Und darin haben sie, wie im Folgenden gezeigt werden soll, grundsätzlich Recht. Wie wir sehen werden, ist die theoretische Anerkennung der sozialen und
historischen Basis des wechselseitigen Verstehens damit vereinbar, dass wir uns qua unserer
Natur als sprechende Wesen gegenseitig verstehen. Auch das hat eine ironische Seite, da die
meisten Historiker und Kulturwissenschaftler nach wie vor die Behauptung als unangemessen empfinden, dass ihre Disziplinen eine im weiten Sinn naturalistische Basis haben. Ich
hoffe darum auch, dass die folgende Diskussion einige dieser Skrupel zerstreuen hilft.

Im Folgenden soll ein Argument näher erörtert werden, dass die universale Verständlichkeit sprachlicher Bedeutung theoretisch etablieren soll. Mit ‚universal' ist hier gemeint, dass jede und jeder, die oder der eine Sprache gemeistert hat, prinzipiell jeden sprachlichen Ausdruck verstehen kann, selbst wenn es aus kontingenten Gründen (beispielsweise Mangel an Zeit, an kognitiven Ressourcen, oder schlicht an dem nötigen Willen) so sein sollte, dass für viele reale Sprecher unüberwindliche Sprachbarrieren existieren. Der Kern des Arguments besteht in dem Aufweis, dass *universale Bedingungen des Sprachverstehens* (im Folgenden: UBSV) die prinzipielle Verständigung über kulturelle und historische Grenzen hinweg sicherstellen.[2]

Mit diesem Vorschlag soll kein Anspruch auf Originalität erhoben werden; wir bewegen uns vielmehr auf grundsätzlich bekanntem Terrain. Im diesem Papier möchte ich ein seit längerem bekanntes Argument für UBSV skizzieren und verteidigen. Es handelt sich um ein Argument, dass Donald Davidson in verschiedenen Teilen seines Werks entwickelt und ausgebeutet hat. Davidson selbst verwendet den Begriff der UBSV nicht, doch er formuliert Bedingungen, die

(a)   notwendig von jeder Äußerung, die wahr oder falsch sein kann, in einer beliebigen Sprache erfüllt werden, und

(b)   gewährleisten, dass der Gehalt jedes solchen Ausdrucks durch jeden beliebigen Sprecher prinzipiell verstanden werden kann.

In diesem Sinn werde ich UBSV auffassen.

Dass Davidsons Argument verteidigt werden soll, bedeutet nicht, dass ich mich lediglich auf eine Darstellung seiner Argumente zurückziehen werde. Zentrale Annahmen seines ursprünglichen Arguments sind, wie wir sehen werden, in späteren seiner Arbeiten revidiert worden, und gerade seine letzten Bemerkungen zu diesem Thema haben eher den Charakter von Andeutungen als von prüfbaren Argumenten. Wir werden uns nicht der Verantwortung entziehen können, über das hinauszugehen, was uns Davidson an Erläuterungen angeboten hat. Das bedeutet insbesondere, dass wir Davidsons Bemerkungen über den natürlichen Hintergrund des Verstehens mit Hilfe einer Reihe von jüngeren Untersuchungen über die Naturgeschichte sprachlicher Kommunikation anreichern müssen. Mein Ziel ist es, zu zeigen, dass die Substanz von Davidsons Argument für UBSV in dieser überarbeiteten Form bewahrt werden kann.

2. Davidson über die Grenzen des Verstehens

2.1. Sprachuniversalien und Sprachverstehen

Beginnen möchte ich mit einigen Bemerkungen zum Begriff der UBSV. Für die entsprechende Überlegung ist eine terminologische Unterscheidung von Nutzen. Eigenschaften, die

---

2 Mancher wird sich hier vielleicht an das bekannte Argument für den semantischen Minimalismus von Capellen und Lepore (Capellen und Lepore 2004) erinnert fühlen, in dem sie buchstäblichen Gehalt durch ein analoges Argument zu rechtfertigen versuchten. Die Gemeinsamkeit ist allerdings relativ oberflächlich: Die relevante Bedingung für Kontexttranszendenz ist m. E. nicht kontextunabhängiger Gehalt, sondern geteilter Bezug auf externe Objekte. Weiter unten dazu mehr.

von allen bekannten Sprachen erfüllt werden, werden in der Linguistik als *Sprachuniversa-lien* bezeichnet und seit längerem intensiv erforscht.[3] Wir müssen uns davor hüten, Sprachu-niversalien mit UBSV zu verwechseln. Der fälschliche Eindruck, das es hier um dieselbe Sache geht, kann sich daraus ergeben, dass einerseits die Definition von UBSV einen Hin-weis enthält, dass es sich bei ihnen notwendig um Sprachuniversalien handelt, und dass man andererseits geneigt sein kann, Sprachuniversalien eine zentrale Rolle in der Erklärung in-terkulturellen Sprachverstehens zuzusprechen. Daraus scheint zu folgen, dass die Suche nach UBSV mit der nach Sprachuniversalien zusammenfällt. Doch dieser Schluss ist natür-lich so nicht haltbar.

UBSV sind in (a) als Eigenschaften definiert, die jedem Ausdruck zukommen, der wahr oder falsch sein kann. Unter der unkontroversen Voraussetzung, die Bildung von Aus-drücken, die wahr oder falsch sein können, als die zentrale Leistung kompetenter Sprecher beliebiger Sprachen zu behandeln, folgt aus (a), dass UBSV Sprachuniversalien sind. Doch die Existenz von Sprachuniversalien impliziert nicht die Existenz von UBSV. Die Mehrzahl der Sprachuniversalien ist für die Rechtfertigung von UBSV schlicht irrelevant. Daraus, dass eine bestimmte sprachliche Eigenschaft eine Sprachuniversalie ist, folgt noch nichts über ihr Potential, etwas zur Erklärung der Verständlichkeit der Bedeutungen der in dieser Sprache gemachten Äußerungen beizusteuern. Denn es handelt sich meist nicht um semanti-sche Universalien. Tatsächlich können phonetische, morphologische oder syntaktische Merkmale einer bestimmten Sprache in der Regel erst dann bestimmt werden, wenn der In-terpret einen hinreichend guten Zugriff auf die Bedeutung der entsprechenden Ausdrücke hat. Die meisten Sprachuniversalien sind also zumindest keine hinreichenden Bedingungen für die Erklärung gelingender sprachlicher Verständigung. Dafür sprechen auch Computer-simulationen, die sich mit der Emergenz phonologischer oder morphosyntaktischer Merk-male beschäftigen.[4] Die phonologischen und morphosyntaktischen Unterschiede betreffen ausschließlich Morphemklassen, die ohne genau Kenntnis des semantischen Werts der sub-sumierten Ausdrücke identifiziert werden können (ein Merkmal solcher Simulationen, die meist unauffällig bleibt, weil viele der einschlägigen Autoren ihre künstlichen Sprachen mit einer für die Simulation insignifikanten Quasi-Semantik ausstatten). Der zentrale Punkt lau-tet, dass die präzise Identifikation eines Wortes anhand seiner syntaktischen Eigenschaften, beispielsweise als kausatives Verb im Präteritum, offen lässt, um welches Verb dieser Klas-se es sich handelt.[5]

Universal instantiierte Eigenschaften von Sprachen sind somit für sich genommen irrele-vant für unser Problem, solange nicht deutlich wird, warum sie universal geteilte Mittel zur Identifikation der Bedeutung der Ausdrücke dieser Sprachen darstellen. Das heißt aber, dass kontingente empirische Merkmale, wie sie von Linguisten in mühsamer komparativer Ar-beit zusammengetragen werden, für die Klärung der Frage nach UBSV solange irrelevant

---

3 Greenberg 2005.
4 Für eine Übersicht siehe Lyon et al. 2007, weiteres zu diesem Thema siehe unten.
5 In diesem Zusammenhang kann man auch auf den lange bekannten Punkt hinweisen, dass grammatische Wohlgeformtheit des geäußerten Satzes keine hinreichende Bedingung für die Äußerung eines sinnvollen Ausdrucks ist. Siehe Heim & Kratzer (1998). Es soll auch nicht geleugnet werden, dass eine entsprechende Charakterisierung syntaktischer Eigenschaften semantisch relevante Informationen enthält. Es sind nur nicht diejenigen, die offensichtlich am nötigsten wären, um die Bedeutung des Ausdrucks zu identifizieren.

sind, solange nicht klar ist, wonach eigentlich gesucht wird.[6] Die Untersuchung der Bedingungen des Sprachverstehens muss über eine bedeutungstheoretische Explikation sprachlicher Verständigung führen. Hier ist in der Philosophie viel nützliche Arbeit geleistet worden, insbesondere im Rahmen der Fragestellungen Wittgensteins und Quines, die in unterschiedlicher, aber nicht unvereinbarer Weise Szenarios entwickelt haben, um zu untersuchen, unter welchen Bedingungen die Bedeutung eines sprachlichen Ausdrucks identifiziert werden kann, wenn wir nicht vorauszusetzen dürfen, dass bereits über irgendeine Form von Zugang zu der Bedeutung des Ausdrucks verfügt wird.

Donald Davidson hat im Anschluss an Quine eine Antwort auf die Frage nach den Bedingungen der Identifikation semantischen Gehalts angeboten, die diesem Desiderat genügt, jeden versteckten Rekurs auf als geteilt vorausgesetzte Bedeutungen auszuschließen. Die komplette Antwort Davidsons umfasst seine *Theorie der radikalen Interpretation*. Ihr Kerngedanke lautet, dass die Beschreibung der Bedeutung der Ausdrücke eines Sprechers S mit der Beschreibung der empirischen Theorie zusammenfällt, die ein Interpret I erstellt, um auf der Basis der verfügbaren Daten über das Äußerungsverhalten von S und plausiblen Annahmen über die mentalen Zustände von S eine korrekte Bedeutungstheorie für die Äußerungen von S zu erzeugen und zu testen. Davidson kann zeigen, dass die Erstellung einer solchen Theorie, die die Form einer Tarskischen Theorie der Wahrheit annimmt, nur möglich ist, wenn zwei Bedingungen erfüllt sind. Die erste Bedingung lautet, dass die meisten Überzeugungen, die ein Sprecher hat, wahr sein müssen. Ich werde das die *kognitive Bedingung* nennen. Die zweite Bedingung besteht darin, dass die Ausdrücke von S eine logische Form haben müssen, um in einer Wahrheitstheorie nach Tarskischem Muster (kurz: eine W-Theorie) systematisch beschrieben werden zu können. Ich werde diese Bedingung die *linguistische Bedingung* nennen.

Die linguistische Bedingung ist historisch betrachtet ein Erbe der Theorietradition, die den Gehalt der Ausdrücke natürlicher Sprachen in Anlehnung an eine fregesche Semantik für künstliche Sprachen beschreibt. Eine solche fregesche Semantik basiert auf einer Reihe von Unterstellungen: (i) Freges Annahme, dass jede semantische Komposition Funktionsanwendung ist (bekannt als *Freges Vermutung*), (ii) die Festsetzung, dass der semantische Beitrag eines Ausdrucks in seinem Beitrag zu den Wahrheitsbedingungen des ihn enthaltenden Satzes besteht, (iii) die Festlegung von Einzeldingen und Wahrheitswerten als Referenten. Seine zwei berühmten semantischen Prinzipien, das Kompositionalitäts- und das Kontextprinzip, charakterisieren die Struktur einer Sprache mit fregescher Semantik.

(Kompositionalität)   Die Bedeutung eines Satzes ist eine Funktion der Bedeutungen der in ihm enthaltenen Wörter und der Art und Weise ihrer Kombination.

(Kontextprinzip)   Die Bedeutung der einzelnen Wörter besteht in ihrem systematischen Beitrag zu den Wahrheitsbedingungen der Sätze, die sie enthalten.

---

6 Das Universalienarchiv der Universität Konstanz listet gegenwärtig 2029 Vorschläge, die allerdings häufig kontrovers sind, da nicht selten umstritten ist, ob bestimmte Sprachen Gegenbeispiele bereitstellen. Siehe http://typo.uni-konstanz.de/archive/intro/index.php (19.06.2008)

Davidson hat viel dazu beigetragen, dass sich die Überzeugung durchgesetzt hat, dass sich diese Prinzipien auf natürliche Sprachen übertragen lassen.[7] Ich werde mich hier darauf beschränken zu skizzieren, wie Davidsons Idee, die Projektion der Struktur einer fregeschen Semantik auf die Äußerungen anderer Sprecher zum Ausgangspunkt einer Theorie sprachlicher Verständigung zu machen, die Grundlage eines Arguments für UBSV geliefert hat.

2.2. Davidsons Angriff auf den Begriff des Begriffschemas

Die Auseinandersetzung mit dem Thema des Fremdverstehens ist kraft der Übernahme von Quines methodologischem Szenario der radikalen Übersetzung ein beherrschendes Thema in Davidsons Arbeiten. Seine erste explizite Auseinandersetzung mit der Frage, ob es soziale oder historische Hürden gibt, die dem Verstehen der Ausdrücke fremder Sprachen potentiell unüberwindliche Hindernisse in den Weg legen, findet sich in seiner klassischen Arbeit „On the Very Idea of a Conceptual Scheme" (erstmals publiziert 1974, deutsche Übersetzung Davidson 1984b). Dort bietet Davidson ein Argument an, das zeigen soll, dass sich kein klarer Sinn mit der These verbinden lässt, es gäbe unterschiedliche, nicht ineinander übersetzbare Aussagensysteme bzw. Systeme von Überzeugungen. Das Problem des Fremdverstehens wird hier aus der Perspektive der Annahme angegangen, dass die Bedeutung von sprachlichen Ausdrücken durch die mit ihnen verknüpften Begriffe bestimmt wird: Aus sprachlichen Unterschieden folgt zwar noch kein Unterschied im Begriffsschema, wohl aber aus einem Unterschied der Begriffsschemata ein Unterschied der Bedeutungen.[8] Es ist die Annahme potentiell divergierender Begriffsschema, die Davidson in seinen frühen Arbeiten ins Visier nimmt. Davidson unternimmt es zu zeigen, dass es aus bedeutungstheoretischen Gründen nicht der Fall sei kann, dass ein Interpret I einen Sprecher S antrifft, der zwar durch sein Verhalten allen Grund zur Vermutung angibt, dass S sprachliche Äußerungen produziert, I aber feststellen muss, dass es unmöglich ist, irgendeine der Bedeutungen der Äußerungen von S zu identifizieren. (Das lässt, wie Davidson hervorhebt, die Möglichkeit offen, dass ein bestimmter kontextuell klar eingeschränkter Teil der Äußerungen, beispielsweise eine Geheimsprache, die S nur in bestimmten Fällen verwendet, nicht entziffert werden kann. Sein Argument wird dadurch nicht betroffen, da solche Codes derivativ zu gelungenen Fällen von sprachlicher Verständigung sind.)

Davidsons Angriff gilt der Haltbarkeit der Unterscheidung zwischen einem Begriffschema bzw. der mit ihm korrelierten Sprache und dem, was durch dieses Schema ‚konzeptualisiert' oder ‚geordnet' wird – rohe Sinnesdaten bzw. die Welt, bevor sie durch den urteilenden Beobachter nach Dingen und ihren Eigenschaften sortiert wurde. Hier gelingt es Davidson, den technischen Apparat von Tarskis Begriff der rekursiven Charakterisierung des

---

7 Das ist das Resultat einer sehr langen Entwicklung, die auf der Auseinandersetzung mit der Beobachtung beruht, dass natürliche Sprachen augenscheinlich wenig mit einer fregeschen Kunstsprache gemein haben. Nachdem das begriffliche Band zwischen Logik und Grammatik durch Frege zertrennt war, war eine Vielzahl von ingeniösen Lösungen nötig, um zu zeigen, dass sich die Gehalte alltagssprachlicher Ausdrücke nach den Prinzipien einer fregeschen Semantik beschreiben lassen. Richard Montague hat hier Entscheidendes geleistet, besonders erwähnenswert ist auch Davidsons Analyse von Handlungssätzen, durch die ein eleganter Weg aufgezeigt wird, die Grammatik von Modifikatoren in die logische Analyse einzubauen.
8 Davidson 1984b, S. 263

Wahrheitsprädikats einer Sprache L gegen den Begriff unterschiedlicher Begriffsschemata in Stellung zu bringen. Das geschieht mit Hilfe des Apparats der radikalen Interpretation, wie beispielsweise aus dieser Stelle aus dem etwa später verfassten Aufsatz „*The Method of Truth in Metaphysics*" (erstmals erschienen 1977, deutsche Übersetzung Davidson 1984c) deutlich wird:

> Was eine Wahrheitstheorie in Bezug auf eine natürliche Sprache leistet, ist, dass sie Aufschluss gibt über ihre Struktur. Indem sie jeden Satz so auffasst, als sei er mittels nachweisbarer Verfahren aus einer endlichen Anzahl wahrheitsrelevanter Wörter zusammengesetzt, artikulierter sie diese Struktur. (Davidson 1984c, S. 291)

Die Identifikation der logischen Konstanten und darauf aufbauend der anderen „wahrheitsrelevanten" Elemente der Sprache einer Sprecherin (Verben, Eigennamen, Pronomina, Adjektive, Adverbien, Funktoren etc.) erfolgt mit Hilfe der Projektion der logischen Struktur der Sprache des Interpreten auf die Sprache des Interpretanden. Die investierte elementare Logik – Davidson spricht sich für die Prädikatenlogik erster Stufe mit Identität aus – wird damit zu einem Bestandteil eines der wichtigsten Werkzeuge der radikalen Interpretation, des *Prinzips der Barmherzigkeit*.

Davidson übernimmt dieses Prinzip wie vieles andere von Quine. In seiner ursprünglichen Fassung besagt es so viel wie: „Optimiere bei der Übersetzung die Übereinstimmung mit dem Sprecher!" Seine Motivation beruht auf einer These, die Philosophen als *Holismus der Interpretation* kennen. Hinter diesem Begriff verbirgt sich die Beobachtung, dass eine Interpretin, die die Ausdrücke einer ihr völlig fremden Sprache ohne Zuhilfenahme irgendwelcher Hilfsmittel wie Wörterbücher oder Schulgrammatiken, die erfolgreiche Übersetzung natürlich bereits voraussetzen, leisten soll, vor einem offensichtlichen Dilemma steht. Einerseits hat sie als Daten nur die Zustimmung oder Ablehnung ihres Informanten zu bestimmten von ihr geäußerten Sätzen in bestimmten für sie ähnlichen Situationen. Um zu prüfen, ob das, was für sie an diesen Situationen ähnlich ist, auch für ihren Informanten ähnlich ist, würde sie Informationen darüber benötigen, was ihr Informant über diese Situationen glaubt. Um seine Überzeugungen zu identifizieren, müsste sie jedoch seine Äußerungen verstehen, denn nur sprachliche Äußerungen sind hinreichend differenziert, um die Gehalte von Überzeugungen zu bestimmen. Das Verstehen der Ausdrücke und der Überzeugungen einer Sprecherin gehen Hand in Hand, daher die Rede von einem Holismus.

Die Interpretin bewegt sich somit potentiell in einem schlechten Zirkel, wie Davidson hervorhebt, den sie nur durchbrechen kann, wenn sie von einem heuristischen Kunstgriff Gebrauch macht: Sie muss davon ausgehen, dass ihr Informant und sie eine große Zahl von Überzeugungen über die entsprechenden Situationen teilen. Das erlaubt ihr, Hypothesen über die Bedeutung der Äußerungen zu bilden, die es ihrerseits erlauben, im Lauf der fortschreitenden Interpretation abzuwägen zwischen a) einer Revision ihrer W-Theorie für die Ausdrücke des Sprechers – d. h., ihrer Bedeutungsangabe für die Ausdrücke des Sprechers – und b) einer gelegentlichen Zuschreibung einer falschen Überzeugung an den Sprecher, wenn eine solche Zuschreibung die Rationalität des Sprechers nicht wesentlich in Frage stellt, ihre eigene Theorie aber vor einer grundlegenden Revision bewahrt.

Was Davidson aus diesen Überlegungen in seinem Argument gegen unterschiedliche Begriffschemata ausbeutet, ist seine Beobachtung, dass dieses ‚gelegentlich' buchstäblich zu nehmen ist: Wir können Meinungsverschiedenheiten um den Preis des wechselseitigen Verstehens nur auf der Basis einer großen Menge an geteilten Überzeugungen feststellen. Ein weitgehender Dissens zwischen Sprecherin und Interpretin ist unmöglich. Daraus folgt laut Davidson, dass sich die Idee radikal unterschiedlicher Perspektive auf die Welt als inkonsistent herausgestellt hat.

Davidson unternimmt es somit in *„On the Very Concept of a Conceptual Scheme"*, zu zeigen, dass das ganze Problem des Fremdverstehens auf einem Missverständnis des Bedeutungsbegriffs beruht. Es ist offensichtlich, dass diese These sehr viel radikaler ist, als die These, dass das Problem des Fremdverstehens aufgrund bestimmter notwendiger Eigenschaften sinnvoller sprachlicher Ausdrücke stets prinzipiell lösbar ist, also jene These, deren Begründung ich in Aussicht gestellt habe. Man kann Davidsons Intention hier am besten als ‚therapeutisch' bezeichnen, um einen weiteren berühmten Begriff Wittgensteins zu verwenden. Eine philosophische ‚Therapie' beantwortet nicht die Fragen, mit denen sie sich beschäftigt; sie ist dann erfolgreich, wenn klar wird, dass diese Fragen auf einer bloßen Verwirrung beruhen. Davidsons Therapie immunisiert allerdings auch gegen eine Idee, die eigentlich mit seiner Unterstützung verteidigt werden sollte: Wenn der Begriff unterschiedlicher Perspektiven haltlos ist, trifft das, wie Davidson unterstreicht, gleichermaßen auf die Idee eines geteilten begrifflichen Rahmens zu, durch den diese Perspektiven vermittelt werden könnten. Wenn UBSV gesucht werden, geht es aber um die Suche nach genau solch einem Rahmen. Davidson scheint unseren Erklärungsgegenstand somit mitsamt der Idee unübersetzbarer Sprachen wegerklärt zu haben. In späteren Arbeiten hat er diesen Schritt jedoch wieder korrigiert, wie wir noch sehen werden. Die Suche nach dem Grund für diese Revision führt uns erneut zum Prinzip der Barmherzigkeit.

2.3. Der theoretische Status des Prinzips der Barmherzigkeit

Die Doktrin, dass die Überzeugungen des Sprechers zum einen größtenteils wahr und zum anderen im Wesentlichen dieselben wie die der Sprecherin sind, ist in den frühen Arbeiten Davidson der offizielle Gehalt des Prinzips der Barmherzigkeit.[9] Die Behauptung Davidsons, es sei unmöglich, dass sich Sprecherin und Interpretin in Hinsicht auf einen Großteil ihrer Überzeugungen über die Welt unterscheiden, verweist auf die *konstitutive* Rolle des Prinzips der Barmherzigkeit für das Gelingen sprachlicher Verständigung zwischen Sprecherin und Interpretin. Das Prinzip der Barmherzigkeit ist ebenso wenig ein bloß heuristisches Mittel, wie die Übereinstimmung der wahren Meinungen von Sprecher und Interpretin eine empirische These darstellt. Die Anwendung des Prinzips durch die Interpretin erzeugt erst sprachliche Kommunikation und damit Bedeutung.

In welchem Sinn kann ein Prinzip der Interpretation Bedeutungen konstituieren? Eine mögliche Antwort wäre, dass es begrifflich aus dem Konzept der Bedeutung folgt, dass ein solches Prinzip beachtet werden muss. Das würde der These korrespondieren, dass konstitutive Bedingungen für x hinreichende und notwendige Bedingungen für x darstellen. Doch es ist unwahrscheinlich, dass ausgerechnet ein Schüler Quines behauptet, dass sich hinreichende und notwendige Bedingungen dafür angeben lassen, dass etwas als sprachlicher Ausdruck (oder irgendetwas anderes) zählt. Gerade Quine hat im Zuge seiner berühmten Kritik

---

9 Føllesdal 1999.

an der synthetisch/analytisch-Unterscheidung gute Gründe geliefert, dem klassischen Konzept der Begriffsanalyse zu misstrauen. Davidson ist sicherlich unverdächtig, hinter diese begründeten Vorbehalte zurückzufallen. Die plausiblere und meines Erachtens richtige Begründung lautet, dass das Prinzip der Barmherzigkeit in Davidsons Augen *semantisch konstitutiv* für jede Form von sprachlicher Verständigung und ipso facto von sprachlicher Bedeutung ist. Als semantisch konstitutiv fasse ich Bedingungen auf, die die Intelligibilität eines Phänomens sicherstellen. In diesem Fall geschieht das dadurch, dass der Begriff der Bedeutung durch eine Charakterisierung der sozialen sprachlichen Praxis der Interpretation von seinem rätselhaften Charakter befreit wird.

Es ist vorgeschlagen worden, die Rechtfertigung von Konstitutionsaussagen als Aufgabe transzendentaler Argumente zu betrachten (vgl. dazu die Beiträge von Becker und Detel in diesem Band). Ein transzendentales Argument lässt sich grob wie folgt beschreiben.[10] Der Gegenstand eines transzendentalen Arguments ist ein antiskeptisches Argument, das auf der Basis einer semantischen Theorie T eine Rechtfertigung der Behauptung bestimmter ‚Gegenstände der Erkenntnis' – hier sind es die Bedeutungen der Äußerungen einer Sprecherin – liefert.[11] Die zentrale Frage an eine solche Strategie ist natürlich, was T selbst rechtfertigt. Im ursprünglichen Fall Kants beantwortete das die transzendentale Deduktion, die zeigen sollte, dass, was von den Vorstellungen der Gegenstände gilt, auch von eben diesen Gegenständen gilt, weil vorgestellte und reale Gegenstände tatsächlich identisch sind.

Kants Strategie basiert auf der von ihm präferierten Form des Idealismus, eines Theorietyps, der heute nach all seinen echten oder vermeintlichen Exzessen nicht mehr viele Anhänger findet. Aber es gibt, wie Grundmann zeigt, moderne Alternativen zu Kants Strategie. Eine davon ist, statt einer idealistischen Vermittlung zwischen Vorstellung und Gegenstand eine kausale Beziehung zwischen Ausdrücken bzw. Begriffen und ihren Bezugsgegenständen zu behaupten, die dafür sorgt, dass sich zwischen unseren Aussagen oder Überzeugungen und der Welt keine epistemologische Kluft auftut. Dieser *Externalismus* rechtfertigt zwar ebenfalls nicht die investierte semantische Theorie, da es sich bei ihm selbst um eine semantische These handelt, zeigt aber, wie die epistemologische Verbindung von Erfahrung und Gegenstand weiter *metaphysisch entlastet* werden kann.

Die Ratio hinter einem transzendentalen Argument sieht nach diesem Vorschlag folgendermaßen aus: Metaphysische Annahmen sind von keiner Theorie über semantischen Gehalt oder Intentionalität vollständig zu vermeiden. Deswegen ist jene Theorie vorzuziehen, die starke metaphysische Annahmen durch schwächere ersetzt. Kants kopernikanische Wende liefert ein gutes Beispiel. Und das gleiche gilt für Davidsons Strategie, statt theoretisch problematischer Mittler wie beispielsweise Sinnesdaten die gewöhnlichen öffentlichen Gegenstände unserer Äußerungen die Rolle der Bedeutungen spielen zu lassen.

Es ist, wie Grundmann feststellt, möglich und plausibel, Davidson eine solche transzendentalistische Strategie zu unterstellen. Der Externalismus der Theorie der radikalen Interpretation wird explizit, wenn Davidson den Begriff der *Triangulation* einführt, um die Rolle

---

10 Ich schildere hier im Wesentlichen einige Überlegungen aus Grundmann 2003. Dank an Alexander Becker für den Hinweis.

11 Grundmann nennt es eine „Theorie der Repräsentation", ein Ausdruck, der, wenn man ihn beispielsweise auf die Theorie der radikalen Interpretation anwendet, mit Davidsons eigener Terminologie kollidiert. Daher habe ich den neutraleren Ausdruck ‚semantische Theorie' gewählt.

geteilter öffentlicher Gegenstände in der Bedeutungstheorie zu erläutern.[12] Hier ist eine exemplarische Stelle, in der Davidson schildert, in welcher Form er kausale Beziehungen im Prozess der radikalen Interpretation am Werk sieht:

> Das Kind findet Tische ähnlich, wir aber finden Tische sowie die Reaktion des Kindes in Gegenwart von Tischen ähnlich. Für uns ist es nun sinnvoll, die Reaktionen des Kindes Reaktionen auf Tische zu nennen, denn auf der Basis dieser drei Reaktionsmuster können wir den Stimuli, die die Reaktionen des Kindes hervorrufen, einen Ort zuweisen. Es sind die Gegenstände und Ereignisse, die wir zum einen natürlicherweise ähnlich finden (Tische) und die zum anderen mit den Reaktionen des Kindes korreliert sind, die wir ebenfalls ähnlich finden. Das ist eine Art von Triangulation: Eine Linie führt vom Kind in Richtung Tisch, eine andere von uns in Richtung Tisch und eine dritte von uns zum Kind. Dort, wo die Linien vom Kind zum Tisch und von uns zum Tisch konvergieren, ist ‚der' Stimulus lokalisiert. Auf der Basis unserer Sicht von Welt und Kind können wir so die Ursache der Reaktionen des Kindes bestimmen: Es ist die gemeinsame Ursache unserer Reaktion und der des Kindes. (Davidson 2000, S. 405)[13]

Zur Illustration kann eine simple Zeichnung dienen. Sei A der Sprecher (bzw. das Kind), B die Interpretin (bzw. die Unterweisungsperson) und x der Gegenstand, auf den A und B ex hypothesi beide reagieren. Wir erhalten ein Dreieck zwischen A, B und x, in dem die Linien kausalen Beziehungen entsprechen sollen. A nimmt die Äußerungen von B wahr, A nimmt x wahr, und A nimmt wahr, dass B auf x reagiert. Diese letzte Beziehung ist theoretisch besonders interessant. Sie wird dadurch ausgedrückt, dass in der Zeichnung nicht nur die Grundlinien des von Davidson angesprochenen Dreiecks, sondern noch zwei weitere Linien auftauchen. Das verdankt sich dem Umstand, dass A und B nicht nur auf x und auf die Äußerungen von B bzw. A reagieren müssen, sondern auch darauf, dass A bzw. B *auf x* reagieren. Denn es werden stets sehr viele Gegenstände und Ereignisse gleichzeitig gegenwärtig sein; es muss also durch die Beobachtung des Gegenübers entschieden werden, welches davon sie oder er momentan zur Kenntnis nimmt. Wir erhalten so folgende schematische Darstellung einer Triangulationssituation:

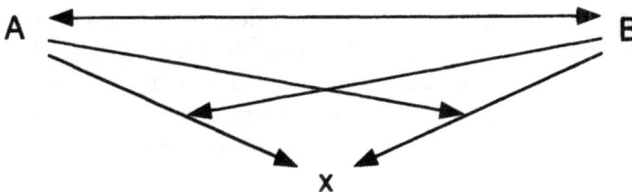

Abb.1

Die Einführung des Triangulationsbegriffs bedeutet eine Abkehr von Davidsons früherer ‚therapeutischer' Argumentation. Das Prinzip der Barmherzigkeit bekommt durch die Ein-

---

12 In Davidson 1982.
13 Davidson 2000.

beziehung kausaler Beziehungen zwischen Sprecher, Interpretin und öffentlich zugänglichen Bezugsgegenständen einen empirischen Inhalt. Es beschreibt Akte der Triangulation, die explizit mit wahrgenommenen Gegenständen und ihren Eigenschaften operieren. Durch diesen notwendigen empirischen Input in den Interpretationsvorgang gewinnt der Begriff unterschiedlicher Perspektiven wieder eine Rolle in Davidsons Beschreibung sprachlicher Verständigung. Auf diese Verschiebung hatte ich oben angespielt, als ich ankündigte, dass er in späteren Arbeiten von der Behauptung zurückgetreten wäre, der Begriff eines geteilten Rahmens, der zwischen verschiedenen Perspektiven auf die Welt vermittelt, sei ebenso sinnlos wie der Begriff unterschiedlicher Begriffsschemata. Der Standpunkt Davidsons nach Einführung des Triangulationsbegriffs lautet, dass unterschiedliche Perspektiven auf denselben Gegenstand nur im Rahmen der erfolgreichen Konstruktion und Anwendung interpretativer Wahrheitstheorien nach Tarskischem Muster möglich sind.

2.4. Ist die logische Form eine UBSV?

Vor dem Hintergrund von Davidsons Externalismus wird erkennbar, warum Davidsons Plädoyer für das Prinzip der Barmherzigkeit ein Argument für UBSV enthält. Eine der Bedingungen der Identifikation der Bedeutungen der Ausdrücke eines Sprechers durch eine Interpretin im Rahmen der Triangulation besteht darin, dass die interpretierten Ausdrücke, wie im Rahmen einer fregeschen Semantik üblich, eine ‚logische Syntax‘ haben. Wie Davidson unterstreicht, ist die logische Form von sprachlichen Ausdrücken kein kontingentes Merkmal sprachlicher Ausdrücke. Sie ist Ausdruck des vertrauten Prinzips der Barmherzigkeit, das die Projektion logischer Struktur auf das Äußerungsverhalten – unter Berücksichtigung externer Gegenstände, auf die dieses Verhalten unter Inanspruchnahme der Unterstellung geteilter wahrer Überzeugungen durch die Interpretin bezogen wird – einbegreift.[14] Die logische Form ist somit nach Davidson nicht nur eine Sprachuniversalie, sondern auch eine UBSV. Sie schließt aus, dass es zwei Sprecher A und B gibt, die sich nicht wechselseitig interpretieren können.

Diese Behauptung ist für unsere Zwecke wesentlich; daher möchte ich sie noch etwas illustrieren und um eine Beobachtung über den kooperativen Charakter sprachlicher Kommunikation ergänzen. Betrachten wir zwei Sprecher A und B, die noch keine Mittel zur sprachlichen Verständigung aufgebaut haben. Wie Davidson betont hat, dürfen beide davon ausgehen, dass die kognitive Bedingung erfüllt ist. Dann dürfen beide annehmen, dass die aufrichtig geäußerten Aussagen, mit denen A und B ihre Überzeugungen ausdrücken, größtenteils wahr sein werden. Wenn A einen Satz s äußert, den B für die Äußerung einer wahren Überzeugung über die für beide zugängliche Umgebung hält, kann B nun versuchen, eine Hypothese über die Bedeutung von s zu bilden, die sie durch eigene Äußerungen in vergleichbaren Situationen testen kann.

Ein solcher Test wäre allerdings aufgrund der unzähligen Eigenschaften, die jede Situation mit jeder andern gemein hat, als Input in eine W-Theorie wenig aufschlussreich, wenn s

---

14 Ich lasse hier die von Davidson gleichfalls hervorgehobenen Rationalitätsannahmen im weiteren Sinn außer Acht, die eine Bedeutungstheorie als Teil einer Handlungstheorie im Sinn der formalen Entscheidungstheorie darstellen. Die Frage, ob neben basalen logischen Inferenzen weitere Rationalitätsstandards in Anspruch genommen werden müssen, kann hier vernachlässigt werden.

nicht in Komponenten zerlegt werden könnte, die unterschiedliche und komplementäre Beiträge zum Wahrheitswert des Satzes liefern würden. Deswegen wird B auf das Mittel zurückgreifen, s als Satz mit logischer Form aufzufassen, um s eine kompositionale Struktur zuzuordnen, in der sich wiederkehrende Ausdrücke reidentifizieren und auf bestimmte momentan hervorstechende Ereignisse, Dinge oder Eigenschaften beziehen lassen.

Sind diese Bedingungen gegeben – und wenn Kommunikation zustande kommen soll, müssen sie erfüllt sein –, dann wird B die Äußerung von A als Aussage über bestimmte kontextuell hervorgehobene Objekte und deren Eigenschaften interpretieren. Und A wird das Tun von B in genau diesem Sinn auffassen, wenn A B's Kommunikationsversuche als sprachliche Äußerungen auffasst. Diese Haltung, die Äußerung des anderen auf die geteilte Umwelt zu beziehen *und sich selbst durch den anderen auf sie beziehen zu lassen*, ist ebenso wesentlich für den Erfolg der Interpretation wie das Vermögen, sich erfolgreich auf Objekte in einer geteilten Umwelt zu beziehen. Denn würden sich A und B gegenseitig nicht als Gegenstand der Interpretation auffassen, das heißt, würden sie nicht darauf reagieren, dass sie von ihrem Gegenüber auf einen Gegenstand angesprochen werden, wäre jenes Minimum an Kooperation nicht mehr gegeben, das für den Test von Interpretationshypothesen zwingend notwendig ist.

Dieser Aspekt der Kooperation ist, wie ich behaupten möchte, ein ebenso notwendiger Bestandteil der Theorie der radikalen Interpretation wie das Bestehen geteilter Überzeugungen oder die Projizierbarkeit der logischen Form auf die Äußerungen des anderen. Davidson nimmt geglückte Kooperation in Anspruch, wenn er unterstellt, dass die Sprecherin der Interpretin durch Zustimmung oder Ablehnung signalisiert, ob sie auf der richtigen Spur ist. Man beachte, dass dazu mehr an Kooperation von Seiten des Sprechers nötig ist als bloße Wahrhaftigkeit. Der Sprecher muss bereit sein, darauf zu reagieren, dass die Interpretin auf einen bestimmten Gegenstand in der Umgebung deutet, wenn sie eine bestimmte Äußerung prüfen möchte. Geteilte Aufmerksamkeit ist keine bloße Frage der Ähnlichkeit in den Reaktionen, sondern setzt auch ein gewisses Maß an Sozialität und praktischem Entgegenkommen voraus. Wir werden noch Anlass haben, auf diesen kooperativen Aspekt der Interpretation näher einzugehen[15]

Kehren wir nach diesem Exkurs zurück zu unserer bisherigen Diskussion. Wir haben nun Davidsons Argument für UBSV in den Grundzügen kennengelernt. An dieser Stelle möchte ich eine für einen Philosophen vielleicht als ketzerisch empfundene Frage stellen. Ist es wirklich akzeptabel, dass zentrale Fragen über die Natur sprachlicher Verständigung durch rein apriorische Überlegungen entschieden werden? Die menschliche Fähigkeit, sich mit Hilfe sprachlicher Ausdrücke zu verständigen, betrifft wie wenige andere die Frage, was uns von anderen Lebewesen auf diesem Planeten unterscheidet. Die heute allgemein anerkannte Zentralität dieser Eigenschaft für ein Verständnis des Platzes des Menschen in der Natur erklärt die Vielzahl von konkurrierenden Theorien zum Begriff und zur Erklärung sprachlicher Bedeutung. Es klingt verdächtig nach philosophischer Hybris, zu behaupten, dass die Wahl der besten Theorie über die Natur des Bedeutungsbegriffs allein durch eine Konstitutionsthese erfolgen kann. Der Hinweis auf die metaphysischen Implikationen tran-

---

15 Hier liegt eine der möglichen Bedeutungen der berühmten Bemerkung Wittgensteins, dass mit jemandem zu sprechen so ist wie ihm entgegenzukommen. Ich werde weiter unten vorschlagen, dass diese Bemerkung eine noch weitergehende Beobachtung über das Wesen sprachlicher Kommunikation enthält.

szendentaler Argumente sollte dafür sensibel machen, dass transzendentale Argumente nur dort ihre Wirkung tun können, wo es um unsere impliziten metaphysischen Annahmen geht. Doch wo solche Annahmen ihren Platz in unserem begrifflichen Netz haben, ist nicht ohne weiteres transparent. Wie wir dank Autoren wie Wittgenstein, Quine und Davidson wissen, ist es notorisch schwer, anzugeben, wo die Grenze zwischen bedeutungskonstitutiven Annahmen und empirischen Urteilen verläuft, gerade auch wenn wir theoretisch anspruchsvolle Vorschläge diskutieren.

Diese Bemerkung läuft letztlich nur darauf hinaus, dass keine begriffliche Intuition und keine metaphysische Annahme sakrosankt ist. Es handelt sich um tief verwurzelte, aber prinzipiell fallible Überzeugungen. Niemand hat mehr für die Anerkennung dieser Einsicht getan als W.V.O. Quine, dem Davidson in dieser Hinsicht unbeirrt gefolgt ist. Es ist daher auch nicht vollständig überraschend, dass Davidson in seinen späten Arbeiten eine Verbindung zwischen dem Prinzip der Barmherzigkeit und empirischen Theorien, in diesem Fall linguistischen und evolutionsbiologischen Vorschlägen, zieht. Hinzu kommt, dass es eine programmatische Kontinuität zwischen naturalistischen Vorschlägen zur Bedeutungstheorie und seinem frühen therapeutischen Argument gibt, denn naturalistische Vorschläge können ebenfalls als Versuche angesehen werden, metaphysische Lasten zu reduzieren, wie wir noch sehen werden Besonders aufschlussreich für diese Verschiebung der Theorie der radikalen Interpretation hin zu einer in weitem Sinn naturalistischen Position scheint mir Davidsons später Aufsatz „Seeing Through Language"[16] zu sein, in dem er die Frage uninterpretierbarer Sprachen über 25 Jahre nach „On the Very Idea of a Conceptual Scheme" wieder aufnimmt.

3. Die Generative Grammatik und das Prinzip der Barmherzigkeit

3.1. Die Sprache als menschliches Organ

In „Seeing Through Language" beschäftigt sich Davidson mit der Frage, ob man der Metapher, dass wir die Welt durch die Sprache wahrnehmen, etwas abgewinnen kann. Wenn wir sie als Metapher auffassen, dann, so Davidson, legt sie eine Reihe von Irrtümern nahe. Er zählt selbst drei auf: dass die Sprache sich wie ein vermittelndes Drittes zwischen uns und die Welt schiebt, dass unsere Wahrnehmung der Welt durch ihre sprachliche Indoktrination verzerrt würde, und dass die Sprache die Dinge und Ereignisse der Außenwelt repräsentiert (letzteres würden viele Sprachtheoretiker allerdings pace Davidson bejahen). Davidson lehnt alle drei dieser Thesen ab, und zwar aus Gründen, mit denen wir schon vertraut sind. Sie alle rekapitulieren die in Davidsons Augen unverständliche These, dass sich unterscheiden lässt zwischen dem Gehalt wahrer Überzeugungen bzw. Aussagen und der Welt, wie sie abzüglich unseres begrifflichen Beitrags in ihrer Repräsentation ist. Davidsons Gegenvorschlag lautet, die Rede von der Wahrnehmung der Welt durch die Sprache eben nicht metaphorisch, sondern als buchstäblich wahr zu betrachten.

> There is a non-metaphorical sense to my title. There is a valid analogy
> between having eyes and ears, and having language: all three are *organs*

---

16 Davidson 1997.

with which we come into direct contact with our environment. (Davidson
1997, S. 18, Hervorhebung geändert M. K.)

Davidson sagt hier, dass wir die Welt im selben Sinn durch die Sprache wahrnehmen, wie
wir sie durch andere Sinnesorgane wahrnehmen. Die Analogie besteht darin, dass wir die
Welt nicht durch unsere Augen, sondern mit unseren Augen sehen: Unser optischer Apparat
ist kein vermittelndes Drittes, sondern ermöglicht uns den direkten Kontakt mit der Welt.
Laut Davidson erfüllt die durch die Sprache ermöglichte konzeptuelle Wahrnehmung der
Welt eine durchaus vergleichbare Funktion. Sie ermöglicht es, Gegenstände und deren Eigenschaften und Relationen wahrzunehmen. Ich möchte hier nicht auf die epistemologischen Konsequenzen dieser Behauptung eingehen, die uns in eine ganz andere Richtung
führen würden. Was uns beschäftigen wird, ist Davidsons Vorschlag, die Sprache als ein
biologisches Organ zu behandeln.

Davidson schließt mit diesem Vorschlag explizit an naturalistische Strömungen in der
Linguistik an, in der es sich durchgesetzt hat, die Sprache als eine neurophysiologisch fundierte und naturwissenschaftlich erklärbare Eigenschaft unserer Gattung zu beschreiben. Die
momentan beherrschende linguistische Theorie beschreibt die Fähigkeit, eine Sprache zu erwerben, als ein angeborenes Vermögen der Mitglieder der Gattung homo sapiens sapiens.
Ich spreche natürlich von der auf dem Werk Noam Chomskys beruhenden *Generativen
Grammatik*.[17] Davidsons Naturalismus macht explizite Anleihen bei der Generativen Grammatik, wie wir gleich sehen werden. Daher ist es nötig, das Programm kurz zu umreißen.

Sinnvolle Ausdrücke werden von der Generativen Grammatik als Laut-Bedeutungs-Paarungen aufgefasst, denen ,interne Repräsentationen' zugrunde liegen. Der Begriff der internen Repräsentation wird von Chomsky und seinen Anhängern in einem anderen als dem in
der Philosophie gebräuchlichen Sinn verwendet. In der Generativen Grammatik meint er
nicht die Abbildung von etwas durch etwas anderes, sondern wird im Sinn der Computer-
wissenschaften verwendet. Dort spricht man von Repräsentationen, wenn man syntaktisch
strukturierte und nach bestimmten Regeln transformierbare Zustände eines internen Systems
von Symbolen meint. In der Generativen Grammatik besteht ihre theoretische Aufgabe darin, sinnvolle sprachliche Ausdrücke als (i) Eingaben aus dem Lexikon (ein Teil des Lang-
zeitgedächtnisses), (ii) deren interne Kombination gemäß bestimmter syntaktischer und
morphologischer Prinzipien (iii) den darauf folgenden Transformationen dieser Kombinationen bis hin zum Output in Form von einer Verkettung von Phonemen, denen (iv) ein bestimmter semantischer Gehalt zugeordnet wird, zu beschreiben

Das Forschungsprogramm der Generativen Grammatik wird von ihren Verfechtern als
Bestandteil der Psychologie bzw. der Kognitionswissenschaften verstanden.[18] Ein wesentli-
ches Postulat der Generativen Grammatik und vermutlich ihre populärste These ist die
Existenz einer angeborenen Universalgrammatik (UG). Diese These spielt für die Generati-
ve Grammatik sowohl in der Theorie des Spracherwerbs wie auch in der Erklärung der er-
staunlichen syntaktischen Übereinstimmungen unter den Sprachen der Welt eine zentrale
Rolle. Die UG kann als Postulat eines Zustands S_0 verstanden werden, der den Zustand jedes
Menschen vor dem Kontakt mit anderen Sprechern markiert. S_0 wird durch eine Reihe von
Prinzipien und Parametern beschrieben, die momentan Gegenstand empirischer linguisti-

---

17 Chomsky 1975, 1984, 1986, 1995a, 2000.
18 Vgl. dazu auch Detel, dieser Band.

scher Forschung sind. Die Prinzipien markieren Beschränkungen, denen jede von Menschen gesprochene Sprache gehorcht. Es handelt sich also um Sprachuniversalien. Ihre Existenz wird jedoch nicht nur komparativ, sondern auch durch ihre explanatorische Adäquatheit und Eleganz gerechtfertigt. Tatsächlich sind sie nicht notwendig ein transparentes Merkmal geäußerter Sätze. Die Parameter beschreiben Bedingungen, in deren Rahmen aus S_0 typologisch verschiedener Sprachen entwickelt werden können, indem die Parameter jeweils einen aus einer begrenzten Zahl von Werten annehmen.

Davidson bezieht sich in seinem Argument in *„Seeing Through Language"* positiv auf die Ergebnisse der Generativen Grammatik:

> There seems little reason to doubt that we are genetically programmed in fairly specific ways to speak as we do; every group and society has a language, and all languages are apparently constrained by the same arbitrary rules.
>
> We tend to think speech is radically different from the senses, partly because there is no external organ devoted just to it and partly because of the diversity of languages. But these differences are superficial. Speech, like the sense organs, has its specialised location in the brain; as a result, brain damage can cause loss of the ability to use language without destroying general intelligence. And, more significantly, all languages apparently share structural rules despite the surface varieties. (Davidson 1997, S. 19)

Mit diesen Bemerkungen schlägt Davidson einen neuen Pfad ein: einen Pfad, der uns in Richtung eines naturalistischen Arguments zugunsten der Identifikation der logischen Form mit UBSV führen wird. Wenn wir Davidsons Überlegungen weiterspinnen, deutet sich die Möglichkeit an, dass sich mit Hilfe der Generativen Grammatik zeigen lässt, dass die logische Form zur genetischen Ausstattung der Mitglieder unserer Gattung gehört. Man hätten damit einen Teil der Last, die auf dem Prinzip der Barmherzigkeit liegt, durch eine empirische Theorie aufgefangen, die erklärt, warum dieses Prinzip seine Anwendung auf nahezu jedes erwachsene Mitglied unserer Gattung nicht verfehlt. Sehen wir also, ob die logische Form, wie sie in der Theorie der radikalen Interpretation beschrieben wird, mit einem Teil der von der Generativen Grammatik postulierten UG identifiziert werden kann.

3.2. Naturalistische Programme in der Philosophie

Zunächst muss allerdings gefragt werden, ob eine solche naturalistische Strategie mit Davidsons Programm kompatibel ist. Es ist nicht von der Hand zu weisen, dass mit der neuen Strategie Davidsons früheres Argument in gewissem Sinn auf den Kopf gestellt wird. Die Theorie der radikalen Interpretation soll nun durch ein unabhängiges empirisches Argument für UBSV gestützt werden, während ursprünglich UBSV ein ‚spin-off' der Theorie der radikalen Interpretation waren. Doch wie wir schon gesehen haben, bedarf jedes transzendentale Argument einer Begründung, welche die verwendete semantische Theorie plausibilisiert. Mit dem semantischen Externalismus hat Davidson bereits diese Richtung eingeschlagen. Außerdem können wir uns darauf berufen, dass wir eine Linie weiterverfolgen, die Davidson selbst mit Blick auf den anderen zentralen Bestandteil des Prinzips der Barmherzigkeit – die kognitive Bedingung – verfolgt hat. Er selbst merkt an, dass die Unterstellung größtenteils wahrer Überzeugungen deshalb gerechtfertigt ist, weil sie unser Überleben als Gattung erklären hilft.[19] Auch hier sympathisiert Davidson offen mit einer Stützung des Prinzips der Barmherzigkeit durch eine naturalistische Rechtfertigungsstrategie.

Man mag sich dennoch wundern, was solche naturalistischen Tendenzen im Werk eines Autors verloren haben, der sich stets vehement gegen eine Reduktion der rationalen Handlungstheorie, als deren Teil Davidson die Bedeutungstheorie betrachtet, auf neurophysiologische Gesetzmäßigkeiten ausgesprochen hat. Daher ist es vermutlich hilfreich, wenn wir uns die Zeit nehmen, uns an dieser Stelle einige Gedanken über die verschiedenen Formen von ‚naturalistischen Projekten' in der Sprachphilosophie oder der Philosophie des Geistes zu machen.

Der Begriff des Naturalismus ist in jüngerer Zeit vermehrt ins Visier von Philosophen geraten, die sich kritisch mit ihm und seiner momentanen Allgegenwart in der der Sprachphilosophie und der Philosophie des Geistes auseinandergesetzt haben. Geert Keil und Herbert Schnädelbach haben in ihrer hellsichtigen Einleitung zu dem von ihnen herausgegebenen gleichnamigen Band[20] darauf aufmerksam gemacht, dass die bloße Forderung nach der Berücksichtigung der Ergebnisse der Naturwissenschaften bei der Bearbeitung philosophischer Problemen kaum ausreicht, um ein genuines naturalistisches Programm auszuzeichnen; bei einer solchen Bereitschaft handelt es sich, so Keil/Schnädelbach, um eine bare Selbstverständlichkeit, die mit dem Geschäft der Begriffsanalyse, sofern es nicht in einen „überzogenen Apriorismus"[21] mündet, völlig vereinbar sei. Soll also ein genuin naturalistisches Programm ausgewiesen werden, endet man, wie sie erklären, schnell in einem Reduktionismus, der allein die Physik als Leitwissenschaft anerkennt[22]. Ein solcher Reduktionismus, der darauf spekuliert, alle intentionalen Phänomene letztlich in neurophysiologischen Termini zu beschreiben und die Phänomene dann durch die Gesetze der Physik zu erklären, ist bis heute im Stadium eines bloßen Programms geblieben, das zudem, wie von unterschiedlichen Autoren hervorgehoben wurde, mit verschiedenen begrifflichen Problemen zu kämpfen hat.[23] So scheint ein Bekenntnis zum Naturalismus nur die Wahl zwischen zwei Übeln zu lassen: dazwischen, eine nichts sagende These zu vertreten, der ohnehin jedermann zustimmt, oder ein Forschungsprogramm zu verteidigen, das nicht gerade Anlass zu übertriebenen Hoffnungen auf seine baldige Unterstützung durch handfeste Belege gibt.

Ich denke allerdings, dass dieses vermeintliche Dilemma dadurch zustande kommt, dass Keil/Schnädelbach bei ihrer Einschätzung, dass die Einbeziehung empirischer Ergebnisse in philosophische Argumente selbstverständlich sei, nicht sorgfältig genug zwischen zwei Fällen unterscheiden. In dem einen, annähernd trivialen Fall wird gefordert, dass empirische Ergebnisse mit begrifflichen Thesen kompatibel sein müssen, etwa wenn gefordert wird, dass keine philosophische Theorie übernatürliche Kräfte postulieren sollte. Im zweiten, interessanteren Fall wird jedoch darüber hinaus behauptet, dass bestimmte empirische Theorien eine Rolle in der Rechtfertigung begrifflicher Thesen, nämlich insbesondere in der von Konstitutionsthesen, spielen. Ein solcher Fall ist dann gegeben, wenn eine Aussage, die besagt, dass Bedingung ψ für das Phänomen x konstitutiv ist, mit einer anderen Aussage, die

---

19 Davidson 1988.
20 Keil und Schnädelbach 2000
21 ibid., S. 38.
22 ibid., S. 28.
23 Chomsky 1995, Chalmers 1996.

erklärt, warum eine Eigenschaft φ faktisch von allen Mitgliedern der Gattung F erfüllt wird, gerechtfertigt wird. Das ist speziell dann möglich, wenn φ mit ψ extensional zusammenfällt. Damit ist jedoch eine *semantische* Reduktion von ψ auf φ, also eine Reduktion der Bedeutung von ψ auf φ, nicht notwendig in Reichweite gerückt, noch wird eine solche Reduktion damit automatisch angestrebt. Farben sind ein Beispiel. Zwar sind die von uns wahrgenommenen Farben mit bestimmten Spektren gebrochenen Lichts korreliert, die erklären, wie unsere optischen Unterscheidungen überhaupt möglich sind. Andererseits ist keine Wellenlänge per se eine Farbe; die mit der Farbe korrelierte Wellenlänge wird über die Farbe identifiziert, die sich durch ihren Kontrast zu den anderen wahrgenommenen Farben auszeichnet. Das Beispiel illustriert, dass eine Reduktion dann ausgeschlossen ist, wenn φ seinerseits nur über ψ identifiziert werden kann. Ich werde mangels eines besseren Ausdrucks vor dem Hintergrund dessen, was weiter oben über transzendentale Argumente gesagt wurde, für solche Argumente den Begriff der *metaphysischen* Reduktion vorschlagen, da die metaphysischen Lasten der Theorie, in der das Prädikat ‚ψ' definiert ist, durch die Theorie, in der das Prädikat ‚φ' definiert ist, abgeschwächt werden. Die gestützte Konstitutionsthese bleibt eine begriffliche These, aber wir sehen mit Hilfe der Aussage über die natürlichen Eigenschaften von F-Wesen, warum die entsprechenden Eigenschaften keine übernatürlichen Leistungen erfordern.

Diese Art von naturalistischer These ist eine wesentlich substantiellere Aussage als jene, die lediglich besagt, dass die in Frage stehenden begrifflichen Thesen nicht mit den einschlägigen empirischen Daten kollidieren, weil sie uns beispielsweise dazu zwingen kann, die Zuschreibung des Prädikats ψ an G-Wesen zu überdenken. Zu fordern, dass keine Theorie Magie in Anspruch nehmen darf, ist tatsächlich trivial, wie Keil/Schnädelbach monieren. Jedoch zeigen zu wollen, dass eine bestimmte begriffliche These über, sagen wir, Bedeutung, keine magische Beziehung in Anspruch nimmt, sondern nur Leistungen, die Wesen mit einer bestimmten natürlichen Ausstattung erbringen können, erfordert Aussagen, die nicht so selbstverständlich sein dürften. Ich werde später zu zeigen versuchen, wie das Prinzip der Barmherzigkeit teilweise in ein derartiges naturalistisches Argument eingebettet werden kann.

3.3. LF und logische Form: Zwei Ausdrücke für denselben Begriff?

Nach diesen sehr skizzenhaft ausgefallenen Bemerkungen über den in Anspruch genommenen Naturalismus komme ich auf Davidsons Andeutung zurück, dass sich die Entdeckungen der Generativen Grammatik zur Stützung seiner Thesen anbieten. Wir waren dabei stehengeblieben, uns nach der Entsprechung der logischen Form in der UG umzusehen. Man muss hier nicht lange suchen, denn auch die Generative Grammatik greift auf den Begriff der logischen Form zurück, um die Syntax von Äußerungen mit propositionalem Gehalt zu beschreiben. Allerdings hat der Begriff in der Generativen Grammatik eine spezielle Bedeutung. Es hat sich eingebürgert, den technischen Charakter des Begriffs der logischen Form in der UG dadurch hervorzuheben, dass statt von der logischen Form von der LF die Rede ist. Der Begriff der LF ist in der Generativen Grammatik spätestens seit Chomsky 1981 prominent. Hier soll seine Stellung, um unnötige theorieimmanente Erläuterungen zu umgehen, mit Hilfe der letzten Entwicklungsstufe von Chomskys Beschreibung der UG diskutiert wer-

den, dem sogenannten *Minimalistischen Programm*. Dieses Programm basiert auf dem
Prinzipien & Parameter-Ansatz (P&P-Ansatz), den Chomsky in Chomsky 1986 ausführlich
darstellt.

Dieser Ansatz unterscheidet sich gravierend von früheren Modellen, in denen zwei Arten
von Regeln, Phrasenstruktur-Regeln und Transformationsregeln, die explanative Arbeit auf
unterschiedlichen Ebenen der syntaktischen Kombination des lexikalischen Inputs erledig-
ten. Der Unterschied besteht darin, dass die Zahl der postulierten Regeln drastisch reduziert
wird.[24] Im P&P-Ansatz wird außer auf die unterschiedlichen Prinzipien und lexikalischen
Parameter nur noch auf eine Regel zurückgegriffen, Move-α („Bewege alles überallhin!").
Diesem Trend zum Verzicht auf unterschiedliche Regeln und Erklärungsebenen folgt auch
das Minimalistische Programm. Im Minimalistischen Programm wird außer auf eine Plurali-
tät von Regeln auch auf die meisten der unterschiedlichen Ebenen der Transformation des
lexikalischen Inputs verzichtet. Die Transformationen selbst folgen einem Ökonomieprin-
zip, das den kürzesten Weg vom lexikalischen Input zur Repräsentation einer Laut/Bedeu-
tungs-Paarung als korrekt auszeichnet. Auf dem Weg dahin interagiert eine einzige Regel
namens „Merge!", oder „Kombiniere alles mit allem!", mit einer Reihe von universalen syntaktischen Prinzipien. Die für typologische Unterschiede zwischen verschiedenen Sprachen
verantwortlichen Parameter werden im Minimalistischen Programm ins Lexikon verscho-
ben.[25]

Prominentestes Opfer dieser radikalen theoretischen Schlankheitskur sind die Begriffe
der Tiefenstruktur oder ‚deep structure' (DS) und der Oberflächenstruktur oder ‚surface
structure' (SS), übrig bleiben nur die logische Form (LF) und die phonologische Form (PF),
die die einzigen theoretisch relevanten Produkte der Interaktion von Lexikon, Syntax, begrifflichem Denken und artikulatorischem Apparat markieren. PF und LF fallen deshalb
theoretisch nicht zusammen, weil die PF eines Satzes nur einen Teil der Transformationen
reflektiert, die für die Interpretation relevant sind. Daher ist die LF phonologisch nicht völlig
transparent. Innerhalb des minimalistischen Programms gilt die Annahme der LF aber als
empirisch gut begründet.[26] Hornstein schlägt folgende Definition der LF vor:

> LF is the level of linguistic representation at which all grammatical struc-
> ture relevant to semantic interpretation is provided. (Hornstein 1995,
> S. 3)

LF ist für die Generative Grammatik ein Teil der UG und damit eine Sprachuniversalie. Als
Teil der UG ist sie allerdings auch per definitionem Teil der Syntax. Wie wir eingangs des
Abschnitts 1. gesehen hatten, ist ihr Status als Sprachuniversalie daher kein Beleg, dass sie
eine UBSV ist. Doch angesichts ihrer Funktion für die Interpretation, die sie laut Davidson
erfüllt, scheint es nur einen weiteren Erklärungsschritt zu benötigen, um auf ihren Status als
UBSV zu schließen Dieser Schritt besteht darin, die LF als Bestandteil des Prinzips der
Barmherzigkeit auszuzeichnen.

Die Zuversicht, dass es sich hier nur um eine legitime Ergänzung der Beschreibung der
LF durch die Generative Grammatik handelt, wird jedoch bei näherem Hinsehen enttäuscht.
Dieser weitere Schritt von der Sprachuniversalie zur UBSV kollidiert mit Chomskys Begriff

---

24 Für eine gute Übersicht der Entwicklung von Chomskys Theorie siehe Jackendoff 2002, Kap. 4.
25 Newmeyer 1998.
26 Hornstein 1995.

der UG, deren Bestandteil die LF per definitionem ist. Dieser Konflikt geht auf Chomskys eigene Aussagen zu diesem Thema zurück. Er hat klar gestellt, dass die LF seiner Ansicht nach nicht die Aufgabe einer UBSV übernehmen kann, und zwar, weil alle syntaktischen Beschränkungen im Rahmen der UG – also auch die LF – mit der Annahme vereinbar sind, dass unübersetzbare Sprachen nebeneinander existieren. Chomsky sieht keine grammatischen Anhaltspunkte, warum das Lexikon einer Sprache in das Lexikon einer anderen übertragbar sein muss. Er hält es für eine rein empirische Frage, ob Bedeutungen geteilt werden, die nichts mit der theoretischen Beschreibung des Sprachvermögens zu tun hat.

> As for communication, it does not require shared public meanings any more than it requires „public pronunciations". Nor need we assume that the „meanings" (or „sounds") of one participant be discoverable by the other. Communication is a more-or-less matter, seeking a fair estimate of what the other person said or has in mind. A reasonable speculation is that we tacitly assume that the other person is identical to us, then introducing modifications as needed, largely reflexively, beyond the level of consciousness. The task may be easy, difficult, or impossible, and accurate determination is rarely required for communication to succeed for the purpose at hand. It could turn out that there really is something like „public shared meaning" because the highly restrictive innate properties of the language faculty show so little variation; that would be an interesting (and not surprising) empirical discovery, *but there is no conceptual requirement that anything of the sort is true.* (Chomsky 1993, S.21, Hervorhebung M. K.).

Dieses Zitat muss als eine glatte Ablehnung von Davidsons Argument für UBSV oder vergleichbarer Argumente verstanden werden. Die zitierte Stelle ist darüber hinaus keine isolierte Behauptung, sondern basiert auf zentralen Annahmen von Chomskys Entwurf. Wie wir gleich sehen werden, beruht seine Ablehnung von UBSV auf tiefen Meinungsverschiedenheiten zwischen Davidson und ihm, die den Begriff der Bedeutung und letztlich den Begriff der Sprache insgesamt betreffen.

Deutlich wird das an der Skepsis Chomskys gegenüber Verwendungen des Begriffs der Sprache, die nicht die interne funktionale Organisation des Sprachvermögens meinen. Chomsky und zahlreiche andere Linguisten in der Tradition der Generativen Grammatik haben die Ansicht vertreten, dass die theoretische Beschreibung der Sprache in dem für die Linguistik relevanten Sinn nichts mit dem zu tun hat, was sie als die dominante Verwendung des Begriffs der Sprache in der Philosophie betrachten. Die philosophische Verwendung befasst sich in ihren Augen primär mit dem Begriff der Bedeutung und beschreibt diesen Begriff als Wort-Welt-Beziehung. Es ist offensichtlich, dass Chomsky damit die extensionalistische fregeanische Tradition im Auge hat.[27] Der setzt er seine zumindest terminologisch paradox anmutende Konzeption von Semantik als ,Bestandteil' der Syntax entgegen: Semantik ist Syntax in dem Sinn, als es um interne Repräsentationen (s. o.) von Paarungen sprachlicher mit konzeptuellen Strukturen geht. Die Semantik beschreibt für Chomsky jenen Teil des im Geist/Gehirn realisierten Sprachwissens, der den Übergang des kombinatorischen Systems Sprache zu dem kombinatorischen System der Begriffe darstellt.[28] Das Ver-

---

27 Chomsky 1993.
28 Chomsky 1986.

ständnis der Semantik als einer intentionalen Beziehung zwischen geäußerten Ausdrücken und Dingen in der Welt[29] lehnt Chomsky mit dem Argument ab, dass eine solche referentielle Semantik mit einem simplifizierenden und wissenschaftlich nicht einholbaren Begriff der Bedeutung arbeiten muss.[30]

In Chomskys Augen wird die bedeutungstheoretisch in Anspruch genommene Beziehung der Referenz dadurch desavouiert, dass i) die Identifikationskriterien für gewöhnliche Gegenstände vage sind, ii) wir durch referentielle Semantiken zum Postulat exzentrischer Gegenstände gezwungen werden, und iii) keine Aussicht besteht, unsere gewöhnlichen Gegenstände auf wissenschaftlich reputierlichere Gegenstände zu reduzieren.[31] Chomsky bekennt sich in diesem Kontext zu einem *methodologischen* Naturalismus, der sich darauf zurückzieht, dass empirische Fragen nur durch die unterschiedlichen naturwissenschaftlichen Disziplinen zu entscheiden sind.[32] Da er lediglich die Methode der Naturwissenschaften, aber nicht eine bestimmte Ontologie als für die Sprachtheorie verbindlich betrachtet, wendet er sich explizit gegen den Physikalismus, der unhaltbar sei, da seit Newton keine klare Definition des Begriffs „physikalischer Gegenstand" mehr existieren würde. Die metaphysische Askese des methodologischen Naturalismus beansprucht nicht, wie Chomsky hervorhebt, das Etikett eines anspruchsvollen philosophischen Programms – was in seinen Augen deutlich für eine solche Haltung spricht.

Für eine Unterstützung des Prinzips der Barmherzigkeit durch die UG sind solche programmatischen Festlegungen jedoch fatal. Wenn man darauf abzielt, die UG für eine Konstitutionsthese in Anspruch zu nehmen, ist die metaphysische Enthaltsamkeit eines methodischen Naturalismus keine Option, denn die notwendigen theorieüberspannenden Identitätsaussagen können weder als begriffliche noch als empirische Aussagen aufgefasst werden. Für eine metaphysisch anspruchsvollere Haltung spricht allerdings, dass der methodologische Naturalismus Chomskys selbst nur auf schwachen Füßen steht. Chomsky greift entgegen seiner eigenen Forderung tief in die Kiste metaphysischer Annahmen, wenn er an verschiedenen Stellen philosophische Bedeutungstheorien als unwissenschaftlich kritisiert. Zu behaupten, dass begriffliche Thesen über die Sprache keine wissenschaftliche Erkenntnis versprechen würden, *ist* eine metaphysische Aussage, die in Chomskys Fall von einem ungedeckten Vorurteil zugunsten der Kognitionswissenschaften zeugt. Daher halte ich es für fair, Chomsky auch entgegen seinem eigenen Votum zu den Anhängern einer Form des reduktionistischen Naturalismus zu rechnen.

Chomskys verborgener reduktionistischer Naturalismus bleibt notgedrungen unbegründet, wirft aber innerhalb seiner Theorie einen langen Schatten. So besteht ein offensichtlicher Zusammenhang mit Chomskys bekannter Abneigung gegenüber der These, dass es die Linguistik mit den Eigenschaften eines sozial geteilten Kommunikationsmediums zu tun hätte. Chomsky verwendet für dieses Bild den Begriff einer *externen Sprache* (E-Sprache), und meint damit die öffentliche Praxis des Gebrauchs von sprachlichen Ausdrücken.[33] Da-

---

29 Ludlow 2003.

30 Chomsky 2003.

31 Für die Argumente vgl. nochmals Ludlow 2003.

32 Chomsky 1995b, siehe auch Schrader, dieser Band.

33 Wer nicht näher mit dem Werk Chomskys vertraut ist, kann leicht dem Eindruck aufsitzen, dass die Begriffe der E-Sprache und der Performanz denselben Gegenstand meinen. Hier ist Vorsicht angebracht: Wäh-

mit kontrastiert er das im Geist/Gehirn repräsentierte Wissen über die Bausteine und Regeln, mit deren Hilfe sprachliche Ausdrücke produziert bzw. rezipiert werden. Er bezeichnet diesen auf den Begriff der Sprachkompetenz gegründeten Begriff der Sprache als den der *internen oder individuellen Sprache* (I-Sprache) und argumentiert entschieden dafür, nur die I-Sprache als legitimen Gegenstand der Wissenschaft zuzulassen.[34]

Sein Hauptargument für diese Forderung basiert darauf, dass er den Begriff der E-Sprache mit dem einer Menge von Konventionen über die Verwendung von Ausdrücken identifiziert. Wie Chomsky betont, gibt es keine Indizien dafür, dass sich für einzelne Sprachen Konventionen auszeichnen lassen, die festlegen, wodurch sich die grammatisch wohlgeformten und sinnvollen Ausdrücke einer Sprache auszeichnen lassen (vgl. hierzu auch die Einleitung zu diesem Kapitel). Der Begriff der E-Sprache fängt für Chomsky eine fragwürdige philosophische Sprachkonzeption ein, die im Interesse einer wissenschaftlichen Beschreibung des Phänomens aufgegeben werden muss.

> The system of knowledge attained–the I-language–assigns a status to every relevant physical event, say, every sound wave. Some are sentences with a definite meaning (literal, figurative, or whatever). Some are intelligible with, perhaps, a definite meaning, but ill-formed in one way or another. […] Some are well formed but unintelligible. Some are assigned a phonetic representation but no more; they are identified as possible sentences of some language, but not mine. Some are mere noise. […] Different I-languages will assign status differently in each of these or other categories. The notion of E-language has no place in this picture. There is no issue of correctness with regard to E-languages, however characterized, because E-languages are mere artefacts. We can define „E-language" in one way or another or not at all, since the concept appears to play no role in the theory of language. (Chomsky 1986, S. 26)

Man könnte ohne Berücksichtigung von Stellen wie der gerade Zitierten den Eindruck gewinnen, dass Chomsky jenseits seiner Rhetorik im Grunde dieselbe Sprachkonzeption wie Davidson verfolgt. Ignoriert man den Zusammenhang zwischen Chomskys reduktionistischem Naturalismus und seinem Versuch, die öffentlich gesprochene Sprache theoretisch abzuwerten, könnte man meinen, dass sich Chomskys Reduktionismus ohne systematische Konsequenzen von seiner Version der Generativen Grammatik abziehen lässt. Dann scheinen die Parallelen zu überwiegen. Auch Davidson ist ein scharfer Kritiker des konventionalistischen Sprachbegriffs, und zwar mit ganz ähnlichen Argumenten wie Chomsky.[35] Und Davidson hat sich mehrfach gegen einen bedeutungstheoretischen Platz für den Begriff der Repräsentation ausgesprochen. Aufgrund der holistischen Natur der Sprache käme als einzi-

---

rend Chomsky mit dem Begriff der E-Sprache ein bestimmtes theoretisches Projekt stigmatisieren möchte, verwendet er den Begriff der Performanz, um einen in seinen Augen legitimen, aber nicht zum theoretischen Bereich der ‚Grammatik' gehörigen Forschungsgegenstand zu markieren. Zu Überschneidungen kommt es dennoch, und zwar, weil die Befürworter des theoretischen Vorrangs der E-Sprache gerade die Performanz von Sprecherinnen und Sprechern als verantwortlich für die Syntax und Semantik einer Sprache betrachten.

34 Wie Jackendoff beobachtet hat, verbirgt sich bereits durch Chomskys eigene Formulierung „knowledge of language" in der Beschreibung der I-Sprache eine Spannung, da er vom Wissen der Prinzipien und Regeln einer Sprache reden muss, also von etwas, dessen Prinzipien und Regeln dem Wissen des Individuums von diesen Prinzipien und Regeln gegenübersteht (Jackendoff 2002, S. 298).

35 Vgl. Davidson 1986.

ger repräsentierender Ausdruck laut Davidson die ganze Sprache in Frage – ein sinnloser Vorschlag, wie er insistiert. Damit scheint Davidson Chomskys Kritik an ‚referentiellen‘ Bedeutungstheorien weit entgegenzukommen.

Tatsächlich sind es diese Übereinstimmungen zwischen Davidson und Chomsky, die oberflächlich sind. Die unterschiedlichen Haltungen zur theoretischen Rolle der Praxis sprachlicher Verständigungen geben den Ausschlag. Davidsons Begriff der Sprache ist um die Idee aufgebaut, dass sprachliche Ausdrücke sowohl ihren Inhalt wie ihre Form ihrer kommunikativen Funktion verdanken. Für diese Aussage haben wir weiter oben reichlich Indizien gesammelt. Sein Begriff der logischen Form ist untrennbar mit dem Gedanken verknüpft, dass wir zur Verständigung mit anderen empirische Bedeutungstheorien erstellen müssen, die ohne die Unterstellung der logischen Form der Ausdrücke des anderen keinem Test unterzogen werden können. Die Existenz der logischen Form ist für Davidson daher an die Praxis der Interpretation gebunden.[36]

Chomsky hat sich in dieser Sache immer wieder gegen die philosophische Tradition und den Common Sense gestellt und dem Gedanken widersprochen, Kommunikation sei die Essenz der Sprache. Er hat gegen diese vermeintliche Selbstverständlichkeit mit dem Hinweis argumentiert, dass die Sprache in ihrer sozialen Verwendung häufig gar nicht der Kommunikation von propositionalen Gehalten dienen würde, sondern der Stärkung sozialer Beziehungen oder dem reibungslosen Ablauf gesellschaftlicher Routinen. Wo Sprache mit propositionalem Gehalt zu tun hat, geht es laut Chomsky um die kognitive Funktion der Sprache, d.h. um die Sprache als Vehikel inferentiell gegliederten Denkens, dem die internen Repräsentationen als ‚kognitive Matrizen‘ dienen. Für Chomsky hat gerade die herausragende Eigenschaft der menschlichen Sprache, ihre syntaktische Gliederung, nichts mit sprachlicher Verständigung zu tun.

Hier liegt die begriffliche Ursache der unterschiedlichen Rollen von logischer Form und LF. Der Begriff der Sprache als Verständigungspraxis liegt im Herzen von Davidsons Ansatz. Chomsky seinerseits lehnt jeden theoretischen Rekurs auf die Verwendung der Sprache als Kommunikationsmittel als nicht zur Sache gehörig ab.

3.4. Wie öffentlich müssen Bedeutungen sein?

Daher ist es nicht überraschend, dass Chomskys Begriff der I-Sprache seinerseits in der Theorie der radikalen Interpretation keinen Platz hat. Chomsky insistiert mit dem Begriff der I-Sprache darauf, dass nicht die Performanz der Sprecher den eigentlichen Gegenstand der linguistischen Forschung darstellt, sondern deren Kompetenz.[37] Gegen den Versuch, den Gebrauch sprachlicher Ausdrücke systematisch zu erfassen, wendet er ein, dass es von vornherein sinnlos wäre, zu versuchen, Generalisierungen über die Performanz von Sprechern anzugeben, weil es absurd wäre, endliche Aussagen über eine potentiell unendliche Menge von Daten zu machen. In diesem Kontext verweist er auf die zahlreichen Idiosynkrasien von

---

36 vgl. Lepore und Ludwig 2002. Diese Debatte steht quer zu der zwischen semantischen Realisten und Anti-Realisten, denn wie Detel (dieser Band) zeigt, kann Chomsky als Vertreter eines semantischen Realismus gewertet werden, während Lepore und Ludwig eindeutig für den semantischen Anti-Realismus plädieren. Wie aus dem Folgenden noch klar wird, stimme ich Detel zu, dass man Davidson letztlich dem Lager der Realisten zuordnen sollte, wenn auch aus etwas anderen Gründen.
37 Siehe Fußnote 33.

Sprechern, die den Versuch, gültige Generalisierungen über den Erwerb und die Anwendung des Sprachvermögens auf eine Beschreibung der Performanz zu gründen, vereiteln – ein Argument, das auf den ersten Blick an bestimmte Argumente Davidsons gegen den Begriff der sprachlichen Konvention erinnert, dem aber hier von Chomsky eine völlig andere Richtung gegeben wird.

Es ist nur gelinde übertrieben, zu behaupten, dass Davidsons komplette Theorie eine Gegenthese zu diesem Argument Chomskys darstellt. Eine interpretative W-Theorie ist eine empirische Theorie über die Performanz des Sprechers, eine Menge von Generalisierungen, die kontinuierlich an neue Äußerungen des Sprechers angepasst und entsprechend korrigiert werden muss. Davidsons Skepsis gilt stattdessen der Idee, dass eine Interpretin eine begründete Unterscheidung zwischen der systematischen Beschreibung der Äußerungen einer Sprecherin und der Beschreibung ihrer Kompetenz als Sprecherin ziehen könnte. Schließlich trägt die Theorie der Interpretin in Davidsons Ansatz die gesamte explanative Last, und die Idee eines intern repräsentierten Wissens über die korrekte Bildung von Ausdrücken müsste aus dieser Theorie heraus gerechtfertigt werden. Es ist nicht ersichtlich, welche Rolle die I-Sprache hier spielen könnte.

Diese sehr unterschiedlichen Haltungen zum Begriff der Sprachkompetenz drücken sich unter anderem auch darin aus, dass der Begriff der Kompetenz in Chomskys Verwendung die Beherrschung einer Fähigkeit suggeriert, über die man mehr oder weniger verfügen kann. Wie aus dem geschilderten Argument gegen den Begriff des Begriffsschemas folgt, kann es laut Davidson aber nicht die partielle Beherrschung einer Sprache geben. Entweder man spricht eine Sprache, oder man fällt ganz aus der Klasse der Sprecher heraus.[38]

All die angeführten Unterschiede demonstrieren, dass über den wissenschaftlichen Begriff der Sprache ein fundamentaler Dissens zwischen Davidson und Chomsky besteht. Nicht besser steht es um den Begriff der Bedeutung. Davidsons Ablehnung von Sachverhalten als Wahrmachern von Aussagen hält ihn nicht davon ab, den Begriffen der Referenz und der Wahrheit die zentrale Rolle in seiner Bedeutungstheorie einzuräumen. Es ist eine der zentralen Thesen des späteren Davidson, dass Interpretation nur gelingt, wenn einzelne Ausdrücke auf öffentlich zugängliche Objekte bezogen werden. Davidson hat in Davidson 1982 nicht nur ausdrücklich betont, dass Hypothesen über die kausalen Beziehungen zwischen dem Sprecher S und seiner Umwelt unabdingbar sind, um zur korrekten Einschätzung der Belege zugunsten oder Ungunsten einer W-Theorie über die Äußerungen eines bestimmten Sprechers zu kommen. Er hat darüber hinaus mit Hilfe der Triangulationsthese die Behauptung verteidigt, dass die externen Ursachen einer Äußerung in den semantisch grundlegenden Fällen auch den semantischen Gehalt dieser Äußerung bestimmen. Chomsky dagegen hält den Begriff einer internen Vermittlung zwischen Sprecher, Interpret und Welt für unverzichtbar:

> Perhaps the weakest plausible assumption about the LF interface is that the semantic properties of the expressions focus attention on selected aspects of the world *as it is taken to be by other cognitive systems*, and provide intricate and highly specialized perspectives from which to view them. (Chomsky 1995b, S. 20, Hervorhebung M.K.)

---

[38] In dieser Rigidität ähnelt Davidson dem frühen Wittgenstein.

Dieses Zitat belegt, dass Chomskys Position mit Davidsons Argument aus *„On the Very Idea of a Conceptual Scheme"* unvereinbar ist.

Ein weiterer Punkt sollte erwähnt werden. Auch hinsichtlich der Rolle, die der Psychologie in der Theorie der Sprache eingeräumt werden soll, unterscheiden sich Davidson und Chomsky. Ein weiterer Einwand Chomskys gegen ‚referentielle' Bedeutungstheorien lautet, dass über die kausalen Beziehungen zwischen den kognitiven Zuständen des Geist/Gehirns und physikalischen Vorgängen außerhalb des Körpers noch so gut wie gar nichts bekannt sei.[39] Dieser Einwand basiert auf einer richtigen Beobachtung, ist aber irrelevant, solange Davidsons soziale Rahmung der kausalen Beziehungen zwischen Äußerungsverhalten und der Umwelt als Folie gewählt wird. In dieser antipsychologistischen Haltung Davidsons zeigt sich das Erbe Freges, wie aus der gesamten Anlage der Bedeutungstheorie Davidsons das Erbe der extensionalistischen Tradition spricht. Deswegen muss das Urteil letztlich lauten, dass Davidson und Chomsky in den zentralen sprachtheoretischen Fragen hinsichtlich des Status des öffentlichen Gebrauchs der Sprache und des Status intentionalistischer Begriffe in der Semantik an unterschiedlichen Polen des Spektrums angesiedelt sind.

An diesem Punkt können wir zur Frage des Fremdverstehens zurückkehren, dem Thema, das hier eigentlich im Fokus steht. Aus dem geschilderten Konflikt zwischen der Generativen Grammatik und der Theorie der radikalen Interpretation ergibt sich eine unbefriedigende Situation für methodische ‚Fremdversteher' wie die Geschichtsforscherin oder die Anthropologin, aber letztlich auch für jeden anderen, der unterstellt, dass Sprache kulturelle Unterschiede überbrücken kann. Wir haben einerseits eine attraktive philosophische Bedeutungstheorie, die erklärt, wie wir uns über kulturelle und historische Grenzen hinweg verständigen können. Davidsons Argument für UBSV krankt allerdings an der Schwäche aller transzendentalen Argumente, den in Anspruch genommenen Begriff der Erfahrung bzw. des semantischen Gehalts selbst nicht mehr rechfertigen zu können. Dieser Schwachpunkt könnte durch die naturalistische Einbettung des davidsonschen Arguments für UBSV gemildert werden. Dass es sich um eine viel versprechende Idee handelt, ist eine Einschätzung, die Davidson selbst geteilt haben muss, wie aus seiner oben zitierten Andeutung hervorgeht, dass die logische Form als Bestandteil des Prinzips der Barmherzigkeit in der UG verankert sein dürfte. In der Diskussion hat sich jedoch gezeigt, dass sich die logische Form Freges und Davidsons nicht ohne weiteres mit der LF Chomsky identifizieren lässt. Das zeigt sich besonders eklatant daran, dass die LF keine UBSV rechtfertigt – sie stellt kein Mittel gegen das Problem des Fremdverstehens dar, ist also verglichen mit der logischen Form der wesentlich schwächere Begriff.

Die Frage, warum sich aus Davidsons Begriff der logischen Form eine These – die Existenz von UBSV – ableiten lässt, die aus Chomskys Begriff der LF nicht folgt, obwohl es sich laut Hornstein bei der LF um das Interface zwischen Syntax und Interpretation handelt, kann nach dem Gesagten ebenfalls beantwortet werden. Für Davidsons Begriff der logischen Form ist die Konzeption einer extensionalen Semantik, die Freges semantischen Prinzipien folgt, zentral, während Chomsky in der LF lediglich die Schnittstelle zweier unterschiedlicher kompositionaler und rekursiver Systeme sieht. Nur hinsichtlich formaler Eigenschaften sprachlicher Ausdrücke besteht ein gewisser Konsens. Kompositionalität und Rekursivität sind in beiden Ansätzen zentrale formale Eigenschaften sprachlicher Ausdrücke,

---

39 Chomsky 1986, 2003.

denn ohne sie lässt sich die Produktivität der Sprache kaum erklären. Aber die Theorie der radikalen Interpretation käme nicht ohne die Annahme aus den Startlöchern, dass sich bestimmte Ausdrücke (Eigennamen, eindeutige Beschreibungen, indexikalische Ausdrücke) auf Dinge in der Welt beziehen, oder in fregeschen Termini ausgedrückt, dass diese Ausdrücke als Argumente in Funktionsausdrücken aufgefasst werden dürfen, die Dinge auf Wahrheitswerte abbilden. Es ist die im späteren Werk Davidsons ausbuchstabierte Notwendigkeit des geteilten Bezuges auf öffentlich zugängliche Gegenstände, der für die Etablierung einer interpretativen Bedeutungstheorie in Anspruch genommen wird, die die Beschreibung der logischen Form als UBSV rechtfertigt.

Chomsky dagegen versteht die logische Form als Teil der internen syntaktischen Strukturen, die das menschliche Sprachvermögen ausmachen.[40] Die kompositionale und rekursive Struktur der Syntax wird durch die logische Form nicht mit Bedeutungen im Sinn externer Gegenstände oder Ereignisse und ihrer Eigenschaften und Relationen in Verbindung gesetzt, sondern mit Bedeutungen im Sinn eines im Geist/Gehirn abgelegten Systems von Begriffen. Es überrascht nicht, dass Davidson Chomskys konzeptionalistische Semantik, die auf viele Linguisten eine hohe Anziehungskraft ausübt, in dem oben zitierten Aufsatz *„Seeing Through Language"* scharf kritisiert.[41] Andererseits ist sein positiver Rekurs auf die Generative Grammatik vor diesem Hintergrund nur so zu verstehen, dass Davidson annimmt, dass sich die Aussagen der Generativen Grammatik über die UG von ihren bedeutungstheoretischen Aussagen trennen lassen. Doch gerade in Bezug auf die logische Form alias LF scheint das ein problematisches Unternehmen zu sein, wie wir gesehen haben. Die zentrale Frage lautet: Ist die logische Form Bestandteil einer Theorie der I-Sprache, wie Chomsky behauptet – oder doch der E-Sprache, wenn Davidson Recht hat? Zu behaupten, sie würde Bestandteil beider Theorien sein, birgt das offensichtliche Risiko, einen widersprüchlichen Begriff in die Theorie einzulassen. Denn die beiden Theorien scheinen nicht einfach unterschiedliche Aspekte eines Phänomens zu beschreiben, sondern konkurrierende Beschreibungen des fraglichen Phänomens zu liefern.

Diese Situation ist umso bedauerlicher, weil beide Theorien anscheinend komplementäre Antworten auf Probleme anbieten, die die jeweilige andere Theorie plagen. Wie die Theorie der radikalen Interpretation von der Generativen Grammatik profitieren könnte, wurde bereits festgehalten. Die Theorie der radikalen Interpretation beantwortet ihrerseits Fragen, die Chomsky lediglich ausklammert.[42] Denn auch in dem Sinn von Semantik, der nur von Laut-Bedeutungs-Zuordnungen handelt, stellt sich die Frage, wie Laut-Bedeutungs-Paarungen über historische und kulturelle Grenzen hinweg identifiziert und verstanden werden können. Die LF liefert offensichtlich nur einen Teil dieser Information; sie erklärt nicht, wie Laute in der einen Sprache Bedeutungen in einer anderen zugeordnet werden können.

Dafür, dass die UG, wenn man Chomsky folgt, nicht als Naturalisierungsbasis für Davidsons Begriff der logischen Form und als Unterstützung seines Arguments für UBSV genutzt werden kann, können letztlich drei Faktoren verantwortlich gemacht werden. Da wäre als erstes Chomsky Internalismus, der auf seiner Skepsis gegenüber der Möglichkeit einer wissenschaftlichen Theorie über E-Sprachen basiert. Als zweites wären seine Skrupel bzgl.

---

40 Chomsky 1995a.
41 Davidson 1997, S.19-20.
42 Siehe das obige Zitat aus Chomsky 1993.

extensionalen Theorien der Bedeutung zu nennen, die insofern ein besonders gravierendes Hindernis darstellen, als Davidsons Argument für UBSV wesentlich durch die bedeutungstheoretische Rolle öffentlich geteilter Objekte gerechtfertigt werden soll. Ein dritter, in Zusammenhang mit den beiden eben genannten Faktoren stehender Aspekt von Chomskys Begriff der UG ist noch nicht erwähnt worden, spielt aber gerade in Hinsicht auf die wichtigen Fragen der theoretischen Rolle der kommunikativen Verwendung der Sprache und der naturalistischen Erklärung der LF bzw. der logischen Form eine wichtige Rolle. Es geht um Chomskys Skrupel gegenüber evolutionären Theorien der Entwicklung unseres Sprachvermögens, zu denen wir nun kommen werden.

4. Philosophische Aspekte der Evolution der Sprache

4.1. Linguistische Einwände gegen eine evolutionäre Erklärung der UG

Chomsky hat sich an verschiedenen Stellen zu dem Vorschlag geäußert, dass unser Sprachvermögen evolutionär erklärt werden kann. Diese Äußerungen haben dazu geführt, dass ihn viele für einen scharfen Kritiker der These, dass die Sprache ein Produkt der natürlichen Selektion darstellen kann, halten.[43] Vorbehalte gegen eine evolutionäre Theorie des Sprachvermögens waren und sind tatsächlich bei den Anhängern der Generativen Grammatik verbreitet. Mit den immer tieferen Einblicken in die Komplexität, die der menschlichen Sprachen eigen ist, hat sich bei vielen Linguisten ein tiefes Gefühl der Bewunderung für die Eleganz und Effizienz dieses Apparats eingestellt. Ein evolutionär geprägtes Bild des Sprachvermögens als einer kumulativen Ansammlung von ,good tricks‘ verträgt sich in den Augen vieler Anhänger der Generativen Grammatik nicht mit diesem Eindruck von Perfektion. Das hat dazu geführt, dass die Generative Grammatik das Thema der Evolution der Sprache lange ignoriert hat.

Nachdem sich prominente Vertreter der Generativen Grammatik Anfang der 90er Jahre des letzten Jahrhunderts schließlich diesem Thema zugewandt haben[44], waren es erwartungsgemäß die Probleme evolutionärer Erklärungsansätze, die von Chomsky und seinen Mitstreitern in den Vordergrund gestellt worden sind.[45] Einer ihrer Einwände lautet, dass die Syntax einer Sprache ein integriertes Ganzes darstellt, das nicht schrittweise durch natürliche Selektion aus Vorformen entstanden sein kann. Denn eine partielle Syntax wäre nicht einfach eine schlechtere Lösung, sondern schlicht dysfunktional. Eine dysfunktionale Eigenschaft kann aber nicht als Resultat eines Prozesses der natürlichen Auslese erklärt werden. Daher müsste die gesamte UG durch eine einzige Supermutation entstanden sein, ein Vorschlag, der tatsächlich von einigen vertreten wurde[46], aber auf zahlreiche Zweifel gestoßen ist.[47]

---

43 Für eine Diskussion siehe Botha 1998.
44 Pinker und Bloom 1990, Newmeyer 1991.
45 Chomsky 1988, 1995, Boeckx und Piattelli-Palmarini 2005.
46 Bickerton 1990, 1998.
47 Bickerton selbst hat seine Position unter dem Eindruck der Einwände aus der Evolutionsbiologie später entschärft, siehe Calvin und Bickerton 2000.

Neben solchen globalen Einwänden sind auch speziellere Probleme aufgeworfen worden. Schon ein oberflächlicher Eindruck von den technischen Raffinessen, die von der Generativen Grammatik in der Syntax alltäglicher Ausdrücke aufgedeckt werden, kann dem Beobachter das Gefühl geben, dass eine funktionale Erklärung für jede der vielfältigen und komplexen Eigenschaften der UG eine schier unlösbare Aufgabe darstellt. Der Versuch, die vielen komplizierten Mechanismen der UG durch ihre jeweilige natürliche Funktion zu erklären, hat zusätzlich mit der augenscheinlichen Dysfunktionalität vieler dieser Eigenschaften zu kämpfen. Das Argument der Dysfunktionalität ist beispielsweise explizit für den ‚Fix Subject Constraint' vorgetragen worden, eine asymmetrische Beschränkung hinsichtlich der Bewegung von eingebetteten Subjekten und Objekten bei der Bildung von Fragen, die Sprecher zur Bildung umständlicher und semantisch unmotivierter Paraphrasen zwingt.[48]

Vor diesem Hintergrund stellt sich die Frage, ob der Versuch einer evolutionären Erklärung des Sprachvermögens nicht von falschen Voraussetzungen ausgeht. Die Frage, welche biologische Funktion das Sprachvermögen haben könnte, ist umstritten, wie wir gesehen haben. Die kommunikative Funktion der Sprache, die in vielen populären evolutionistischen Ansätzen bemüht wird[49], liefert prima facie keine befriedigende Erklärung für die Entstehung einer produktiven Sprache mit kompositionalen und rekursiven Eigenschaften.[50] Denn für kommunikative Aufgaben reicht anderen Spezies – inklusive unserer nächsten Verwandten, den großen Menschenaffen – ein engbegrenztes Repertoire von Signalen aus. Die Beschränkung ihrer kommunikativen Fähigkeiten kontrastiert auffällig mit der Beobachtung, dass alle großen Menschenaffen über ein sehr komplexes soziales Zusammenleben verfügen.[51] Dennoch ist die Zahl der verwendeten Signaltypen in ihrer natürlichen Umwelt sehr begrenzt, bei frei lebenden Primaten kommen beispielsweise etwa zwei Dutzend verschiedene Rufe und Gesten vor (eine genauere Übersicht gibt Ian Davidson in I. Davidson 1999, S. 240/241). Das legt nahe, dass es bei diesen Spezies anscheinend keinen hohen Bedarf an zeichenvermittelter Kommunikation gibt, um das soziale Leben zu steuern.

Dieser geringe Bedarf zeigt sich nicht nur in der begrenzten Zahl der Signaltypen, sondern auch in ihrer vergleichsweise seltenen Anwendung. Schimpansen, Gorillas und Bonobos kommunizieren nur sporadisch, wenn man die Häufigkeit ihrer zeichenvermittelten Kontaktaufnahme mit der von Menschen vergleicht, wie Beobachtungen von frei lebenden Populationen ergeben haben.[52] Die eingegrenzten kommunikativen Funktionen ihrer Signale können, wie zu erwarten war, ohne syntaktische Komplexität erfüllt werden. Die Signalsysteme der Primaten erlauben die Signalisierung von Unterwerfung, Paarungsbereitschaft, Gefahren, Futterquellen und selbst die Signalisierung der momentanen Empfindungen des Individuums wie es bei Pavianen beobachtet worden ist[53], ohne dass die entsprechenden Rufe und Gesten eine erkennbare produktive Struktur aufweisen würden. Diese Beobachtung wird dadurch gestützt, dass gefangen lebende Individuen keine Tendenz zeigen, sich syntaktische Strukturen durch entsprechendes Training anzueignen.[54] Das alles spricht auf den ers-

---

48 Lightfoot 2000.
49 Vgl. erneut Pinker und Bloom 1990, Newmeyer 1991.
50 Locke 1998.
51 de Waal 1982, de Waal 2001b, Byrne 2001.
52 Snowdon 2004.
53 Siehe Richman 1987, zitiert nach Mithen 2005.
54 Saffran et al. 2008.

ten Blick für Chomskys Position, dass die komplexe Syntax der menschlichen Sprachen nicht durch ihre vorgeblich kommunikative Funktion erklärt werden kann.

Chomskys Skepsis gegenüber evolutionstheoretischen Erklärungen des Sprachvermögens hat in jüngster Zeit allerdings anscheinend einer optimistischeren Position Platz gemacht. In einem 2002 erschienenen Übersichtsartikel in *Science*, der von Chomsky gemeinsam mit dem auf Primatenkognition spezialisierten Psychologen Marc Hauser und dem Evolutionsbiologen W. Tecumseh Fitch veröffentlicht wurde[55], behaupten Chomsky und seine Mit-Autoren einen evolutionär erklärlichen graduellen Übergang von Signalsystemen, wie sie bei vielen sozial lebenden Spezies angetroffen werden können, zu fast allen Bestandteilen des Sprachvermögens „im weiten Sinn", d. h. des artikulatorisch-rezeptiven Systems, des intentional-begrifflichen Systems im allgemeinen und der ‚Theorie des Geistes' im speziellen, also jenes Teils des begrifflichen Systems, der erklären soll, wie Individuen andere Wesen als intentionale Agenten wahrnehmen können. Einzige Ausnahme sei das Sprachvermögen „im engen Sinn", das aus dem Mechanismus der Rekursion bestehen würde.[56] Hier schlagen die Autoren vor, dass es sich um eine *Präadaption*, eine evolutionäre Anleihe bei einer bereits bestehenden biologischen Eigenschaft des Geist/Gehirns handelt, die entweder wegen einer anderen, nicht mit Kommunikation zusammenhängenden Funktion selektiert wurde, oder die sich durch bisher unbekannte „physikalische Gesetze" erklären lässt, die greifen, wenn eine astronomisch hohe Zahl von Neuronen auf begrenztem Raum interagiert. Der wichtigste Aspekt der UG wird somit von einer Erklärung durch die biologische Funktion, semantische Gehalte zu kommunizieren, ausgenommen. Die Syntax, und damit auch die logische Form, ist laut Chomsky, Hauser und Fitch derjenige Bestandteil des Sprachvermögens, der gerade nicht durch die kommunikative Funktion der Sprache erklärt werden kann. Ich werde behaupten, dass die im 2. Abschnitt festgestellten Diskrepanzen zwischen Chomsky und Davidson über den Status der E-Sprache und den Begriff der Referenz in einem engen Zusammenhang mit Chomskys anhaltendem Widerstand gegen eine naturhistorische Erklärung der Syntax stehen.

4.2. Grundannahmen und Methoden von Theorien über die Evolution der Sprache

Wie wir gesehen haben, unterscheiden sich Davidson und Chomsky darin, dass Davidson den semantischen Gehalt von Ausdrücken durch ihren kommunikativen Gebrauch im Kontext einer wechselseitigen interpretativen Praxis erklärt, während Chomsky den öffentlichen Gebrauch sprachlicher Ausdrücke als einen wissenschaftlich unbefriedigenden Gegenstand betrachtet, der jedem Versuch einer systematischen Beschreibung widersteht. Um Chomskys Position einzuordnen, muss eine Unterscheidung beachtet werden, von der nicht sicher ist, ob Chomsky sie in seiner Ablehnung der E-Sprache immer respektiert.

Hinter dem Begriff der E-Sprache kann zum einen die These stehen, dass sich aus der Beobachtung des Gebrauchs von Ausdrücken einer natürlichen Sprache Regeln für die Bildung aller und nur der sinnvollen Ausdrücke dieser Sprache ableiten lassen. Es wäre ab-

---

55 Hauser et al. 2002.
56 Für eine Zahl von linguistischen Einwänden gegen die Position von Hauser et al., die dafür plädieren, das Spezielle der menschlichen Sprachen auf den Mechanismus der Rekursion einzuschränken, siehe Pinker und Jackendoff 2005. Hauser, Chomsky und Fitch antworten in Fitch et. al. (2005).

surd, Davidson dafür zu kritisieren, dass er diese These verfechten würde. Was Davidson an den Begriff der öffentlichen Sprache bindet, ist die These, dass die spezifischen Beschränkungen öffentlicher symbolischer Verständigung eine signifikante Restriktion der Syntax und Semantik bedeutet, die eine Sprache annehmen kann. Er hat sich immer dagegen gewandt, diese Restriktionen als sprachliche Regeln zu beschreiben und gehört zu den profiliertesten Kritikern der Idee geteilter Regeln als Bedingung sprachlicher Verständigung.[57] Es ist jene schwächere These, dass der öffentliche Charakter sprachlicher Verständigung unseren Sprachen bestimmte Restriktionen auferlegt, an der sich die Kritiker der E-Sprache messen lassen müssen. Ob Chomsky diese Herausforderung annimmt, ist unklar, da sich seine Rhetorik stets gegen die stärkere These richtet, sofern sich das seinen verstreuten und nicht immer eindeutigen Bemerkungen entnehmen lässt.

Wir sollten jedoch nicht schließen, dass der Dissens zwischen Davidson und Chomsky auf einem reinen Missverständnis beruht. Wenn wir nach Indizien suchen, ob Chomsky die Untersuchung der verschiedenen praktischen und psychologischen Beschränkungen, denen der öffentliche Gebrauch von sprachlichen Zeichen unterworfen ist, eher als wissenschaftliche Praxis akzeptieren könnte als die Untersuchung sprachlicher Konventionen, ist das Ergebnis erneut negativ.

Einer der Gründe liegt in Chomskys Überzeugung, dass nur kognitionswissenschaftliche Ergebnisse letztlich die Klärung linguistischer Fragen gestatten werden. Das ist aus heutiger Sicht eine sicherlich zu einseitige Haltung. Dass man neurophysiologische, ätiologische, evolutionsbiologische und begriffliche Methoden fruchtbar kombinieren kann, hat die jüngere Geschichte der Erforschung des Sprachvermögens eindrucksvoll gezeigt. In den vergangenen Jahren haben sich Forschungsprogramme etabliert, in denen die Untersuchung der spezifischen Restriktionen, denen das menschliche Sprachvermögen unterliegt, unter Einbeziehung der historischen Dimensionen der Evolution der Sprache und der historischen Entwicklung von Sprachen aus anderen Sprachen betrieben wird.

Die Einbeziehung der Geschichte bedeutet einen wichtigen Fortschritt in der Erforschung des Sprachvermögens. Durch die Einbeziehung der historischen Dimension der Sprache – sowohl in naturgeschichtlichen wie kulturgeschichtlichen Größenordnungen – lässt sich der Einwand abwehren, die Untersuchung der öffentlich gebrauchten Sprache könne nur auf zweifelhafte Generalisierungen über willkürlich ausgewählte Datenmengen zurückgreifen. Eine Geschichte über die Entstehung komplexer syntaktischer und semantischer Strukturen aus einfacheren Zeichensystemen, die auf natürliche Selektion oder andere natürliche konstruktive Mechanismen verweisen kann und ohne ad hoc eingeführte Prinzipien auskommt, liefert eine systematische Beschreibung der Sprache als Organ des öffentlichen Teilens von Gedanken, die neurophysiologische Daten um eine wichtige Dimension ergänzt, und an empirischen Daten gemessen werden kann.[58]

Die zitierten Stellen aus Davidsons spätem Werk legen nahe, dass er dieser Öffnung der Bedeutungstheorie gegenüber der naturhistorischen Dimension der Sprache offen gegenübergestanden ist. Die Skrupel Chomskys gegenüber einer evolutionären Theorie des Sprachvermögens bekommen dadurch eine besondere theoretische Rolle. Sollte sich zeigen lassen, dass der öffentliche kommunikative Gebrauch sprachlicher Zeichen tatsächlich jene

---

57 Siehe beispielsweise Davidson 1982.
58 Millikan 2003.

Funktion der Sprache ist, die ihre wesentlichen Eigenschaften erklären kann, dann liefert die Theorie der Evolution der Sprache ein theoretische Brücke zwischen den von der Generativen Grammatik beschriebenen universalen Mechanismen und der sozialen Perspektive der Theorie der radikalen Interpretation. Ein Begriff der LF als Resultat naturhistorischer Entwicklungen, die von der öffentlichen Funktion der Sprache angetrieben werden, kann sich als jener Begriff der logischen Form erweisen, den Davidson als UBSV beschrieben hat. Ich denke, dass es sich um eine attraktive Perspektive handelt, die durch eine Fülle von Indizien gestützt wird. Um diese Behauptung zu belegen, wende ich mich im letzten Teil dieses Beitrags dem Forschungsgebiet der Evolution der Sprache zu, um verschiedene Vorschläge zu untersuchen, die darauf abzielen, die moderne menschliche Sprache als Resultat der Evolution des kommunikativen Verhaltens unserer Vorfahren zu erklären.

Zwei Grundannahmen dominieren dieses Forschungsgebiet. Es sind a) der *Gradualismus*, die Annahme, dass die Unterschiede zwischen modernen menschlichen Sprachen und anderen kommunikativen Signalsystemen gradueller Art sind, und b) der *Uniformitarismus*, die Haltung, dass sich die grammatische Form aller modernen menschlichen Sprachen nicht wesentlich voneinander unterscheidet. Gradualisten gehen davon aus, dass die moderne Sprache evolutionäre Vorläufer hatte, mit denen sie einige, aber nicht alle Eigenschaften teilt. Uniformitaristen behaupten, dass seit der Entstehung des Sprachvermögens beim modernen Menschen keine signifikanten Veränderungen innerhalb der UG mehr aufgetreten sind, dass also alle modernen Sprachen die gleichen basalen grammatischen Eigenschaften teilen. Der Uniformitarismus ist wichtig, weil er Fragen darüber zerstreut, ob wir das Erklärungsziel einer Theorie der Evolution der Sprache klar definieren können. Wenn die grundlegenden grammatischen Eigenschaften aller bekannten Sprachen übereinstimmen, dann liegt es nahe, dass diese Eigenschaften diejenigen sind, die durch die Naturgeschichte der Spezies erklärt werden können.[59] Der Gradualismus entspricht der theoretischen Beherzigung des evolutionstheoretischen Gemeinplatzes, dass sich komplexe biologische Eigenschaften schrittweise aus weniger komplexen Vorläufern entwickelt haben. Im Bezug auf das Sprachvermögen hat der Gradualismus zu der Annahme geführt, dass sich die moderne Sprache aus Vorläufern entwickelt hat, die weder über eine Syntax noch über eine Semantik im Sinn moderner Sprachen verfügt haben.

Diese Annahme ist angesichts der Tatsache, dass die Evolutionstheorie eine der bestbestätigten Theorien über die Entstehung komplexer biologischer Eigenschaften darstellt, überaus plausibel. Sie birgt jedoch auch das zentrale methodologische Problem der Erforschung der Ursprünge der modernen Sprache. Ihre Vorläufer haben aller Wahrscheinlichkeit nach keine direkten Spuren hinterlassen, denn anders als Knochen oder Fußabdrücke hinterlassen Laute oder Gesten keine Fossilien, und es steht nicht zu erwarten, dass sich irgendwo eine Tonbandaufnahme eines Interviews mit einem Homo erectus oder Homo habilis findet. Das ist das zentrale Problem der Forschung über die Evolution der Sprache. Zu seiner Lösung haben sich vier Strategien herausgebildet, die ich kurz nennen möchte, weil wir im Folgenden auf Ergebnisse aus jeder dieser Strategien zurückgreifen werden.

Zum einen bedient man sich komparativer Methoden und vergleicht menschliche Sprachen mit den Signalsystemen anderer existierender Spezies, vornehmlich der Primaten, aber

---

59 Für eine interessante Diskussion der Konsequenzen nicht-uniformitarischer Annahmen siehe Newmeyer 2002.

auch der von Meeressäugern, Singvögeln, Papageien und sozial lebenden Insekten. Zweitens sucht man innerhalb der heute gesprochenen Sprachen nach Hinweisen auf ihre evolutionären Vorgänger. Man tut das anhand von Aphasien und angeborener Sprachstörungen wie der SLI (abkürzend für ‚Specific Language Impairment', eine angeborene Beeinträchtigung des Sprachvermögens ohne kognitive oder emotionale Einschränkungen), die Hinweise auf die neurophysiologischen und genetischen Aspekte des Sprachvermögens enthalten[60], aber auch durch die Erforschung von Prozessen der kulturellen Evolution von Sprachen, wie demjenigen der Grammatikalisierung. Als Grammatikalisierung bezeichnet man den Prozess der Transformation von gehaltvollen Ausdrücken in Ausdrücke mit rein grammatischer Funktion, etwa der Transformation von Verben in Hilfsverben wie dem englischen ‚to do'[61] oder der Entstehung von Kreolsprachen mit voll ausgebildeter Morphosyntax aus Pidginsprachen mit rudimentären grammatischen Strukturen[62]. In allen Fällen handelt es sich um Phänomene, die sich an aktuellen Beispielen empirisch untersuchen lassen. Drittens versucht man anhand paläoanthropologischer Untersuchungen der Überreste unserer hominiden Vorfahren Rückschlüsse auf deren Sprachvermögen zu gewinnen. Das Interesse konzentriert sich hier auf Zeugnisse für Technologie[63], rituelle Handlungen[64] und soziale Organisation[65], aber auch auf mögliche Rückschlüsse von der Größe und Anatomie des Hirns, die sich teilweise aus den Schädelinnenseiten entdeckter Fossilen ablesen lassen, auf das Sprachvermögen unserer Vorfahren[66]. Viertens hat sich in den letzten Jahren durch die Verfügbarkeit von immer größerer Rechenleistung ein Forschungsprogramm etabliert, das auf die Simulation der Evolution der Sprache am Computer abzielt. Besonders viel Aufmerksamkeit gilt dabei den akzeptablen Startbedingungen solcher Experimente; darum wird zunehmend auf die Ergebnisse experimenteller psychologischer Forschungen, etwa hinsichtlich des menschlichen Vermögens zur Erinnerung längerer Sequenzen und ihrer strukturellen Eigenschaften, zurückgegriffen, um zu realistischen Simulationen zu kommen[67].

Jede dieser Strategien hat interessante Ergebnisse geliefert. Bis heute ist allerdings kein Szenario vorgeschlagen worden, das allgemein als Zusammenfassung der wichtigsten explanativen Faktoren und als Darstellung der wichtigsten Entwicklungsstufen akzeptiert wird. Ein solches konsensfähiges Szenario wird wohl auch noch auf sich warten lassen, denn die Erforschung der Sprachevolution ist ein relativ junges Forschungsfeld. Wie bereits angedeutet, hat sich eine breite Debatte mit interdisziplinärer Beteiligung erst in den 90er Jahren des letzten Jahrhunderts im Gefolge eines einflussreichen Artikels von Stephen Pinker und Paul Bloom entwickelt.[68] Dieser Artikel markiert einen Wendepunkt der Debatte, weil sich mit ihm die Linguistik von ihrer langjährigen Abstinenz von der Beschäftigung mit diesen Fragen gelöst hat.[69] Das hat jedoch zunächst zu einem weiteren Anschwellen der Kontroversen

---

60 Enard et al. 2002.
61 Heine und Kuteva 2002.
62 Bickerton 1990.
63 I. Davidson 2003.
64 Mithen 2005.
65 Dunbar 2003.
66 Hurford 2007.
67 Christiansen und Ellefson 2002.
68 Pinker und Bloom 1990.
69 Bickerton 2003, Newmeyer 2003.

geführt (s. o.). Ein relativer stabiler Konsens besteht bisher nur darüber, dass sich die modernen Sprachen aus sogenannten Tiersprachen entwickelt haben, die sich in drei zentralen Aspekten radikal von modernen menschlichen Sprachen unterscheiden.[70]

Der erste Unterschied zwischen Tiersprachen und modernen menschlichen Sprachen ist die Gebundenheit der Tiersprachen an bestimmte, engbegrenzte Anwendungsbereiche. Die Signale von Tiersprachen haben spezialisierte und meist bereits genetisch festgelegte Verwendungen, zum Beispiel das Anzeigen von Futter, von Gefahrenquellen, von Paarungsbereitschaft oder Dominanz. Selbst in Fällen, in denen der Erwerb des Signalsystems individuelle Lernprozesse enthält, gibt es, was das Verhalten der entsprechenden Spezies in ihren natürlichen Lebensbedingungen anbelangt, bisher keine Hinweise darauf, dass die erworbenen Rufe und Gesten eine neue Funktion annehmen können.[71] Im Kontrast dazu sind die Ausdrücke menschlicher moderner Sprachen an keine bestimmte Anwendung gebunden: Wir können buchstäblich über alles Mögliche reden und damit die unterschiedlichsten Zwecke verfolgen. Im Fall menschlicher Sprachen spricht man darum auch von ihrer Anwendungsbereichsneutralität.[72]

Der zweite Aspekt ist das Fehlen einer systematischen produktiven Organisation des Gehalts von Tiersprachen. Wo wir von Ausdrücken von Tiersprachen sprechen können, finden wir oft keine kombinierbaren Elemente vor, sondern voneinander isolierte Signaltypen, so wie die nach der Art der Bedrohung differenzierten Warnrufe der graugrünen Meerkatze, die in der einschlägigen Literatur eine bemerkenswerte Karriere gemacht haben.[73] Wo sich kombinierbare Elemente unterscheiden lassen, die für den Gehalt der Zeichen relevant sind – beispielsweise in der Tanzsprache der Honigbiene –, sind die Elemente auf eine kleine und extrem stabile Anzahl begrenzt und kommen in einer endlichen und anscheinen genetisch festgelegten Zahl von Kombinationen vor. Die Signalsysteme schließlich, die tatsächlich Anzeichen von Produktivität und kreativer Erweiterbarkeit aufweisen, wie die Gesänge von Singvögeln oder Meeressäugern, haben diese Produktivität nicht auf den Gehalt übertragen, soweit wir wissen.[74] Vielmehr kommunizieren sie immer nur den einen konstanten Gehalt: „Ich bin hier!" Das Auftreten von produktivem, systematisch gegliedertem semantischem Gehalt wird deswegen allgemein als ein Spezifikum der menschlichen Sprache betrachtet. Alle potentiellen Gegenbeispiele stammen nicht aus der Beobachtung von Individuen in ihren natürlichen Lebensbedingungen, sondern aus der Beobachtung von Individuen, die im engen Kontakt mit menschlichen Trainern aufgezogen und daher bereits mit einer Sprache mit produktiver Semantik konfrontiert wurden.[75]

Der dritte Aspekt, der moderne menschliche Sprachen von Tiersprachen unterscheidet, betrifft die signifikante Verschränkung von intentionalem Gehalt und Verhaltenssteuerung

---

70 Die Bezeichnung ‚Tiersprache' ist insoweit irreführend, als natürlich auch der Mensch ein Tier ist. Jedoch benötigen wir einen Ausdruck, der hervorhebt, dass die menschlichen Sprachen in verschiedener Hinsicht sehr verschieden von den Kommunikationssystemen sind, die wir bei anderen Spezies beobachten. Da es sich eingebürgert hat, von den Sprachen der Tiere im Kontrast zu unseren Sprachen zu sprechen, werde ich mich diesem Gebrauch hier anschließen.

71 Snowdon 2004.

72 Zawidsky 2006.

73 Meines Wissens wurden diese Rufe erstmals in Seyfarth, Cheney und Marler 1980 beschrieben.

74 Marler 2000, zitiert nach Mithen 2005.

75 Aber auch hier sind Zweifel angebracht. Siehe dazu nochmals Saffran et al. 2008.

bei Tiersprachen. Der intentionale Gehalt der Signale von Tiersprachen besteht in der Anzeige bestimmter Bedingungen, um damit eine korrelierte Reaktion hervorzurufen. Während bei menschlichen Sprachen eine funktionale Trennung zwischen indikativen und imperativen Sprechakten vorliegt, existiert eine solche Trennung nicht im Fall von Tiersprachen.[76] Jedes Signal ist zugleich Anzeige von bestimmten externen oder internen Bedingungen und Aufforderung zu bestimmten Handlungen. Ruth Millikan, die grundlegende Arbeit zum Begriff des funktional erklärten intentionalen Gehalts geleistet hat[77], spricht deshalb auch von „Pushmipullyu"-Zeichen, ein Ausdruck, der durch Hugh Loftings literarischer Figur einer zweiköpfigen Antilope inspiriert ist, die an jedem Ende einen Kopf trägt, bei der die Orientierung in der Umwelt also permanent in die Motivation des Verhaltens eines ‚anderen' Individuums übergeht.[78]

Die Unterscheidung zwischen indikativen und imperativen Sprechakten setzt eine weitere Eigenschaft voraus, die bisher nur bei menschlichen Sprachen nachweislich ist. Was moderne menschliche Sprachen im Gegensatz zu Tiersprachen auszeichnet, ist das Potential zur Kommunikation von unbeschränkt vielen Möglichkeiten, wie die Welt sein könnte, oder wie man sich in ihr verhalten könnte. Dieses Potential erklärt einen wichtigen Teil der erweiterten Leistungsfähigkeit eines Kommunikationssystems wie der menschlichen Sprache gegenüber Tiersprachen. Dazu gehört in meinen Augen auch die Eigenschaft der ‚displaced reference', der Referenz auf abwesende Gegenstände und Personen, auf die Linguisten häufig verweisen.

Meine These ist, dass eine Sprache, die es nicht erlaubt, einen Möglichkeitsraum zu artikulieren, eo ipso weder erlaubt, ihren Sprecherinnen und Sprechern Sprechakte mit indikativem Gehalt zuzuschreiben (die sagen, was wäre, wenn er wahr ist), noch, ihnen Sprechakte mit imperativem Gehalt zuzuschreiben (die ausdrücken, was wäre, wenn das geforderte Verhalten exekutiert würde). Anders gesagt, Pushmipullyu-Zeichen erlauben deswegen keine funktionale Trennung zwischen indikativem und imperativem Gehalt, weil sie *aktualistisch* sind: Sie sind an die Identität von Zeichen und Bezeichnetem gebunden, was sich darin ausdrückt, dass die Adressaten der Zeichen auf die Wahrnehmung des Zeichens wie auf die Wahrnehmung des Bezeichneten reagieren (sie steuern es an, fliehen es, lassen sich beruhigen, provozieren oder reagieren in einer anderen, der realen Anwesenheit des Bezeichneten angemessenen Weise).

Wir haben somit drei grundlegende Beschränkungen von Tiersprachen ausgemacht, die in der Entwicklung der modernen menschlichen Sprachen überwunden werden mussten: Anwendungsbereichsgebundenheit, mangelnde semantische Produktivität und Aktualismus. Die zur Erklärung der Evolution der menschlichen modernen Sprache entscheidende Frage ist, was solchen Sprachen hinzugefügt werden musste, um diese Beschränkungen zu überwinden. Die von den Fachleuten gegebene Antwort lautet übereinstimmend, dass es die morphosyntaktische Struktur ist, die die moderne menschliche Sprache von diesen Beschränkungen befreit hat. Diese Einmütigkeit ist einerseits wenig überraschend, weil eine kompositionale und rekursive Syntax ein elegantes Mittel zur Erklärung der Produktivität der menschlichen Sprache darstellt, wie natürlich vor allem die Generative Grammatik im-

---

76 Oller und Griebel 2004a.
77 Siehe dazu Detel 2001a, 2001b und dieser Band
78 Millikan 2004.

mer wieder hervorgehoben hat. Andererseits hat diese Einmütigkeit ein irritierendes Element. Was an ihr irritiert, ist, dass allgemein vorausgesetzt wird, dass die Erklärung des semantischen Gehalts der Ausdrücke moderner menschlicher Sprachen das geringere Problem ist, während die Erklärung ihrer syntaktischen Form die theoretische Herausforderung darstellt. Der dahinter stehende Gedanke lautet, dass der semantische Gehalt unserer Ausdrücke direkt aus dem intentionalen Gehalt der mentalen Zustände abgeleitet werden kann, die wir mit anderen Spezies teilen. Insofern stellt der semantische Gehalt kein spezielles Problem der Sprachtheorie dar. Man kann sich diese Überlegung zur Illustration als eine einfache Addition vorstellen: Repräsentationaler Gehalt der mentalen Zustände von Tieren + syntaktische Struktur = moderne menschliche Sprache. Bickerton und Calvin bringen diese Haltung auf den Punkt, wenn sie behaupten: „Before there was syntax, there was only semantics.".[79]

4.3. Die Linguistik und die Dogmen des Empirismus

Es ist diese Überlegung, die dazu geführt hat, dass sich prominente Autoren zur Evolution der Sprache daran probiert haben, zu zeigen, dass andere Spezies und insbesondere unsere nächsten Verwandten, die großen Menschenaffen, über Begriffe, oder genauer gesagt, über inferentiell strukturierten mentalen Gehalt verfügen.[80] Man muss die Unterstellung der inferentiellen Strukturierung darum hervorheben, weil es explizit nicht um differenzierte Reaktionen auf interne und externe Umweltbedingungen geht. Solche Reaktionen werden durch sogenannte Indikatortheorien des Gehalts hinreichend erklärt und erreichen nicht die Ebene der Komplexität propositional strukturierter Gehalte, sind also für die Erklärung semantischen Gehalts uninteressant.[81] Was hier für Spezies ohne moderne menschliche Sprache behauptet wird, sind mentale Gehalte mit inferentieller Struktur, die Eigenschaften wie wechselseitigen Ausschluss (ein Indiz für die inferentielle Relation der Negation), hierarchische Organisation (Implikation) und Transitivität (was in dieser Debatte oft als Indiz für eine Unterscheidung zwischen Gegenstand und Eigenschaft gewertet wird) aufweisen. Es ist eine – wie ich finde erstaunlich – weit verbreitete Annahme unter den Autorinnen und Autoren zur Evolution der Sprache, dass mentale Gehalte mit einfachen propositionalen Gehalten in der Theorie der Evolution der Sprache investiert werden dürfen; was in den Augen dieser Autorinnen und Autoren erklärungsbedürftig ist, ist ‚nur‘ die Entstehung eines Mediums mit einer hinreichend komplexen und produktiven Struktur, um solche Gehalte zu kommunizieren.

Das Vertrauen in dieses Bild geht so weit, dass mancher es als logische Notwendigkeit hinstellt: Eine Sprache mit kompositionaler und rekursiver Struktur könne nur entstehen, wenn bereits Gehalte gegeben seien, die nur durch eine solche Sprache ausgedrückt werden könnten. Derek Bickerton spricht hier vom „magic moment"-Rätsel der Evolution der Sprache: Wie konnte es kommen, dass zu einem bestimmten Zeitpunkt ein Hörer eines Signals bemerkte, das es sich um ein bedeutungsvolles Signal handelte?[82] Bickerton folgert, dass es

---

79 Bickerton und Calvin 2000, S. 50.
80 Ein aktuelles und besonders gut informiertes Beispiel ist Hurford 2007.
81 Dretske 1995, S. 48-49.
82 Bickerton 2003, S. 80.

propositionalen Gehalt vor der Entstehung moderner Sprachen gegeben haben muss, da es keine bedeutungsvollen Signale geben konnte, bevor nicht jemand da war, der in ihnen eine bestimmte Bedeutung gesehen hat.

Man könnte sich durch dieses Argument vielleicht für einen Moment an die Theorie der radikalen Interpretation erinnert fühlen, doch es sollte offensichtlich sein, dass eine tiefe theoretische Kluft zwischen Bickertons Folgerung und Davidsons Theorie liegt. Davidson ist wie Wittgenstein der festen Überzeugung, dass Bedeutungen nicht Entitäten sind, die von Ausdrücken transportiert werden und durch einen Decodierungsprozess zutage gefördert werden müssten. Für Davidson wie für Wittgenstein ist Bedeutung ein Resultat der Reaktion auf eine Äußerung, in Davidsons Fall der Interpretation der Äußerung mit Hilfe einer bestimmten Form von Theorie. Ich denke, es ist fair zu sagen, dass die Annahme, dass die Semantik eine von der Beschreibung des Gebrauchs sprachlicher Ausdrücke unabhängige Ebene der Theorie darstellt, ein dogmatisches Residuum jener grundsätzlich problematischen Bedeutungstheorie darstellt, die Davidson durch seine Kritik der Idee eines Begriffschemas desavouieren wollte. Die Vorstellung, dass es eine vom Gebrauch einer öffentlichen Sprache unabhängige Ebene begrifflichen Gehalts gebe, die den semantischen Gehalt der sprachlichen Zeichen erklärt, ist offensichtlich nur eine weitere Ausprägung der von Davidson kritisierten Trennung von begrifflichem Gehalt und sprachlichem Ausdruck, die weiter oben bereits ausführlich diskutiert wurde. Hier ist ein exemplarisches Zitat aus Bickertons einflussreichem Werk „*Language and Species*", das die Einstellung, gegen die sich Davidson wendet, geradezu exemplarisch wiedergibt:

> Lexical items refer to the world only indirectly. This is because not one, but at least two mapping operations lie between the real world and language. First our sense perceptions are mapped onto a conceptual representation, and this conceptual representation is mapped onto a linguistic representation. (Bickerton 1990, S. 13)

Diese unter Linguisten und Kognitionswissenschaftlern immer noch populäre Einstellung hat in der Diskussion der Evolution der Sprache zu dem Dogma geführt, dass inferentiell strukturierte mentale Gehalte vor der Sprache entstanden sein müssen. Ich werde diese von Davidson und anderen mit guten Gründen kritisierte Annahme als *residualen Empirismus* bezeichnen.

Dass der residuale Empirismus keinen Fortschritt in der Erklärung der Evolution der Sprache verspricht, lässt sich im Grunde bereits daran ablesen, dass die oben beschriebenen Restriktionen von Tiersprachen letztlich semantische Restriktionen sind. Das Manko von Tiersprachen ist, wie man zusammenfassend sagen kann, ihr Mangel an systematisch gegliedertem produktivem *semantischem* Gehalt. Dieses Manko zeigt sich nicht nur in den Rufen und Gesten anderer Spezies. Es gibt auch im nicht-sprachlichen Verhalten von Spezies, die nur über Tiersprachen verfügen, nur dürftige Hinweise auf mentale Gehalte mit systematischen produktiven Eigenschaften.[83]

Das vermutlich differenzierteste mentale Repräsentationssystem, das bei nichtmenschlichen Tieren beobachtbar ist, ist das System zur Repräsentation von sozialen Beziehungen bei den großen Menschenaffen. Trotz seines anspruchsvollen Gehalts ist dieses System an-

---

[83] Interessanter Weise ist auch Bickerton kürzlich zu dieser Einschätzung gelangt, wie aus seiner Kritik an Hurford 2007 ersichtlich ist (Bickerton 2008).

wendungsbereichsspezifisch, nicht produktiv und aktualistisch. Dieses Urteil wird durch den völligen Mangel an sozialer Innovation, aber auch durch das bescheidene Vermögen zur Entwicklung von Technologie bei den Schimpansen, Gorillas und Bonobos gestützt. Wäre das soziale Orientierungssystem der Menschenaffen tatsächlich ein Beispiel für inferentiell strukturierten Gehalt, so wäre zu erwarten, dass diese inferentiellen Fähigkeiten zur Innovation neuer sozialer Verhaltensformen führen würden, und dass sie als Präadaption für die Systematisierung anderer Verhaltensformen genutzt worden wären. Beispielsweise wäre eine Übertragung inferentieller kognitiver Fähigkeiten auf den Gebrauch von Werkzeugen mit der Erwartung der Entstehung eines Spektrums von Anwendungen für denselben Typ von Werkzeug verbunden, wofür es meines Wissens keine Belege aus der Beobachtung von Populationen großer Menschenaffen unter ihren natürlichen Lebensbedingungen gibt. Diese Erwartungen fußen darauf, dass inferentielle Systeme *offene kombinatorische Systeme* sind: Sie definieren Bedingungen, unter denen a) Begriffe mit anderen Begriffe kombiniert werden können, und b) Begriffe in das bestehende System eingefügt werden können. Fregeanische Sprachen können als paradigmatische Beispiele solcher Systeme dienen. Ihre semantischen Prinzipien definieren exakt, unter welchen Bedingungen ein Ausdruck mit einem anderen zu einem dritten sinnvollen Ausdruck kombiniert werden kann, und was für Bedingungen ein Ausdruck generell erfüllen muss, um Teil einer fregeschen Sprache zu sein.

Solche Systeme sind aus evolutionstheoretischer Sicht vor allem eins: Mechanismen der Innovation. Sie erlauben die Speicherung und die systematische Erweiterung gesammelter Erfahrung.[84] Daher ist die Erwartung gerechtfertigt, dass Primaten mit einem inferentiell gegliederten Begriffssystem soziale und technologische Innovationen hervorgebracht hätten, die beispielsweise der Lebensweise eines handaxtbewehrten Homo habilis nahe kommen müssten.

Sollte man dieses Urteil über die soziale Intelligenz der großen Menschenaffen als einen typisch philosophischen Versuch empfinden, die Sonderstellung der menschlichen Vernunft zu rechtfertigen, dann vermutlich deshalb, weil man das Gefühl hat, der sozialen Intelligenz der großen Menschenaffen würde so nicht hinreichend Respekt gezollt. Tatsächlich ist es sicher, dass ihr soziales Verhalten Indizien dafür liefert, dass Menschenaffen die soziale Position anderer Mitglieder der Gruppe permanent nachverfolgen und das eigene Verhalten gegenüber den Anderen relativ zu deren jeweiliger Position in der Gruppe dynamisch anpassen, bis hin zu Täuschungsversuchen und ‚Racheakten' gegenüber Verbündeten oder Verwandten von Individuen, mit denen ein Konflikt ausgetragen wurde. Diese Komplexität des Sozialverhaltens der großen Menschenaffen gilt es theoretisch anzuerkennen. Die soziale Intelligenz der großen Menschenaffen bildet allerdings vermutlich ein *geschlossenes* kombinatorisches System, in dem die Kategorien und ihre Assoziationen kontinuierlich von Generation zu Generation reproduziert werden. Diese Kategorien sollten als Eigenschaften von intentionalen Icons im Sinn der Teleosemantik verstanden werden, die mit Verhaltensformen, Gruppenmitgliedern und sozialen Relationen kovariieren.[85] Es bedeutet eine Vernachlässigung signifikanter Unterschiede in der kognitiven Organisation, in Hinsicht auf die soziale Intelligenz der großen Menschenaffen bereits von Begriffen im Sinn von propositionalen Gehalten zu sprechen.

---

84 Für eine ähnliche Position siehe Tomasello 2002.
85 Siehe Millikan 1984 und Detel, dieser Band.

Das soll nicht verhehlen, dass es suggestive Parallelen zwischen dem Sozialverhalten der großen Menschenaffen und der grammatischen Struktur moderner menschlicher Sprachen gibt. Es ist seit langem bekannt, dass eine der Restriktionen der Syntax in der Rücksicht auf sogenannte *thematische Rollen* besteht, die den Kasus der Argumente von Verben festlegen.[86] Die Argumente von Verben sind beispielsweise im Englischen syntaktisch nur durch ihre Position zum Verb bestimmt. Doch dabei entspricht die Subjektposition stets dem Agens und die Position des direkten Objekts dem Patiens oder genereller dem Thema der Handlung, während das indirekte Objekt, wenn es eines gibt, dem Nutznießer oder Ziel der Handlung korrespondiert. Thematische Rollen, die auch als Φ-Rollen bezeichnet werden, sind in der Linguistik deswegen von besonderem Interesse, weil eine semantische Eigenschaft einer bestimmten Klasse von Ausdrücken hier eine direkte Entsprechung in der Syntax hat. Für die Beschreibung der Evolution der Sprache kommt hinzu, dass es sich um jene Klassen von Ausdrücken handelt, mit Hilfe derer sich beschreiben lässt, wer wem was getan hat. Es handelt sich also just um jene Fakten, die für Wesen mit hoher sozialer Intelligenz am wichtigsten wären. Es wird daher von vielen Experten auf dem Gebiet der Evolution der Sprache angenommen, dass die hohe soziale Intelligenz eines gemeinsamen Vorfahren der großen Menschenaffen und uns eine der Eigenschaften war, welche die Entstehung einer syntaktisch gegliederten Sprache ermöglicht haben.[87] Diese Annahme sollte durch die obige Diskussion der sozialen Intelligenz der großen Menschenaffen nicht in Frage gestellt werden. Was hinterfragt werden muss, sind die Bedingungen, unter denen eine hochentwickelte soziale Intelligenz eine Präadaption für eine syntaktisch organisierte Sprache liefern kann.

5. Soziale Intelligenz und Empathie als Bedingungen sprachlicher Kommunikation

5.1. Das Handicap-Prinzip: Ein Hindernis für die Evolution der Sprache?

Manche Autoren haben vermutet, dass die Existenz eines sozialen Umfelds mit hinreichend komplexen kombinatorischen Eigenschaften bereits hinreicht, um die evolutionäre Entstehung syntaktisch strukturierter Sprachen zu erklären, weil es für sozial lebende Wesen adaptiv vorteilhaft wäre, solche komplexen Umwelten abzubilden.[88] Eine solche Vermutung ist zu optimistisch, wie sich gezeigt hat. Es gibt ein evolutionstheoretisches Problem, das es schwer macht, die Entstehung eines expressiv reichen Kommunikationsmediums wie der menschlichen Sprache zu erklären. Es besteht ironischer Weise darin, dass die Kommunikation von essentiell wichtigen Informationen wie der sozialen Position eines Individuums in einer solchen Sprache mit verhältnismäßig geringen Kosten verbunden ist. Die Produktion eines entsprechenden Signals ist für den Sender mit verhältnismäßig wenig Risiken und Mühen verbunden, vergleicht man es mit der unmittelbaren Gefahr, die mit dem Ausstoßen eines Warnrufes in Gegenwart eines gefährlichen Raubtiers für Meerkatzen verbunden ist, oder mit dem Aufwand, den Singvogelmännchen für Revierabgrenzung und die Lockung paarungsbereiter Weibchen investieren. Um als verlässliches Zeichen gelten zu können,

---

86 Chomsky 1984, Jackendoff 1987, Higginbotham 2001.
87 Zwei repräsentative Arbeiten sind Aiello 1996, Worden 1998.
88 So etwa Nowak und Krakauer 1999, zitiert nach Pinker 2003.

muss ein Zeichen mit gewissen Kosten für den Sender verbunden sein, wie Amotz und Avishag Zahavi gezeigt haben, die auf Basis dieser Beobachtung sogar ein neues Prinzip in der Evolutionstheorie vorgeschlagen haben, das sogenannte Handicap-Prinzip.[89]

Es ist unbestreitbar, dass mit der Entwicklung einer modernen Sprache die Möglichkeit zur Täuschung anderer Individuen bei geringen Kosten für den Sprecher immens wächst. Dafür garantiert neben der Produktivität der Sprache vor allem die Überwindung des Aktualismus der Tiersprachen. Gerade wenn wir annehmen, dass für die mentale Repräsentation sozialer Beziehungen bereits soviel kognitiver Aufwand getrieben wird, dass die Produktion entsprechender Signale nur ein geringes Maß an Mehraufwand bedeuten würde, tut sich in der Fitnesslandschaft, in der eine Population sozial intelligenter Primaten angesiedelt werden kann, ein Graben zwischen dem bereits erreichten Gipfel und dem höheren Gipfel, der die Entwicklung einer syntaktisch strukturierten Sprache markiert, auf.[90] Denn die plötzlich gegebene Möglichkeit, in Hinsicht auf für das Individuum extrem wichtige Informationen häufig getäuscht zu werden, verbindet die sprachliche Kommunikation von Informationen über soziale Beziehungen mit potentiell so hohen Kosten, dass eine solche Entwicklung kaum zu einem selektiven Vorteil führen würde. Was gebraucht wird, um die soziale Intelligenz der gemeinsamen Vorfahren von Menschenaffen und Hominiden als den Ausgangspunkt der Entwicklung moderner menschlicher Sprachen ansetzen zu können, ist eine Erklärung, wie diese Kosten entweder abgemildert oder kompensiert werden konnten.

Ein populärer Vorschlag, wie die gerade beschriebene Kluft in der Fitnesslandschaft unserer sozial intelligenten, aber sprachlosen Vorfahren überwunden werden konnte, geht auf den Anthropologen Robin Dunbar zurück. Dunbars These der „sprachlichen Körperpflege" (vocal grooming thesis) besagt, dass die Kosten potentieller Täuschung dadurch kompensiert wurden, dass durch die Überschreitung einer bestimmten Gruppengröße die Aufrechterhaltung von Allianzen durch wechselseitige Körperpflege, wie sie bei Primaten stark ausgeprägt ist, aus Gründen des erforderlichen Zeitaufwandes und der damit verbundenen Kosten, nicht mehr für andere wichtige Ressourcen sorgen zu können, nicht mehr möglich gewesen sei.[91] Deswegen hätten diese Populationen einen Ersatz für die ‚soziale Körperpflege' entwickelt, nämlich sprachliche Signale, mit deren Hilfe sich ebenfalls soziale Allianzen pflegen ließen. Der Gehalt dieser Signale wäre vornehmlich das Sozialverhalten anderer Individuen gewesen – mit anderen Worten, Klatsch und Tratsch.

Dieser Vorschlag ist auf den ersten Blick ingeniös, hat jedoch auch Probleme. Zunächst muss erklärt werden, warum es zur Bildung größerer Gruppen kam. Das könnte vielleicht mit der Veränderung der Lebensbedingungen erklärt werden, die mit einer Besiedlung der Savanne durch ursprünglich waldbewohnende Primaten verbunden ist, und mit den Vorteilen, die eine kooperative Nahrungssuche unter solchen Bedingungen bedeuten würde.[92] Aber dieser Vorschlag wirft das Problem auf, dass eine zusammenhängende große Gruppe für unsere Vorfahren nur dann einen adaptiven Vorteil bedeutet hätte, wenn das Leben in der Gruppe tatsächlich mit einem höheren Maß an Kooperation einhergegangen wäre. Das wird zwar häufig unterstellt, doch tatsächlich ist ein hohes Maß an Kooperationen bei allen

---

89 Zahavi und Zahavi 1997.
90 Zum Begriff der Fitness-Landschaft siehe Kauffman 1989.
91 Dunbar 1996.
92 Bickerton 2002.

Spezies, die nicht über eine syntaktisch organisierte Sprache verfügen, das Resultat einer zeitraubenden Spezialisierung an eine bestimmte ökologische Nische und keine spontane Entwicklung, die mit der Besiedlung eines neuen Lebensraumes auftritt. Um eine neue kooperativere Form der Nahrungssuche unter unseren Vorfahren zu erklären, wird eine unabhängige Erklärung benötigt, und der vage Verdacht drängt sich auf, dass eine solche Erklärung die vocal grooming thesis redundant werden lässt.

Der Verdacht kann durch einen alternativen Vorschlag zur Überwindung des Handicap-Problems konkret gemacht werden. Er besteht in der Idee, dass der sprachlichen Revolution eine soziale Revolution voranging, durch die die entstehenden Kosten einer täuschungsfähigen Form der Kommunikation signifikant gesenkt wurden. Diese Idee ist in leicht unterschiedlicher Form von Chris Knight und Camilla Power entwickelt und ausgearbeitet worden.[93] Um das dahinter stehende Argument zu verstehen, müssen wir uns daran erinnern, dass die Annahme, dass sich unsere hominiden Vorfahren wechselseitig getäuscht hätten, wenn sie dadurch privilegierten Zugriff auf begehrte Ressourcen erhalten, auf der Annahme beruht, dass ihre hohe soziale Intelligenz ein solches Verhalten nahe gelegt hätte. Ein solches ‚macchiavellistisches' Sozialverhalten ist tatsächlich unter den großen Menschenaffen beobachtbar.[94] Knight und Power entwickeln vor dem Hintergrund der veränderten Lebensbedingungen der frühen Hominiden ein Szenario, das die Entwicklung eines neuen solidarischen Sozialverhaltens erklären kann. Den Kumulus des veränderten Sozialverhaltens bildet für Knight wie für Power die Entstehung von stabilen egalitären Frauengemeinschaften, die die konkurrenzgeprägten und auf Dominanz abzielenden Strategien der männlichen Gruppenmitglieder untergraben und ersetzt haben. Ich werde diesen Vorschlag etwas ausführlicher erläutern, weil er in einer modifizierten Form eine der bislang plausibelsten Erklärungen der notwendigen sozialen Grundlagen von sprachlicher Kommunikation anbietet.

Die mit Abstand gravierendste Veränderung in den Lebensbedingungen unserer Vorfahren war der Wechsel von einem bewaldeten Lebensraum in die offene Savanne. Bramble und Lieberman haben gute Gründe dafür genannt, dass die wichtigsten anatomischen Veränderungen, die mit diesem Wechsel einhergingen, Anpassungen waren, die für einen ausdauernden Läufer von Vorteil waren.[95] Der aufrechte Gang war ihnen zufolge wahrscheinlich eine Folge der Vorteile, die das Vermögen, längere Zeit zu rennen, für Bewohner offener Graslandschaften bietet. Ob dieser Vorschlag haltbar ist, müssen weitere Studien der anatomischen Merkmale der Fossilien und andere Zeugnisse, beispielsweise weitere genau datierbare Funde von versteinerten Fußabdrücken, zeigen. Es ist jedoch relativ unbestritten, dass der Wechsel unserer Vorfahren vom Wald in die Savanne mit der Entstehung des aufrechten Ganges und der damit verbundenen anatomischen Merkmale verbunden war.[96]

Eines dieser Merkmale ist das im Vergleich zu Primaten wesentlich schmälere Becken weiblicher Individuen. Dieses schmälere Becken führte dazu, dass der menschliche Säugling in einem noch relativ frühen Zeitpunkt seiner Entwicklung zur Welt gebracht werden musste, da die Enge des Geburtskanals eine Restriktion des möglichen Verweilens des Kindes im Mutterbauch darstellt.[97] Die relative Unreife des menschlichen Säuglings führte allerdings

---

93 Knight 1998, 2000, 2002, Power 1998, 2000.
94 Humphrey 1976, De Waal 1982, Byrne und Whyten 1988, 1997.
95 Bramble und Lieberman 2004.
96 Für eine Übersicht siehe Gibbons 2008.
97 Washburn 1960, Leutenegger 1982.

zu einer Verlängerung der Zeit, in der die Mutter viel Energie und speziell beide Hände für die Pflege des Nachwuchses benötigte.[98] Dadurch wurde die Abhängigkeit vom männlichen Elternpart erhöht, der folglich als dringend benötigter Versorger des Nachwuchses davon abgehalten werden musste, sich schnell anderen potentiellen Partnerinnen zuzuwenden. Das Mittel dazu war die Ablösung kurzer saisonaler Phasen der sexuellen Aktivität durch die quasi permanente Bereitschaft des Weibchens zum Sex.

Diese Form der verstärkten Bindung hatte allerdings seinerseits die Konsequenz, dass der zeitliche Abstand zwischen zwei Schwangerschaften sank – was einerseits einen reproduktiven Vorteil darstellt[99], andererseits aber mit der Folge der erneuten Erhöhung der Abhängigkeit vom männlichen Part verbunden war. Unter diesen Umständen war die Bindung an ein polygames dominantes männliches Individuum, das unter den großen Menschenaffen vorfindliche Modell der ,Paarbeziehung', ein echter Nachteil; die freie Wahl anderer männlicher Partner, denen versorgende Unterstützung abverlangt werden konnte, hätte im Vergleich dazu deutliche Vorteile geboten. Um diese Ressource zu nutzen, muss jedoch zunächst die Verbindung zwischen Hierarchie und möglicher Partnerwahl durchbrochen werden. Knight argumentiert, dass die Bildung weiblicher Solidargemeinschaften – Gemeinschaften, in denen die Individuen symmetrische Sozialbeziehungen unterhalten, die von Reziprozität geprägt sind – jenes Mittel war, das es erlaubt hat, den Ansprüchen der dominanten Männchen zu widerstehen und auch nicht-dominante Männchen in die Versorgung des Nachwuchses einzubinden (die Wahl des Begriffs der Solidargemeinschaft ist meine eigene).[100]

Knights eigentlicher Vorschlag zur Erklärung der Sprachevolution besteht darin, dass er als bindendes Element unter den weiblichen Gruppenmitgliedern die Entstehung ritueller Praktiken postuliert, die aufgrund ihrer konventionellen und fiktionalen Eigenschaften die ersten echten Symbole gewesen sein sollen.[101] Diese These weckt allerdings Vorbehalte. Es erscheint ziemlich gewagt, dass rituelle Praktiken unter Individuen entstanden sein sollen, deren kommunikative Mittel im Großen und Ganzen den Signalrufen der großen Menschenaffen entsprochen haben dürfte. Riten sind komplexe normative Ordnungen, und es ist fragwürdig, ob sich solche Ordnungen ohne Zuhilfenahme sprachlicher Mittel zur Weitergabe der entsprechenden Normen institutionalisieren lassen. Man beachte, dass Riten normative Ordnungen darstellen, die kaum Variation erlauben: Jede Geste und jeder Gegenstand hat ihren bzw. seinen festen Platz, und es ist nicht erlaubt, improvisierend neue Elemente einzuführen.[102] Daher ist es auch angemessen und üblich, die normative Ordnung von Riten durch Regeln zu beschreiben. Regeln sind zwar entgegen einem selten geäußerten, aber oft wirksamen Vorurteil nicht die einzige Form von normativer Ordnung, aber in Hinsicht auf Riten scheint ihr Postulat geboten zu sein. Regeln benötigen jedoch sprachliche Mittel zu ihrer Festlegung.[103]

Knight versäumt es hier, einem Aspekt seines Vorschlags Aufmerksamkeit zu schenken, den er zwar anspricht, dann aber nicht weiter verfolgt. Die Neuerung im Sozialverhalten be-

---

98 Ragir 2001.
99 Vgl. Locke und Bogin 2006, S. 262.
100 Knight 1998.
101 Knight ibid., S. 81 und 87.
102 Levi-Strauss 2006.
103 Siehe auch den Beitrag von Schütze zu diesem Band.

trifft zunächst nicht die Abgrenzung zu Nicht-Gruppenmitgliedern, sondern besteht in einem neuen Modus des Verhaltens zwischen ‚Insidern'. Diese Neuerung besteht, wie schon angedeutet wurde, in der Etablierung von stützenden, auf wechselseitiger unbedingter Hilfe beruhenden sozialen Beziehungen. Das entscheidende Mittel zur Aufrechterhaltung und Steuerung eines solchen sozialen Geflechts war, so schlage ich vor, die Entwicklung des Vermögens, Gefühle, also den unter Menschenaffen vermutlich vorherrschenden Mechanismus der Evaluation, selbst zu evaluieren, und zwar durch Gefühle, die sich in einer symmetrischen Weise auf die Gefühle anderer und die eigenen Gefühle ‚beziehen'. Ich werde diese neue Leistung als das Vermögen zur Empathie bezeichnen.

Es gibt Indizien, dass Empathie evolutionär sehr früh von Hominiden entwickelt wurde. Dafür sprechen Experimente, die zeigen, dass Menschen sehr sicher aus den Rufen von Menschenaffen auf ihre Gefühle schließen können[104], oder auch Experimente, die das mittlerweile gut belegte Vermögen von Kleinkindern zum ‚Lesen' von Gesichtsausdrücken betreffen.[105] Diese Befunde fügen sich gut in das sich abzeichnende Bild ein. Ein zweistufiges System sozialer Gefühle, wie es Empathie darstellt, bietet die gesuchte Möglichkeit, sozial stützend zu agieren und damit die Einrichtung einer auf Reziprozität beruhenden Gruppenorganisation zu begünstigen.

Die unmittelbare Folge dieser sozialen und emotionalen Revolution war, wie man annehmen darf, eine starke Intensivierung der Kommunikation unter den weiblichen Mitgliedern der Gruppe. Der Inhalt ihre Zeichen war aller Wahrscheinlichkeit nach primär sozialer Art: Die Beeinflussung der Qualität der Sozialbeziehungen unter den weiblichen Mitgliedern und der verschiedenen Beziehungen zu den männlichen Mitgliedern der Gruppe. Es war also nicht, wie Dunbar behauptet hat, Klatsch und Tratsch, denn das würde eine Trennung von indikativer und imperativer Funktion voraussetzen, und wir haben noch keinen Grund, eine solche Trennung zu unterstellen. Die differenzierte ‚sprachliche' Beeinflussung des Sozialverhaltens anderer Individuen ist dagegen plausibel, weil die durch geteilte und manipulierte Gefühle organisierten Beziehungen innerhalb der weiblichen Solidargemeinschaft mit großer Wahrscheinlichkeit extensiv gepflegt und kontrolliert werden mussten, um von Vorteil zu sein. Dazu stand mit der hochentwickelten sozialen Intelligenz der frühen Hominiden ein kognitiver Mechanismus zur Verfügung, der es erlaubte, differenziert auf die sozialen Beziehungen innerhalb einer Gruppe (‚wer-tut-was-wem') zu reagieren.

Die nächste wichtige Frage lautet natürlich, wie nahe das neue Kommunikationsmedium der modernen menschlichen Sprache kam. Knights Behauptung, dass es sich de facto bereits um eine moderne Sprache mit semantischer Kompositionalität und syntaktischer Organisation handelt, scheint wenig überzeugend, weil sie auf der oben kritisierten Annahme basiert, dass der neue soziale Bindungsmechanismus in der Erfindung des Rituals bestanden hätte. Zwar hat Knight darin Recht, dass es sich bei Riten um eine so komplexe Verhaltensform handelt, dass symbolische Kompetenzen unmittelbar impliziert sind. Doch darin liegt auch die Schwäche des Vorschlags, denn rituelles Verhalten setzt eben darum bereits eine moderne Sprache voraus.

---

104 Leinonen et al. 1991.
105 Dornes 1998.

5.2. Die Protosprache

In diesem Kontext hat es sich als hilfreich erwiesen, einen weiteren evolutionären Zwischenschritt zwischen Tiersprachen und modernen Sprachen zu postulieren. Die Idee zum Postulat einer solchen „Protosprache" geht auf den bereits mehrfach erwähnten einflussreichen Linguisten Derek Bickerton zurück.[106] Zu den Eigenschaften, die Protosprachen mit modernen Sprachen teilen, gehört eine im Vergleich zu den Sprachen der großen Menschenaffen deutlich erhöhte Zahl von unterschiedlichen Signalen. Zu den Eigenschaften, die sie nach allgemeinem Dafürhalten *nicht* mit modernen Sprachen teilen, zählt eine Syntax, also eine rekursive und kompositionale Struktur. Das Suggestive an der Idee einer Protosprache besteht darin, dass diese primitivere Form der Sprache nicht mit der Entstehung moderner Sprachen verschwunden ist. Bickerton argumentiert, dass sich die Protosprache heute noch im sprachlichen Verhalten menschlicher Wesen – und, wie Bickerton behauptet, auch im sprachlichen Verhalten von unter Menschen aufgewachsenen Menschenaffen – beobachten lässt. Wenn sich diese Behauptung bestätigen lässt, wäre das methodologisch außerordentlich interessant, da es der Entdeckung eines ‚lebenden Fossils' gleichkommt. Aber auch unabhängig von dieser Möglichkeit ist das Postulat einer Protosprache attraktiv, weil es dem Gradualismus der Evolutionstheorie entgegenkommt. Nehmen wir also mit Bickerton und vielen anderen an, dass die ersten Signale, die über Tiersprachen hinausgingen, protosprachlicher Art waren.

Damit haben wir allerdings nicht ruhiges theoretisches Fahrwasser erreicht. Momentan werden zwei konkurrierende und gleichermaßen umstrittene Begriffe der Protosprache vertreten. Die Ursache dieser Kontroverse liegt darin, dass über die Gründe, warum Protosprachen keine Syntax haben, nicht die gleiche Einigkeit besteht, wie über die Behauptung, dass sie keine Syntax haben. Wie wir sehen werden, war es der in der Linguistik verbreitete residuale Empirismus, der hier zu einer teilweisen Stagnation der Debatte geführt hat.

Als erstes werde ich den Begriff der Protosprache schildern, der von Bickerton selbst vertreten wird. Nach Bickerton und Calvin zeichnen sich Protosprachen durch folgende Merkmale aus:[107]

- sie können nur eine Hand voll Worte zu einer Kette verknüpfen,
- sie erlauben es, jedes Wort auszulassen, wenn es der Sprecherin opportun erscheint,
- sie weichen oft ohne vorhersehbaren Grund von der üblichen Wortreihenfolge ab,
- sie können keine komplexen Strukturen bilden, seien sie von der Länge einer komplexen Nominalphrase oder von Sätzen, die länger als eine Klausel sind,
- sie enthalten, wenn überhaupt, nur einen Bruchteil der Inflektionen und ‚grammatischen Worte' (Artikel, Präpositionen usw.), die an die 50% moderner Sprachen ausmachen.

Ein protosprachlicher Ausdruck ist nach Bickerton somit eine unvorhersehbare Aneinanderreihung von unterschiedlichen Worten, die semantisch Nomen, Verben, Adjektiven, Adverbien, aber auch Ausdrücken für Negation, Quantifikation, Pronomen, Fragewörter, modale Hilfswörter und mehr entsprechen.[108] Um aus einer bloßen unsystematischen Aneinanderreihung von Worten den hinter ihr stehenden propositionalen Gehalt zu entnehmen, ist der Re-

---

106 Bickerton 1990, S. 118.
107 Bickerton und Calvin 2000, S. 30.
108 Bickerton 1990, S. 185.

kurs auf zahlreiche praktische und empirische Faktoren im Kontext der Äußerung, aber auch schlicht viel ‚begründetes Raten' notwendig. Woher kommen aber die Worte? Hier ist Bickertons Vorschlag:

> To start a protolanguage, all that was necessary was for some kind of label to be attached to a small number of preexisting concepts. The protolanguage examples that have been given indicate that a further mechanism is required in order to progress to short propositional [d. h. syntaktisch gegliederten, M. K.] utterances. (Bickerton 1990, S. 129)

Die Haltung, dass Worte vor Sätzen entstanden sind, erscheint nicht so absurd, wie es den modernen Anhängern Freges erscheinen muss, wenn man wie Bickerton ein Verfechter des residualen Empirismus ist, aus dessen Werk ich weiter oben zitiert hatte, um just diesen Begriff des residualen Empirismus zu illustrieren. Wenn man wie Bickerton fest davon überzeugt ist, dass vor der Entstehung sprachlicher Zeichen begriffliche Gehalte gegeben sein müssen, dann ist es nahe liegend, dass die ersten sprachlichen Ausdrücke mehr oder weniger unsystematische Zugriffe auf ein mentales Lexikon waren. Es stellt sich natürlich die Frage, worin die Funktion solcher protosprachlicher Ausdrücke bestanden haben kann. Zusammengewürfelte und oft lückenhafte Aneinanderreihungen von Worten sind für potentielle Interpreten alles andere als leicht verständlich, somit ist Kommunikation nicht die Stärke der Produzenten solcher Ausdrücke. Daher ist es konsequent, wenn Bickerton Chomsky folgt und die primäre Funktion der Protosprache nicht in der Kommunikation zwischen unterschiedlichen Individuen, sondern in der Repräsentation von Begriffen zur Erleichterung der kognitiven Manipulation der damit ausgedrückten Gehalte sieht.

Bickertons Bild der Protosprache ist durch seine Orientierung am residualen Empirismus von vornherein fragwürdig. Der residuale Empirismus ist, wie Davidson und andere gezeigt haben, eine irreführende und letztlich inkonsistente Bedeutungstheorie für unsere Sprachen. Somit kann er auch keine gute Bedeutungstheorie für jene Vorformen sein, die ex hypothesi einen Teil ihres Gehalts mit den modernen Sprachen teilen. Wir haben aber mittlerweile noch weitere Gründe kennengelernt, die gegen Bickertons Vorschlag sprechen. Das von ihm vorgeschlagene Bild der Protosprache steht völlig quer zu dem Szenario, das Dunbar, Knight, Power und andere entwickelt haben, um das Handicap-Problem ‚billiger' sprachlicher Kommunikation zu lösen. Zugegeben, bei Bickerton und seinen Anhängern spielt Kommunikation nicht die erste funktionale Geige, daher kann der Eindruck entstehen, dass Bickerton das Handicap-Problem umgangen hat. Aber irgendwann müssen auch protosprachliche Ausdrücke kommuniziert worden sein, denn sonst würden wir heute noch ähnlich schweigsam wie die großen Menschenaffen sein. Und spätestens dann macht sich das Handicap-Problem unbequem bemerkbar, denn warum sollte sich ein macchiavellistisch gesonnener Denker auf die potentiellen Lügen anderer Sprecher verlassen?

Es sind Skrupel dieser Art, die die Linguistin Allison Wray dazu gebracht haben, ein sehr verschiedenes Bild der Protosprache zu entwerfen.[109] Wie Bickerton geht Wray davon aus, dass protosprachliche Elemente auch im modernen Sprachverhalten beobachtbar sind. Bickertons Beispiele sind Pidgins[110] und Fälle von retardiertem Sprachverhalten, die durch einen tragischen Mangel an sozialen Stimuli verursacht wurden, wie der Fall des in der Lite-

---

109 Wray 1998, 2000, 2002b, 2007.
110 Bickerton 1990, S. 118ff.

ratur unter dem Pseudonym Genie bekannten Mädchens, das von seinem Vater jahrelang isoliert wurde und erst im Alter von dreizehn Jahren damit beginnen konnte, eine Sprache zu erwerben.[111] Wray bezieht sich dagegen auf das, was sie *formularische* Sprache nennt – im Langzeitgedächtnis gespeicherte komplette Ausdrücke, die als ‚vorgefertigte' Einheiten zur Kommunikation eingesetzt werden können, ohne erst eine kompositionale Konstruktion zu erfordern.[112] Stehende Wendungen („Ich erkläre Euch für Mann und Frau!") liefern ein vertrautes Beispiel. Formularische Sprache lässt sich relativ leicht von kompositional gebildeten Ausdrücken abgrenzen. Formularische Ausdrücke können wie das gegebene Beispiel ungrammatisch sein, ohne Verständnisprobleme aufzuwerfen. In anderen Fällen sind die Wendungen selbst zwar grammatisch, lassen aber nicht die erwartbaren grammatischen Transformationen zu („Er nahm ein Nickerchen.", aber nicht *„Sie nahmen zwei Nickerchen."). Wieder andere Beispiele sind grammatisch, zeichnen sich aber dadurch aus, dass Sprecherinnen und Sprecher in bestimmten Kontexten aus pragmatischen Gründen immer auf dieselben Formulierungen zurückgreifen („den Gang einlegen" statt „den Gang wählen" oder „den Gang einkuppeln" etc.). Wray argumentiert, dass formularische Sprache genauso wie die Protosprache und die Sprachen der großen Menschenaffen aus ‚holistischen' Ausdrücken besteht. Für Philosophen ist diese Begriffswahl leicht irritierend, weil mit Holismus hier nicht auf eine notwendige inferentielle Vernetzung von semantischen Gehalten angespielt wird, sondern darauf, dass bestimmte sprachliche Ausdrücke nicht kompositional gebildet werden.

Die Rufe und Gesten der großen Menschenaffen bilden in Wrays Augen ein begrenztes Repertoire von ‚holistischen' Ausdrücken. Eine Protosprache bildet ein größeres Repertoire von holistischen Ausdrücken, steht aber grundsätzlich in Kontinuität zu den Zeichensystemen der großen Menschenaffen. Das gilt nach Wray insbesondere für die Funktion holistischer sprachlicher Ausdrücke: die ‚Affensprachen' und die Protosprache erfüllen *manipulative* kommunikative Funktionen, die darin bestehen, die Emotionen und/oder das Verhalten des Ansprechpartners zu steuern. Sie plädiert damit für eine starke Kontinuität zwischen den Signalen der großen Menschenaffen und der Protosprache.

In Bezug auf die Funktion der Rufe und Gesten der großen Menschenaffen ist diese Kontinuitätsthese allerdings unplausibel. Die Signale der großen Menschenaffen werden in ihrem natürlichen Lebensraum ausschließlich unwillkürlich produziert. Das ist aufgrund des Handicap-Problems auch zu erwarten. Denn ein unwillkürliches Signal ist innerhalb einer machiavellistischen Gruppe das einzige, dem man gefahrlos folgen kann.[113] Einzig das Unterdrücken von Rufen scheint bei den Primaten willkürlich gesteuert werden zu können, was bezeichnender Weise meist geschieht, um andere Individuen zu täuschen.[114] Im Kontrast dazu wird die Protosprache, wenn sie tatsächlich der modernen formularischen Sprache entspricht, wie Wray behauptet, willkürlich dazu eingesetzt, die soziale Umwelt zu manipulieren. Tatsächlich ist die behauptete Kontinuität zu den Signalen der großen Menschenaffen sehr viel weniger plausibel als die These, dass eine Protosprache soziale manipulative Funktionen übernommen hat. Die Annahme einer in diese Richtung veränderten Funktion har-

---

111 Bickerton 1990, S. 115ff.
112 Wray 2000, S. 285/286, Wray und Perkins 2000.
113 Knight 1998, S. 73.
114 Hauser 1997.

moniert mit unseren bisherigen Ergebnissen. Eine solche manipulative Funktion ist das, was wir erwarten sollten, wenn die primäre Funktion der Protosprache in der emotionalen Stützung und der Aufrechterhaltung reziproker sozialer Relationen besteht.[115]

In anderer Hinsicht ähnelt eine holistische Protosprache dagegen durchaus den Sprachen der großen Menschenaffen. Wrays Protosprache enthält noch keine Trennung zwischen indikativer und imperativer Funktion, wie sie für moderne Sprachen typisch ist. Ein weiteres Merkmal ist das Fehlen der die modernen Sprachen kennzeichnenden Produktivität. Wie Wray zeigen kann, wird dieser Nachteil aber aufgewogen durch die Effizienz, die mit der Kommunikation durch eine begrenzte Anzahl von holistischen Ausdrücken erzielt werden kann. Diese Effizienz erklärt auch, warum formularische Sprache heute noch eine große Rolle in der Regulation sozialer Beziehungen spielt, wenn Wrays empirische Argumente korrekt sein sollten.[116] Der offensichtlichste Unterschied zwischen moderner Sprache und Protosprache liegt jedoch in der Abwesenheit einer systematischen phonologischen Repräsentation der kommunizierten Gehalte (was Linguisten als ‚doppelte Artikulation' bezeichnen). Wray gibt in Wray 2000 ein Beispiel für ihr Konzept der Protosprache, das diesen Unterschied veranschaulicht:

> Here are some examples of the sort of utterance that might be found in a hypothetical phonetically arbitrary holistic protolanguage used for interpersonal manipulation and for the expression of group and personal identity. [...]
>
> | tebima | *give that to her* |
> |--------|--------------------|
> | mupati | *give that to me* |
> | kumapi | *share this with her* |
> | pubatu | *help her* |
>
> There is no phonological similarity between sequences with similar meaning, because there are holistic. There is no part of *tebima* that means *give* or *to her*. Simply the whole thing means the whole thing. There is no significance to the CV structure used here, nor to the use of three syllable strings. (S. 293/294)

Dieses Bild illustriert, dass protosprachliche Ausdrücke nicht jene doppelte Artikulation – die Organisation in diskreten phonologischen und morphologischen Einheiten – aufweisen, die moderne Sprachen auszeichnen. Wenn wir fragen, wie die Geschichte weiter gegangen sein könnte, konfrontiert uns ihr Konzept der Protosprache deshalb mit zwei Fragen. Die erste Frage lautet, wie holistische Protosprachenausdrücke in Sequenzen von diskreten phonetischen und morphologischen Elementen zerlegt werden konnten. Die zweite Frage lautet, wie die diskriminierten morphologischen Elemente – Worte – eine referentielle Bedeutung erworben haben. Bickertons Konzept der Protosprache scheint uns hier einige theoretische

---

115 Wray nimmt eine weitaus größere Kontinuität zwischen dem Signalsystem der großen Menschenaffen und der Protosprache an (Wray 2000, S. 289). Ihre Behauptung ist, dass bereits die Signale von Schimpansen zur Manipulation des Sozialverhaltens dienen. Aus den genannten Gründen halte ich diese Annahme für problematisch. Tatsächlich ist die Plausibilität von Wrays Beschreibung der Protosprache als Menge von ‚holistischen' Äußerungen von ihrer starken Kontinuitätsannahme unabhängig, wie ich versucht habe zu zeigen.
116 Wray 2000, S. 288.

Lasten zu ersparen, doch der daraus entstehende Vorteil ist nur scheinbar. Es stellt im Gegenteil einen Fortschritt dar, dass es Wrays Konzeption erlaubt, diese beiden Fragen auseinanderzuhalten.

Mein Grund für diese Behauptung ist folgender. Es ist ein weiteres problematisches Dogma der Debatte um die Evolution der Sprache, dass die Erklärung der Syntax und die Erklärung der logischen Form moderner Sprachen zusammenfallen. Auch für dieses Dogma liefert letztlich der residuale Empirismus die Begründung. Wenn die referentielle Bedeutung von Ausdrücken auf der kompositionalen Struktur der ausgedrückten Gedanken basiert, dann besteht die primäre Rolle der Syntax darin, die Form der Ausdrücke an die Struktur der ausgedrückten Gehalte anzupassen. Die Zuordnung der entsprechenden semantischen Werte ist dann die triviale Konsequenz des Umstandes, dass syntaktisch gegliederte sprachliche Ausdrücke mentale Gehalte ausdrücken sollen.

Wray liefert mit ihrer Konzeption der Protosprache ein Motiv, um dieses Dogma zu hinterfragen. Der Erfolg einer sequenzierenden Strategie muss sich vor dem Hintergrund der manipulativen Funktion der von ihr vorgeschlagenen Protosprache nicht von vornherein daran messen lassen, ob die sequenzierten Ausdrücke den semantischen Prinzipien einer fregeschen Sprache gehorchen. Eine erfolgreiche Sequenzierung ist auch dann erfolgt, wenn der *praktische, performative Gehalt* sprachlicher Ausdrücke eine diskrete, kombinatorische Form angenommen hat, was sich daran zeigen wird, dass auch das durch diese Ausdrücke manipulierte Verhalten eine offene, systematisch aufgebaute und erweiterbare Form übernimmt. Ausdrücke mit solchen performativen Gehalten können, wie wir noch sehen werden, eine Syntax aufweisen, die der moderner Sprachen in ihrer Komplexität mindestens nahe kommt, obgleich sie über keine logische Form verfügen.[117] Weiter unten werde ich argumentieren, dass der nächste Schritt in der Evolution der Sprache wahrscheinlich in der Entstehung solcher Ausdrücke bestanden hat. Zuvor werde ich jedoch kurz darstellen, warum Wrays eigene Vorschläge zur Erklärung der Entstehung einer Sprache mit diskreten Phonemen, Morphemen und referentiellem Gehalt nicht überzeugen können.

6. Die Natur der Syntax und der logischen Form

6.1. Protosprache und Musicosprache

Wray entwickelt in Wray 2000 und Wray 2002a zwei unterschiedliche Szenarien zur Erklärung der Zerlegung der Protosprache in Sequenzen von diskreten und kombinierbaren Ausdrücken. Im zuerst publizierten Szenario werden holistische Ausdrücke in kürzere Bestandteile zerlegt, die als Elemente einer neuen analytischen Sprache primär kognitive Aufgaben zu erfüllen haben. Im späteren Szenario werden holistische Ausdrücke selbst kombiniert und

---

117 Für Sprachphilosophen ist interessant, dass die von Robert Brandom entwickelte und von vielen Kommentatoren als Meilenstein gefeierte inferentielle Semantik einem vergleichbaren Dogma anhängt. Brandom entwickelt eine formal anspruchsvolle Bedeutungstheorie für eine kompositionale und rekursive Sprache, deren Bedeutung auf ihrem praktischen Gehalt basiert. Aber statt zu fragen, wie auf dieser Basis Referenz und Wahrheit implementiert werden können, unternimmt er den Versuch, die Wahrheitsbedingungen der Ausdrücke auf den performativen Gehalt von Äußerungen zu reduzieren. Auch Brandom behandelt also syntaktische Komplexität als Gewähr für logische Form, ein Zug, der vorschnell sein dürfte.

nehmen so abhängig vom Kontext ihres Gebrauchs neue Funktionen an, die sie zu Elementen eines die holistische Protosprache ergänzenden und erweiternden kompositionalen Systems von Ausdrücken werden lassen. Hier ist eine Schlüsselstelle, in der das erste Szenario charakterisiert wird. Wrays Ansatzpunkt ist Bickertons Überlegung, dass die soziale Intelligenz, die unsere Vorfahren mit den großen Menschenaffen geteilt haben dürften, dazu geführt hat, dass die ersten Sprecherinnen und Sprecher nach phonetischen Entsprechungen der Φ-Rollen gesucht haben:

> [I]f the protolanguage upon which this innovation [die Suche nach Entsprechungen der Φ-Rollen, M. K.] works had no referential words but arbitrary sequences that conveyed within their meaning implicit Φ-roles, then the connection of the two modules [für Protosprache und für soziale Intelligenz, M. K.] would lead the individual to look for a part in the arbitrary sequence that specifically refered to the Φ-role. The result would be the first stages of segmentation: the dividing up of previously unanalysed material into meaningful subunits [...]. Going back to our examples, in a protolanguage where *tebima* meant *give that to her*, the individual might ask which part of it meant to her. The answer, of course, is none of it, because the sequence is arbitrary. But if in two or more sequences there were chance matches between phonetic segments and aspects of meaning, then it would seem as if there was a constituent with that meaning. So if, besides *tebima* meaning *give that to her*, *kumapi* meant *share this with her*, then it might be concluded that *ma* had the meaning *female person + beneficiary*. (Wray 2000, S. 296/297)

Wie Wray einräumt, werden solche zufälligen phonetischen und semantischen Übereinstimmungen eher die Ausnahme sein und auf häufige Gegenbeispiele stoßen (so etwa in ihrer erfundenen Protosprache *pubatu*, das „Hilf ihr!" bedeuten soll, aber nicht das Phonem *ma* enthält). Sie setzt jedoch darauf, dass ein Prozess der Selbstorganisation gleichsam nach Art einer selbsterfüllenden Prophezeiung zur Emergenz der gesuchten Systematizität führen wird, weil die nach Übereinstimmungen suchenden Individuen sich i) gegenseitig ‚überkorrigieren' werden und beispielsweise aus *pubatu pumatu* machen werden, oder ii) den semantischen Raum den phonetischen Unterschieden anpassen (und die Hypothese bilden, dass *ma* feiner differenziert als „weibliche Person"), oder iii) die Hypothese bilden, dass aus *ma* in Kontext von *pu tu ba* wird, also auf die Idee möglicher morphogrammatischer Unterscheidungen kommen.

Der Vorschlag, dass ein Prozess der Selbstorganisation den Sequenzierungsprozess ursprünglich holistischer Ausdrücke und die Emergenz diskreter kombinierbarer Ausdrücke steuern kann, ist im Computersimulationen wie der von Kirby 2000 nachgewiesen worden. Kirby macht jedoch deutlich, dass seine simulierten Sprecher Bedeutungen kommunizieren, die Argument-Funktions-Struktur aufweisen und zudem ihre semantischen Werte nach Gegenständen und Handlungen unterscheiden.[118] Eine solche Annahme ist im Kontext der Erklärung der Sequenzierung einer holistischen Protosprache nicht zulässig. Nicht nur sind solche Signale ihrer phonetischen Form nach nicht-kompositional, ihre Bedeutungen sind es

---

118 Kirby 2000, S. 306-307.

auch.[119] Daher ist es erklärungsbedürftig, warum die Sprecherinnen einer Protosprache überhaupt nach derartigen Übereinstimmungen suchen und damit ipso facto eine neue Form von Gehalt auf diese Ausdrücke projizieren sollten, wenn protosprachliche Ausdrücke ihre kommunikative Funktion so gut erfüllen können, wie Wray behauptet.

In ihrem zweiten Szenario scheint Wray den Versuch zu machen, auf dieses Problem eine Antwort zu geben. Sie schlägt vor, dass eine holistische Protosprache mit manipulativer Funktion Ausdrücke enthalten wird, die nur verwendet werden, um Dinge zu tun, die ein bestimmtes Individuum in der Gruppe betreffen. Solche Zeichen haben nicht die generische Bedeutung „Gib-ihr-das!", sondern beispielsweise die Bedeutung „Gib-A-das!" Die Bedeutung eines solchen Zeichens enthält einen impliziten Eigennamen, wie Wray vorschlägt. Und es gibt praktische Kontexte, in denen Eigennamen genau das sind, was für die Exekution der manipulativen Funktion protosprachlicher Ausdrücke vonnöten ist, etwa wenn die Manipulation ein abwesendes Individuum betrifft, beispielsweise „Hol-mir-A!". Wenn der Ausdruck *baku* „Hol-sie-mir!" bedeutet, während *tebima* „Gib-A-das!" meint, dann, so Wray, könnte eine findige Sprecherin auf den Einfall kommen, *tebima baku* zu äußern, wenn sie tatsächlich meint „Hol-mir-A!". *Tebima* hätte, wenn die Nachricht verstanden wird, eine neue Funktion angenommen, nämlich die, im Geist der Angesprochenen ein Bild von A heraufzubeschwören und A als das Thema der gemachten Äußerung zu identifizieren. Laut Wray wird die Diskrimination solcher semantischer Marker für Φ-Rollen zwangsläufig zur Unterscheidung der ersten Verben führen.[120] Dieser Vorschlag motiviert theoretisch die Projektion von Φ-Rollen auf eine holistische Protosprache, wirft aber die neue Frage auf, warum Ausdrücke wie *tebima* als „Hol-mir-A!" verstanden werden können, wenn Sprecher und Interpret nicht bereits über entsprechend segmentierte mentale Gehalte verfügen. Denn wer den speziellen Gehalt von „Hol-mir-A!" versteht, der tut das im Kontrast zu Ausdrücken wie „Hol-mir-B!", „Hol-mir-C!" usw., wie Wray selbst einräumt.[121] Die Bedeutung dieser Ausdrücke entlehnt sich dem Verständnis der Sprecherinnen für das Schema <Hol-mir-N>. Wer über solche Schemata verfügt, hat die Phase der holistischen Protosprache und ihrer Bedeutungen bereits hinter sich gelassen. Wrays zweites Szenario krankt also letztlich an denselben Problemen wie ihr erster Vorschlag.

Unter dem Eindruck der Probleme, die der Versuch bereitet, aus den holistischen Signalsystemen der großen Menschenaffen funktional eine kompositionale Sprache mit syntaktischer Struktur abzuleiten, ist von verschiedener Seite der Vorschlag gemacht worden, dass der Vorläufer der syntaktisch strukturierten propositional gehaltvollen Sprache nicht das Kommunikationssystem der großen Menschenaffen war, sondern ein Äquivalent zum Gesang der Singvögel oder verschiedener Spezies von Meeressäugern. Ein solches Vermögen zum Gesang hätte ebenfalls eine zentrale Funktion in der sozialen Bindung der Gruppe spielen können. Singen kann man im Gegensatz zum Sprechen gleichzeitig und gemeinsam; zudem ist empirisch belegt, dass gemeinsamer Gesang das Gefühl der gemeinsamen Gruppenzugehörigkeit stärkt.[122] Die Gesänge von Singvögeln und von Meeressäugern weisen eine Reihe von suggestiven Gemeinsamkeiten mit modernen Sprachen auf. Sie haben eine kom-

---

119 Tallerman 2007, S. 597.
120 Wray 2002, S. 125.
121 Wray 2002, S. 124.
122 Dunbar 2004.

positionale und sogar in manchen Fällen eine rekursive Struktur[123], sie werden individuell variiert[124], sie werden durch Imitation und durch Übung angeeignet, und sie haben Phasen, die für ihren Erwerb kritisch sind.[125] Mit anderen Worten, in Hinsicht auf ihre formale Komplexität kommen sie der modernen Sprache sehr viel näher als die Signale der großen Menschenaffen. Der große Unterschied zu unserer Sprache besteht darin, dass ihre formale Komplexität in keinem Verhältnis zum kommunizierten Inhalt steht, der sich im Grunde immer mit „Ich-bin-hier!" paraphrasieren lässt. Wenn Gesang also nicht als Mittel der Kommunikation lebenswichtiger Informationen evolviert ist, wie kann man sich seine Entstehung erklären? Eine plausible Antwort liefert das bereits auf Darwin zurückgehende Konzept der *sexuellen* Selektion, die von der natürlichen Selektion der am besten angepassten Individuen unterschieden wird.[126] Zur Schau gestellte Komplexität ist ein Verhaltensmerkmal, dass bei der Partnerwahl positiv selektiert wird, auch wenn es nicht notwendiger Weise größerer Fitness korrespondiert oder sogar einen Nachteil bedeuten kann (anhaltender Gesang kann gefährliche Fressfeinde anziehen). Das Handicap-Prinzip von Zahavi und Zahavi liefert hier erneut eine elegante Erklärung: Ein Individuum, dass sich den ontogenetischen Luxus komplexen Gesangs leisten kann, signalisiert damit auf eine kostspielige und darum verlässliche Weise, dass es den Herausforderungen der Umwelt gewachsen ist.

Gesang ist aufgrund seines kompositionalen und rekursiven Potentials von verschiedener Seite als eines der entscheidenden Merkmale beschrieben worden, die unsere Vorfahren von den Vorfahren der großen Menschenaffen unterscheiden.[127] Diese Autoren postulieren, dass die Protosprache die Form einer ‚Musicosprache' („musilanguage") hatte[128], einer Menge von melodieartigen Elementen, die neben einer sozialen Bindungsfunktion auch instruktive und rituelle Funktionen hatten. Die heutige Musik ist das ‚Fossil' der Separation der modernen Sprache von der Musicosprache.

Als Erklärung der Entstehung der Musicosprache werden meist zwei Faktoren angeführt, sexuelle Selektion und der von Dunbar eingebrachte Faktor des Drucks zur Entwicklung sozialer Bindungsmechanismen in immer größeren Populationen. Das Augenmerk der Autoren liegt aber meist weniger auf der Erklärung der Entstehung der Musicosprache unter unseren hominiden Vorfahren, sondern hauptsächlich auf der Erklärung, wie eine solche Sprache eine komplexe semantische Bedeutung annehmen konnte. Darum ist, soweit ich weiß, zu wenig beachtet worden, dass sexuelle Selektion keine schlüssige Erklärung für die Entwicklung von Gesang unter unseren hominiden Vorfahren liefert. Gesang ist aber jene natürliche Fähigkeit, die als Präadaption für die sozial eingesetzte Musicosprache vorausgesetzt werden muss.

Der Grund, warum sexuelle Selektion eine zu schwache Erklärung für die vermutete Sangesfreude unserer Vorfahren darstellt, liegt daran, dass die veränderten Lebensbedingungen in der Savanne keinen entsprechenden Anreiz liefern. Dunbar 2004 argumentiert zwar, dass Gesang und Gelächter der gehaltvollen Sprache erst den Weg gebahnt haben. Aber für

---

123 Okanoya 2002.
124 Masataka 2007.
125 Snowdon 1999.
126 Darwin 1871, Okanoya 2002, Fitch 2004.
127 Brown 2000, Fitch 2004, Mithen 2005, Masataka 2007, für eine kritische Stellungnahme siehe Botha 2007.
128 Brown 2000, S. 271.

die Festigung sozialer Bindung ist ein formal komplexes Medium wie Gesang ein zu kostenextensives Mittel; das ist der Grund, warum sexuelle Selektion stets ebenfalls genannt wird. In der konkurrenzbetonten und hierarchischen Sozialstruktur der großen Menschenaffen hätte aber auch ein begnadeter Sänger kaum Aussicht, sich im Wettkampf um Paarungspartner gegen die robusten Methoden seiner Konkurrenten durchzusetzen. Erst nach der sozialen Revolution, die in die Etablierung einer solidarischen Gemeinschaft von weiblichen Individuen innerhalb der Gruppe bestand, kann die Zurschaustellung der Meisterung von Komplexität durch Gesang positiv sexuell selektiert worden sein. Weibliche Schimpansen oder Gorillas haben schlicht nicht das Beharrungsvermögen, um den Konkurrenzkampf unter den Männchen als letztlich ausschlaggebendes Kriterium der Partnerwahl auszuhebeln und ihr Herz dem betörendsten Troubadour zu schenken.[129]

Die sich daraus ergebende Folgerung ist klar: Gesang hat sich unter unseren Vorfahren als Korrelat einer Protosprache mit sozial stabilisierender Funktion entwickelt, eine Musicosprache als soziales Bindemittel ist dagegen vor dem Hintergrund des sozialen Lebens unserer nächsten Verwandten unwahrscheinlich. Die Idee, dass formal komplexer Gesang und holistische Protosprache parallel unter unseren hominiden Vorfahren verbreitet war, ist dagegen nicht unplausibel, da das veränderte Paarungsverhalten der weiblichen Individuen zu Veränderungen im Werbungsverhalten der männlichen Individuen geführt haben wird. Angesichts der von uns angenommenen intensivierten Kommunikation unter den Frauen ist es nicht weit hergeholt, dass sich die Männer auf vokale Mittel der Paarungswerbung spezialisiert haben.

6.2. Die Entwicklung der Kindheit und die Emergenz der Syntax

Die Idee einer parallelen Existenz von sozial stabilisierender, manipulativer, aber holistischer Protosprache auf der einen Seite und kompositional strukturiertem Gesang auf der anderen Seite ist attraktiv, denn sie bewahrt die Perspektive, dass der Gesang sich als Präadaption für eine kompositional strukturierte Sprache erweist. Doch um diese Idee auszubeuten, muss erst gezeigt werden, wie die Komplexität des Gesangs auf den manipulativen intentionalen Gehalt der Ausdrücke der Protosprache übertragen werden konnte. Ich denke, dass eine neuere Studie des Philosophen John Locke und des Entwicklungspsychologen Barry Bogin, in der die Autoren die Beziehung zwischen Ontogenese und Evolution der Sprache behandeln, einen entscheidenden weiteren Aspekt anspricht: die lange und ausgeprägte Phase der Kindheit, die unsere Spezies auszeichnet, die uns sehr viel mehr Raum zum Spielen einräumt als das bei anderen Primaten der Fall ist.[130] Locke und Bogin stellen fest, dass

---

129 Für entsprechende Daten auf der Basis von beobachtetem Verhalten und genetischen Untersuchungen siehe Pusey 2001. Mitani et al. 1992 berichten davon, dass Schimpansenmännchen die sogenannten ‚langen Rufe‘ oft im Chor ausstoßen und dabei versuchen, in ihrem eigenen Ruf die Eigenschaften der anderen Rufe zu duplizieren. Das hat dazu geführt, dass verschiedenen benachbarte Populationen über eigene akustische Signaturen verfügen. Die Funktion solcher gemeinsamer Rufe ist vermutlich Revierabgrenzung. Es scheint sich um ein Beispiel dafür zu handeln, dass ähnliche Merkmale bei verschiedenen Spezies durch verschiedene Funktionen erklärt werden können.

130 Locke und Bogin 2006. Knight 2000 betont ebenfalls die Relevanz des Spielens für die Emergenz syntaktischer Strukturen, ignoriert aber den Einfluss der verlängerten Kindheit in unserer Gattung auf die Entstehung der Syntax. Er nimmt an, dass die Adoption spielerischen Verhaltens durch Erwachsene vornehm-

> [...] *Homo sapiens* is [...] the only species that has a childhood, a biolo-
> gically and behaviorally distinct, and relatively stable, interval between
> infancy and the juvenile period that follows, and that a great deal of lan-
> guage learning occurs during that stage. (Locke und Bogin 2006, S. 260)

Bei den Primaten und fast allen anderen Säugetieren enden Kleinkindalter und Stillphase abrupt mit dem Durchbrechen der ersten permanenten Backenzähne. Bei Menschen endet die Stillzeit meist mit 30 bis 36 Monaten, doch der erste Molar bricht erst mit 5 bis 6 Jahren durch. In dieser Phase verlangsamt und stabilisiert sich die körperliche Wachstumsrate, während das Gehirn weiterhin sehr rasch wächst. Nach wie vor muss das Kind gefüttert werden, benötigt eine spezielle Diät und verfügt noch über keine sichere motorische Kontrolle. Als Erklärung für diese speziestypische Phase zwischen Kleinkindalter und der Selbständigkeit, die Kinder ab 6-7 Jahren mit anderen Primaten nach der Stillphase gemein haben, führen Locke und Bogin eine These an, auf die ich bereits weiter oben zurückgegriffen hatte. Es handelt sich um den Zusammenhang zwischen der Entwicklung des aufrechten Gangs und der Verengung des Geburtskanals, der dazu geführt hat, dass ein signifikanter Teil des raschen Wachstums des Schädels und Hirns, der bei den Primaten vollständig in die pränatale Phase fällt, beim Menschen in die postnatale Phase überführt wurde.

Das hat zu einer größeren Abhängigkeit des menschlichen Säuglings von seinen Pflegepersonen geführt, doch Locke und Bogin unterstreichen, dass es falsch wäre, darin nur einen Nachteil zu sehen.[131] Für die Mutter bedeutet die neue Phase der Kindheit die Möglichkeit, früher abzustillen bzw. ein kleineres Geschwister zu stillen, statt warten zu müssen, bis das ältere Kind selbständig genug ist, selbst auf Nahrungssuche zu gehen. Das bedeutet zwar auf der anderen Seite, dass menschliche Gemeinschaften einen sehr viel höheren Aufwand treiben müssen, was die Ernährung ihres Nachwuchses betrifft. Doch das bedeutet auch eine Privilegierung menschlicher Kinder im Vergleich zum Nachwuchs anderer Primaten. In einer Phase, in der sie bereits sozialen Kontakt zu Gleichaltrigen aufnehmen können, sind menschliche Kinder von der Verpflichtung, sich selbst zu ernähren und dabei vor Gefahren in Acht zu nehmen, freigestellt.

Der spielerische Umgang mit prinzipiell lebenswichtigen sozialen Signalen kann sich nur in einer Phase entwickelt haben, in der die Akteure geschützt vor den Herausforderungen einer autarken Existenz agieren konnten. Kreativität ist bei allen Primaten in erster Linie eine Domäne von Kindern und Jugendlichen, wie Locke und Bogin mit Verweis auf verschiedene Studien zeigen. Dass sich diese Beobachtung auf sprachliche Fertigkeiten übertragen lässt, wird durch die Beobachtung gestützt, dass es Kinder und Jugendliche sind, auf die sprachliche Innovation auch heute noch in der Regel zurückgeht.[132] Wir können daraus schließen, dass in einer Spezies, die eine lange und sozial abgesicherte Phase der Kindheit ausgebildet hat, auch potentiell lebenswichtige Verhaltensformen Gegenstand spielerischen Experimentierens werden konnten. Die treibenden Kräfte sprachlicher Innovation unter unseren Vorfahren waren, soweit wir das sagen können, Kinder. Vermutlich waren es Kinder

---

lich weiblicher Gruppenmitglieder der relevante Faktor war. Sein Motiv ist die These, dass die Entstehung des Ritus, der offensichtlich Ähnlichkeiten mit Rollenspielen hat, für die Entstehung einer symbolischen Ordnung verantwortlich war. Aus den oben genannten Gründen halte ich dieses Szenario für wenig plausibel.

131 Ibid., S. 261.
132 Ibid., S. 266/267.

der ersten modernen Menschen in der afrikanischen Savanne, die bessere Lebensbedingungen bot als das kaltzeitliche Europa des Pleistozän.[133]

Die Idee ist also, dass die Entstehung einer syntaktisch gegliederten Sprache aus musikalischen und protosprachlichen Ursprüngen durch spielende Kinder in der afrikanischen Savanne vor circa 200.000 Jahren erklärt werden kann. Was haben diese Kinder konkret getan? Sicherlich sollten wir nicht davon ausgehen, dass sich ein paar Rangen an einem sonnigen Vormittag eine syntaktisch ausgefeilte Sprache ausgedacht haben; ein solcher Vorschlag wäre offensichtlich unglaubwürdig. Ich werde stattdessen einen Vorschlag machen, der auf den Begriff der Selbstorganisation zurückgreift. Luc Steels hat anschaulich jenen Aspekt des Begriffs der Selbstorganisation ausgedrückt, den ich – übrigens genauso wie viele andere Autoren auf diesem Gebiet – ausbeuten möchte:

> Self-organisation [...] explains how a group of individuals arrives at a shared repertoire. It arises when there is a positive feedback-loop in an open nonlinear system. (Steels 2004, S. 79)

Der Begriff der Selbstorganisation beschreibt das Phänomen, dass aus der durch vergleichsweise simple Mechanismen gesteuerten Interaktion einzelner Elemente bzw. Individuen Strukturen von hoher Komplexität entstehen können, die irreversible Folgen für das Verhalten dieser Individuen haben. Ich werde es bei dieser groben Charakterisierung belassen und verweise den Leser für einschlägige Beispiele auf die entsprechenden Arbeiten von John Batali, Bart de Boer, James Hurford, Simon Kirby, Luc Steels, Michael Studdert-Kennedy und anderen.[134]

Ich werde stattdessen untersuchen, ob der spielende Nachwuchs früher Homo-Sapiens-Populationen ein selbstorganisierendes System gewesen sein könnte, das die Emergenz syntaktisch strukturierter sprachlicher Zeichen erklären kann. Dazu werde ich dem Begriff des Spiels eine technische Verwendung geben, die ich damit kennzeichne, dass ich von *Spielen** reden werde.

S)   Ein Spiel* ist ein selbstorganisierendes System, das sich dadurch auszeichnet, dass durch die Interaktion der Akteure als Ordnungsprinzip eine normative Restriktion etabliert wird, die sicherstellt, dass jede neue Aktion die Fortsetzung einer Sequenz von aufeinander bezogenen Handlungen darstellt.

Der Leserin/dem Leser wird auffallen, dass von einer normativen Restriktion die Rede ist. Das von Steels angeführte Moment des positiven Feedbacks liegt bei Spielen* in einer besonderen Form vor. Zur Erinnerung: Eine solidarische Gemeinschaft zeichnet sich unter anderem dadurch aus, dass das potentiell stärkere Individuum den Interaktionspartner stützt.[135] Miteinander zu spielen ist eine paradigmatische Form eines solchen Verhaltens.[136] Wesent-

---

133 Jüngste archäologische Funde, etwa der eines fast vollständig erhaltenen Beckenknochens eines weiblichen Homo Erectus in Gona, Äthiopien, scheinen diese Datierung zu stützen. Siehe Simpson et al. (2008).
134 Eine Übersicht findet sich in Briscoe 2002b.
135 Knight 2000, S. 106.
136 Man beachte, dass die Parteien in der klassischen Spieltheorie ausschließlich gegeneinander spielen. Antagonistische Spiele sind zwar im Rahmen der evolutionären Spieltheorie als Grundlage der Entstehung von Kooperation vorgeschlagen worden (Axelrod 1987). Die simulierten Agenten der evolutionären Spieltheorie sind jedoch von vornherein als machiavellistische Akteure konzipiert, was vor dem Hintergrund der ökonomischen Theorie seine Berechtigung hat. Für unsere Debatte trifft das allerdings nicht zu. Machiavel-

lich für eine solche Praxis ist die Offenheit für die Initiative des anderen, die nach Möglichkeit nicht frustriert wird. Das hat weitreichende Konsequenzen für die Struktur von
Spielen*. Ein spielerischer* Selbstorganisationsprozess zeichnet sich formal dadurch aus,
dass die entstehende Ordnung keine Subsumption der Aktionsstoken unter Typen erlaubt,
d.h. keine Subsumption von Aktionen unter Regeln, die die zulässigen Aktionen für eine bestimmte Klasse von Kontexten festlegen. Unsere jungen Akteure können tatsächlich dadurch charakterisiert werden, solche Kontextfestlegungen mutwillig permeabel zu machen.

Die improvisierten Spielzüge, die dieses Modell erlaubt, unterliegen normativen Restriktionen einer schwächeren Art als die Züge in den üblichen regelbasierten Systemen, und
provozieren deswegen auch nicht den Zirkularitätsvorwurf, der die Unterstellung einer ritu-
ellen Praxis bei prä-sprachlichen Hominiden belastet. Es handelt sich um eine Form von Restriktion, die viel Raum für individuelle Innovation lässt, und die ich als *Kompatibilitätsfor-
derung* bezeichnen möchte. Was Kompatibilitätsforderungen dennoch zu stabilen Resultaten
führen lässt, ist, dass die ihnen unterworfenen Ausdrücke ihre Bestimmtheit aus der lokalen
Anwendung eines Ausdrucks in Reaktion auf eine vorgehende Anwendung beziehen. Die
zahlreichen Experimente zur Selbstorganisation linguistischer komplexer adaptiver Systeme
auf phonetischer, syntaktischer und semantischer Ebene demonstrieren eindrucksvoll, dass
eine solche lokale Bindung hinreicht, um globale Ordnung entstehen zu lassen.

Diese Idee eines weiteren Begriffs von Normativität, der über den Begriff der Regel hinausgeht, kann auf Wittgenstein zurück geführt werden.[137] Die Abschwächung von semantischen Normen auf die Forderung nach der Kompatibilität einzelner Äußerungstokens in
praktisch unterfütterten Interaktionskontexten steht hinter Wittgensteins notorischem Vorschlag, die Liste von hinreichenden und notwendigen Anwendungsbedingungen eines Aus-
druckstyps durch den Hinweis auf eine Reihe von Familienähnlichkeiten zu ersetzen.[138] Um
den Inhalt jener Kompatibilitätsforderungen zu spezifizieren, die für die Entstehung der ersten syntaktisch organisierten Sprache – des ersten Sprachspiels* – verantwortlich waren,
müssen wir nach den Bedingungen fragen, unter denen sich ein Spiel*, entwickelt hat, das
zur Bildung eines phonologisch komplexen Äquivalents zur Protosprache geführt hat.

Ich schlage vor, dass zwei Kompatibilitätsanforderungen ausreichend sind, um das Potential einer solchen Praxis zur Selbstorganisation zu erklären, nämlich das *Prinzip der Projizierbarkeit* (PP) und das *Prinzip der Kombinierbarkeit* (PK):

PP) Kein Ausdruck darf so verwendet werden, dass die Projektion einer ihn enthaltenen
     Matrix von Zeichen auf die durch diese Matrix kontrollierte Praxis unmöglich wird;

PK) Die kombinatorischen Möglichkeiten der verwendeten Matrix sollten die Möglich-
     keiten zur Fortsetzung nicht auf Wiederholungen kompletter Ausdrücke einschrän-
     ken.

Wir können uns den entsprechenden selbstorganisierten Prozess als einen Kreislauf vorstellen, der mit der spielerischen Zerlegung von holistischen Ausdrücken mit Hilfe des ex hypothesi bereits etablierten Parsers für musikalische Phrasen durch die Spielerin A beginnt. Der

listische Akteure werden durch das Handicap-Problem effektiv daran gehindert, eine semantisch reiche
Sprache zu entwickeln, wie wir gesehen haben. Aus diesem Grund kann die evolutionäre Spieltheorie kein
Modell für die Genese linguistischer Normativität liefern.
137 Eine ausführlichere Diskussion findet sich in Kohler 2006.
138 Siehe Waismann 1953.

nächste Schritt besteht in der Äußerung eines entsprechenden Ausdrucks p durch A. Spielerin B imitiert p, jedoch nicht spiegelbildlich.[139] Vielmehr imitiert B die einzelnen Elemente von p. Das zeigt sie darin, indem sie die Elemente von p rekombiniert und die Sequenz durch eine Äußerung p* fortsetzt. B's Äußerung ist, da die von A diskriminierten Elemente aufgenommen und variiert werden, eine stützende Reaktion auf die Anstrengung von A, daher handelt es sich um eine Verstärkung des Prozesses, weil A in ihrem Tun bestärkt wird.[140] Wenn wir uns diesen Kreislauf nun im Kontext eines Bewegungsspiels wie Nachlaufen vorstellen, dann können wir uns auch vorstellen, dass die Variation von Lauten als versuchte Manipulation von Bewegungen aufgefasst und zum wechselseitigen Vergnügen auch umgesetzt wird. Eine solche komplexe Steuerung von Verhalten wird solange immer wieder zerfallen, solange die beiden genannten Prinzipien nicht für die Stabilität einer entstehenden Matrix von Handlungsoptionen sorgen. Wenn diese Prinzipien aber befolgt werden, erzeugen sie eine kombinatorische Matrix, deren Output Ausdrücke zur Steuerung flexiblen sozialen Verhaltens darstellen.[141]

6.3. Interpretation als Selbstorganisationsprozess

Die Möglichkeit, beliebig potentielle Handlungen, zu denen man den anderen anhält, zu artikulieren und zu variieren, ist ein überaus mächtiger Seiteneffekt dieser Praxis – mächtig genug, um zur Exaption der neuen Form von Sprache durch die anderen Mitglieder der Gruppe und zur allgemeinen Verbreitung von PP und PK unter erwachsenen Sprecherinnen und Sprechern zu führen. Von Exaption spricht man, wenn nicht durch Selektion entstandene Merkmale mit einer biologischen Funktion belegt werden. Wir stoßen hier auf die unerwartete Bestätigung einer These eines uns vertrauten Autors. Es ist Chomsky, der seit langem behauptet, dass es sich bei der Syntax um eine Exaption handelt. Wie sich nun zeigt, ist es gut möglich, dass er Recht hat, allerdings weder in Hinsicht darauf, wie die exaptierte Ordnung entstanden ist, noch in Hinsicht darauf, welches ihre neue Funktion war. Chomsky, der seine Hoffnungen erklärter Maßen auf die Neurophysiologe setzt, hat sich darauf beschränkt, über die Folgen der Interaktionen der Abermillionen von Neuronen im menschlichen Gehirn zu spekulieren, statt über soziale Tatsachen wie die Folgen der sozialen Interaktion spielender Hominiden nachzudenken.[142] Daher ist es auch nicht erstaunlich, dass er nicht die Ermöglichung flexiblen koordinierten Handelns als treibende Kraft hinter der Ver-

---

139 Zur Rolle der Imitation siehe Studdert-Kennedy 2000.

140 Dieser Kreislauf bietet eine Erklärung dafür, warum Kinder Phoneme und Silben zu unterscheiden lernen, bevor sie Worte lernen, eine Beobachtung, die den Anhängerinnen und Anhängern der analytischen Protosprache einige Probleme bereitet (Knight 2000, S. 102). Knight deutet in dieser Arbeit einen ähnlichen Mechanismus wie den hier Beschriebenen an, um die Entwicklung einer diskreten Phonologie zu erklären. Vgl. auch Arbeiten von Bart de Boer (de Boer 2000), in denen er Computersimulationen präsentiert, die die mögliche Entstehung von phonologischen Unterscheidungen durch Selbstorganisationsprozesse demonstrieren.

141 Eine solche Matrix erfüllt somit die Bedingung des Partikularprinzips („particulate principle"), das, wie Studdert Kennedy 1998 mit Verweis auf Abler hervorhebt, entscheidend dafür ist, dass Sprecher mit endlichen Mitteln unendlich viele unterschiedliche Ausdrücke bilden können.

142 Das jüngste Beispiel ist Chomsky (2007). Dort würdigt er das Zusammenspiel von evolutionären und selbstorganisatorischen Faktoren in der Entstehung des menschlichen Sprachvermögens, beschränkt den Gegenstand solcher Beschreibungen aber wieder auf die neuronale Organisation des Gehirns.

breitung der Syntax in der Gattung sieht, sondern ihr vermeintliches Potential zur Hervorbringung inferentiell vernetzter mentaler Gehalte.

Davon sind unsere Vorfahren allerdings, wie ich unterstreichen möchte, an dem Punkt
der Evolution der Gattung, den meine Geschichte jetzt erreicht hat, noch weit entfernt. Zwar
ist es plausibel, mit einer breiten Mehrheit der involvierten Forscherinnen und Forscher anzunehmen, dass das neue Medium Φ-Rollen repräsentieren kann, und damit eine Syntax aufweist, die rekursive Eigenschaften besitzt. Somit ist volle Produktivität gewährleistet. Damit
bedeutet diese Sprache die Überwindung der drei wichtigsten Hindernisse für die Entwicklung einer genuinen modernen Sprache: Anwendungsbereichsgebundenheit, mangelnde semantische Produktivität und Aktualismus. Aber das sollte uns nicht dazu verleiten anzunehmen, dass in dieser neuen Sprache auf Personen, Handlungen, Ereignisse oder Eigenschaften referiert wird, noch dass diese Ausdrücke Wahrheitsbedingungen haben. Denn nach wie
vor ist die Funktion dieser Ausdrücke manipulativ, auch wenn sich unsere Gattung dank ihrer kombinatorischen Eigenschaften das Reich der Möglichkeiten – in Form der Repräsentation der möglichen Handlungen, zu denen die anderen gebracht werden könnten – geöffnet
hat. Um diese syntaktisch strukturierte, aber noch nicht über propositionalen Gehalt verfü-
gende Sprache von modernen Sprachen abzugrenzen, werde ich in Anlehnung an einen Ausdruck von Bickerton von einer Intersprache sprechen, einem weiteren Durchgangsstadium
von der Tiersprache zur modernen Sprache.[143]

Damit haben wir unsere letzte und, wie ich behaupte, für die Begründung von UBSV
zentrale Stufe in der Evolution der Sprache erreicht. Denn die nächste Frage lautet natürlich,
wie sich aus der Intersprache eine Sprache mit logischer Form, sprich, mit propositionalem
Gehalt entwickeln konnte. Mein Vorschlag lautet, dass es sich wiederum um einen Prozess
der Selbstorganisation gehandelt hat, der die Struktur der Ausdrücke der Intersprache irreversibel verändert hat. Die Akteure dieses letzten Aktes unseres evolutionären Dramas sind
jedoch nicht die kleinsten Mitglieder der Gemeinschaft, sondern Individuen, die sich allein
oder in kleinen Gruppen den Herausforderungen der Umwelt bei der Nahrungssuche oder
der Verteidigung gegen potentielle Bedrohungen stellen mussten. In solchen gefährlichen
Situationen wird sich bemerkbar gemacht haben, dass es sich bei der Intersprache um eine
Präadaption für die Repräsentation von möglichen Handlungsfolgen handelt. Wir erinnern
uns, dass die Intersprache eine kombinatorische Matrix bildet, in der verschiedene Variatio-
nen von Zeichen als Reaktion auf ein früheres Zeichen erlaubt sind. In diesem Sinn bildet
die Intersprache einen (praktischen) Möglichkeitsraum ab. Ein solcher Möglichkeitsraum ist
der optimale Ort, um Modelle für wechselnde Umweltbedingungen zu erstellen, die potentiell bedrohliche Konsequenzen eigener Aktionen antizipierbar machen. Man kann sich das
als ein gesprochenes oder in foro interiore stattfindendes fiktives ‚Zwiegespräch' mit den
entsprechenden Umweltfaktoren (Großwild, Raubtiere, geographische Hindernisse, Wette-
rereignisse) vorstellen, in der die Sprecher im Zuge des verbalen ‚Nachstellens' ihrer Erfahrungen mit diesen Faktoren die öffentlich verwendeten Ausdrücke der Intersprache so erweiterten, dass sie die Modellierung der Reaktionen der Umwelt auf eigene Aktionen er-
laubten.

So nützlich ein solches Mittel zur systematischen Vermeidung von Risiken gewesen sein
wird, es wirft auch ein Problem auf. Wenn gemeinsame Aktionen im Vorfeld koordiniert

---

143 Bickerton 1990, S. 177.

werden sollen, etwa eine Jagd, die den Einsatz aller fähigen Gruppenmitglieder erfordert, dann besteht ein starker Anreiz für die einzelnen Sprecherinnen und Sprecher, antizipierte Risiken und Chancen in die Planung einzubringen. Doch die Intersprache kennt nur Bedeutungen, die auf gemeinsamen Praktiken basieren. Sie erlaubt es zwar, diese Praktiken flexibel anzupassen, aber nicht auf der Basis vorhergesagter Folgen, sondern nur auf der Basis von Autorität bzw. Status. Dieser Mangel der Intersprache motiviert die sprachlichen Neuerungen, auf die mein Vorschlag abzielt.

Zunächst musste ein Mittel gefunden werden, um den stummen ‚Gesprächspartnern‘, die in den neuen Idiolekten den Part der antwortenden Umwelt übernehmen, in der Öffentlichkeit eine ‚Stimme‘ zu geben. Ein geeignetes Mittel wäre beispielsweise ein Rollenspiel gewesen, in dem der Sprecher seinen fiktiven Gesprächspartner nachahmt und hofft, dass die anderen merken, dass er gerade für einen anderen ‚Sprecher‘ spricht. Merlin Donald hat diesen Modus der Kommunikation mimetisch genannt und ich werde mich seiner Ausdrucksweise hier anschließen.[144] Das Mittel der Mimesis wäre als Vermittlung idiosynkratischer Erweiterungen der Intersprache allerdings relativ wirkungslos, wenn nicht verschiedene Sprecher die Rolle desselben Umweltfaktors – etwa eines Bären, den man morgen jagen will – übernehmen können. Die mimetisch übernommene Rolle muss also weitergegeben werden können. Man kann sich zur Illustration vorstellen, dass ein Fell weitergegeben wird, um zu markieren, wer gerade der ‚sprechende‘ Bär ist. Aber die eigentliche Verkettung besteht darin, dass ein Bestandteil der variierten Äußerungen konstant gehalten wird: „Bär-hinter-dich!“ „Bär-versperrt-Weg!“. Hier können die Sprecher auf die Artikulation von Φ-Rollen in der Intersprache zurückgreifen. Die Neuerung besteht ‚lediglich‘ darin, dass Agentenrollen nun eine typische Eigenschaft von referentiellen Ausdrücken, beispielsweise von Eigennamen, bestimmten Beschreibungen und Pronomina übernehmen könnten. Sie erlauben nun anaphorische Verknüpfung. Es muss allerdings immer noch ein Weg gefunden werden, um die anaphorisch verknüpften Φ-Rollen auf Gegenstände und Personen zu beziehen. Denn Mimesis basiert auf der Erkennung von Ähnlichkeiten, während Referenz durch Interpretation zustande kommt.

Soweit ich sehe, sind drei weitere Innovationen nötig, um die Ebene der Interpretation zu erreichen. Zunächst benötigt die Sprachgemeinschaft ein sprachliches Mittel, um innerhalb der entstehenden Diskurse zu navigieren. Anaphora ist witzlos, wenn niemand weiß, in welcher Weise sich ein Redner auf die Äußerungen seiner Vorredner bezieht. Ergänzt er das, was gesagt wurde? Widerspricht er seinen Vorrednern (was in Abwesenheit der logischen Operation der Negation bedeutet, dass er einen vorangegangenen Teil des Diskurses ausblendet, indem er nicht an der unmittelbar vorhergehenden, sondern an einer früheren Stelle anschließt, oder gleich eine neue Sequenz startet). Um unter den alternativen Vorschlägen, wie die morgige Jagd ablaufen könnte, zu unterscheiden, setzten die Sprecher in meiner fiktiven Jagdgesellschaft zwei semantische Marker ein: einen Marker zum Abbruch einer Sequenz an einer durch Wiederholung der entsprechenden Äußerung markierten Stelle des Diskurses, und einen Marker zur Aufstellung von Bedingungen, unter denen eine Fortsetzung akzeptiert werden würde (die Bedingungen werden wiederum wiederholte Äußerungen anderer Sprecher sein). Insofern durch die Stabilisierung des semantischen Werts von bestimmten syntaktischen Agentenrollen zusätzlich einfache Einsetzungs-

---

144 Donald 1998.

schemata gebildet werden können, haben wir drei diskurspragmatische Entsprechungen zu den basalen logischen Operationen der Negation, Implikation, und Allquantifikation. Damit aus diesen Mitteln, in Diskursen zu navigieren, allerdings die vertraute Logik wird, müssen noch zwei weitere Schritte getan werden. Die potentiellen Nomen der Intersprache müssen erstens auf ihre kausalen Ursachen in der Umwelt bezogen werden. Das Mittel, das dazu in der Lage ist, haben wir bereits im zweiten Abschnitt kennengelernt. Es handelt sich dabei natürlich um jenen Handlungstyp, den Davidson als Triangulation eingeführt hat. Triangulationen erklären, wie Sprecher Ausdrücke auf Gegenstände in der Umwelt beziehen können. Und die semantische Reichhaltigkeit der Intersprache erklärt nebenbei, warum Sprecher und Interpret bereits auf artikulierte Medien zurückgreifen können, wenn es an das Geschäft der Interpretation geht.

Es reicht jedoch nicht, Ausdrücke in isolierten, lokal bleibenden Triangulationsereignissen auf Gegenstände zu beziehen, um stabile referierende Ausdrücke zu erzeugen. Die Ergebnisse von Triangulationen müssen in systematischer Weise aufeinander bezogen und so stabilisiert werden. Hier greift der dritte Schritt, bei dem ein neuer Prozess der Selbstorganisation in Gang gesetzt wird. Ich möchte dazu die beiden oben genannten Kompatibilitätsforderungen um zwei weitere Forderungen ergänzen, die ich zusammen als das Prinzip der konservativen Erweiterung (KE) bezeichne:

(i)   Für die Einführung neuer Ausdrücke für Gegenstände oder Personen gilt: Wenn „a" bereits als Ausdruck für den Gegenstand a eingeführt wurde, darf kein weiterer Ausdruck für a eingeführt werden.

(ii)   Für die Einführung neuer Ausdrücke für die Eigenschaften oder Relationen von Gegenständen oder Personen gilt: Wenn aus $\Phi(a)$ folgt, dass $\neg\Psi(a)$, dann gilt für jeden neuen Ausdruck $\Gamma(x)$, dass, wenn aus $\Gamma(a)$ $\Phi(a)$ folgt, aus $\Gamma(a)$ nicht $\Psi(a)$ folgen darf.

Es ist offensichtlich, dass der Apparat der Quantorenlogik erster Stufe so gesehen nichts anderes darstellt als einen Mechanismus zur Implementation von KE in einer Sprache, die Ausdrücke für Personen, Gegenstände und deren Eigenschaften hat. Tatsächlich ist diese Aussage trivial, denn KE ist natürlich nichts anderes als die Projektion der logischen Form auf den Prozess, der aus der Intersprache eine moderne Sprache mit propositionalem Gehalt machte, oder besser, immer noch macht. Denn dieser Prozess wird, wenn die hier vertretene These korrekt ist, bis heute durch die Praxis der Interpretation aufrechterhalten.[145] Die logische Form ist deswegen eine UBSV, weil sie als Bedingung der Möglichkeit der Interpretation für die Integration jeder möglichen menschlichen sprachlichen Äußerung in das Netz der propositionalen Gehalte sorgt. Es ist das natürliche Erbe – möglicher Weise sogar dank des so genannten Baldwin-Effekts das genetisch verankerte natürliche Erbe – unserer Gattung, dass jede sinnvolle Äußerung eine interpretable Äußerung ist.[146] In diesem Sinn ist

---

145 In Locke 2008 finden sich interessante Hinweise auf empirische Daten, die dafür zu sprechen scheinen, dass sich dieser Prozess tatsächlich bis in die jüngste Vergangenheit bei lokal isolierten und nicht formal trainierten Gruppen beobachten lässt, die mit voll ausgebildeten Interpreten in Kontakt kommen.
146 Zum Baldwin-Effekt siehe die Beiträge in Weber und Depew 2003, insbesondere Deacon 2003. Allerdings scheinen die entsprechenden Beschränkungen der Syntax als Resultat der Selektion unter möglichen Grammatiken auch in einem historischen Zeitrahmen entstanden sein zu können, wie Worden 2000 zeigt.

auch die logische Form unser natürliches Erbe. Ich denke, dass Davidsonianer und Chomskyaner gleichermaßen dieser These zustimmen können.

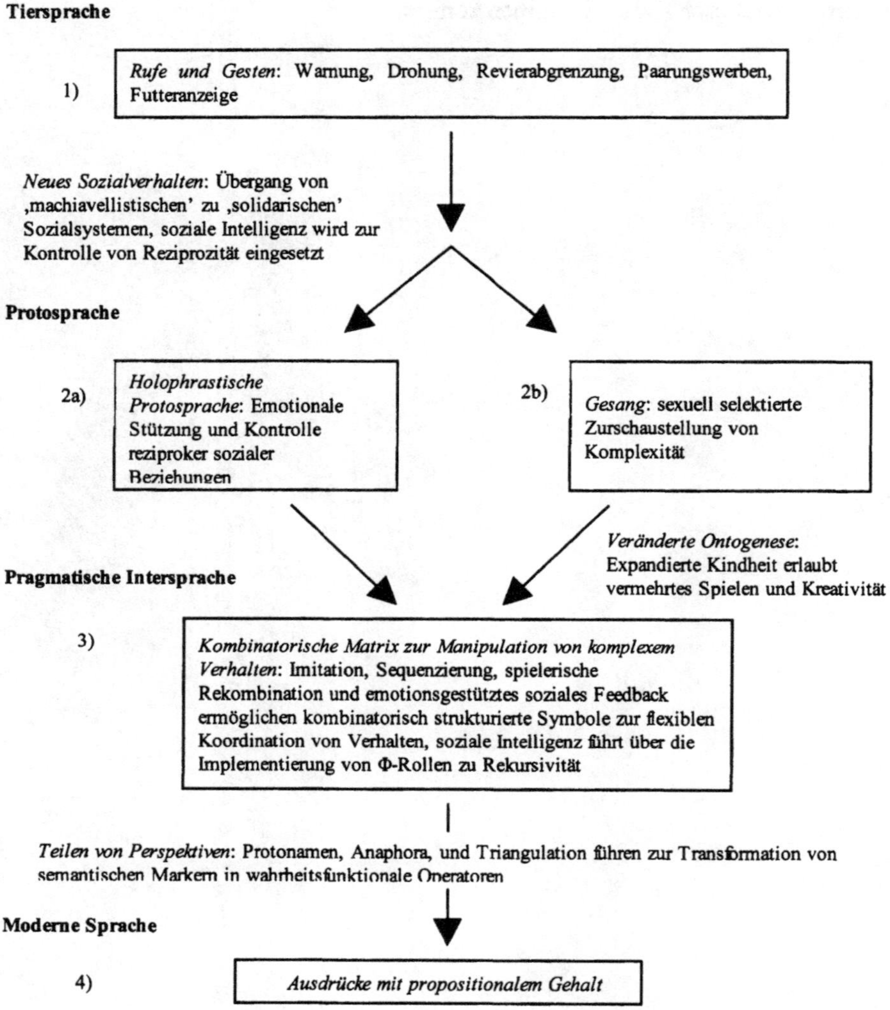

Tiersprache

1)

> *Rufe und Gesten*: Warnung, Drohung, Revierabgrenzung, Paarungswerben, Futteranzeige

Neues Sozialverhalten: Übergang von
‚machiavellistischen' zu ‚solidarischen'
Sozialsystemen, soziale Intelligenz wird zur
Kontrolle von Reziprozität eingesetzt

Protosprache

2a)
> *Holophrastische Protosprache*: Emotionale Stützung und Kontrolle reziproker sozialer Beziehungen

2b)
> *Gesang*: sexuell selektierte Zurschaustellung von Komplexität

Veränderte Ontogenese:
Expandierte Kindheit erlaubt
vermehrtes Spielen und Kreativität

Pragmatische Intersprache

3)
> *Kombinatorische Matrix zur Manipulation von komplexem Verhalten*: Imitation, Sequenzierung, spielerische Rekombination und emotionsgestütztes soziales Feedback ermöglichen kombinatorisch strukturierte Symbole zur flexiblen Koordination von Verhalten, soziale Intelligenz führt über die Implementierung von Φ-Rollen zu Rekursivität

Teilen von Perspektiven: Protonamen, Anaphora, und Triangulation führen zur Transformation von
semantischen Markern in wahrheitsfunktionale Operatoren

Moderne Sprache

4)
> *Ausdrücke mit propositionalem Gehalt*

Abb. 2: Ein stark vereinfachtes Schema potentieller Faktoren und Entwicklungsstufen bei der
Genese von Ausdrücken mit propositionalem Gehalt

Zitierte Literatur

Aiello, Leslie (1996), „Terrestriality, Bipedalism and the Origin of Language", in: Runciman et al. (1996), S. 269-290

Armstrong, Este, Falk, Dean (Hg.) (1982), *Primate brain evolution: Methods and concepts*. New York

Antony, Louise M., Hornstein, Norbert (Hg.) (2003), *Chomsky and his Critics*. Malden (Mass.) u.a.

Axelrod, Robert (1987), „The Evolution of Strategies in the Iterated Prisoner's Dilemma", in: Davis (1987), S. 32-41

Bateson P.G., Hinde, R.A. (Hg.) (1976), *Growing Points in Ethology*. Cambridge

Bickerton, Derek (1990), *Language and Species*, Chicago, London

ders. (1998), „Catastrophic evolution: the case for a single step from protolanguage to full human language", in: Hurford et al. (1998), S. 341-358

ders. (2002), „Foraging versus Social Intelligence in the Evolution of Protolanguage", in: Wray (2002a), S. 207-225

ders. (2007), „Language evolution: A brief guide for linguists". *Lingua* 117, S. 510-526

ders. (2008), „Ancestors of Meaning" [Rezension von Hurford (2007)]. *Language and Communication* 28, 282-290

Boeckx, Cedric, Piattelli-Palmarini, Massimo (2005), „Language as a natural object – linguistics as a natural science". *The Linguistic Review* 22, S. 447-466

Botha, Rudolf P. (1998), „Neo-Darwinian accounts of the evolution of language: 4. Questions about their comparative merit". *Language and Communication* 18, S. 227-249

Bramble, Dennis M., Lieberman, Daniel E. (2004), „Endurance running and the evolution of Homo". *Nature* 432 (7015), S. 345-352

Briscoe, Ted (Hg.) (2000a), *Linguistic Evolution Through language Acquisition*. Cambridge

Ders. (2002b), „Introduction", in: Briscoe (2002a), S. 1-21.

Brown, Steve (2000), „The ‚Musilanguage' Model of Music Evolution", in: Wallin et al. (2000), S. 271-300

Byrne, Richard W., Whyten, Andrew (Hg.) (1988), *Machiavellian Intelligence: Social Expertise and the Evolution of Intellect in Monkeys, Apes and Humans*. Oxford

Calvin, William H., Bickerton, Derek (2000), *Lingua ex Machina. Reconciling Darwin and Chomsky with the Human Brain*. Cambridge (Mass.), London.

Capellen, Herman, Lepore, Ernest (2004), *Insensitive Semantics. A Defense of Semantic Minimalism and Speech Act Pluralism*. Malden (Mass.) u. a.

Carstairs-McCarthy, Andrew (2007), „Language Evolution: What Linguists can contribute", in: *Lingua* 117, S. 503-509

Chomsky, Noam (1975), *Reflections on Language*. New York

ders. (1984), *Lectures on Government and Binding. The Pisa Lectures*. Third revised Edition. Dordrecht, Cinnamison

ders. (1986), *Knowledge of Language: Its Nature, Origin, and Use*. New York, Westport (Connecticut), London

ders. (1993), *Language and Thought. Anshen transdisciplinary lectureships in art, science and the philosophy of culture: Monograph 3*, Wakefield (Rhode Islands), London

ders. (1995a), *The Minimalist Program*, Cambridge (Mass.), London

ders. (1995b), „Language and Nature". *Mind* 104, S. 1-61

ders. (2000), *New Horizons in the Study of Language and Mind*. Cambridge

ders. (2007), „Biolinguistic Explorations: design, development, evolution". *International Journal of Philosophical Studies* 1, S. 1-21

Christiansen, Morton R., Ellefson, Michelle H. (2002), „Linguistic Adaptation Without Linguistic Constraints: The Role of Sequential Learning in Language Evolution", in: Wray (Hg.) (2002a), S. 335-358

Christiansen, Morten H., Kirby, Simon (Hg.) (2003), *Language Evolution*, Oxford

Darwin, Charles (1871), *The Descent of Man and Selection in Relation to Sex*. London

Davidson, Donald (1982), „Rational Animals". *Dialectica* 36, S. 317-327

ders. (1984a), *Wahrheit und Interpretation*, übersetzt von Joachim Schulte. Frankfurt/Main

ders. (1984b), „Was ist eigentlich ein Begriffsschema", in: Davidson (1984a), S. 261-284

ders. (1984c), „Die Methode der Wahrheit in der Metaphysik", in: Davidson (1984a), S. 283-306

ders. (1984d), „Kommunikation und Konvention", in: Davidson (1984a), S. 372-392

ders. (1988), „Reply to Burge". *Journal of Philosophy* 85, S. 664-665

ders. (1997), „Seeing through language", in: Preston (1997), S. 15-28

ders. (2000), „Die zweite Person", übers. v. Kathrin Glüer. *Deutsche Zeitschrift für Philosophie* 48, 395-407

Davidson, Iain (2003), „The Archaeological Evidence of Language Origins: States of the Art", in: Christiansen, Kirby (2003), S. 140-157

Davis, Lawrence (Hg.) (1987), *Genetic Algorithms and Simulated Annealing*. London, Los Altos CA

Deacon, Terrence W. (2003), „Universal Grammar and semiotic constraints", in: M.H. Christiansen, S. Kirby (Hg.), *Language Evolution: The States of the Art*. Oxford, S. 111-139

De Boer, Bart (2000), „Emergence of Sound Systems Through Self-Organisation", in: Knight et al. (2000), S. 177-198

De Waal, Frans B. M. (1982), *Chimpanzee Politics. Power and Sex Among Apes*, Baltimore

ders. (Hg.) (2001a), *Tree of Origin. What Primate Behavior Can Tell Us about Human Social Evolution*, Cambridge (Mass.)

ders. (2001b), „Apes from Venus: Bonobos and Human Social Evolution", in: de Waal (2001a), S. 39-68

Detel, Wolfgang (2001a), „Teleosemantik. Ein neuer Blick auf den Geist?" *Deutsche Zeitschrift für Philosophie* 49, S. 465-491

ders. (2001b), „Haben Frösche und Sumpfmenschen Gedanken? Einige Probleme der Teleosemantik". *Deutsche Zeitschrift für Philosophie* 49, S. 601-626

Donald, Merlin (1998), „Mimesis and the Executive Suite: missing links in language evolution", in: Hurford et al. (1998), S. 44-67

Dornes, Martin (1998), *Der kompetente Säugling: die präverbale Entwicklung des Menschen*. Frankfurt/Main

Dretske, Fred (1995), *Naturalizing the Mind*. Cambridge (Mass.)

Dunbar, Robin (1996), *Grooming, Gossip, and the Evolution of Language*. Cambridge (Mass.)

ders. (2003), „The Origin and Subsequent Evolution of Language", in: Christiansen, Kirby (2003), S. 219-234

ders. (2004), „Language, Music, and Laughter in Evolutionary Perspective", in: Oller, Griebel (2004), S. 257-274

Enard, Wolfgang, Przeworski, Molly, Fisher, Simon E., Lai, Cecilia, S. L., Wiebe, Victor, Kitano, Takashi, Monaco, Anthony P., Paäbo, Svante (2002), „Molecular evolution of FOXP2, a gene involved in speech and language". *Nature* 418, S. 869-872

Fitch, W. Tecumseh, Hauser, Marc D., Chomsky, Noam (2005), „The evolution of the language faculty: Clarifications and implications". *Cognition* 97, S. 179-210

Fitch, W. Tecumseh (2004), „Kin Selection and "Mother Tongues" : A Neglected Component in Language Evolution", in: Oller, Griebel (2004), S. 275-296

ders. (2005), „The evolution of language: a comparative review". *Biology and Philosophy* 20, S. 193-230

Føllesdal, Dagfinn (1999), „Triangulation", in: Hahn (1999), S. 719-728

Gibbons, Ann (2008), „The Birth of Childhood". *Science* 322, S. 1040-1043

Greenberg, Joseph H. (2005), *Language universals: with special reference to feature hierarchies.* Berlin u.a.

Grundmann, Thomas (2003), „Was ist eigentlich ein transzendentales Argument?" In: Heidemann und Engelhard (2003), S. 44-75.

Györi, Gábor (Hg.) (2000), *Language evolution: Biological, linguistic and philosophical perspectives.* Frankfurt/Main

Hahn, Lewis E. (Hg.) (1999), *The Philosophy of Donald Davidson*, Library of Living Philosophers Volume XXVII. Chicago and La Salle, Ill.

Hauser, Marc D., Chomsky, Noam, Fitch, W. Tecumseh (2002), „The Faculty of Language: What Is It, Who Has It, and How Did It Evolve". *Science* 298, S. 1569-1579

Hauser, Marc. D. (1997), „Minding the behaviour of Deception", in: Whyten, Byrne (1997), S. 112-143

Heidemann, Dietmar, Engelhard, Kristina (Hrsg.) (2003), *Warum Kant heute? Bedeutung und Relevanz seiner Philosophie in der Gegenwart.* Berlin / New York

Heim, Irene, Kratzer, Angelika (Hg.) (1998), *Semantics in Generative Grammar.* Oxford

Heine, Bernd, Kuteva, Tania, „On the Evolution of Grammatical Forms", in: Wray (2002a), S. 376-397

Higginbotham, James (2001), „Thematic Roles", in: Wilson, Keil (2001), S. 837-838

Hornstein, Norbert (1995), *Logical Form.* Oxford

Humphrey, Nicholas (1976), „The social function of intellect", in: Bateson, Hinde (1976), S. 303-317

Hurford, James R., Studdert-Kennedy, Michael, Knight, Chris (Hg.) (1998), *Approaches to the Evolution of Language*, Cambridge

Hurford, James R. (2000), „The emergence of syntax", in: Knight et al. (2000), S. 219-230

ders. (2003a), „The neuronal basis of predicate argument structure". *Behavioural and Brain Sciences* 26, S. 173-316

ders. (2003b), *The language mosaic and its evolution.* In: Christiansen, Kirby (2003), S. 38-57

ders. (2007), *The Origins of Meaning*, Oxford

Jackendoff, Ray (1987), „The status of thematic relations in linguistic theory". *Linguistic Inquiry* 18, S. 369-411

ders. (2002), *Foundations of Language. Brain, Meaning, Grammar, Evolution.* Oxford

Kauffman, Stuart A. (1989), „Adaptation on rugged fitness landscapes", in: Stein (1989), S. 527-618

Keil, Geert, Schnädelbach, Herbert (2000), *Naturalismus. Philosophische Beiträge*, Frankfurt/Main

Kirby, Simon (2000), „Syntax Without Natural Selection: How Compositionality Emerges from Vocabulary in a Population of Learners", in: Knight et al. (2000), S. 303-323

King, Barbara J. (Hg.) (1999), *The Origins of Language. What Nonhuman Primates Can Tell Us.* Santa Fe

Knight, Chris, Studdert-Kennedy, Michael, Hurford, James R. (Hg.) (2000), *The Evolutionary Emergence of Language. Social Function and the Origins of Linguistic Form.* Cambridge

Knight, Chris (1998), „Ritual/speech coevolution: a solution to the problem of deception", in: Hurford et al. (1998), S. 68-91

ders. (2000), „Play as Precursor of Phonology and Syntax", in: Knight et al. (2000), S. 99-119

ders. (2002), „Language and Revolutionary Consciousness", in: Wray (2002a), S. 138-160

Kohler, Michael (2006), *Worte, Dinge und Sprachspiele. Eine Untersuchung zur Normativität semantischer Gehalte.* Phil. Diss. Goethe Universität Frankfurt/Main

Leinonen, L., Linnankoski, I., Laakso, M. L., Aulanko, R. (1991), „Vocal communication between species: man and macaque". *Language Communication* 11, S. 241-262

Lepore, Ernie, Ludwig, Kirk (2002), „What is Logical Form?", in: G. Preyer, G. Peter (Hg.), *Logical Form and Language.* Oxford 2003, S. 54-90

Leutenegger, Walter (1982), „Encephalization and obstetrics in primates with particular reference to human evolution", in: Amstrong, Falk (1982), S. 85-95

Levi-Strauss, Claude (2006), *Traurige Tropen.* Neuauflage. Frankfurt/Main

Lightfoot, David W. (1991), *How to Set Parameters.* Cambridge

ders. (2000), „The Spandrels of the Linguistic Genotype", in: Knight et al. (2000), S. 231-247

Locke, John L., Bogin, Barry (2006), „Language and life history: A new perspective on the development and evolution of human language". *Behavioural and Brain Sciences* 29, S. 259-325

Locke, John L. (1998), „Social sound-making as a precursor of language", in: Hurford et. al. (1998), S. 190-201

ders. (2008), „The trait of human language: lessons from the canal boat children of England". *Biology and Philosophy* 23, S. 347-361

Ludlow, Peter (2003), „Referential Semantics for I-Languages?", in N. Hornstein, L. Antony (Hg.), *Chomsky and His Critics*, Oxford 2003, S. 140-161

Lyon, Caroline, Nehaniv, Christopher L., Cangelosi, Angelo (Hg.) (2007), *Emergence of Communication and Language.* London

Marler, Peter (2000), „Origins of Speech and Music: insights from animals", in: Wallin et. al. (2000), S. 49-64

Masataka, Nobuo (2007), „Music, evolution and language", in: *Developmental Science* 10, S. 35-39

Millikan, Ruth G. (2003), „In Defense of Public Language", in: Antony, Hornstein (2003), S. 215- 237

Dies. (2004), „On Reading Signs", in: Oller, Griebel (2004), S. 15-29

Mitani, J. C., Hasegawa, T., Gros-Louis, J., Marler, P., Byrne, R. (1992), „Dialects in wild chimpanzees?" *American Journal of Primatology* 27, S. 233-232

Mithen, Steven (2005), *The Singing Neanderthals. The Origins of Music, Language, Mind and Body.* London

Newmeyer, Frederick J. (2002), „Uniformtarian Assumptions and Language Evolution Research", in: Wray (2002), S. 359-377

ders. (2003), „What Can the Field of Linguistics Tell Us About the Origins of Language?", in: Christiansen, Kirby (2003), S. 58-76

Nowak, M. A., Krakauer D. (1999), „The Evolutionary Language Game". *Journal of Theoretical Biology* 200, S. 147-162

Okanoya, Kazuo (2002), „Sexual Display as a Syntactical Vehicle: The Evolution of Syntax in Birdsong and Human Language through Sexual Selection", in: Wray (2002), S. 46-63

Oller, D. Kimbrough, Griebel, Ulrike (Hg.) (2004), *Evolution of Communication Systems: A Comparative Approach*. Cambridge (Mass.)

Pinker, Steven (2003), „Language as an Adaption to the Cognitive Niche", in: Christiansen, Kirby (2003), S. 16-37

Pinker, Steven, Jackendoff, Ray (2005), „The faculty of language: what's special about it?" *Cognition* 95, S. 201-236

Pinker, Steven, Bloom, Paul (1990), „Natural language and natural selection". *Behavioral and Brain Sciences* 13, S. 707-784

Power, Camilla (2000), „Secret language Use at Female Initiation: Bounding Gossiping Communities", in: Knight et al. (2000), S. 81-98

Preston, John (Hg.) (1997), *Thought and Language*. Cambridge

Pusey, Anne E., „Of Genes and Apes: Chimpanzee Social Organisation and Reproduction", in: de Waal (2001a), S. 9-38

Ragir, Sonia, (2001), „Toward an understanding of the relationship between bipedal walking, encephalization, and language origins", in: Gyori (2001), S. 73-99

Richman, Bruce (1987), „Rhythm and melody in gelada vocal exchanges", in: *Primates* 28, S. 199-223

Runciman, W. G., Maynard-Smith, John, Dunbar, Robin I. M. (Hg.), *Evolution of Social Behaviour Patterns in Primates and Man*. (= Proceedings of the British Academy 88). Oxford

Seyfarth, Robert M., Cheney, Dorothy L., Marler, Paul (1980), „The Evolution of Monkey responses to three different alarm calls: evidence of predator classification and semantic communication", *Science* 14, Vol. 210, No. 4471, S. 801-803

Simpson, Scott W., Everett, Melanie, Quade, Jay, Levin, Naomi E., Butler, Robert, Dupont-Nivet, Guillaume, Semaw, Sileshi (2008), „A Female Homo erectus Pelvis from Gona, Ethiopia". *Science* 322, S. 1089-1092

Snowdon, Charles T. (1999), „An Empiricist View of Language Evolution and Development", in: King (1999), S. 79-114

ders. (2004), „Social Processes in the Evolution of Complex Cognition and Communication", in: Oller, Griebel 2004, S. 131-150

Steels, Luc (2004), „Social and Cultural Learning in the Evolution of Human Communication", in: Oller, Griebel (2004), S. 69-90

Stein, Daniel L. (Hg.) (1989), *Lectures in the Sciences of Complexity. The Santa Fee Institute Series*. New York

Studdert-Kennedy, Michael (1998), „The particulate origins of language generativity: from syllable to gesture", in: Hurford et al. (1998), S. 202-221

ders. (2000), „Evolutionary Implications of the Particulate Principle: Imitation and the Dissociation of Phonetic Form from Semantic Function", in: Knight et. al. (2000), S. 161-176

Tallerman, Magie (2007), „Did our ancestors speak a holistic protolanguage?" *Lingua* 117, S. 579-604

Tomasello, Michael (2002), *Die kulturelle Entwicklung des menschlichen Denkens*. Frankfurt/Main

Wallin, N. L., Merker, B., Brown, S. (Hg.) (2000), *The Origins of Music*. Cambridge

Washburn, Sherwood (1960), „Tools and human evolution". *Scientific American* 203, S. 63-75.

Weber, Bruce, Depew, David (Hg.) (2003), *Evolution and Learning. The Baldwin Effect Reconsidered*. Cambridge (Mass.)

Wildgen, Wolfgang (2004), *Human language. Scenarios, Principles, and Cultural Dynamics*. Amsterdam

Wilson, Robert A., Keil; Frank C. (Hg.) (1999), *The MIT Encyclopedia of the Cognitive Sciences*. Cambridge (Mass.)

Wittgenstein, Ludwig (1981), *Philosophische Untersuchungen*. Werkausgabe Bd. 1, Frankfurt/Main

Worden, Robert (1998), „The evolution of language from social intelligence", in: Hurford et al. (1998), S. 148-166

Ders. (2000), „Words, Memes and Language Evolution", in: Knight et al. (2000), S. 353-371

Wray, Alison, Perkins, Michael R. (2000), „The functions of formulaic language. An integrated model", in: *Language & Communication* 20, S. 1-28

Wray, Alison (1998), „Protolanguage as a holistic system for social interaction", *Language & Communication* 18, S. 47-67

dies. (2000), „Holistic utterances in protolanguages: the link from primates to Humans", in: Knight et al. (2000), S. 285-302

dies. (Hg.) (2002a), *The Transition to Language*. Oxford

dies. (2002b), „Dual processing in protolanguage: performance without competence", in: Wray (2002b), S. 113-137

dies. (2007), „'Needs only' Analysis in Linguistic Ontogeny and Phylogeny", in: Lyon et al. (2007), S.53-70

Whyten, Andrew, Byrne, Richard W. (Hg.) (1997), *Maciavellian Intelligence II: Extensions and Evaluations*. Cambridge

Zahavi, Amotz, Zahavi, Avishag (1997), *The Handicap Principle. A Missing Piece of Darwin's Puzzle*. Oxford

Zawidsky, Tadeus Wieslaw (2006), „Sexual selection for syntax and kin selection for semantics: problems and prospects". *Biology and Philosophy* 21, S. 453-470

Oliver Schütze

Naturalismus und Normativität

1. Einleitung

Der Begriff der Normativität ist längst seinem angestammten Anwendungskontext, der praktischen Philosophie, entwachsen und hat sich einen festen Platz im Spielfeld theoretischer Philosophie erobert.[1] Dort kursiert etwa die normativistische These, dass Bedeutung und Gehalte normativ sind. Zusammen mit der Unterstellung, dass die explanatorische Reichweite des Naturalismus dort aufhört, wo Normativität vorliegt, verbindet sie sich zu einem Argument gegen Naturalisierungsversuche der betreffenden Phänomene. Um diesen Zusammenhang von Normativität und (Anti-)Naturalismus mit Blick auf Bedeutung und mentale Gehalte soll es im Folgenden gehen.

Warum sollte überhaupt davon ausgegangen werden, dass es dem Naturalismus an den nötigen Mitteln fehlt, um die (vermeintlich) normativen Eigenschaften von Bedeutung und Gehalten einzuholen? Eine recht offensichtliche Antwort findet sich in einer berühmten Passage in Kripkes Wittgensteininterpretation, in der Kripke aufzuzeigen versucht, warum die Dispositionstheorie, als eine naturalistische Theorie der Bedeutung, die *normative* Relation zwischen Bedeutung, Sprecherabsicht und Gebrauch nicht einholen kann:

> Der Dispositionstheoretiker gibt eine deskriptive Erklärung dieser Beziehung: Ist mit „+" die Addition gemeint, werde ich „125" antworten. Das ist jedoch keine angemessene Erklärung dieser Beziehung, die eben nicht deskriptiv, sondern normativ ist. Es geht nicht darum, daß ich, sofern mit „+" die Addition gemeint war, „125" antworten werde, sondern dass ich „125" antworten sollte, sofern ich mit dem bisher mit „+" Gemeinten in Einklang zu bleiben beabsichtige. Die Beziehung zwischen Meinen und Intendieren einerseits und künftigen Handlungen andererseits ist nicht deskriptiv, sondern normativ.[2]

Das Scheitern der Dispositionstheorie wird wie folgt inszeniert: Bedeutung ist für Kripke normativ in dem Sinne, dass die Relation von Bedeutung, Sprecherabsichten und Gebrauch normativ ist. Eine Bedeutungstheorie muss dieser Normativität Rechnung tragen. Die Dispositionstheorie kann dies aber nicht leisten, da sie (a) in ihren explanatorischen Ressourcen auf *deskriptive* Aussagen beschränkt ist (Aussagen über Dispositionen sind Aussagen über Verhaltensregularitäten – darüber, wie Personen unter bestimmten Umständen reagieren) und da (b) normative Eigenschaften sich nicht in einem deskriptiven Vokabular erklären lassen, denn aus der Tatsache, dass eine Person disponiert ist, x zu tun, kann niemals folgen, dass sie x tun sollte. Demnach besteht kein Raum für die Unterscheidung zwischen dem, was ein Sprecher tun soll und dem, was er faktisch tut oder tun würde. Und damit, so diagnostiziert auch Robert Brandom, geht „jede normative Kraft verloren."[3]

---

1 Diese Einschätzung ist auch bei Darwall 2001 zu finden.
2 Kripke 1987, S. 52f.
3 Brandom 2000, S. 71.

Wären die gemachten Voraussetzungen wahr, würde die Dispositionstheorie tatsächlich scheitern und mit ihr alle Theorien, die sich wie sie im Explanans auf deskriptives Vokabular beschränken. Sofern der Naturalismus ein Deskriptivismus ist, hätten wir damit ein normativistisches Argument gegen ihn.

Impliziert wird der Deskriptivismus etwa dann, wenn man unter dem Naturalismus versteht, dass sich sämtliche Phänomene in der Welt hinreichend in der Sprache der Naturwissenschaften beschreiben und erklären lassen, und darüber hinaus davon ausgeht, dass diese Sprache deskriptiv ist. Ganz allgemein könnte der Naturalist ein deskriptives Vokabular bevorzugen, weil es im Fall deskriptiver Aussagen recht klar zu sein scheint, wovon sie handeln – nämlich von der Welt; und damit ist auch die Idee gegeben, worauf es bei der Beurteilung dieser Art von Aussagen ankommt – nämlich, wie es sich mit den Dingen (und ihren Eigenschaften) in der Welt verhält.[4] Bei normativen Aussagen hingegen ist zunächst nicht ausgemacht, worüber sie reden, und mithin nach welchen Kriterien wir beurteilen, ob sie korrekt sind oder nicht. Daher erscheinen sie dem Naturalisten zunächst verdächtig – zumindest verdächtig genug, um sie nicht ins Explanans aufzunehmen.

Ein weicher Naturalismus, der sich lediglich auf einen Deskriptivismus festlegt, würde gerade dadurch bestechen, dass er, bis auf die Beschränkung, eine deskriptive Theorie zu sein, a priori keine anderen Beschreibungsressourcen ausschließt und somit eine (nicht-reduktive) Integration des mentalen Vokabulars im Sinne eines „undogmatischen Naturalismus"[5] zumindest für möglich hält. Dieser Naturalismus rechnet demnach mit der Möglichkeit, dass es deskriptive Theorien gibt, die nicht Bestandteil der Naturwissenschaften sind. Ob der Deskriptivismus ausreicht, um eine interessante naturalistische Position auszuzeichnen, soll hier offengelassen werden;[6] relevant für das antinaturalistische Argument, und mithin für die folgenden Überlegungen, ist lediglich, dass er vom Naturalismus impliziert wird. Dass dies so ist, sei im Folgenden – mindestens um des (antinaturalistischen) Argumentes willen – angenommen.

Ein normativistisches Argument gegen eine naturalistische Bedeutungstheorie oder Theorie des Gehaltes sieht dann folgendermaßen aus:

(1) Der Naturalismus ist auf einen Deskriptivismus festgelegt;
(2) Bedeutung bzw. mentaler Gehalt sind normativ;
(3) deskriptive Theorien können normative Phänomene nicht theoretisch einholen;
(4) daher sind naturalistische Bedeutungstheorien bzw. naturalistische Theorien mentaler Gehalte falsch oder zumindest nicht hinreichend.

Ziel dieses Aufsatzes ist es, gegen dieses Argument den Verdacht zu nähren, dass es nicht so einleuchtend ist, wie es sich auf den ersten Blick präsentiert. Ohne ein Totschlagargument anbieten zu können, will ich schrittweise zeigen, in welch anspruchsvollem Sinn Prä-

---

4 Diese Überlegungen sollen nicht als Appell an eine naive Korrespondenztheorie der Wahrheit verstanden werden, sondern lediglich eine Platitüde zum Ausdruck bringen, deren genauere theoretische Rekonstruktion hier offenbleibt (für die Idee der korrespondenztheoretischen Intuition als eine Platitüde siehe Wright 2003).
5 Vgl. den Aufsatz von Alexander Becker in diesem Band.
6 Um sich jedoch überhaupt den Namen „Naturalismus" zu verdienen, bedarf es methodologischer Einschränkungen mit Blick auf die Korrekturmechanismen (nicht-naturwissenschaftlicher) deskriptiver Theorien; und vermutlich wird spätestens dann der Rekurs auf die Naturwissenschaften unausweichlich (zur Idee des Naturalismus als Deskriptivismus siehe Detel 2007, S. 55f.).

misse (2) verstanden werden muss, damit das Argument schlüssig und valide bleibt. In einem ersten Schritt (Abschnitt 2) will ich dafür argumentieren, dass (3) in seiner Allgemeinheit nicht richtig sein kann, indem ich zu zeigen versuche, dass ein Naturalismus im Sinne eines Deskriptivismus wenigstens *eine* Art von Normativität – instrumentelle Normativität – einholen kann. Zwar kann das Argument gerettet werden, jedoch nur auf Kosten höherer Beweislasten für (2). Anschließend (Abschnitt 3) soll geklärt werden, welche weiteren Anforderungen an (2) gestellt werden müssen, damit das antinaturalistische Argument zündet. Schließlich werden (in Abschnitt 4) einige gängige Argumente für (2) zurückgewiesen werden, so dass die Luft noch dünner wird. Auch die Besonderheiten, die mit mentalen Einstellungen gegenüber sprachlicher Bedeutung ins Spiel kommen, ändern daran nichts (Abschnitt 5), so dass die Einschätzung, dass das antinaturalistische Argument seine Begründungshypotheken nicht zu decken vermag, wenigstens naheliegt.

2. Zwei Arten von Normativität – kategorische und instrumentelle Normativität

Trotz der zunehmenden Verwendung des Begriffs „Normativität" werden die Regeln oder Bedingungen seiner Anwendung nur selten explizit gemacht. Auch dort, wo er zu Hause ist, in der praktischen Philosophie, bleiben seine Konturen meist unscharf.

Eine Vorstellung, die für Normativität im Kontext praktischer Philosophie zentral zu sein scheint, ist die eines Handlungsdrucks, einer handlungsleitenden bzw. bindenden Kraft oder eines Zwanges. So diagnostiziert Peter Stemmer in seinem jüngst erschienenen Buch über Normativität:

> Eine bescheidene Konvergenz liegt immerhin darin, dass Normativität häufig mit der Vorstellung des Drucks assoziiert wird. Etwas, was Normativität hat, entwickelt einen Handlungsdruck. Das normative Müssen drückt seine Adressaten dahin, bestimmte Handlungen zu tun oder zu unterlassen. Auch von Gründen und Normen wird gesagt, dass sie „normativen Druck" generieren.[7]

Die Assoziation von Normativität mit einer Art von Druck, Zwang oder Kraft, die uns anleitet, uns eine Richtung vorgibt oder sogar drängt, führt auch Christine Korsgaard in ihrem einflussreichen Werk *The Sources of Normativity* so aus:

> As I said before, many of the concepts that interest philosophers are normative ones: obligation, rightness, goodness, meaning, knowledge, beauty, and virtue are all concepts that, in various ways, claim to *direct* us, to *guide* our thoughts and action. [...] our sense of their normativity, of *how they direct us*, is different. Do they *pull* or do they *push*, are they carrots or are they sticks? Obligation, the most obstrusivly normative of these concepts, seems sternly to command, while beauty only to attract

---

7 Stemmer 2008, S. 12. Diese Vorstellung wird durch unterschiedliche Ausdrücke artikuliert, etwa auch „bindende Kraft", „bindingness", „handlungsleitende Kraft", etc. Insofern er das Adjektiv „normativ" noch explizit enthält, hat der Ausdruck „normative Kraft" als ein Sammelbegriff für diese Vorstellung meiner Ansicht nach den Vorteil, dass er am deutlichsten markiert, dass wir mit ihm in der Erläuterung von Normativität noch keine großen Fortschritte gemacht haben, sondern lediglich auf eine „Baustelle" hinweisen.

and meaning perhaps to suggest. So it might look as if these concepts
have different kinds of normativity.[8]

An diesem Zitat wird die prominente Rolle der Kräftemetapher deutlich, aber auch der Eindruck bestärkt, dass es unterschiedliche Arten von Normativität gibt, die bei Korsgaard entlang unterschiedlicher Vorstellungen von normativer Kraft differenziert werden. Bevor ich im Folgenden einen genaueren Blick auf zwei Arten der Normativität werfen werde, die vor allem in Hinblick auf die bedeutungstheoretische Debatte zentral sind, seien kurz einige Merkmale dieser normativen Kraft genannt.

Eine Eigenschaft, die bei der Vorstellung einer normativen Kraft eine entscheidende Rolle spielt und sie von naturgesetzlichen und logischen „Zwängen" unterscheidet, besteht in der Möglichkeit, entgegen dieser Kraft zu handeln: Es muss möglich sein, Normen zu verletzen, denn gebieten oder verbieten ist nur dann sinnvoll, wenn man auch dagegen verstoßen kann. Wir haben es mit einem Phänomen zu tun, das zwar durch eine Art von Zwang charakterisiert ist, aber dennoch die Möglichkeit offen lässt, gegen diesen Zwang zu verstoßen. So macht Peter Railton geltend, dass es für Normativität spezifisch ist, dass „force and freedom" zugleich involviert sind;[9] Peter Stemmer spricht sogar von dem „Paradox des normativen Müssens": „Wir haben also ein Müssen und damit ein Nicht-anders-Können, und doch ist es eine unbestreitbare Tatsache, dass wir anders können."[10]

Dieses Merkmal zieht noch ein weiteres nach sich. Normativität hat einen *kontrafaktischen Charakter*, und zwar in den folgenden beiden Hinsichten: Zum einen gilt, in Analogie zur Logik modaler Ausdrücke (notwendig, möglich, unmöglich), dass aus der Tatsache, dass nicht-p, nicht folgt, dass p verboten ist oder nicht getan werden sollte (ebenso wie aus nicht-p nicht folgt, dass p unmöglich ist): wenn die meisten Deutschen den Müll nicht korrekt trennen, bedeutet das nicht, dass sie es nicht tun sollten. Zum anderen, und nun im Unterschied zu modalen Ausdrücken, gilt für sie nichts Analoges zu dem, was in der Modallogik als *ab-esse-ad-posse-Prinzip* („was wirklich ist, das ist auch möglich") bezeichnet wird.[11] „Was verwirklicht ist, das ist auch erlaubt" gilt gerade wegen der Möglichkeit der Verletzung von Normen nicht, denn dafür muss es möglich sein etwas zu tun, das verboten ist, d.h. sowohl die als korrekt als auch die als inkorrekt spezifizierten Handlungen müssen realisierbar sein.

Um zwei Arten von Normativität, die ich entlang einer einflussreichen Unterscheidung zwischen instrumentellen und kategorischen Normen vorstellen möchte, und um ihr Verhältnis zum Naturalismus soll es im Folgenden gehen.

Instrumentelle Normen werden als Konditionalsätze formuliert, die ein Antezedens mit einem Konsequens (A → C) verbinden, wobei das Antezedens einen bestimmten *Zweck*, das Konsequens aber die notwendigen (oder die geeignetsten) *Mittel* angibt, die zu nutzen sind, um diesen Zweck zu erreichen: Wenn du Y willst, musst/solltest du X tun.

---

8 Korsgaard 1996, S. 20f. (Kursivierung von O.S.)

9 Siehe Railton 2000. Diese beiden Aspekte der Normativität scheinen theoretische Spannungen zu erzeugen, die uns in den nächsten Kapiteln immer wieder begegnen werden.

10 Stemmer 2008, S. 7. Stemmer favorisiert „müssen" als semantischen Indikator von Normativität. Auch Tugendhat 2003, S. 36 und Mackie 1981, S. 79 bevorzugen diese Redeweise, während die meisten Autoren „sollen" verwenden. Die Verwendung von „müssen" bestärkt natürlich dein Eindruck eines Paradoxes. Ich werde mich hinsichtlich dieser Alternativen neutral verhalten und beide Ausdrücke verwenden.

11 Vgl. hierzu Stegmüller 1987, S. 161f.

Kategorische Normen hingegen zeichnen sich dadurch aus, dass sie sich unmittelbar auf Handlungen beziehen und ohne Bezug auf ein Wollen gelten, oder, wie es Schnädelbach formuliert:

> daß sie sich direkt und ohne distanzierbaren Kontext auf Handlungen be-
> ziehen, und zwar im Modus der deontischen Modalitäten „erlaubt", „ge-
> boten", „verboten"; sie sagen uns, was wir dürfen und was wir tun und
> lassen sollen, und nicht nur (wie die direktiven Normen), was wir zu be-
> achten haben, wenn wir etwas bestimmtes wollen.[12]

Betrachten wir die Unterscheidung zwischen kategorischen und instrumentellen Normen etwas genauer. Die konditionale Form instrumenteller Normen kann hier nicht das Unterscheidungskriterium sein, denn kategorische Normen können nicht nur in der Form „Es ist erlaubt/geboten/verboten, X zu tun" oder „Du sollst X tun" auftreten, sondern auch in der Form „Wenn Bedingung B der Fall ist, ist es erlaubt/geboten/verboten, X zu tun" bzw. „Wenn B, sollst du X tun". Auch die Rede davon, dass sich kategorische Normen „unmittelbar" oder „ohne distanzierbaren Kontext" auf Handlungen beziehen, verliert damit an Eindeutigkeit. Eine erste Reaktion darauf könnte darin bestehen, instrumentelle Normen über eine nähere Charakterisierung des Antezedens auszuzeichnen, und zum Beispiel zur Bedingung zu machen, dass im Antezedens auf Wünsche[13] des Handelnden Bezug genommen wird. Demgemäß ließe sich der Unterschied wie folgt einholen: Eine kategorische Norm beansprucht ihre Geltung unabhängig von gewählten Zwecken. Tritt sie in konditionaler Form auf, dann bezieht sich die Einschränkung lediglich auf den Geltungsbereich. Nehmen wir als Beispiel folgende kategorische Norm: „Wenn du dich an Tankstellen aufhältst, darfst du nicht rauchen". Im Fall dieser Norm ist der Geltungsbereich zwar auf Tankstellen eingeschränkt, aber innerhalb dieses Bereichs gilt sie ganz unabhängig davon, welche Wünsche die Adressaten haben.

Ich glaube zwar, dass diese Darstellung einen richtigen Punkt mit Blick auf (bedingt formulierte) kategorische Normen trifft. Dennoch gilt es, die Differenz genauer herauszuarbeiten, denn, so J.L. Mackie:

> Selbst ein Wunsch des Handelnden kann in das Antezedens eines, gram-
> matisch gesehen, bedingten Sollenssatzes eingehen, ohne daß er deswe-
> gen aufhören müsste, ein kategorischer Imperativ [...] zu sein.[14]

Die Notwendigkeit, ein Unterscheidungskriterium jenseits grammatischer Form oder inhaltlicher Qualifikation der Antezedensbedingungen zu suchen, wird deutlich, wenn man folgende Beispiele betrachtet:[15]

1. Wenn du den Wunsch zu rauchen verspürst, solltest du lieber ein Kaugummi kauen.
2. Wenn du den Wunsch zu rauchen verspürst, solltest du Zigaretten kaufen.

---

12 Schnädelbach 1992, S. 85.
13 Wünsche sollen hier im weiten Sinne verstanden werden, so dass alles von Neigungen und Präferenzen bis hin zu Intentionen und Plänen darunter fällt.
14 Mackie 1981, S. 29.
15 Die Beispiele stammen aus Liptow 2004, S. 100.

2. ist Ausdruck einer instrumentellen Norm, während 1. dies nicht ist. Die beiden Sätze unterscheiden sich dadurch voneinander, dass nur der zweite Satz, aber nicht der erste, ein Mittel zur Befriedigung des im Antezedens genannten Wunsches angibt. Worauf es für die Auszeichnung instrumenteller Normen demnach ankommt, ist die *Art der Relation*, die das Antezedens mit dem Konsequens verbindet. Bei einer instrumentellen Norm stehen Konsequens und Antezedens in einer *instrumentellen Relation*: die Handlung, die das Konsequens formuliert, muss ein Mittel sein, um den im Antezedens formulierten Wunsch zu erfüllen.[16] Im Besitz von Zigaretten zu sein, ist ein geeignetes Mittel dafür, den Wunsch nach einer Zigarette realisieren zu können, während Kaugummi zu kauen kein Mittel zur Befriedigung des Wunsches ist – höchstens kann es diesen Wunsch (für kurze Zeit) verdrängen. In diesem Sinne verweisen instrumentelle Normen (zumindest manchmal) auf *Kausalzusammenhänge* oder gesetzesartige Regelmäßigkeiten.[17] Die instrumentelle Norm „Wenn du schnell gesund werden willst, dann solltest du dich gesund ernähren" setzt voraus, dass gesunde Ernährung eine notwendige Bedingung für schnelle Gesundung ist[18] – oder diese wahrscheinlicher macht –, was sich darin zeigt, dass wir die Norm zurückweisen würden, wenn dies nicht der Fall wäre.[19]

Diese Abhängigkeit von der (deskriptiven) Tatsache, dass das angegebene Mittel unter gegebenen Bedingungen zur Realisierung des Wunsches führt, ist ein Grund dafür, warum instrumentelle Normen aus naturalistischer Perspektive nicht allzu rätselhaft erscheinen. Wenn dem Naturalisten, wie oben vermutet, normative Urteile deshalb suspekt sind, weil ihm unklar ist, nach welchen Kriterien wir beurteilen sollen, ob sie korrekt sind oder nicht, so treffen seine Sorgen nicht auf instrumentelle Normen zu, denn diese sind korrekt, wenn es sich in der Welt so verhält, dass der in der Antezedensbedingung formulierte Wunsch tatsächlich (nur) durch die im Konsequens spezifizierten Mittel erfüllt wird – und ob dies so ist, ist eine Sache deskriptiver Tatsachen.

Auch die Erklärung der normativen Kraft – der Normativität – instrumenteller Normen gilt traditionell als unproblematisch, so etwa bei Kant:

> Wie ein Imperativ der Geschicklichkeit möglich sei, bedarf wohl keiner besonderen Erörterung. Wer den Zweck will, will (sofern die Vernunft auf seine Handlungen entscheidenden Einfluß hat) auch das dazu unentbehrlich notwendige Mittel, das in seiner Gewalt ist.[20]

Auch Mackie schreibt über instrumentelle Normen der Form „Wenn du X willst, tue Y":

> Der Grund, Y zu tun, liegt in der kausalen Beziehung von Y zum gewünschten Ziel X; der Sollenscharakter von Y ist bedingt durch den Wunsch X.[21]

---

16 Eine weitere Bedingung ist, dass das infrage kommende Mittel nicht nur irgendein Mittel, sondern *beste verfügbare* Mittel relativ zu den relevanten Alternativen ist.

17 Vgl. Mackie 1981, S. 28.

18 Ähnlich v. Wright 1963, S. 10: „In giving the directive ‚If you want to make the hut habitable, you ought to heat it', it is (logically) presupposed that if the hut is not being heated it will not become habitable."

19 So ließe sich die instrumentelle Norm „Wenn du abnehmen willst, solltest du Süßstoff statt Zucker verwenden", durch den Hinweis widerlegen, dass Süßstoff den Appetit anregt und empirische Studien gezeigt haben, dass Leute, die Süßstoff konsumieren, mehr essen und folglich zunehmen.

20 Kant, BA 45.

21 Mackie 1981, S. 28. Eine ähnliche Ansicht finden sich, etwas versteckter, auch bei Wittgenstein 1989, S. 11f.

Eine genauere Analyse, wie Normativität aus der Verbindung eines Wunsches und seiner Beziehung zu den Mitteln seiner Erfüllung entsteht, gibt Stemmer. Er vertritt explizit die These, dass sich Normativität – und seiner Ansicht nach *jede* Art von Normativität – aus zwei nicht-normativen Elementen konstituiert: aus einem Wunsch und aus den notwendigen Bedingungen seiner Erfüllung, die er als „Müssen der notwendigen Bedingungen" bezeichnet:

> Normativität entsteht durch das Zusammenkommen zweier Bausteine, eines Müssens der notwendigen Bedingungen und eines Wollens. Beide Bausteine sind selbst nicht normativ. Aber wenn sie zusammenkommen, bedeutet das, dass Normativität existiert. Dabei ist wesentlich, dass Normativität nicht etwas ist, was zu den beiden Elementen hinzukommt, es ist nichts Distinktes neben oder über diesen Elementen. Es kommen nur zwei Dinge zusammen, und dadurch entsteht eine komplexe Situation, die normativ ist und Handlungsdruck erzeugt.[22]

Sein illustrierendes Beispiel handelt von einer Person, die einen Marathon zu laufen beabsichtigt und, um dies zu erreichen, trainieren muss.[23] Das Training ist eine notwendige Bedingung, um den Marathon zu bewerkstelligen: ohne Training wird sie es nicht schaffen. Um einen Marathon durchstehen zu können, gibt es keine Alternative zum Training, kein Anders-Handeln-Können. Dies ist eine biologische Tatsache über Menschen oder wenigstens über solche mit bestimmten physiologischen Eigenschaften. Diese Tatsache besteht, ganz unabhängig davon, ob sich die Person dafür nun interessiert oder nicht, und sie allein erzeugt noch keinen Handlungsdruck, keine Normativität. Normativität kommt erst dann ins Spiel, wenn der Wunsch hinzukommt, einen Marathon zu laufen. Dann wird das Müssen der notwendigen Bedingung zu einem Müssen *für* die Marathonanwärterin, da diese, sofern sie nicht trainiert – also anders handelt, als sie „muss" –, eine negative Konsequenz zu spüren bekommt: ihr Wunsch wird nicht erfüllt. Das Müssen der notwendigen Bedingung bleibt das gleiche – in diesem Beispiel also eine biologische Tatsache – nur, dass es nun, durch den Bezug auf das Wollen, zu der Unausweichlichkeit einer negativen Konsequenz für die Wollende (der Nichterfüllung ihres Wunsches) führt. Und dies erzeugt den Handlungsdruck, die entsprechenden Mittel zu ergreifen.

Wie verhält sich aber nun die Tatsache, dass Normativität in diesem Müssen der notwendigen Bedingung besteht, zum eingangs erwähnten Merkmal, dass Normativität sich vom naturgesetzlichen Müssen unterscheidet, da sie mit der Freiheit des Anders-Handeln-Könnens vereinbar sein muss? Stemmer kann problemlos zugestehen, dass das normative Müssen ein naturgesetzliches Müssen ist – wie es das Beispiel der Marathonläuferin ja auch vorsieht. Es gilt allerdings, und das ist sein Trick, zu beachten, dass die Redeweise vom naturgesetzlichen Müssen zweideutig ist. Zum einen gibt es das Müssen der notwendigen *Folge,* und (nur) dieses ist in einem der Handlungsfreiheit abträglichen Sinne determinierend:

---

22 Stemmer 2008, S. 42.
23 Stemmer 2008, S. 28f.

> Wenn jemand infolge einer Drogensucht nicht anders kann, als zur Droge
> zu greifen, ist das (wenn es wirklich so ist) ein determinierendes naturge-
> setzliches Müssen ohne die Möglichkeit, anders zu handeln.[24]

Das (naturgesetzliche) Müssen der notwendigen *Bedingung* ist zwar determinierend in dem Sinne, dass es bestimmt, was erfüllt sein oder getan werden muss, damit etwas anderes der Fall sein kann, aber es determiniert keine bestimmte Handlung: Auch wenn es eine biologische Tatsache ist, dass ich für einen Marathon trainieren muss, um ihn zu bestehen, so liegt es doch an mir, ob ich für ihn trainiere, oder mit der Konsequenz lebe, ihn nicht durchzuhalten.

Ob nun diese Art von Normativität eine unter vielen ist, oder – wie Stemmer behauptet – die Grundstruktur darstellt, aus der die gesamte normative Wirklichkeit entsteht, kann an dieser Stelle offengelassen werden. Entscheidend ist einzig, dass es eine Art von Normativität zu geben scheint, für die wir mit naturalistischen Mitteln aufkommen können.[25] Denn dann wird Prämisse (3) unseres antinaturalistischen Argumentes falsch, und es bedarf einer Revision:

(1)   Der Naturalismus ist auf einen Deskriptivismus festgelegt;
(2)   Bedeutung bzw. mentaler Gehalt sind normativ;
(3*) deskriptive Theorien können die in (2) beanspruchte Normativität nicht einholen;
(4)   daher sind naturalistische Bedeutungstheorien bzw. naturalistische Theorien mentaler Gehalte falsch oder zumindest nicht hinreichend.

Zu beachten ist, dass diese Korrektur des Argumentes ihren Preis hat: die Beweislasten für Prämisse (2) sind gestiegen. Es reicht nicht mehr, irgendeine Art von Normativität ausfindig zu machen, die für Bedeutung relevant ist. Sie muss mit dem Naturalismus inkompatibel sein.

Ein solcher Kandidat für Normativität, der gute Aussichten hat, sich einer Naturalisierung in den Weg zu stellen, sind *kategorische Normen*: Bei ihnen ist zum einen nicht klar, dass sie eine ähnlich enge Abhängigkeit von deskriptiven Sachverhalten aufweisen wie instrumentelle Normen, zum anderen ist ihre Normativität von gänzlich anderem Charakter. Beides zeigt sich darin, *wie* kategorische Normen als Gründe für Handlungen eine Rolle spielen. Glüer bemerkt dazu treffend:

> Eine Präskription P für gültig zu halten, bedeutet, die von ihr als korrekt
> spezifizierten Handlungen für vollziehenswert zu halten, *weil* sie von P
> als korrekt spezifiziert werden.[26]

Entscheidend ist hier der für kategorische Normen eigentümliche Geltungsanspruch: Nicht, weil ich etwas für wünschenswert halte, ist es korrekt, eine bestimmte Handlung zu vollziehen, sondern umgekehrt, weil eine Handlung korrekt ist (von einer Norm als korrekte Handlung spezifiziert wurde), soll ich die Handlung für vollziehenswert halten. Das bedeutet für

---

24 Stemmer 2008, S. 49.
25 Eine zentrale Rolle in Stemmers Analyse von Normativität spielt natürlich die modale Eigenschaft der Notwendigkeit, und damit kommt die berechtigte Frage auf, wie sich diese zu einem Naturalismus als Deskriptivismus verhält. Da ich die Frage im Rahmen dieses Aufsatzes nicht behandeln kann, ergibt sich eine Relativierung des Gezeigten: Instrumentelle Normativität bietet einer Naturalisierung keine Schwierigkeiten, die über die möglichen Schwierigkeiten mit Blick auf alethische Modalität hinausgehen.
26 Glüer 1999, S. 164.

ihre Normativität: Aus der Geltung der Norm allein soll der normative Druck erwachsen, die von der Norm als korrekt spezifizierte Handlung zu vollziehen, wobei die Geltung unabhängig von den faktischen Präferenzen des Normadressaten ist. Ohne der Angelegenheit zu mehr Klarheit zu verhelfen, werde ich das Zugeständnis an den Antinaturalisten machen, dass es erstens eine solche Art von Normativität gibt und zweitens, dass ein Naturalist im hier verstandenen Sinne eines Deskriptivisten Probleme haben wird, sie im Rahmen seiner explanatorischen Ressourcen theoretisch einzuholen.

3. Essentielle Normativität – am Beispiel der Bedeutungstheorie

Die zweite Prämisse des antinaturalistischen Argumentes, die normativistische These, besagt, dass Bedeutung oder Gehalte normativ sind. Die Frage ist, auf welche Weisen diese These verstanden werden kann, und welche davon unser antinaturalistisches Argument voraussetzen muss.

Unsere Sprachpraxis ist *faktisch* eine normative Praxis, insofern zum Beispiel Korrekturverhalten Teil dieser Praxis ist. So ist auch unsere *Rede über* sprachliche Aktivitäten von normativem Vokabular durchdrungen. Normatives Vokabular fließt in die Beschreibung des *Verhältnisses von Sprache und Welt* ein, nämlich dann, wenn wir bedeutungsvolle Sätze oder Äußerungen als wahr oder falsch, korrekt oder inkorrekt evaluieren. Dies gilt auch mit Blick auf die Verwendung einzelner Ausdrücke: Es ist korrekt, das Wort „Hund" auf Hunde anzuwenden; wir sollten den Ausdruck „Hund" (nur) auf Hunde anwenden. Und sicherlich macht es auch Sinn zu sagen, dass Sätze und Äußerungen wahr sein sollten. Ebenso üblich ist es, die *Beziehungen zwischen Sätzen* (bzw. Äußerungen) in normativen Begriffen zu charakterisieren. Wir sagen: wer behauptet, dass p, sollte auch behaupten, dass q; wer p behauptet, der legt sich auch auf q fest (verpflichtet sich auf q); man sollte p und nicht–p nicht zugleich behaupten. Und dergleichen mehr.[27]

Vor diesem Hintergrund mag die Annahme, dass Bedeutung eine normative Dimension aufweist, eine anfängliche Plausibilität haben und sicherlich gilt, dass eine theoretische Rekonstruktion unserer sprachlichen Praxis dieser normativen Dimension gerecht werden muss. Jedoch berechtigt diese Beobachtung allein höchstens zu einer recht schwachen Variante der normativistischen These:

(NT1) Die Tatsache, dass etwas eine bestimmte semantische Eigenschaft hat, lässt sich (auch) im Rahmen normativer Praktiken bzw. unter Verwendung normativen Vokabulars ausdrücken.

Damit ist jedoch nicht gesagt, dass Bedeutung sich *nur* unter Bezugnahme auf normatives Vokabular oder normative Praktiken beschreiben oder erklären lässt; und natürlich auch nicht, dass sie sich auf diese Weise hinreichend erklären lässt.

Warum eine stärkere Version nötig ist, damit das antinaturalistische Argument greift, und wie eine solche aussieht, war bereits im obigen Kripkezitat angedeutet. Nicht umsonst wurde seine Wittgensteininterpretation zum *locus classicus* der normativistischen These und

---

27 Gleiches gilt natürlich auch mit Blick auf den Geist, also das Verhältnis von Geist und Welt und von propositionalen mentalen Zuständen zueinander.

mithin zum Auslöser der aktuellen Debatte darüber geadelt.[28] Zwar wird auch an seine inhaltliche Spezifizierung semantischer Normativität – als eine *normative* Relation zwischen Bedeutung, Sprecherabsicht und Gebrauch – angeknüpft;[29] instruktiver für ein Verständnis der stärkeren Variante der normativistischen These ist jedoch die argumentative Rolle, die diese These bei Kripke spielt: Sie fungiert, wie wir bereits gesehen haben, als die zentrale *Prämisse* seines Arguments gegen eine naturalistische Theorie der Bedeutung – die Dispositionstheorie.[30] Die Dispositionstheorie erweise sich als *inadäquat*, weil sie die Normativität der Bedeutung nicht einholen könne, so Kripke.[31] Diesen Status der normativistischen These als eine *Adäquatheitsbedingung* für Bedeutungstheorien gilt es zu berücksichtigen und im Folgenden auszubuchstabieren, um ihren vollen Anspruch zu verstehen. Auch wenn der Verweis auf die Normativität unserer Sprachpraxis den Gestus der Selbstverständlichkeit erklärt, mit dem Kripke die normativistische These ohne weitere Begründung ins Spiel bringt,[32] so ist ein Argument, das dieser These den Status einer Adäquatheitsbedingung verleiht, damit noch nicht erbracht. Dazu müsste die weitere Annahme motiviert werden, dass die in unserer Sprachpraxis und unserer Rede über Sprache enthaltene Normativität nicht nur in einer kontingenten, sondern in einer „tieferen" Beziehung zu Bedeutung steht. Es ist nicht ausgemacht, dass die normativen Elemente zu jenen Strukturelementen unserer sprachlichen Praxis zu rechnen sind, die für eine Explikation des Bedeutungsbegriffs wesentlich sind.[33] Ebenso dürften die durch unsere Rede über Sprache bedingten Intuitionen nicht hinreichend sein, um daraus eine interessante These über die „Natur" von Bedeutung zu gewinnen. Denn sicherlich gilt, dass auch nicht-normative Begriffe in normativen Verwendungskontexten auftreten können – was im Umkehrschluss bedeutet: Aus der Tatsache, dass ein Begriff W in normative Kontexte eingebettet werden kann (und oft auch wird), folgt noch nicht, dass W selbst in einem belastbaren Sinn normativ ist. Es könnte sich um ein sprachliches Oberflächenphänomen handeln. Und es ist daher nicht klar, dass eine Bedeutungstheorie überhaupt die Aufgabe hat, diese normativen Elemente zu rekonstruieren. Eben aus diesem Grund bedarf es einer stärkeren Lesart der normativistischen These als (NT1). Bedeutung muss in einer engeren Relation zu Normativität stehen, als (NT1) dies gewährleisten kann.

---

28 Kripke 1987; vgl. Wikforss 2001 und Glüer 1999 für diese Einschätzung.

29 Kripke 1987, S. 52f. Es ist üblich, von Kripkes Wittgenstein – „Kripkenstein" – zu sprechen, wenn es um Kripkes Interpretation von Wittgenstein geht. Ich verwende im Folgenden „Kripke" im Sinne von Kripkenstein.

30 Zwar bringt Kripke gegen die Dispositionstheorie mehrere Einwände in Anschlag, doch der seiner Ansicht nach schwerwiegendste Einwand, der „zu all ihren Schwierigkeiten führt", ist der Normativitätseinwand (vgl. Kripke 1987, S. 53).

31 Auch bei Brandom 2000, Blackburn 1984, Boghossian 2000 und McDowell 1984 – um nur einige Kandidaten zu nennen – tritt die normativistische These als Adäquatheitsbedingung auf.

32 Vgl. Bilgrami: „It should be obvious where the role of normativity enters in Kripke's dialectic. Normativity is presupposed right from the start by Kripke as essential to the meaning of the terms; and it is introduced into the dialectic of his sceptical problem at the point where one thought one could get away with an answer to his sceptic, an answer which appeal to the regularities in individual agents' behaviors and the dispositions attributed to agents on their basis." (Bilgrami 1992, S. 87).

33 Vgl. Reuter 2006, S. 231ff.

Um zu markieren, dass es um einen engeren Zusammenhang zwischen Normativität und Bedeutung geht, wird die stärkere Variante der normativistischen These oft mit einem weiteren Ausdruck wie „essentiell" („intrinsisch", „wesentlich") versehen und lautet dann

(NT2)   Bedeutung ist essentiell normativ.

Dabei spielt der Ausdruck „essentiell" in der normativistischen These eine doppelte Rolle.

Erstens soll er markieren, dass die *Relation* zwischen Bedeutung und Normativität eine *interne* ist: Normativität soll zum Verständnis des Bedeutungsbegriffs gehören. Versteht man die Normativität der Bedeutung nicht, versteht man den Bedeutungsbegriff nicht, und eine Bedeutungstheorie, die die Normativität der Bedeutung nicht theoretisch einholen kann, verfehlt folglich ihren Gegenstand. Das ist die Kernintuition der (essentiellen) Normativisten, die zu der bereits erwähnten Formulierung passt, dass es eine Adäquatheitsbedingung einer jeden Bedeutungstheorie ist, die Normativität der Bedeutung theoretisch einzuholen.[34] Erst wenn gewährleistet ist, dass Normativität (der Bedeutung) ein Explanandum einer jeden Bedeutungstheorie ist, wird es zur Aufgabe des Naturalisten, dem gerecht zu werden, und daher muss die normativistische These (2) im antinaturalistischen Argument in diesem stärkeren Sinne verstanden werden.

Sofern wir allerdings die Einsicht aus Abschnitt 2 hinzuziehen, dass es Arten von Normativität geben kann, die sich naturalistisch einholen lassen, reicht (NT2) in dieser Hinsicht noch nicht aus, um seine Funktion im Rahmen eines Argumentes gegen einen Naturalismus zu erfüllen. Daher soll „essentiell" zweitens die Rolle zugewiesen werden, die involvierte Art von Normativität näher zu bestimmen: Es soll sich dabei um *genuine Normativität* handeln, d.h. eine Art von Normativität, die nicht mit deskriptiven Mittel rekonstruierbar ist.

Verbindet man beide Punkte miteinander, so lässt sich folgendes formales Kriterium für das gesuchte normativistische Argument herauspräparieren, wobei „X → Y" heißen soll, dass Y explanatorisch notwendig für X ist:

(D1)   P1   Bedeutung → (B)
        P2   (B) → genuine Normativität
        K   Bedeutung → genuine Normativität

Mit (D1) soll Folgendes schematisch zum Ausdruck gebracht werden: Für ein normativistisches Argument müsste eine Bedingung (B) ausfindig gemacht werden, die explanatorisch notwendig für Bedeutung ist, und diese Bedingung müsste genuin normativ sein, womit normatives Vokabular (Normativität) schließlich zu den notwendigen explanativen Ressourcen einer Bedeutungstheorie zu rechnen wäre.

Man muss an dieser Stelle beachten, wie steil die Anforderungen an die normativistische These durch ihre argumentative Funktion im Rahmen des antinormativistischen Argumentes geworden sind: Die in theoretischer Hinsicht noch unschuldig klingende These von der Normativität der Bedeutung hat sich zunächst zu einer These über ein notwendiges Explanandum und schließlich zu einer These über ein notwendiges Explanans gewandelt. Dies ist eine beachtliche Transformation, die mit beachtlichen Beweislasten einhergeht, insofern mit der normativistischen These nun eine Vorentscheidung über die Mittel getroffen wird, wie man Bedeutung überhaupt explizieren kann.[35]

---

34 Vgl. Wikforss 2001.
35 Entsprechend steil ist auch das Gefälle der Beweislasten zwischen einem antinaturalistischen Normati-

Als Kandidaten für (B) wurden zum Beispiel Korrektheitsbedingungen,[36] Sprecherabsichten[37] und Rationalität[38] erwogen, um die wichtigsten zu nennen. Einwände gegen solche
Argumente zielen entweder darauf ab zu zeigen, dass die entsprechende Instantiierung von
(B) nicht *genuin normativ* oder für Bedeutung nicht *explanatorisch notwendig* ist.[39] Exemplarisch sollen im Folgenden Korrektheitsbedingungen und Rationalität untersucht werden.

4. Der Normativitätsbegriff in bedeutungstheoretischen Kontexten

4.1 Bedeutung und instrumentelle Normativität

Es besteht weitgehende Einigkeit darüber, dass die Unterscheidung von *korrektem* und *in-
korrektem* Gebrauch von Ausdrücken eine grundlegende semantische Differenz ist, die nicht
– ohne Bedeutung selbst aufzugeben – nivelliert werden kann. Mit anderen Worten: bedeutungsvolle Ausdrücke besitzen notwendigerweise Korrektheitsbedingungen für ihre Anwendung.[40] Der nächste Schritt in dieser Richtung besteht für ein normativistisches Argument
darin zu zeigen, dass „korrekt" in diesem Kontext ein normativer Begriff ist. Dieser Auffassung ist z.B. Boghossian:

> Suppose the expression „green" means *green*. It follows immediately that
> the expression „green" applies *correctly* only to *these* things (the green
> ones) and not to *those* (the non-greens). The fact that the expression
> means something implies, that is, a whole set of *normative* truths about
> my behaviour with that expression: namely, that my use of it is correct in
> application to certain objects and not in applications to others. [...] The
> normativity of meaning turns out to be the familiar fact, in other words,
> simply a new name for the familiar fact that, regardless of whether one
> thinks of meaning in truth-theoretic or assertion-theoretic-terms, mean-
> ingful expressions possess conditions of *correct use*.[41]

Die Normativität der Bedeutung, sagt Boghossian, besteht darin, dass bedeutungsvolle Ausdrücke Korrektheitsbedingungen oder Standards der Korrektheit voraussetzen. Eine erste
Auffassung von semantischer Normativität wäre die folgende:

---

visten und dem (hier vorgestellten) Naturalisten: während sich ersterer darauf festlegt, dass man Bedeutung
und Gehalte ausschließlich in normativem Vokabular rekonstruieren kann, legt sich letzterer „lediglich" darauf fest, dass man es auch ohne normatives Vokabular schafft.
36 Siehe Boghossian 2002, S. 148ff.
37 Z.B. bei Kripke 1987.
38 So könnte man Davidson 1994b lesen, wenn man das „Principle of Charity" und die damit einhergehende Rationalitätspräsupposition normativ verstehen will. Siehe Jackman 1994.
39 Die Quintessenz von Glüers Angriff auf die normativistische These lässt sich vor diesem Hintergrund so
zusammenfassen, dass beide Anforderungen nicht zugleich zu erfüllen sind: die in Frage kommende Norm
müsste konstitutiv sein, um explanatorisch notwendig zu sein, und präskriptiv, um genuin normativ zu sein;
aber Normen können nicht konstitutiv und präskriptiv zugleich sein – so Glüer (vgl. Glüer 1999).
40 Vgl. Boghossian 2002.
41 Boghossian 2002, S. 148.

(SN1)   Wenn x Normativität zugesprochen wird, dann besagt dies, dass x Standards der
        Korrektheit voraussetzt, die bestimmen, unter welchen Umständen etwas als
        korrekt oder inkorrekt gilt.

Zwar stimmen wohl die meisten Bedeutungstheoretiker darin überein, dass Korrektheitsbedingungen wesentlich für Bedeutung sind, aber während Boghossian in diesem Zusammenhang wie selbstverständlich von „normative truths" spricht, kritisiert etwa Glüer, dass der
semantisch korrekte Gebrauch nicht vorschnell mit dem identifiziert werden darf, was getan
werden soll.[42] Korrektheitsbedingungen geben an, unter welchen Bedingungen ein Ausdruck
korrekt angewendet wird, und leisten zunächst nicht mehr, als ein *Kriterium* bereitzustellen,
um Fälle von Anwendungen eines Wortes in korrekte und inkorrekte zu *sortieren*. Sie können demnach als Kriterien für die begriffliche Kategorisierung von Wörtern oder Äußerungen verstanden werden. Ein solches Kriterium mag aber rein deskriptiv sein: Es gibt Bedingungen an, die erfüllt sein müssen, damit etwas bestimmten Anforderungen genügt.
    Dazu Schnädelbach:

> [...] man kann aber mit Standards auch anders umgehen und sie z.B. als
> reine Einteilungs- und Klassifikationskriterien gebrauchen. Daß ein Ei
> zur Handelsklasse A gehört, macht es nicht „besser" als eines der Han-
> delsklasse B, denn es könnte ja sein, daß es mir als Frühstücksei einfach
> zu groß ist; auch ein Mantel der Konfektionsgröße 56 wäre mir zu groß.
> Eiersortiermaschinen bewerten nicht, sondern sie sortieren – nach Krite-
> rien –, d.h. sie machen einen nicht-normativen Gebrauch von Kriterien
> [...].[43]

Verstehen wir Standards in diesem Sinne, dann sind sie nicht-normativ, d.h. mit ihnen ist
weder eine Bewertung noch eine Vorschrift verbunden. Alleine daraus, dass ein Mantel eine
gewisse Konfektionsgröße hat, folgt nicht, dass ich ihn kaufen soll, dass er gut oder schlecht
ist. Ebenso verhält es sich mit Korrektheitsbedingungen. Allein aus dem Umstand, dass eine
bestimmte Verwendungsweise eines Wortes als die korrekte gilt, erwächst für einen Sprecher kein normativer Druck, dieses Wort entsprechend zu verwenden.
    Demnach müssen wir zwischen normativen und nicht-normativen Standards unterschei-
den. Ein nicht-normativer Standard ist eine Art Klassifikationsschema, das zwar alternative
Möglichkeit bestimmt, aber im Unterschied zu einem normativen Standard keine der Alternativen als diejenige auszeichnet, auf die ein Sprecher in irgendeiner Weise verpflichtet oder
festgelegt ist. Gefordert ist also ein stärkeres Verständnis von Normativität:

(SN2)   Wenn x Normativität zugesprochen wird, dann besagt dies, dass
        (1) x Standards der Korrektheit voraussetzt, die bestimmen, unter welchen Um-
        ständen etwas als korrekt oder inkorrekt gilt;
        (2) dieser Unterscheidung normative Kraft zukommt, d.h. dass das Korrekte als
        das bestimmt wird, was getan werden *soll*.

Gemäß diesem Verständnis gilt es, bei der Konstruktion eines erfolgversprechenden normativistischen Arguments nach guten Gründen dafür Ausschau zu halten, warum das, was von
den Korrektheitsbedingungen als das Korrekte spezifiziert wird, getan werden soll.

---

42 Vgl. Boghossian 2002, S. 148 mit Glüer 2000, S. 453.
43 Schnädelbach 1992, S. 92.

Dieses „soll" kann im Sinne einer *instrumentellen Norm* verstanden werden: Das Korrekte soll getan werden, wenn der Sprecher die Absicht hat, korrekt zu sprechen. Aus den Korrektheitsbedingungen und der Absicht des Sprechers, seine Worte korrekt zu verwenden, folgt dann, dass der Sprecher das als korrekt Spezifizierte auch tun soll. Ausbuchstabiert erhalten wir:

(SN3)   Wenn x Normativität zugesprochen wird, dann besagt dies, dass:
        (1) x Standards der Korrektheit voraussetzt, die bestimmen, unter welchen Umständen etwas als korrekt oder inkorrekt gilt;
        (2) an diese Unterscheidung eine normative Kraft geknüpft ist, d.h. das Korrekte als das bestimmt wird, was getan werden *soll*;
        (3) das Sollen in (2) im Sinne einer instrumentellen Norm verstanden wird, d.h., dass es sich aus der instrumentellen Beziehung zwischen Absicht und Korrektheitsbedingungen ergibt, daraus also, dass die Realisierung der Korrektheitsbedingungen ein (geeignetes) Mittel ist, um die Absicht zu erfüllen.

Vor dem Hintergrund des im zweiten Kapitel Besprochenen liegt es auf der Hand, dass diese Art von Normativität dem Naturalisten keine großen Sorgen bereiten muss. Der Naturalist hat ja ein Modell der normativen Kraft instrumenteller Normen anzubieten, bei dem die im Antezedens genannten Elemente selbst nicht normativ sind. Um es nochmals „handfest" zu machen: Bei der instrumentellen Norm „Wenn du bei kaltem Wetter nicht frieren willst, *solltest* du dich warm anziehen" kommt man schwerlich auf die Idee, eine spezifisch meteorologische Normativität zu vermuten.[44] Es scheint in Fällen wie diesem offensichtlich, dass das normative Element nicht den Phänomenen, in diesem Fall dem Wetter, geschuldet ist, sondern aus anderen Gründen ins Spiel kommt. Dieses Beispiel macht noch einmal deutlich, dass auch nicht-normative Phänomene in instrumentellen Normen auftauchen können, was andererseits bedeutet, dass einem x nicht schon deshalb Normativität zukommt, weil es in einer instrumentellen Norm Erwähnung findet. Daher müssen instrumentelle Normen mit Blick auf die Etablierung der normativistischen These als suspekt gelten.[45]

Betrachten wir dazu eine normativistische Strategie, nach der die Korrektheitsstandards durch den üblichen Gebrauch festgelegt werden, wobei das entweder individualistisch oder kommunitaristisch verstanden werden kann. Wir sagen, dass der Grund dafür, dass der bisherige oder übliche Gebrauch bindend ist, darin besteht, dass sich an ihn zu halten die Kommunikation mit Anderen erleichtert:

(K1)   Wenn du *einfacher* verstanden werden willst, dann solltest du Ausdruck W so verwenden, wie er in deiner Sprachgemeinschaft üblicherweise verwendet wird;
bzw.

(K2)   Wenn du *einfacher* verstanden werden willst, dann solltest du Ausdruck W so verwenden wie bisher.

Wenn dies der Grund ist, sich an die betreffende Norm zu halten, dann ist die normative Kraft dieser Norm aus meinem Wunsch abgeleitet, mir die Verständigung mit anderen Sprechern zu erleichtern, und aus der Tatsache, dass dafür eine bestimmte Konformität im Ge-

---

44 Dieses Beispiel stammt von Gampel 1997.
45 Vgl. Wikforss 1999, S. 205.

brauch notwendig ist. Doch diese instrumentellen Normativität ist kaum in der Lage, einer Bedeutungstheorie Restriktionen aufzuerlegen, denn sie ist damit vereinbar, dass sowohl der Wunsch als auch die Mittel selbst nicht-normativ sind. Daher ist nicht zu sehen, wie sie dafür sprechen sollte, dass Bedeutung selbst (essentiell) normativ ist.

Doch dies ist, so könnte ein essentieller Normativist einwenden, ohnehin nur eine Strohmann-Position, denn durch den Ausdruck „einfacher" wird ein pragmatisches Element eingeführt, so dass die Norm dann lediglich eine praktische Zugabe zu dem bereits unabhängig von ihr verständlichen Ausdruck ist. Demnach kann diese Norm auch nicht explanatorisch notwendig sein für die Bedeutung des Ausdrucks. Was *er* hingegen behaupte, sei Folgendes:

(K1*)   Für jeden Ausdruck W gilt: Wenn du *überhaupt* verstanden werden willst, dann solltest du W so verwenden, wie er in deiner Sprachgemeinschaft üblicherweise verwendet wird;

bzw.

(K2*)   Für jeden Ausdruck W gilt: Wenn du *überhaupt* verstanden werden willst, dann solltest du Ausdruck W so verwenden wie bisher.

Gegeben einen (explanatorisch) notwendigen Zusammenhang von Verstehen und Bedeutung, besteht ein explanatorisch notwendiger Zusammenhang von Bedeutung und Normativität.

Zum einen ist es allerdings fraglich, ob (K1*) und (K2*) überhaupt zutreffen;[46] zum anderen leistet dieser Schritt ja nichts anderes als instrumentelle Normativität enger an Bedeutung zu binden, insofern die Konformität mit der Verwendung der Sprachgemeinschaft bzw. des vorherigen Gebrauchs jetzt nicht mehr optional für das Verstandenwerden ist und dieses wiederum nicht mehr optional dafür, überhaupt ein Sprecher zu sein – also einer, der bedeutungsvolle Sätze äußert. Aber das ändert nichts daran, dass die involvierte Normativität eine instrumentelle ist, die sich letztlich aus einem Müssen der notwendigen Bedingung und einer Absicht speist.[47] Natürlich lässt sich dem entgegenhalten, dass man, um überhaupt eine Absicht zu haben, bereits ein Sprecher sein muss und daher eine nicht-instrumentelle Normativität vorliegt. Dieser Einwand übersieht allerdings, dass der konzeptionelle Raum für

---

46 Vor allem Donald Davidson, der den intrinsischen Zusammenhang zwischen Bedeutung und Verstehen stark gemacht hat, hat die Gültigkeit von (K1*) und (K2*) bestritten. Davidson versucht die Vorstellung plausibel zu machen, dass auch im Falle von Abweichungen vom Standardgebrauch Kommunikation gelingen kann, d.h. Verstehen möglich ist, und daher der Standardgebrauch nicht notwendig für Verstehen sein kann: „Es gibt kein Wort bzw. keine Konstruktion, die sich nicht durch einen findigen oder unwissenden Sprecher auf einen neuen Gebrauch umstellen ließe. Und diese Art des Umstellens ist zwar leichter zu erklären – denn dabei geht es nur um Substitution –, doch keineswegs die einzige Art. Reine Erfindungen sind ebenfalls möglich, und wir können diese (etwa bei der Lektüre von Joyce oder Carroll) vielleicht genauso gut interpretieren wie die Irrtümer oder Verwicklungen der Substitution." (Davidson 1990b, S. 216). Glüer verallgemeinert diesen Punkt: „[...]Abweichungen [können] auftreten, wo immer der Sprecher möchte – es gibt keine einzige starke Regularität, die nicht verletzbar wäre. Und das heißt, wir können keine einzige spezifische lexikalische Norm formulieren, an die der Sprecher sich notwendigerweise halten müsste." (Glüer 1993, S. 58).
47 Wenn es wahr ist, dass verstanden zu werden eine notwendige Bedingung dafür ist, ein Sprecher zu sein, und die Konformität meines Wortgebrauchs eine notwendige Bedingung, um verstanden zu werden, dann ergibt sich qua Transitivität die notwendige Bedingung, dass man, um bedeutungsvolle Sätze zu äußern, die Konformität berücksichtigen muss.

Normativität dann gar nicht mehr gegeben sein kann: denn als Sprecher muss ich die für Bedeutung notwendige Bedingung bereits (faktisch) erfüllen. Diesen wichtigen Zusammenhang von konstitutiven Bedingungen und Normativität möchte ich im Folgenden nochmals anhand einer anderen Strategie, die normativistische These zu etablieren, veranschaulichen.

4.2. Bedeutung, konstitutive Bedingungen und Normativität

Die besagte Strategie macht sich den (vermeintlich) intrinsischen Zusammenhang von Bedeutung und *Rationalität* zunutze. Insbesondere im Rahmen einer interpretationistischen Theorie à la Davidson wird dieser Zusammenhang deutlich: Hat Davidson Recht, so ist Rationalität konstitutiv für Bedeutung (bzw. propositionalen Gehalt).

Lässt sich zeigen, dass Rationalität ein normativer Begriff ist, dann – so die These – ist Bedeutung essentiell normativ. Das Argument dafür lautet demnach:

(T1)   Rationalität ist konstitutiv für Bedeutung;
(T2)   Rationalität ist normativ;
(K)   daher ist Bedeutung essentiell normativ.

Zunächst scheint diese Argumentation recht einleuchtend zu sein. Dies verdankt sich zum einen der Tatsache, dass eine der avanciertesten Bedeutungstheorien mit (T1) arbeitet.[48] (T2) hingegen scheint durch unsere alltägliche Redeweise nahegelegt zu werden. Sagen wir zu jemandem „dein Verhalten ist irrational", dann bewerten wir sein Verhalten als eines, das *nicht richtig* ist und verknüpfen damit die Erwartung, dass er es ändert. Während wir, wenn wir sagen „es wäre rational für dich, x zu tun", damit doch auch sagen wollen: „Es wäre gut, x zu tun" oder „du solltest x tun". In diesem Sinne ist es schwer zu bezweifeln, dass es *einen* normativen Gebrauch von „rational" gibt, und dass Rationalität (auch) normativ ist. Es ist aber wichtig zu sehen, dass aus der Tatsache, dass es *einen* normativen Gebrauch von „rational" gibt, nicht folgt, dass dies der einzige Gebrauch ist. Der Begriff der Rationalität muss im Kontext des Arguments gesehen werden, daher bedarf es zunächst einer Qualifizierung: Es geht um Rationalität, *insofern* sie für Bedeutung konstitutiv ist. Demnach reicht es nicht zu sagen, dass es *irgendeinen* normativen Gebrauch von „rational" gibt. Die relevante Frage lautet vielmehr, ob „rational", insofern es ein bedeutungstheoretisch relevantes Prädikat ist, normativ verwendet wird.

Vor dem Hintergrund dieser Überlegung wird deutlich, was ich zeigen muss, wenn ich das normativistische Argument bestreiten will:

(a)   Es gibt einen nicht-normativen Gebrauch von „rational".
(b)   Genau dieser deskriptive Gebrauch liegt vor, wenn es um den intrinsischen Zusammenhang von Bedeutung und Rationalität geht.

Herbert Schnädelbach wählt in *Rationalität und Normativität* als Beispiel eines nicht-normativen Gebrauchs das Vorkommen von „rational" in *animal rationale*:

> Den Menschen so zu bestimmen, heißt nicht ohne weiteres, ihn zu bewerten, sondern das Adjektiv „rationalis" ist hier deskriptiv verwandt und

---

48 Die Rede ist hier natürlich von Davidsons Bedeutungstheorie.

bezeichnet nichts anderes als eine definierende *differentia specifica*, d.h. ein bloßes Klassifikationsmerkmal.[49]

Rationalität, wie sie in *animal rationale* vorkommt, wird als ein (deskriptiver) Standard verwendet. Einem Lebewesen Rationalität in diesem Sinne zuzusprechen, heißt nicht, es zu bewerten, sondern *festzustellen*, dass „es den Bedingungen genügt, die erfüllt sein müssen, damit es als vernünftiges Lebewesen (d.h. als menschliches oder menschenähnliches) angesehen werden kann."[50]

Ein Vergleich mit normativen Verwendungen von „rational" mag den entscheidenden Punkt klar machen. Fragen wir uns, wer denn ein möglicher Adressat normativer Forderungen wie „Es wäre rational für dich, x zu tun" und der damit verbundenen Forderung „Du solltest x tun" ist. Wir würden diese Forderung nicht an alle Wesen richten; nur an Wesen, die bestimmte Bedingungen erfüllen, kann sie adressiert werden. Aber solche, die diese Bedingungen erfüllen, nennen wir „rational" im oben erwähnten (deskriptiven) Sinne. Wir müssen daher zwischen zwei Arten von Rationalität unterscheiden. Folgen wir Schnädelbach, so gibt es einen *engen* und einen *weiten* Gebrauch von „rational". Wenn ich „x ist rational" im weiten Sinne gebrauche, dann verwende ich es im kontradiktorischen Gegensatz zu arational im Sinne von „vernunftlos" und meine daher: x ist ein vernunftbegabtes Wesen und daher unter Rationalitätsgesichtspunkten zu betrachten. Es so zu charakterisieren heißt, es als ein Wesen zu beschreiben, das wir *verstehen* können, d.h.: als ein Wesen, dessen Verhalten wir unter Rekurs auf Überzeugungen und Wünsche als Handlung interpretieren können. Diesen Begriff der Rationalität inhaltlich auszubuchstabieren verlangt daher, die Bedingungen explizit zu machen, die erfüllt sein müssen, damit wir einem Wesen Absichten und Überzeugungen zuschreiben können, welche die Rolle von Gründen für Handlungen spielen können. Erst ein Wesen, das in diesem Sinne rational ist, ist ein möglicher Kandidat für eine *Bewertung* der Vernünftigkeit seines Handelns nach Rationalitätsstandards im engeren Sinne.

Klar ist, dass nur Rationalität im engeren Sinne normativen Charakter besitzt, denn Rationalität im weiten Sinne ist eine Präsupposition, um überhaupt ein Adressat von Normen sein zu können und mithin durch ihre normative Kraft gebunden zu werden. Präsuppositionen sind aber selbst nicht adressierbar, sondern entweder erfüllt oder nicht erfüllt. Sie können daher keine Geltungsansprüche haben, und demnach ist dieser Rationalitätsbegriff auch nicht normativ gehaltvoll.

Treffen diese Überlegungen zu, so bleibt nur noch zu zeigen, dass Rationalität, insofern sie in einem intrinsischen Zusammenhang mit Bedeutung steht, Rationalität in einem weiten Sinne ist. Dass dies so ist, können wir mit Hilfe von Autoren wie Davidson einsehen. Rationalität kommt bei ihm dort ins Spiel, wo er der Frage nachgeht, wie Verstehen möglich ist – eine Frage, die auf die *konstitutiven* Bedingungen des Verstehens abzielt. Diese Bedingungen werden im Gedankenexperiment der *Radikalen Interpretation* ermittelt, d.h. der Interpretation einer unbekannten Sprache, in der die einzigen Anhaltspunkte des Interpreten die beobachtbaren verbalen und non-verbalen Verhaltensweisen des Sprechers in seiner Umgebung sind. Die Bedingungen des Verstehens sind diejenigen Annahmen, ohne die eine radikale Interpretation unmöglich wäre.[51]

---

49 Schnädelbach 1992, S. 91.
50 Schnädelbach 1992, S. 93.
51 Vgl. Davidson 1994b.

Die Analyse des Gedankenexperiments liefert als Bedingungen für gelingendes Verstehen bestimmte Rationalitätsprinzipien, u.a. die Bedingung, dass die Äußerungen des Sprechers (bzw. seine Überzeugungen) in *rationalen* Relationen zueinander stehen. Diese Rationalitätsprinzipien – wie auch immer sie im einzelnen ausbuchstabiert werden – sind demnach notwendige Bedingungen der Möglichkeit von Verstehen. Aber nur derjenige, dessen Äußerungen prinzipiell interpretiert werden können, kann als Sprecher (bzw. denkendes Wesen) angesehen werden. Solche Prinzipien sind daher notwendige Bedingungen dafür, ein Sprecher zu sein – das heißt: Wer ein Sprecher oder denkendes Wesen ist, erfüllt diese Rationalitätsprinzipien bereits *qua* Sprecher (bzw. Denker). Aus der Zuschreibungsperspektive bedeutet das: wollen wir ein Wesen als Sprecher (bzw. Denker) behandeln, *müssen* wir unterstellen, dass diese Bedingungen bereits erfüllt sind. Diese Rationalitätsunterstellung ist daher *nicht-optional*. Hier ist genau jene Art von Rationalität involviert, die Schnädelbach als Rationalität im weiten Sinne auszeichnet. Nur die Wesen, denen wir diese Rationalität zusprechen können, d.h. solche Wesen, die Sprecher und Denker sind, können wir auch als Adressaten von Normen ansehen. Rationalität, *insofern* sie für Verstehen und daher für Bedeutung konstitutiv ist, ist eine Präsupposition (ein deskriptiver Standard, der erfüllt werden muss) dafür, unter Rationalitätskriterien in einem normativen Sinne betrachtet werden zu können – und daher selbst nicht normativ.

4.3. Bedeutung und kategorische Normativität

Die bisherigen Ausführungen sollten deutlich machen, dass die normativistische These, in ihrer Funktion als eine tragende Prämisse im antinaturalistischen Argument, nicht so einfach zu haben ist, wie es auf den ersten Blick scheinen mag.

Die Schwierigkeit ist vor allem darin zu sehen, den mit der normativistischen These einhergehenden Anspruch zu begründen, dass Normativität nicht nur im Explanandum angesiedelt sein muss, sondern auch im Explanans: Bedeutung kann nicht expliziert werden, ohne auf eine normative Kraft zu rekurrieren.

Die benötigten argumentativen Schritte müssten so aussehen, dass eine Art von Normativität als ein notwendiges Explanandum etabliert wird, für das erwiesen ist, dass eine Rekonstruktion mit deskriptiven Mitteln unmöglich ist, womit schließlich Normativität zu einem notwendigen Teil des Explanans wird. Eine solche Art von Normativität, das haben wir bereits unterstellt, ist kategorische Normativität:

(SN4)   Wenn x Normativität zugesprochen wird, dann besagt dies, dass:
(1) x Standards der Korrektheit voraussetzt, die bestimmen, unter welchen Umständen etwas als korrekt oder inkorrekt gilt;
(2) an diese Unterscheidung eine normative Kraft geknüpft ist, d.h. das Korrekte als das bestimmt wird, was getan werden *soll*;
(3) das Sollen in (2) im Sinne einer kategorischen Norm verstanden wird, d.h. unabhängig von den besonderen Wünschen und Interessen des Normadressaten.

Gestehen wir also zu, dass es eine solche Art von Normativität überhaupt gibt, und fragen nach den weiteren Schritten zur Etablierung der normativistischen These.

Eine Anforderung war, dass die entsprechende Normativität auf die richtige Weise mit Bedeutung verbunden sein muss: Es muss sich um eine *interne* Beziehung handeln. Eine Brücke etwa zwischen Korrektheitsbedingungen und kategorischer Normativität wäre zwar schon dann geschlagen, wenn gezeigt ist, dass es kategorisch geboten ist, uns korrekt auszudrücken. Die Anforderungen an das normativistische Argument verlangen jedoch, dass auch die Quelle der Normativität die richtige sein muss. Es reicht nicht zu zeigen, dass sich eine solche Verpflichtung daraus ableitet, dass wir Korrektheit (etwa im Sinne von Wahrheit oder Rechtfertigung) aus nicht-semantischen Gründen – z.B. aus moralischen, pragmatischen oder epistemischen Gründen – als Werte betrachten und mithin das Korrekte zum Gebotenen wird. Denn dies hat keine Auswirkung auf die bedeutungstheoretische Frage. Solange nämlich dieses Gebot nicht aus semantisch internen Gründen erwächst, kann auch die damit einhergehende Normativität nicht so verstanden werden, dass sie eine Adäquatheitsbedingung für Bedeutungstheorien ist.

Prinzipiell bleiben daher zwei unterschiedliche Argumentationsansätze:

(a)   Man zeigt, dass Bedeutung kategorische Konsequenzen hat, d.h. dass aus der Tatsache, dass ein Ausdruck eine bestimmte Bedeutung hat, eine Norm folgt, die uns kategorisch bindet.

(b)   Man zeigt, dass kategorische Normen Bedeutungen konstituieren.

Die erste Strategie gilt per se als nicht hinreichend. So wendet Paul Horwich ein, dass normative Eigenschaften zu haben (normativ zu sein) und normative Konsequenzen zu haben zwei Paar Schuhe sind. Nehmen wir den Ausdruck „töten" und fragen uns, ob er normativ ist. Dass Töten normative Konsequenzen haben kann, ist uns allen vertraut: wenn Franz seinen Nebenbuhler Hubert mit einer Axt (absichtlich und unter normalen Umständen) tötet, sollte er ins Gefängnis wandern. Wir sprechen in diesem Fall auch davon, dass Franz Hubert ermordet hat, insofern „morden" ein Verb ist, für das juristische und moralische Normen konstitutiv sind. Doch mit dem Töten verhält es sich anders, denn auch ein Sturm kann Menschen töten, doch in diesem Kontext können wir keine normative Komponente finden. „Töten" – im Gegensatz zu „morden" – lässt sich auch ohne Rekurs auf die normativen Konsequenzen verstehen.[52] Daher ist es auch nicht widersprüchlich zu sagen: „Franz hat Hubert getötet, aber er hat nichts Falsches getan und auch nicht unmoralisch gehandelt". Auf der Grundlage solcher Beispiele stellt Horwich generalisierend fest:

> It might be possible for our most basic normative principles to have the
> form
>
> (x) (Dx → Nx)
>
> where „D" describes some state of the world and „N" specifies what
> ought or ought not to be done in that situation. Thus the normative implications of a meaning property leave it entirely open that its nature is
> completely non-normative.[53]

Diese Vorbehalte sind natürlich kein Totschlagargument, aber sie verordnen eine Beweislastverschiebung: wenn Normativisten mit normativen Konsequenzen argumentieren, dann

---

52 Für dieses Beispiel siehe neben Horwich 1998 auch Dretske 2000.
53 Horwich 1998, S. 192f.

müssen sie auch einen Grund dafür angeben, warum diese für Bedeutung explanatorisch
notwendig sein sollen.

Als aussichtsreichere Option darf (b) zählen. Allerdings lässt sich bereits vor dem Hintergrund des vorigen Abschnitts erahnen, dass nicht leicht zu sehen ist, wie sich kategorische Normativität als eine konstitutive Bedingung für Bedeutung begreifen lässt. Denn zum
einen ist es nur schwer vorstellbar, dass eine solch komplexe Eigenschaft unterhalb der Ebene sprechender (und denkender) Wesen angesiedelt sein kann. Um Sprecher zu sein, muss
ich faktisch die für Bedeutung konstitutiven Bedingungen erfüllen und daher können diese
Bedingungen nicht wiederum davon abhängig sein, dass ich ein Sprecher bin (dieser Zirkel
wäre zu klein, um erhellend zu sein). Aber es scheint zunächst eine plausible Annahme, dass
Wesen, die für eine solche Art von Normativität empfänglich sind, bereits sprechende Wesen sind. Jedenfalls erwachsen durch die bedeutungskonstitutive Funktion sehr spezifische
und mithin steile Anforderungen an den Begriff der kategorischen Normativität: Es muss
verständlich gemacht werden, wie ein solcher Begriff gehaltvoll genug sein kann, um einerseits den Begriff der Bedeutung zu explizieren, ohne andererseits zu seiner Erläuterung auf
sprachliche Bedeutungen oder mentale Gehalte zurückzugreifen.

5. Die Normativität mentaler Zustände

Bislang habe ich mit Blick auf die normativistische These zwar ausschließlich die Bedeutung anvisiert, zugleich (zumindest solange man eine entsprechend enge Verbindung von
Bedeutung und Gehalten voraussetzt) treffen die angestellten Überlegungen aber auch auf
mentale Gehalte zu. Es bedarf allerdings eines Nachtrages, denn spricht man von der Normativität von Überzeugungen, so kann dies den *propositionalen Gehalt* der Überzeugung
oder aber die Überzeugung als eine (psychologische) *Einstellung* betreffen.

Auch wenn die Argumentationsstrategien mit Blick auf propositionale Gehalte jenen gleichen, die wir bereits kennengelernt haben, etwa dass Überzeugungen Korrektheitsbedingungen voraussetzen oder aber in einer konstitutiven Beziehung zu Rationalität stehen, so
kommt mit Überzeugungen im Sinne psychologischer Einstellungen eine neue Möglichkeit
ins Spiel, die ich im Folgenden kurz diskutieren möchte.

In jüngster Zeit sind eine ganze Reihe von Aufsätzen und Monographien erschienen, die
sich explizit mit der Normativität mentaler Zustände, allen voran Überzeugungen, befassen.[54] Ähnlich wie im Fall der Bedeutungen wurde geltend gemacht, dass Überzeugungen
Korrektheitsbedingungen voraussetzen.

Ich werde daher nun einen Vorschlag von Boghossian vorstellen, der beide Komponenten von Überzeugungen zueinander in Beziehung setzen will, und insofern repräsentativ für
die Debatte ist, als er sich auf Wahrheit als Korrektheitsstandard konzentriert.

Entgegen seiner früheren Auffassung ist Boghossian selbst nicht länger davon überzeugt,
dass es hinsichtlich der Bedeutung von Ausdrücken einen Weg von Korrektheitsbedingungen zu einer normativen Auszeichnung dieser Bedingung allein qua Bedeutung gibt.[55] Dies
soll sich seiner Ansicht nach bei Überzeugungen anders verhalten, und dies verdanke sich

---

54 Siehe u.a. Boghossian 2003; Engel 2006; Gibbard 2005; Glüer&Wikforss; Wedgewood 2007.
55 Boghossian 2003, S. 39.

dem unterschiedlichen Verhältnis, das Sprecher bzw. Denker mit Blick auf Wahrheit zu Sprechakten des Behauptens einerseits und Überzeugungen als Einstellungen andererseits einnehmen können: Während es für einen Sprecher sinnvoll sein kann, wissentlich falsche Behauptungen zu machen und die Verpflichtung auf Wahrheit daher instrumentalistischen Charakter hat – da sie von der Absicht des Sprechers abhängt, aufrichtig zu sein –, ist die Ausrichtung der Überzeugung auf Wahrheit hingegen konstitutiv für Überzeugungen. Die Norm „man soll p nur dann glauben, wenn p (wahr ist)" soll kategorisch und zugleich konstitutiv für Überzeugungen sein:

> I would maintain that the holding of this norm is one of the defining fea-
> tures of the notion of belief: it's what captures the idea that it is con-
> stitutive of belief to aim at the truth. The truth is what you ought to be-
> lieve, whether or not you know how to go about it, and whether or not
> you know if you have attained it. That, in my view, is what makes it the
> state it is.[56]

In einem zweiten Schritt will Boghossian zeigen, dass der Begriff der Überzeugung konstitutiv für den Begriff des Gehaltes ist und ihm mithin seine Normativität vererbt. Die Durchführung lässt dann allerdings zu wünschen übrig: es wird schlichtweg ein Primat von Überzeugungen gegenüber anderen mentalen Zuständen, vornehmlich Wünschen, behauptet, insofern Wesen denkbar wären, die Überzeugungen, aber keine Wünsche haben, während die umgekehrte Situation nicht vorstellbar sei.[57]

Aber schon der erste Schritt ist höchst problematisch. So haben etwa Glüer und Wikforss eingewandt, dass zwar tatsächlich ein Unterschied zwischen Sprechakten des Behauptens und der psychologischen Einstellung einer Überzeugung besteht, nämlich der, dass es unaufrichtige Äußerungen, jedoch keine unaufrichtigen Überzeugungen gibt. Doch dieses Merkmal sehen sie gerade als ein Argument gegen die Normativität von Überzeugungen:

> However, to say that we cannot coherently believe that *p* while believing
> that *not p*, is not to say that doing so would violate a norm since violating
> a norm is something one *can* coherently do.[58]

Kurzum: Der für Normativität konstitutive Freiheitsspielraum des Anders-Handeln-Könnens ist nicht gegeben, und damit kann auch ein Argument auf diese Weise gar nicht erst auf den Weg gebracht werden.

Schluss

Was dieser Aufsatz anbietet, ist weder die Naturalisierung von Bedeutung und Gehalten noch der stichfeste Nachweis, dass sich unter Rekurs auf Normativität kein Argument gegen eine solche Naturalisierung entwickeln lässt. Ein solcher Nachweis müsste ja im Ausschlussverfahren alle denkmöglichen Argumente entkräften. Es aber ist nicht ausgeschlossen, dass sich etwa doch eine interne Beziehung zwischen Bedeutung und kategorischer Normativität findet.

---

56 Boghossian 2003, S. 38f.
57 Boghossian 2003, S. 41ff.
58 Glüer&Wikforss, S. 13.

Die hier verfolgte Strategie bestand folglich darin, den Spieß umzudrehen und die Begründungslasten des antinaturalistischen Argumentes explizit zu machen, wodurch ihm seine Anfangsplausibilität genommen werden sollte. Diese Plausibilität speist sich aus zwei Quellen: den durch unsere Sprachpraxis und unsere Rede über Sprache (und Denken) nahegelegten Zusammenhang über Bedeutung und Normativität einerseits, und einer wohl tief verwurzelten Opposition von Normativität und Naturalismus andererseits.

Da sich diese Opposition in ihrer Allgemeinheit als nicht begründet erwies, insofern der Naturalismus zumindest eine Art von Normativität zu integrieren vermag, geriet die normativistische These zum ersten Mal unter Begründungsdruck: Es muss plausibel gemacht werden, dass Bedeutung mit einer Art von Normativität in Beziehung steht, die tatsächlich über die explanatorischen Mittel des Naturalismus hinausgeht. Die Beziehung zwischen Bedeutung und Normativität wiederum, das machten die weiteren Überlegungen deutlich, darf nicht irgendeine sein: die Anforderungen, die durch ihre Funktion im Rahmen des antinaturalistischen Argumentes ins Spiel kommen, übersteigen das, was durch die Beobachtungen über unsere Sprachpraxis noch verbürgt ist. Letztlich ergaben sich folgende Festlegungen für die normativistische These:

(1) dass Bedeutung und propositionale Gehalte ausschließlich unter Rekurs auf Normativität rekonstruiert werden können, und

(2) dass die involvierte Normativität nicht mit naturalistischen Mitteln eingeholt werden kann.

Und selbst unter der (erst noch zu begründenden) Annahme, dass es die in (2) geforderte Art von Normativität gibt, erweisen sich gängige Argumente als nicht hinreichend für (1).

Es sollte also deutlich geworden sein, dass ein antinaturalistisches Argument, entgegen dem ersten Anschein, mit erheblichen Begründungshypotheken belastet ist, und diese sollten gedeckt werden, *bevor* dem Naturalisten Spielverbot erteilt wird.[59]

---

59 Fertiggestellt wurde diese Arbeit im Rahmen einer Projektarbeit für das Exzellenzcluster „Die Herausbildung normativer Ordnungen" an der Goethe-Universität Frankfurt am Main.

Zitierte Literatur

Blackburn, Simon (1984), „The Individual Strikes Back". *Synthese* 58, S. 281-301

Bilgrami, Akeel (1992), *Belief and Meaning.* Cambridge (Mass.)

Boghossian, Paul A. (2002), „The Rule Following Considerations". A. Miller u. C. Wright (Hg.), *Rule Following and Meaning*, S. 141-187

ders., Paul A. (2003), „The Normativity of Content". *Philosophical Issues* 13, S.31-45

Brandom, Robert (2000), *Expressive Vernunft. Begründen, Repräsentation und diskursive Festlegung* Frankfurt/Main

Dancy, Jonathan (2000), *Normativity.* Oxford

Darwall, Stephen (2001), „Normativity". *Routledge Ecyclopedia of Philosophy Online*, revised edition

Davidson, Donald (1990a), „Geistige Ereignisse". Ders., *Handlung und Ereignis.* Frankfurt/Main, S. 291-317

ders. (1990b), „Eine hübsche Unordnung von Epitaphen". E. Picardi u. J. Schulte (Hg.), *Die Wahrheit der Interpretation.* Frankfurt/Main, S. 203-228

ders. (1994b), *Wahrheit und Interpretation.* Frankfurt/Main

ders. (1994c), „Radikale Interpretation". Ders., *Wahrheit und Interpretation.* Frankfurt/Main, S. 183-203.

Detel, Wolfgang (2005), „Hybrid Theories of Normativity". Ch. Gill (Hg.), *Norms, Virtues, and Objectivity.* Oxford, S. 113-144

ders. (2007), *Grundkurs Philosophie. Band 2, Metaphysik und Naturphilosophie.* Stuttgart

Dretske, Fred (2000), „Norms, History, and the Constitution of the Mental". Ders., *Perception, Knowledge and Belief.* Cambridge, S. 242-258

Engel, Pascal (2006), „Epistemic norms and rationality". W. Strawinski, M. Grygianca, & A. Brodek (Hg.), *Mysli o Jezyku, nauce I wartosciach, Ksiega ofiarowana Jackowi Juliuzowi Jadakiemu.* Warschau, S. 355-370

Fodor, Jerry (1991), „A Theory of Content, II, The Theory". G. Rey und B. Loewer (Hg.), *Meaning in Mind, Fodor and His Critics.* Cambridge (Mass.), S. 255-319

Gampel, Eric (1997), „The Normativity of Meaning". *Philosophical Studies* 86, S. 221-242

Gibbard, Allan (2005), „Truth and Corrrect Belief". *Philosophical Issues 15, Normativity*, S. 338-350

Glüer, Kathrin (1999), *Sprache und Regeln. Zur Normativität der Bedeutung.* Berlin

dies. (2000), „Bedeutung zwischen Natur und Naturgesetz". *Deutsche Zeitschrift für Philosophie* 48, S. 449-468

dies., Pagin, Peter (1999), „Rules of Meaning and Practical Reasoning". *Synthese* 117, S. 207-227

dies., Wikforss, Asa, „Against Content Normativity". http//people.su.se/~kgl/content%20normativity.pdf

Horwich, Paul (1995), „Meaning, Use and Truth". *Mind* 104, S. 355-368

ders. (1998), *Meaning.* Oxford

Jackman, Henry (2004), „Charity and the Normativity of Meaning". http//www.yorku.ca/hjackman/papers/normativity.pdf

Kant, Immanuel (1997), *Kritik der reinen Vernunft.* Wilhelm Weischedel (Hg.), *Werkausgabe*, Bd. III. Frankfurt/Main

Korsgaard, Christine (1996), *The Sources of Normativity.* Cambridge

dies. (1997), „The Normativity of Instrumental Reason".G. Cullity u. B. Gaut (Hg.), *Ethics and Practical Reason.* Oxford

Kripke, Saul A. (1987), *Wittgenstein über Regeln und Privatsprache*. Frankfurt/Main

Liptow, Jasper (2004), *Regel und Interpretation. Eine Untersuchung der sozialen Struktur sprachlicher Praxis*. Weilerwist

Mackie, John L. (1981), *Ethik. Die Erfindung des moralisch Richtigen und Falschen*. Stuttgart

Mayer, Verena (2000), „Regeln, Normen, Gebräuche". *Deutsche Zeitschrift für Philosophie* 48, S. 409-428

McDowell, John (1984), „ Wittgenstein on Following a Rule". *Synthese* 58, S. 325-363

Railton, Peter (2000), „Normative Force and Normative Freedom, Hume and Kant". Dancy (Hg.), S. 1-33

Rami, Adolf (2004), „Über die sogenannte Normativität der Bedeutung". *Grazer Philosophische Studien* 68, S. 87-117

Reuter, Gerson (2006), *Bedeutung und soziale Praktiken*. Paderborn

Schnädelbach, Herbert (1992), „Rationalität und Normativität". Ders., *Zur Rehabilitierung des animal rationale. Vorträge und Abhandlungen 2*. Frankfurt/Main, S. 79-102.

Schneider, Hans .J. (2003), „Konstitutive Regeln und Normativität". *Deutsche Zeitschrift für Philosophie* 51, S. 81-97

Schroeder, Timothy (2003), „Donald Davidson's Theory of Mind is Non-Normative". *Philosophers' Imprint* 3, No.1.

Stegmüller, Wolfgang (1987), *Hauptströmungen der Gegenwartsphilosophie*, Bd. 3. Stuttgart.

Stemmer, Peter (2008), *Normativität. Eine ontologische Untersuchung*. Berlin

Tugendhat, Ernst (2003), *Vorlesungen über Ethik*. Frankfurt/Main

Wedgwood, Ralph (2007), „The normativity of the intentional". B. McLaughlin & A. Beckermann (Hg.), *The Oxford handbook of the philosophy of mind*. Oxford

ders. (2008), *The nature of normativity*. Oxford

Wikforss, Asa M. (1999), „Semantic Normativity". *Philosophical Studies* 102, S. 203-226

Wittgenstein, Ludwig (1999), *Philosophische Untersuchungen. Werkausgabe*, Bd. 1. Frankfurt/Main

Wright, Crispin (2003), „Wahrheit, Besichtigung einer traditionellen Debatte". Matthias Vogel und Lutz Wingert (Hg.), *Wissen zwischen Entdeckung und Konstruktion*. Frankfurt/Main, S. 55-107

v.Wright, Georg H. (1963), *Norms and Action*. London

ders. (1994), *Normen, Werte und Handlungen*. Frankfurt/Main

Ralph Schrader

Der Naturalismus in der Philosophie der Sozial-
wissenschaften

1. Einleitung

Während im Deutschen „Wissenschaft" spätestens seit dem 19. Jahrhundert als Oberbegriff
für Natur- und Geisteswissenschaften dient, ist es im Englischen wie im Französischen üblich, mit *science* lediglich die Naturwissenschaften zu bezeichnen. Insbesondere die engli-
sche Differenzierung zwischen *sciences* und *humanities* rückt die Geisteswissenschaften in
die Nähe von Kunst und Literatur. Die Kluft besteht im englischen Verständnis zwischen
den Naturwissenschaften einerseits und den Literaten, Philosophen und Historikern andererseits. In genau diesem Sinne unterschied C. P. Snow (1995) die „zwei Kulturen" der Wissenschaftler und der Literaten. In Deutschland dagegen liegt der Abgrund, trotz aller Ani-
mositäten zwischen „harten" und „weichen" Wissenschaften, zwischen den (universitären)
Wissenschaften und den Künsten. Es kann offen bleiben, ob die Unterschiede im Sprachgebrauch verantwortlich dafür sind, dass der Wissenschaftsstatus der Geisteswissenschaften in
Deutschland weniger umstritten ist, als in den anglo-amerikanischen Ländern, in denen die
Idee der Charakterbildung durch die humanities noch besteht, oder ob die wissenschaftliche
Stellung der historischen und philologischen Disziplinen an der humboldtschen Universität
den Sprachgebrauch geprägt hat. Aber sowohl für England als auch für Frankreich und
Deutschland gilt, dass mit den Sozialwissenschaften ein Zwitterwesen entstand. Ihr Gegen-
stand war der gleiche, den bislang Literatur, Philosophie und Geschichtsschreibung bearbei-
teten, ihre Methoden dagegen sollten die der Naturwissenschaften sein. Lepenies (1988) er-
gänzte darum auch Snows Unterscheidung um die „dritte Kultur" der Sozialwissenschaften.
Die ambivalente Stellung der Sozialwissenschaften lässt sich wiederum am englischen
Sprachgebrauch illustrieren: Die Sozialwissenschaften sind keine humanities, aber auch keine sciences, sondern lediglich *social sciences*.

Aufgrund der im ursprünglichen Programm der Sozialwissenschaften angelegten Verbindung von „geisteswissenschaftlichem" Gegenstandsbereich und „naturwissenschaftlicher" Methode bilden die Sozialwissenschaften einen geeigneten Testfall, an dem sich einheitswissenschaftliche wie dualistische Konzeptionen des Verhältnisses von Natur- und
Geisteswissenschaften bewähren müssen. Anders gesagt: Will man im Anschluss an Snow
herausfinden, ob es ein oder zwei (Wissenschafts-)Kulturen gibt und ob diesen auch unterschiedliche Methoden und Gegenstandsbereiche korrespondieren, so sollte man die dritte
Kultur untersuchen.

Ich möchte zunächst einen kurzen Abriss über die Naturalismusdebatte in der Geschichte
der Philosophie der Sozialwissenschaften geben (2). Darauf werde ich verschiedene Konzepte von „Natur" darstellen, die in dieser Debatte eine Rolle spielen (3), und zwischen einer methodologischen (4) und einer ontologischen (5) Variante des Naturalismus unterscheiden. Sodann wird die These der Emergenz sozialer Tatsachen diskutiert, die sich gegen re-

duktionistische Ansätze des Naturalismus innerhalb der Philosophie des Sozialwissenschaften wendet (6). Zuletzt werden verschiedene Konzepte, den Realitätsstatus der sozialen Wirklichkeit zu bestimmen, vorgestellt (7).

Das Ziel des Aufsatzes ist ein vorwiegend begriffliches: Es soll der Rahmen bestimmt werden, in dem sich die Naturalismusdebatte bewegt. Darüber hinaus geht es mir darum, gegen das von einem naiven Verständnis der Naturwissenschaften geprägte Wirklichkeitsverständnis, welches weite Teile des *common sense* prägt, – man könnte von einem „Billiardkugelmodell der Kausalität und Realität" sprechen –, die konzeptionelle Möglichkeit einer nicht-reduktiven Methodologie und Ontologie zu betonen. Ob reduktive oder nicht-reduktive Sozialtheorien sich als fruchtbarer erweisen, kann jedoch nicht von der Philosophie der Sozialwissenschaften beantwortet werden, vielmehr muss sich dies in den Sozialwissenschaften selbst erweisen.

2. Etappen der Naturalismusdebatte

Naturalistische Ansätze in den Sozial- und Kulturwissenschaften: Dies klingt wohl spätestens seit der Prägung der Geisteswissenschaften durch den Historismus im 19. Jahrhundert wie ein Oxymoron. Denn die neu-kantianische Dichotomie von historische Entwicklungen beschreibenden, idiographischen Geisteswissenschaften und nomothetischen, das heißt, auf allgemeine Gesetze rekurrierenden Naturwissenschaften prägt die Geisteswissenschaften und in etwas geringerem Maße auch die Soziologie und Politologie bis heute. Andererseits finden sich – die durch den Neu-Kantianismus wie Fakultätszugehörigkeiten gezogene Grenze überschreitend – aber auch immer wieder Versuche, die Naturwissenschaften gegen die Geistes- und Sozialwissenschaften in Stellung zu bringen, und damit die Geisteswissenschaften auf den Bereich der Philologie zu beschränken und den Sozialwissenschaften die Existenzberechtigung gänzlich abzusprechen. In den sechziger und siebziger Jahren des letzten Jahrhunderts standen hierfür hauptsächlich die Soziobiologie von E. O. Wilson und die Verhaltensforschung von Konrad Lorenz.

In der Gegenwart ist es weniger die biologische Verhaltensforschung, die eine Herausforderung für die Geistes- und Sozialwissenschaften darstellt. Vielmehr sind heute die Genetik und Hirnforschung die Disziplinen, welche eine Erklärung kultureller und sozialer Phänomene aus der Perspektive der „harten" Wissenschaften beanspruchen. Ein genauerer Blick in die Wissenschaftsgeschichte erlaubt es allerdings, ein differenzierteres Bild des Verhältnisses der Geistes- und Sozialwissenschaften zu den Naturwissenschaften zu zeichnen.

Seit der Renaissance haben sich die Naturwissenschaften gegen theologischen Widerstand den Status erkämpft, in Anlehnung an die Mathematik sicheres, bewiesenes Wissen darzustellen.[1] Galileo Galilei prägte dieses Wissenschaftsideal, welches mindestens bis zur Entwicklung des Fallibilismus durch Peirce dominierte (vgl. Agassi 1981). Auch der philosophische Rationalismus ist kein Gegenbeispiel. Descartes' ging in seinem Begründungsvor-

---

[1] Den heutigen Wissenschaftsbegriff und die Unterscheidung von Philosophie, Geistes- und Naturwissenschaften auf die Renaissance zu projizieren, stellt sicherlich einen Anachronismus dar. Dennoch gebrauche ich die Terminologie aus Gründen der Bequemlichkeit.

haben für menschliche Erkenntnis zwar von dem menschlichen Selbstbewusstsein aus und nicht von der Mathematik, doch auch bei ihm bilden sie und die Physik den idealen Fall von Wissen. Der erste Angriff gegen das naturwissenschaftliche Erkenntnisideal, der zur Entstehung eines eigenständigen historischen bzw. geisteswissenschaftlichen Wissenschaftsverständnisses führte, wurde dann 1725 von Vico vorgetragen. „Verum idem factum", der Grundsatz, nur das von Menschen Hergestellte sei als das Wahre zu erkennen, sprach allein der wissenschaftlichen Behandlung der Geschichte bzw. Kultur die Fähigkeit zu, sicheres und wahres Wissen zu erreichen: Kulturelles sei für uns erkennbar, da wir es selbst erschaffen haben, die von Gott geschaffene Natur übersteige dagegen unser Erkenntnisvermögen. Damit verband Vico jedoch keine Minderung des Erklärungsanspruchs der Geschichtswissenschaften, wie sie die spätere Unterscheidung von idiographischen und nomothetischen Disziplinen nahelegt. Vielmehr war er der Ansicht, im Verlauf der Geschichte ließen sich Gesetze erkennen. Möchte man Vicos Position grob charakterisieren, so lässt sich sagen, dass er in methodologischer Hinsicht dem Erkenntnisideal der Naturwissenschaften treubleibt, auf der Ebene des Erkenntnisgegenstandes, also der Ontologie, jedoch einen Dualismus einführt. Der Witz seiner Anschauung liegt nicht zuletzt darin, dass er die übliche Rangfolge der Disziplinen umkehrt. Von Vico lässt sich eine Linie über Comte und Durkheim bis zu zeitgenössischen Sozialtheorien ziehen. Vicos geschichtsphilosophische These, jede Gesellschaft müsse gesetzmäßig das theokratische und heroische Stadium durchlaufen, um zuletzt den menschlichen Zustand zu erreichen, findet z. B. einen Widerhall in Comtes Drei-Stadien-Gesetz, welches zwischen einem theologischen, metaphysischen und positiven Stadium unterscheidet sowie in den Differenzierungstheorien von Durkheim über Parsons bis zu Jeffrey Alexander. Wichtiger als die geschichtsphilosophischen Gemeinsamkeiten von Vico und Comte ist jedoch der Unterschied, dass Comte Vicos theologisch begründete Skepsis gegenüber den Naturwissenschaften nicht teilt. Comtes *philosophie positive* kann daher von ihnen ausgehen und in einer Stufenfolge von der Mathematik über die Astronomie, Physik, Chemie und Biologie bei der Soziologie angelangen.[2] Die Soziologie nimmt, nach Comte, den obersten Rang in der Hierarchie der Wissenschaften ein, da sie sich mit den komplexesten Strukturen befasse, welche sich nach Comtes Ansicht nicht mit den Mitteln der niederrangigen Wissenschaften erklären lassen. Der Positivismus Comtes darf aber keinesfalls mit einem Reduktionismus verwechselt werden. Was den „positiven Geist" in Philosophie und Wissenschaften ausmacht, ist nicht die Reduktion des Kulturellen oder Sozialen auf das Natürliche, sondern sind die „Prinzipien" der Tatsächlichkeit, Nützlichkeit, Gewissheit und Genauigkeit (Comte 1956, 86).

Die positivistische Philosophie Comtes gewann vermittels der Werke von John Stuart Mill und – für die Sozialtheorie wichtiger – Herbert Spencer in Großbritannien an Einfluss. Spencer blieb dem „Geist des Positivismus" treu, insofern er eine Stufenfolge der Wissenschaften in einer oder genauer: seiner „synthetischen Philosophie" anstrebte. In der Unterscheidung von „militärischen" und „industriellen Gesellschaften" finden sich zudem Anklänge an Comte und sogar Vico. Das vereinheitlichende Prinzip, welches allen Wissenschaften einschließlich der Philosophie zugrunde liegt, sah Spencer in der Evolution und der aus ihr folgenden zunehmenden Differenzierung und Komplexitätssteigerung aller organi-

---

2 Die Psychologie zählte Comte nicht zu den Wissenschaften, da er innere, mentale Zustände nicht als Fakten gelten lässt.

schen Formen. Die Gesellschaft lasse sich in Analogie zu biologischen Organismen behandeln, da sie – für Spencer – eine Organisation von Organismen ist: „[T]he mutually-dependent parts, living by and for one another, form an aggregate constituted on the same general principle as in an individual organism." (Spencer 1898, 462) Doch ist es unangemessen, Spencer vorzuwerfen, er habe naiv einen Superorganismus postuliert. Er ist sich durchaus der Unterschiede zwischen biologischen Organismen, wie einem einzelnen Menschen, und Gesellschaften bewusst.

> Hence, then, a cardinal difference in the two kinds of organisms. In the one, consciousness is concentrated in a small part of the aggregate. In the other, it is diffused throughout the aggregate [...] As, then, there is no social sensorium, the welfare of the aggregate, considered apart from that of the units, is not an end to be sought. The society exists for the benefits of its members; not the members for the benefit of the society. (Spencer 1898, 461)

Spencers Werk wird üblicherweise mit dem Schlagwort des Sozialdarwinismus belegt, doch ist diese Bezeichnung zumindest teilweise irreführend. Denn erstens gebrauchte Spencer bereits 1851, also acht Jahre vor dem Erscheinen von Darwins *Origin of Species* (1859) in *Social Statics* (1851) evolutionäre Argumentationsfiguren. Zweitens blieb er, auch wenn er die Bedeutung Darwins anerkannte, doch zumindest in Hinsicht auf die soziale Evolution dem Lamarckismus verbunden und ging eher von einer zielgerichteten Anpassung an Umweltbedingungen aus, als von spontanen Mutationen. Noch in einer weiteren Hinsicht ist es unpassend, von „Sozialdarwinismus" zu sprechen. Heutzutage verknüpfen wir mit diesem Ausdruck automatisch illiberale und faschistische Positionen. Spencer dagegen war in seiner politischen Philosophie ein radikaler Anhänger des Liberalismus, und zwar nicht nur eines *laissez faire*-Kapitalismus, sondern auch in Hinblick auf Menschen- und Bürgerrechte.

Die nächste Etappe der Entwicklung des Positivismus setzt mit Emile Durkheim ein, der eine soziologische Transformation des philosophischen Ansatzes durchführt. Das Etikett des Positivismus lehnt er allerdings ab:

> [D]ie einzige [Bezeichnung], welche wir akzeptieren würden, wäre die des Rationalisten. Unser vornehmstes Ziel ist es ja, das menschliche Verhalten dem wissenschaftlichen Rationalismus zu unterstellen, indem wir zeigen, daß es sich, in der Perspektive der Vergangenheit betrachtet, auf Beziehungen von Ursache und Wirkung zurückführen läßt, welche durch eine nicht minder rationalistische Gedankenoperation in Normen für die Zukunft umgeformt werden können. Unser sogenannter Positivismus ist nur eine Konsequenz dieses Rationalismus. (Durkheim 1980, 87, Orig. 1894)

Zur Verdeutlichung setzt er noch in einer Fußnote hinzu: „Woraus erhellt, daß er [...] nicht mit der positivistischen Metaphysik Comtes und Spencers verwechselt werden darf." (Durkheim 1980, 87 Fn.) Dennoch lassen sich die Gemeinsamkeiten Durkheims mit Comte und Spencer nicht leugnen. Die Betonung der wissenschaftlichen Methode und insbesondere die These, soziale Tatsachen seien Tatsachen „sui generis", stellen ihn in eine kontinuierliche Linie mit Comte. Die zentrale Differenz Durkheims zu seinen „philosophischen" Vorgängern besteht dagegen in der Beschränkung auf eine empirisch fundierte soziologische Theoriebildung, die zur Lösung von den geschichtsphilosophischen Elementen der positivistischen Philosophie führte. Auffallend ist, dass Durkheim, ähnlich wie seine Vorgänger, in methodologischer Hinsicht „wissenschaftlicher Rationalist" zu sein beansprucht und sich somit an den Naturwissenschaften orientiert, während er mit der Einführung „sozialer Tatsachen" *(fait social)* einen Dualismus auf der Ebene der Ontologie der Einzelwissenschaften nahe legt.

Ein zweiter und vom älteren Positivismus Comtes deutlich unterschiedener Strang der Debatte über das Verhältnis von Natur- und Geistes- bzw. Sozialwissenschaften gelangt in den Blick, wenn man auf den Wiener Kreis schaut, und somit auf den Logischen Positivismus statt auf die *philosophie positive*. Dabei fällt auf, dass die Geistes- und Sozialwissenschaften gar nicht im Mittelpunkt des Interesses der Mitglieder des Wiener Kreises lagen. Ihnen ging es hauptsächlich um eine rationale Rekonstruktion der neueren mathematischen und naturwissenschaftlichen Ansätze. Von einigen wenigen Kapiteln in Richard von Mises' *Kleines Lehrbuch des Positivismus* (Mises 1990, Orig. 1939) abgesehen, war Otto Neurath der einzige, der sich mit der Wissenschaftstheorie der Sozialwissenschaften befasste. Verantwortlich gemacht werden können hierfür einerseits sicher biographische Gründe. Otto Neurath war Ökonom, die meisten anderen Mitglieder des Wiener Kreises dagegen – außer in der Philosophie – in der Mathematik oder den Naturwissenschaften ausgebildet. Diese Erklärung alleine greift aber zu kurz, da außer Neurath auch Carnap und einige weitere logische Positivisten sozialpolitisch sehr engagiert waren, und schon von daher ein Interesse an den Sozialwissenschaften zu erwarten gewesen wäre. Einen weiteren Grund für das im Vergleich zum älteren Positivismus auffällige Desinteresse an den Sozialwissenschaften kann man in der veränderten Situation in der Mathematik und den Naturwissenschaften sehen. Während im 19. Jahrhundert die Naturwissenschaften und insbesondere die Physik als weitgehend abgeschlossene Disziplinen galten, trat um die Jahrhundertwende die sogenannte Grundlagenkrise der Mathematik und Naturwissenschaften in Erscheinung, welche zu einer intensiven philosophischen Beschäftigung mit der Wissenschaftstheorie der Mathematik und Naturwissenschaften nötigte. Doch auch dies kann nur eine partielle Erklärung sein, denn auch die Entstehung der Grenznutzenlehre in den Wirtschaftswissenschaften und das webersche Konzept einer verstehenden Soziologie forderten zur philosophischen Auseinandersetzung heraus.[3] Man wird also gut daran tun, auch in der Wissenschaftskonzeption des Logischen Positivismus systematische Gründe für die periphere Stellung der Sozialwissenschaften zu suchen. Ein erster Hinweis auf sie ergibt sich aus einer Charakterisierung der Soziologie durch Otto Neurath.

> Die Soziologie auf materialistischer Basis spricht [...] nur von Verknüpfungen der Menschen untereinander und mit ihrer Umwelt. Sie kennt nur dies Verhalten des Menschen, das man wissenschaftlich beobachten, „photographieren" kann. [...] Die Soziologie behandelt den Menschen nicht anders als die anderen Realwissenschaften Tiere, Pflanzen, Steine. Sie ist „Sozialbehaviorismus". (Neurath 1981, 486, Orig. 1931)

---

3 Wichtige Beispiele hierfür sind die österreichische Schule der Nationalökonomie (L. von Mises, F. A. von Hayek) und die ebenfalls in Wien beheimateten, phänomenologisch inspirierten Arbeiten von Alfred Schütz (1932) und Felix Kaufmann (1936).

Dies soll nicht nur für die Soziologie in einem engeren disziplinären Sinne gelten. Da Neurath sie als die allgemeinste der Sozialwissenschaften betrachtet, ist „Soziologie" fast als Gattungsbezeichnung für alle Sozialwissenschaften aufzufassen. Kennzeichnend ist, dass Neurath nicht damit beginnt, die Verfahrensweisen der Sozialwissenschaften zu beschreiben. Vielmehr setzt er an, ihren Gegenstand zu bestimmen, den er in dem prinzipiell *physikalisch fassbaren Verhalten von Individuen* sieht. So ist es nur konsequent, wenn er fortfährt: „Die Einheitswissenschaft ist nichts anderes als *Physik* im weitesten Sinne des Wortes, Theorie der räumlich-zeitlichen Vorgänge – *Physikalismus.*" (Neurath 1981, 471) Zu beachten ist dabei eine bedeutende Differenz zwischen Neurath und Comte: Das einheitswissenschaftliche Programm, das im älteren Positivismus hauptsächlich methodologisch begründet wurde, erhält mit Neuraths Physikalismus eine eindeutig ontologische Dimension.

Doch bleibt dann überhaupt noch Raum für eigenständige Sozialwissenschaften oder sollten sie nicht auf eine behavioristische Psychologie und letztendlich auf die Physik reduziert werden? Gibt man dem Programm des Logischen Positivismus seine schärfste und orthodoxeste Lesart, so wird man die Frage bejahen müssen. Schon lassen andere Äußerungen Neuraths eine gewisse Skepsis gegenüber dem Reduktionismus erkennen und schaffen somit etwas mehr Raum für eigenständige Sozialwissenschaften.

> Aber wir wissen, dass die Soziologie das Schicksal Europas wesentlich besser zu berechnen vermag und mindestens nachträglich wesentliche Zusammenhänge aufdeckt und nicht aufs Individuum, nicht auf Genies als Leithammel rekurriert. Wir müssen eben in der Soziologie Gefüge ins Auge fassen, Gefüge, die sich aus Menschen mit bestimmten Gewohnheiten zusammensetzen, Gefüge, die unabhängig von den wechselnden Individuen erfahrungsgemäß eine bestimmte Struktur zeigen. Die typischen Gewohnheitsgruppen miteinander in Verbindung zu bringen wird so zur Aufgabe der Soziologie. Will der Soziologe die Fülle der Veränderungen bewältigen, so muß er Gesetze zu formulieren trachten. [...] Aber allgemeine soziologische Gesetze gibt es sicher nur wenige, im allgemeinen muß man auf Gesetze des individuellen Verhaltens und anderes zurückgreifen. (Neurath 1981, 477f.)

Demnach bilden „soziale Gefüge" den Gegenstand der Soziologie. Gefüge allerdings, die sich prinzipiell durch Individuen und ihre Interaktionen bestimmen lassen. Dass sich bezüglich dieser Gefüge Gesetze formulieren lassen, hält Neurath immerhin für möglich, wenn auch nur in wenigen Fällen. Diese Verbindung eines prinzipiellen ontologischen Reduktionismus mit dem Einräumen der Möglichkeit, soziologische Gesetze aufzustellen, ist keineswegs widersprüchlich. Im Logischen Positivismus ist der Unterschied zwischen regulärem Verhalten und rationalem Handeln irrelevant. Da Neurath zudem seinen Ausführungen einen im Kern humeschen Begriff der Kausalität und folglich des Gesetzes zugrunde legt, der ausschließlich auf Regularitäten rekurriert, spricht nichts gegen soziologische Gesetze. Es genügt, wenn sich Regularitäten in Bezug auf Verhaltensweisen von Akteuren oder auch in Bezug auf Aggregate von Handlungen auffinden lassen.

Das Bild, welches Neurath vom Verhältnis der Natur- und Sozialwissenschaften zeichnet, unterscheidet sich deutlich von den Bildern Comtes und Durkheims. Die These Durkheims, soziale Tatsachen seien Tatsachen sui generis, muss er scharf ablehnen, da der Naturalismus Neuraths sein Fundament in der ontologischen Einheit der Wirklichkeit findet, wobei das Inventar der Welt letztendlich durch die Physik bestimmt wird. Zwar vertritt er auch auf der methodologischen Ebene eine einheitswissenschaftliche Konzeption, doch ist diese letztendlich sekundär. Wenn auch Neuraths Verständnis der Sozialwissenschaften nicht sehr stark rezipiert wurde, so hat doch die durch ihn und andere Mitglieder des Wiener Kreises vertretene Wissenschaftsauffassung die analytische Philosophie in England und stärker noch in den USA in den folgenden Jahrzehnten geprägt. Dies gilt einerseits für die wissenschaftstheoretischen Standardwerke von Nagel (1961) und Hempel (1965), andererseits aber auch für das praktische behavioristische Selbstverständnis vieler Psychologen und Ökonomen. Selbst einige neuere Entwicklungen in der Handlungstheorie und Philosophie des Geistes, die von der orthodoxen analytischen Philosophie wegführen, folgen noch der durch den Wiener Kreis vorgegebenen Bahn. So ist z. B. Davidsons anomaler Monismus (1980, Orig. 1970) eine auf der ontologischen Ebene monistische Konzeption, die allerdings einen Dualismus auf der Ebene der Beschreibungsweisen des Mentalen zulässt, ja sogar fordert. Um Missverständnisse zu vermeiden, sei allerdings betont, dass nach Davidson Erklärungen mit mentalem Vokabular nicht auf Gesetze rekurrieren können.

In den gegenwärtigen Diskussionen sind die historischen Wurzeln der Naturalismusdebatte auf eine teilweise schwer zu entwirrende Weise miteinander verflochten. So ist die Rational-Choice-Theorie einerseits einem individualistischen und reduktionistischen Programm verpflichtet, andererseits ist mit der Einführung evolutionstheoretischer Modelle in diesen Theorietypus eine Brücke zu neueren Komplexitätstheorien geschlagen, so dass auch Gemeinsamkeiten mit dem holistischen Ansatz Durkheims bestehen. In der Memtheorie findet sich wiederum eine Variante der Evolutionstheorie, welche in methodischer Hinsicht einheitswissenschaftlich und naturalistisch ausgerichtet ist (vgl. Rapoport 1986). Da jedoch bestritten wird, dass kulturelle Verhaltensweisen sich auf genetische oder andere biologische Veranlagungen zurückführen lassen und daher den Genen mit den Memen ein zweiter Replikator zur Seite gestellt wird (vgl. Dennett 1995, Blackmore 1999), kann der Ansatz als dualistisch verstanden werden. Noch einmal ein wenig anders ist die Situation in der wissenschaftstheoretischen Landschaft. Die Wendung realistischer Ansätze gegen den Logischen Positivismus führte dazu, dass realistische Konzepte auch für die Philosophie der Sozialwissenschaften in Anschlag gebracht wurden. Die von Roy Bhaskar begründete Strömung des Kritischen Realismus tritt dabei explizit unter dem Titel *The Possibility of Naturalism* (Bhaskar 1998, Orig. 1979) an. Da Bhaskar zugleich auch von emergenten Eigenschaften sozialer Systeme spricht (ebd., 37ff), kann der Kritische Realismus nicht als eine Spielart des Reduktionismus klassifiziert werden.

3. Varianten des Naturbegriffs

Ein zentrales Problem vieler Debatten über den „Naturalismus" besteht darin, dass es zwischen den Kontrahenten unklar bleibt, ob sie unter „Natur" überhaupt das Gleiche verstehen. In der Bildungs- und Wissenschaftssprache lassen sich nämlich mindestens sechs verschiedene Bedeutungen des Naturbegriffs unterscheiden:

(1) Als die „Natur einer Sache" werden das Wesen bzw. die wesentlichen Eigenschaften einer Entität bezeichnet.

(2)   Unter „Natur" können nicht durch Menschen hergestellte oder veränderte Gegenstän-
      de, Zustände oder Ereignisse verstanden werden.

(3)   In einem stärkeren Sinne als in (2) wird „Natur" auf nicht durch Menschen herstell*ba-
      re* oder veränder*bare* Gegenstände, Zustände, Ereignisse oder Regularitäten ange-
      wandt.

(4)   Häufig wird die Natur auch mit dem Gegenstandsbereich der Naturwissenschaften –
      oder spezifischer: der Physik – gleichgesetzt.

(5)   Gelegentlich werden durch Menschen hervorgebrachte, aber dem Einzelnen als unver-
      änderlich vorgegebene Gegenstände, Zustände, Ereignisse und Mechanismen als „Na-
      tur" oder auch als „zweite Natur" bezeichnet.

(6)   Einen stärkeren Sinn als in (5) erhält das Konzept der zweiten Natur, wenn man mit
      ihm die Zusatzannahme verknüpft, der Versuch einer Veränderung dieser zweiten (so-
      zialen) Natur müsse notwendig scheitern oder führe doch zumindest zu suboptimalen
      Resultaten.

Ad (1): Die erste Variante des Naturkonzepts geht auf eine schon in der Philosophie des
Aristoteles vorfindliche Verknüpfung der Begriffe der Natur (physis, lat. natura) und des
Wesens (ousia, lat. essentia) zurück: Die Analyse der natürlichen Dinge wird mit der Analyse der Natur der Dinge und folglich ihrer natürlichen bzw. wesentlichen Eigenschaften verknüpft. In der lateinischen Tradition führte dies zu einer ambigen Verwendung der Begriffe
natura und *essentia*. Entsprechend werden bis heute häufig unter der Natur einer Sache oder
eines Ereignisses ihre essentiellen Eigenschaften verstanden.

Ad (2): Einen einfacheren Sinn von „Natur" gibt die zweite Begriffsbestimmung an.
Dinge oder Sachverhalte, welche nicht durch Menschen hergestellt oder verändert wurden,
lassen sich als natürliche auffassen.[4] Diese Definition bringt man z. B. in Anschlag, wenn
man von einer „natürlichen Haarfarbe" spricht. Auch wenn diese Definition einfach ist, so
ist sie doch keineswegs trivial und kann sogar zu kontraintuitiven Ergebnissen führen. Man
denke an das Beispiel der *Kultur*pflanzen. Diese sind zwar unbestreitbar Teil der Biologie,
aber doch stark durch Züchtung oder andere Eingriffe wie z. B. das Aufpfropfen verändert
und bearbeitet.

Ad (3): Die Beispiele der Haarfarbe und Kulturpflanzen verweisen bereits auf die dritte
Verwendungsweise von „Natur". Manche Dinge bzw. Eigenschaften sind, anders als die
Haarfarbe, nicht *veränderbar*. Somit kann als Natur verstanden werden, was durch Handlungen weder hergestellt noch verändert werden *kann*. Dabei muss es sich aber nicht unbedingt
um die essentiellen Eigenschaften einer Sache handeln. So enthält das menschliche Genom
auch Informationen bezüglich einiger recht trivialer Sachverhalte, wie z. B. darüber, ob ein
Mensch angewachsene oder nicht angewachsene Ohrläppchen besitzt. Das Genom ist jedoch ein problematisches Beispiel für Natur im Sinne von (3), denn in absehbarer Zeit wird
es sicher möglich sein, gezielte Eingriffe in das menschliche Genom vorzunehmen. Den paradigmatischen Fall von Natur bilden vielmehr die Naturgesetze, für welche es geradezu de-
finitorisch ist, dass sie weder durch Menschen herstellbar noch veränderbar sind. Der Be-

---

4 Wem die Einschränkung auf menschliche Veränderung zu restriktiv ist, der kann auch sagen, alles, was
nicht durch Handlungen beeinflusst sei, sei natürlich. Damit sind auch Veränderungen durch hypothetische
außerirdische Akteure oder eventuell höhere Primaten Ausschlusskriterien für die Anwendung des Naturbegriffs.

reich der Natur wird damit deckungsgleich mit den Naturgesetzen und dem Phänomenbereich, welcher ausschließlich durch die Naturgesetze erklärt werden kann.

Ad (4): Eine weitere, einfache und schon bei Otto Neurath zu findende Möglichkeit, den Naturbegriff zu definieren, besteht darin, die Natur mit dem Gegenstandsbereich der Naturwissenschaften gleichzusetzen. Hier besteht jedoch die Gefahr eines Dilemmas: Entweder es wird ein substantielles Verständnis von Natur vorausgesetzt, um festzustellen, welche Wissenschaften Naturwissenschaften sind, oder aber die Abgrenzung der Natur- von den Geistes- und Sozialwissenschaften wird an rein institutionellen Kriterien festgemacht. Im ersten Falle muss der Naturbegriff durch ein weiteres, substantielles Kriterium definiert werden, im zweiten Fall wird die Natur selbst zu einer sozialen Tatsache und die Unterscheidung von „Natur" und „Geist" oder „Kultur" bricht zusammen.

Ad (5): Von einer zweiten Natur zu sprechen, kann den Verdacht bloß metaphorischer Redeweise hervorrufen. Unter der zweiten Natur werden Dinge, Eigenschaften oder Sachverhalte verstanden, die zwar von Menschen geschaffen werden, wenn sie erst einmal in der Welt sind, jedoch den gleichen Eindruck der Unverfügbarkeit erwecken wie physikalische oder biologische Fakten. Was kann man sich hierunter vorstellen? Zumeist wird von der zweiten Natur gesprochen, wenn Eigenschaften von Personen bezeichnet werden. Man kann dabei sowohl an Gewohnheiten wie an Charaktereigenschaften oder den Habitus denken. Diese Eigenschaften kann sich eine Person selbst „antrainiert" haben, sie können aber auch das Ergebnis eines Sozialisationsprozesses durch andere sein. Hat man diese Eigenschaften aber erst einmal erworben, so ist es zumindest nicht mehr möglich, sie *ad hoc* qua eines Willensentschlusses abzulegen. Darüber hinaus werden aber gelegentlich auch soziale Entitäten mit dem Konzept der zweiten Natur beschrieben. So ist z. B. der Markt eine Institution, welcher sich, von Eremiten abgesehen, keiner entziehen kann: Er gehört zur Natur der Gesellschaft. Wendet man das Konzept der zweiten Natur auf soziale Institutionen an, so legt es ein realistisches Verständnis dieser Natur nahe. D.h. es werden für ihre Erklärung nicht ausschließlich kollektive Intentionen herangezogen, wie es bei Searle (1995) oder Tuomela (1995) geschieht, sondern darüber hinaus auch kausale Prozesse, die den Akteuren nicht transparent und zugänglich sind, in Anschlag gebracht. Der realistische Vorbehalt gegenüber Searle und Tuomela besteht dann darin, dass auch kollektive Irrtümer in Bezug auf Institutionen möglich sind und Institutionen nicht allein durch einen kollektiven Entschluss geändert werden können.

Ad (6): Der Nachteil eines so weit gefassten Konzepts der zweiten Natur besteht allerdings darin, dass die Abgrenzung gegenüber Kontrastbegriffen zu „Natur" wie „Kultur", „Geist" oder „Soziales" diffus wird. Denn fast alle Arten von Institutionen, sozialen Konventionen oder erworbenen individuellen Eigenschaften lassen sich nicht einfach durch den Entschluss einer Person ändern. Daher kann es ratsam sein, die Definition dieses Konzepts so zu ergänzen, dass lediglich solche Dinge, Sachverhalte oder Eigenschaften als zweite Natur bezeichnet werden, welche nicht veränderbar sind oder deren Veränderung doch zumindest zu suboptimalen Ergebnissen führen würde. Betrachten wir zunächst das Beispiel des Marktes. Scheinbar lässt sich der Markt durch eine Planwirtschaft ersetzen. Doch führt letztere regelmäßig in eine Mangelwirtschaft, in deren Folge wiederum ein Markt entsteht, wenn auch ein Schwarzmarkt. Aufgrund dieser Befunde lässt sich argumentieren, der Markt gehöre zur zweiten Natur, während dies von den Tischsitten, welche durchaus verzichtbar sind, nicht zu sagen ist. Auch auf der individuellen Ebene kann man versuchen, die zweite Natur auf die Gewohnheiten oder Charaktereigenschaften einzuschränken, die notwendig sind, damit ein Individuum unter gegebenen ökologischen und sozialen Bedingungen leben kann. Die Redeweise der älteren philosophischen Anthropologie, der Mensch sei ein „Mängelwesen" und Institutionen dienten dazu, diese Mängel auszugleichen (vgl. z. B. Gehlen 1966), zielte in diese Richtung.

Bislang habe ich die verschiedenen Naturbegriffe mit ontologischen Argumenten eingeführt und charakterisiert. Es besteht allerdings auch eine andere, eher methodologisch inspirierte Möglichkeit, die Natur von dem Geist, der Kultur oder der Gesellschaft abzugrenzen, welche ich jedoch als weniger hilfreich erachte. Demnach ist das Reich der Natur derjenige Bereich, zu dessen Erklärung lediglich Naturgesetze (sowie ihre Anfangs- und Randbedingungen) herangezogen werden müssen, während das Reich des Geistes, der Kultur bzw. der Gesellschaft durch den Gebrauch intentionaler Erklärungen konstituiert wird. Dieses Vorgehen berührt sich mit der in (3) ausgesprochenen Intuition. Doch es empfiehlt sich m. E. nicht als Weg, um den Naturbegriff von seinen Kontrastbegriffen abzugrenzen, denn es bleibt unbestimmt, was ein Naturgesetz als ein Gesetz der *Natur* auszeichnet. Entweder man verfügt bereits über eine substantielle Definition des Naturbegriffs, dann dient dieser und nicht der Gesetzesbegriffs zu Bestimmung des Bereichs der Natur- und der Naturwissenschaften. Oder aber man setzt naturgesetzliche Erklärungen mit deduktiv-nomologischen Erklärungen gleich und Naturgesetze, grob gesprochen, mit allquantifizierten Zusammenhangsaussagen. Dann ist es aber nicht auszuschließen, dass solche Zusammenhangsaussagen und deduktiv-nomologische Erklärungen sich auch zur Erklärung solcher Phänomene erstellen lassen, die man zum Bereich des Mentalen, Kulturellen oder Sozialen rechnen wird. Aus diesem Grund scheint mir die Unterscheidung von naturgesetzlichen und intentionalen Erklärungen nicht geeignet zu sein, Natur und Gesellschaft (bzw. Kultur) voneinander zu scheiden.

Für das Thema der naturalistischen Ansätze in der Philosophie der Sozialwissenschaften sind die mit (3) und (5) bzw. (6) angegebenen Bedeutungen von „Naturalismus" von besonderer Bedeutung. Erinnern wir uns, der Naturalismus behauptet unter anderem, dass die Methoden der Naturwissenschaften auf die Sozialwissenschaften zu übertragen seien. Eine Voraussetzung hierfür ist offensichtlich, dass der Gegenstandsbereich der Sozialwissenschaften von den Überzeugungen und Interpretationen der Akteure zumindest partiell unabhängig ist. Diese Grundvoraussetzung eines Naturalismus in der Philosophie der Naturwissenschaften wird mit den genannten Definitionen von „Natur" wiedergegeben. Auch die Grundintuition stärker ontologisch argumentierender Varianten des Naturalismus besteht ja gerade darin, das Soziale als etwas Natürliches auszuzeichnen. Dieser Grundintuition liegt ebenfalls die Annahme zugrunde, dass es einen Gegenstandsbereich der Sozialwissenschaften gibt, welcher mit Entitäten bevölkert ist, die nicht durch eine willkürliche Setzung ein oder mehrerer Akteure verändert bzw. hergestellt werden können. Soziale Tatsachen sind demnach Tatsachen, die wie solche der Physik zu behandeln sind. Dies ist auch der Kern von Durkheims berühmtem Diktum: „Die erste und grundlegendste Regel besteht darin, die sozialen Tatsachen wie Dinge zu betrachten." (Durkheim 1980, 115, Orig. 1894.)[5]

---

5 Die Übersetzung wurde von mir gegenüber der genannten Ausgabe leicht korrigiert.

4. Methodologischer Naturalismus

Im vorletzten Abschnitt wurden zwei Stränge in der Debatte über das Verhältnis der Natur-wissenschaften zu den Geistes- und Sozialwissenschaften identifiziert, die auch die heutigen Auseinandersetzungen über naturalistische Kulturtheorien prägen. Ich werde die beiden Ar-gumentationsweisen im folgenden als *methodologischen Naturalismus* und als *ontologi-schen Naturalismus* bezeichnen. Beide Positionen schließen einander nicht aus, es besteht aber auch kein Implikationsverhältnis zwischen ihnen. Sie betonen unterschiedliche Aspekte dessen, was als „Natur" und „Naturalismus" gelten kann, und können unabhängig voneinan-der vertreten werden. Beginnen wir mit dem methodologischen Naturalismus.

Der methodologische Naturalismus behauptet eine grundlegende Einheit der Methoden, Verfahrensweisen oder Rechtfertigungsstandards in Natur- und Sozialwissenschaften. Die Gegenstandsbereiche der verschiedenen Disziplinen können dabei differieren, es muss aber nicht behauptet werden, der Gegenstandsbereich der Sozialwissenschaften sei mit dem der Naturwissenschaften identisch oder ließe sich auf ihn reduzieren. Was unter der „grundle-genden Einheit der Methoden" zu verstehen ist, ist für divergierende, wenn nicht sogar wi-dersprüchliche Interpretationen offen. Dies gilt umso mehr, wenn sich der Naturalist, um seine eigene Position nicht als kruden Reduktionismus karikiert zu sehen, gegen „engstirni-ge" Szientisten wendet. Der Naturalismus beinhaltet demnach lediglich die These „that there is (or can be) an *essential unity of method* between the natural and the social sciences", wo-gegen der Szientismus leugne „that there are *any significant differences* in the methods ap-propriate to studying social and natural objects" (Bhaskar 1998, 2, Hervorh. RS).

Die sparsamste Variante des Naturalismus sieht die grundlegende Einheit der Methoden darin, dass sowohl Natur- als auch Sozialwissenschaften Aussagen über ursächliche Zusam-menhänge machen.

> **Methodologischer Naturalismus, erste Variante.** Sozialwissenschaften sind, ebenso wie die Naturwissenschaften, Kausalwissenschaften.

Diese erste Variante des Naturalismus lässt Raum für Auslegungen, was nicht zuletzt daran liegt, dass es keine unumstrittene philosophische Analyse der Begriffe „Kausalität" oder „Verursachung" *(causation)* gibt. Die Bestimmung der Sozialwissenschaften als Kausalwis-senschaften hebt zudem auf keine bestimmte Art der Kausalität ab. Ereignisse können daher prinzipiell ebenso als Ursachen in Anschlag gebracht werden, wie Strukturen oder Akteure[6]. Selbst der Fall der *backward causation* ist nicht per definitionem ausgeschlossen. Die erste Variante des methodologischen Naturalismus kann sogar dann vorliegen, wenn man argu-mentiert, die Sozialwissenschaften rekurrierten auf singuläre Kausalaussagen, während die Naturwissenschaften auf generelle zurückgriffen. Ein Verständnis der Sozialwissenschaften als idiographischen Disziplinen muss daher keinen Anti-Naturalismus implizieren. Trotz seiner Offenheit ist der methodologische Naturalismus auch in der ersten Variante keines-wegs trivial, da er sich von einem bloß hermeneutischen Verständnis der Sozialwissenschaf-ten abgrenzt. Während man Peter Winch (1966) und manche Spielarten der phänomenologi-

---

6 Letztere im Sinne der Agentenkausalität, vgl. Chisholm 1966.

schen Soziologie so verstehen kann, als sei es die einzige Aufgabe der Sozialwissenschaften, den Sinn zu rekonstruieren, den Akteure mit ihren sozialen Handlungen verbinden, leugnet der methodologische Naturalismus zwar nicht, dass Sinn und Verstehen wichtige Kategorien in den Sozialwissenschaften sein können, doch liegt dann die Funktion des Verstehens seines Erachtens darin, ursächliche Erklärungen zu ermöglichen.[7] Wenn man bei den Geisteswissenschaften weniger an die Geschichtswissenschaften als an die Philologien denkt, so lässt sich sagen, der methodologische Naturalismus ziehe eine Grenze zwischen den Natur- und Sozialwissenschaften auf der einen Seite und den hermeneutischen Geisteswissenschaften auf der anderen.

Eine stärkere Variante des methodologischen Naturalismus kann darin bestehen, die Gemeinsamkeit von Natur- und Sozialwissenschaften darin zu sehen, dass beide Gesetze entdecken.

Methodologischer Naturalismus, zweite Variante. Sozialwissenschaften entdecken, ebenso wie die Naturwissenschaften, in ihrem jeweiligen Gegenstandsbereichen gültige Gesetze.

Die zweite Variante des Naturalismus setzt somit an der Unterscheidung von idiographischen und nomothetischen Disziplinen an, bestreitet jedoch, dass die Sozialwissenschaften idiographisch sind und schlägt sie den nomothetischen Wissenschaften zu. Sie ist für verschiedene Interpretationen offen, da auch der Gesetzesbegriff interpretationsoffen ist. Im einfachsten Fall können unter Gesetzen schlicht allquantifizierte Konditionalaussagen verstanden werden. Allerdings können auch anspruchsvollere Versionen des Gesetzesbegriffs, wie sie in der Wissenschaftstheorie diskutiert werden, in Anschlag gebracht werden. So wird von Gesetzen z. B. häufig verlangt, dass sie auch unter kontrafaktischen Bedingungen gelten, d. h. auch dann, wenn ihre Randbedingungen nicht gegeben sind. Dies lässt sich prinzipiell gleichermaßen von sozialwissenschaftlichen Gesetzen (vorausgesetzt, es gibt sie) wie von naturwissenschaftlichen verlangen. Darüber hinaus ist es in dieser Variante des Naturalismus auch nicht ausgeschlossen, funktionale Erklärungen zu verwenden und von teleologischen Gesetzen zu sprechen.

Wie bereits im historischen Abriss erwähnt, war es das Ziel von Otto Neurath und anderen vom logischen Positivismus beeinflussten Autoren, die Sozialwissenschaften als Gesetzeswissenschaften zu etablieren. Als sonderlich erfolgreich kann man dieses Unterfangen jedoch nicht bezeichnen. Das Problem, dass die Randbedingungen sozialer Gesetze nicht erschöpfend angegeben werden können, führt zu der Einsicht, dass es sich eher um Prima-Facie-Gesetze handelt, denn um Gesetze nach dem Vorbild von Naturgesetzen.

5. Ontologischer Naturalismus

Wenden wir uns nach dem methodologischen Naturalismus nun dem ontologischen zu. Er tritt in zwei Hauptvarianten auf, welche sich auf unterschiedliche der in Abschnitt 3 skiz-

---

7 Man kann dies mit Max Webers Formulierung in Wirtschaft und Gesellschaft ausdrücken: „Soziologie (im hier verstandenen Sinn dieses sehr vieldeutig gebrauchten Wortes) soll heißen: eine Wissenschaft, welche soziales Handeln deutend verstehen und dadurch in seinem Ablauf und seinen Wirkungen ursächlich erklären will." (Weber 1922, 1, Hervorh. RS)

zierten Verwendungsweisen von „Natur" zurückführen lassen. Versteht man die Natur als identisch mit den von den Naturwissenschaften erforschten bzw. postulierten Entitäten (s. S. 197), so ergibt sich die erste Variante des ontologischen Naturalismus.

Ontologischer Naturalismus. Reduktiver ontologischer Realismus: Das Inventar der „Welt" wird erschöpfend durch die Naturwissenschaften – insbesondere durch die Physik – angegeben. Sozialwissenschaftliche Erklärungen können daher prinzipiell durch naturwissenschaftliche ersetzt werden.

Ein Beispiel für ein physikalistisches Verständnis der Sozialwissenschaften haben wir bereits bei Otto Neurath kennengelernt. Davon abgesehen ist festzustellen, dass in der Philosophie der Sozialwissenschaften selten direkt für die erste Variante des ontologischen Naturalismus argumentiert wird. Zumeist wird zunächst behauptet, die Sozialwissenschaften seien auf die Psychologie rückführbar und erst im zweiten Schritt wird dann für eine Reduktion der Psychologie auf die Neurophysiologie oder gar Physik argumentiert. Auseinanderzuhalten ist auch, ob der ontologische Naturalismus bloß die These einer ontologischen Reduktion oder die darüber hinaus gehende einer explanatorischen vertritt. Die ontologische Reduktion ist nämlich durchaus mit einem Beschreibungsdualismus zu vereinbaren, der der Psychologie (und somit eventuell auch den Sozialwissenschaften) ihre Eigenständigkeit belässt. Das bekannteste Beispiel hierfür bietet wahrscheinlich Donald Davidsons anomaler Monismus. Davidson geht in dem Aufsatz „Mental events" (Davidson 1980) davon aus, dass Ereignisse sich sowohl mit physikalischem als auch mentalem Vokabular beschreiben lassen, das mentale Vokabular jedoch nicht auf das physikalische zu reduzieren sei. Begründet wird die These damit, dass sich keine Typenidentität in Bezug auf die in unterschiedlichen Vokabularen beschriebenen Ereignisse feststellen lasse und die Rückführung des mentalen auf das physikalische Vokabular daher nicht möglich sei. Dies schließt allerdings nicht aus, dass eine token-Identität zwischen den in beiden Vokabularen beschriebenen Ereignissen besteht, vielmehr behauptet Davidson dies gerade zur Verteidigung des Monismus.

Wenn der anomale Monismus oder andere Varianten des Beschreibungsdualismus zutreffen, so hat der ontologische Naturalismus keine Auswirkungen auf die Methodologie der Sozialwissenschaften. Doch streben die meisten naturalistischen Ansätze nicht nur eine ontologische, sondern auch eine explanatorische Reduktion an, d. h. es wird eine Rückführung sozialwissenschaftlicher bzw. psychologischer Erklärungen auf neurophysiologische oder physikalische beabsichtigt. Es wird dabei suggeriert, aus der ontologischen Reduktion folge zwingend, dass die Naturwissenschaften die Psychologie und Sozialwissenschaften zumindest prinzipiell ersetzen könnten. Denn, so das Argument, eine „vollendete" Physik könne alle Voraussagen machen, die auch die Sozialwissenschaften liefern können – wenn nicht sogar noch bessere. Für die Verwendung mentalen (oder eines anderen nicht-physikalischen) Vokabulars ließen sich somit bestenfalls pragmatische Gründe angeben. Es sei jedoch bemerkt, dass eine der Voraussetzungen für die These darin besteht, Voraussagen als hinreichend für eine gute Erklärung zu betrachten. Eine eigenständige Erklärungsdimension des Verstehens von Motiven oder des Erkennens von Mustern intentionalen Verhaltens, auf die z. B. Daniel Dennett in dem Aufsatz „Real Patterns" (1991) Wert legt, wird gar nicht erst in die Betrachtung einbezogen.

6. Emergenz

Die bislang skizzierten Positionen sind mit einer monistischen und sogar reduktionistischen Ontologie vereinbar. Methodologischer und ontologischer Naturalismus schließen einander daher nicht aus. Das Bild ändert sich etwas, wenn man als eine weitere Variante des Naturalismus solche Ansätze einführt, die behaupten, soziale Tatsachen besäßen emergente Eigenschaften.

> **Methodologischer Naturalismus, Emergenz.** Der Gegenstandsbereich der Sozialwissenschaften weist gegenüber dem der Physik bzw. Psychologie emergente Eigenschaften auf. Die Aufgabe der Sozialwissenschaften besteht in der wissenschaftlichen Analyse emergenter Eigenschaften bzw. Strukturen.

Die These der Emergenz schließt jeden Versuch aus, die Sozialwissenschaften auf die Naturwissenschaften oder auch die Psychologie zu *reduzieren*. Trotzdem ist es insofern gerechtfertigt, noch von einem Naturalismus zu sprechen, als emergente Eigenschaften oder Strukturen auf physikalischen oder psychischen *aufbauen*. Emergente soziale Eigenschaften sind jedoch ontologisch auf einer anderen Ebene zu verorten als physische oder psychische.

Was in unterschiedlichen Ansätzen genau unter „Emergenz" verstanden wird, ist nicht einfach zu sagen. Die klassische Formulierung „das Ganze ist mehr als die Summe seiner Teile" hilft nicht weiter, denn schon Moritz Schlick (1938) hat darauf hingewiesen, dass es unklar bleibt, was das Ganze ist, worin seine Teile bestehen und vor allem was die Summe der Teile sein mag. Der mathematische Summenbegriff kann ja wohl kaum gemeint sein. So spielt das Konzept der Emergenz häufig die Rolle eines Platzhalters und wird im Sinne von „Es entsteht etwas, aber wir wissen (noch) nicht wie" gebraucht.

Wer sich auf Emergenztheorien einlässt, muss zumindest ein gemäßigtes systemtheoretisches Vokabular benutzen. Von Emergenz wird zunächst dann gesprochen, wenn ein System gegenüber seinen Teilen neue Eigenschaften aufweist.

> **Gemäßigter Emergenzbegriff:** Eine Eigenschaft F eines Systems ist emergent, wenn keines seiner Teile (Elemente oder Subsysteme) die Eigenschaft F aufweist.

Dabei muss die Eigenschaft F des Systems qualitativ – und nicht nur quantitativ – von den Eigenschaften der Teile des Systems unterschieden sein. Der gemäßigte Emergenzbegriff kann um eine epistemische Komponente ergänzt werden, so dass man zu einer stärkeren Fassung von „Emergenz" gelangt.

> **Starker Emergenzbegriff:** Eine Eigenschaft F eines Systems ist stark emergent, wenn keines seiner Teile (Elemente oder Subsysteme) die Eigenschaft F aufweist und F nicht nomologisch aus der Kenntnis der Eigenschaften der Teile hergeleitet werden kann.

Die bisherigen Definitionen bezogen sich lediglich auf synchrone Emergenz. Hinzuzufügen ist noch, dass diachrone Emergenz dann vorliegt, wenn zu einem Zeitpunkt t_1 spontan oder aufgrund der Interaktion des Systems mit seiner Umwelt Eigenschaften eines Systems bzw.

Strukturen innerhalb eines Systems auftreten, welche zu t_0 nicht bestanden und für diese die Bedingung synchroner Emergenz erfüllt ist.

Eine eingehendere Charakterisierung von (starken) emergentistischen Ansätzen lässt sich im Anschluss an Stephan (2005) entwickeln. Er gibt vier Merkmale von Emergenztheorien an, nämlich

(1)   den Naturalismus,
(2)   die Nicht-Prognostizierbarkeit emergierender Strukturen,
(3)   die Irreduzibilität dieser Strukturen und
(4)   die Annahme einer *downward causation*.

Die Merkmale (1)–(4) treffen nicht auf alle Spielarten des Emergentismus zugleich zu und können in unterschiedlichen Kombinationen auftreten. Sie geben aber zumindest die Gesichtspunkte an, unter denen eine Familienähnlichkeit der Ansätze festgestellt werden kann.

Ob der *Naturalismus* ein Definitionsmerkmal von Emergenztheorien ist oder eher eine zusammenfassende Charakterisierung von ihnen, kann hier offen bleiben. Die Untersuchung von Stephan rekurriert ausschließlich auf die Philosophie des Geistes, und das Merkmal des Naturalismus dient in diesem Zusammenhang der Abgrenzung von Emergenztheorien gegenüber einem Substanzdualismus. Schaut man über den Sonderfall der Philosophie des Geistes hinaus, so bezeichnet das Stichwort des Naturalismus die These eines Verhältnisses der Supervenienz zwischen der Basis, auf der emergente Eigenschaften entstehen, und der Ebene der emergenten Eigenschaften, d. h. zwei Objekte können in ihren emergenten Eigenschaften nur unterscheiden, insofern sie sich auch in ihren auf der Ebene der Supervenienzbasis lokalisierten Eigenschaften unterscheiden. Das Merkmal des Naturalismus bietet jedoch keine fruchtbare Differenzbestimmung für verschiedene sozialtheoretische Ansätze. In der Philosophie der Sozialwissenschaften existiert nämlich kein Analogon zum Substanzdualismus in der Philosophie des Geistes – auch wenn Durkheim gelegentlich vorgeworfen wird, einen solchen vertreten zu haben. Daher wird jede sozialtheoretische Position, die nicht reduktionistisch ist, mit der ein oder anderen Variante einer Supervenienzthese arbeiten.

Die *Nicht-Prognostizierbarkeit* emergierender Strukturen ist ein epistemisches Konzept und besagt, es sei nicht möglich, aus der Kenntnis der Elemente eines Systems auf die emergenten Eigenschaften dieses Systems zu schließen. Man mag nun polemisch fragen, was eine nicht prognostizierbare emergente Eigenschaft von einem Wunder unterscheidet, denn Wunder werde man doch wohl kaum in die Wissenschaften aufnehmen wollen. Das gesuchte Abgrenzungskriterium zu Wundern liefert Eliano Pessa, wenn er betont, emergente Eigenschaften seien „compatible with the model used by the observer" (Pessa 2002, 379). Dies bedeutet zunächst ganz trivial, dass die Theorie auf der emergenten Ebene zumindest Regelmäßigkeiten postuliert, also nicht alles möglich ist. Zugleich ist zu fordern, dass die Elemente, welcher die Basis des emergenten Phänomens bilden, auch als Bestandteile des emergenten Phänomens weiterhin den auf der Basisstufe geltenden Gesetzen unterliegen, d.h. sie dürfen den Gesetzen der Basisebene nicht widersprechen, oder die Gesetze der Basisebene bilden gar eine notwendige Bedingung für die emergenten Phänomene.

Die Bedingung der *Irreduzibilität* geht über die der Nicht-Prognostizierbarkeit hinaus. Während letztere nur verlangt, dass die emergenten Eigenschaften nicht prospektiv aus denen der Emergenzbasis erschlossen werden können, schließt erstere auch aus, dass die emergenten Eigenschaften retrospektiv im Rahmen einer auf die Emergenzbasis bezogenen

Theorie erklärt werden können. Zu differenzieren ist dabei zwischen ontologischer und explanatorischer Reduzibilität. Auf ontologischer Irreduzibilität muss ein Verteidiger der dritten Bedingung von Emergenz nur in einem begrenzten Sinne bestehen: Dass die Elemente
eines Systems mit emergenten Eigenschaften ontologisch mit denen der Emergenzbasis
identisch sind, wird er – ebenso wie der Reduktionist – behaupten. Das ist ja gerade der
Witz von Emergenztheorien. Doch wird er – anders als sein Gegner – auch darauf bestehen,
dass sie im Kontext des Systems zur Entstehung neuer, durchaus als real zu betrachtender
Eigenschaften führen. Mit explanatorischer Irreduzibilität hat man es darüber hinaus zu tun,
wenn die emergenten Eigenschaften nicht (vollständig) auf der Ebene der Emergenzbasis erklärt werden können, wenn also keine Brückengesetze existieren, die es erlauben würden,
emergente Phänomene aus der Kenntnis der Emergenzbasis herzuleiten. Der Naturalismus
der starken Emergenztheorien ist daher mit einem Physikalismus, wie ihn z. B. Neurath ver-
trat, unvereinbar.

Am schwierigsten zu klären ist das zunächst metaphorische Konzept der *downward causation*. Betrachten wir dazu zunächst das Beispiel der Ökologie.

> The ecological hierarchy imposes or affords two directions of causal ana-
> lysis for each level. Thus, for example, ecology includes the study of
> changes in population size as influenced by traits of the organisms that
> compose the populations („upward' causation, in the sense of ‚up' the
> hierarchy), and the study of changes in population size in the context of
> the communities to which the populations belong (‚downward'
> causation). Ecologists study changes in community structure as influ-
> enced by the populations that compose the communities, and in the con-
> text of the ecosystems to which the communities belong. And so on.
> (Beatty 1998, 202f.)

Ich schließe mich der in diesem Zitat ausgedrückten Haltung, *downward causation* als ein
explanatorisches Konzept zu verstehen, an. D. h. ich halte es für irreführend, den Begriff der
Verursachung unabhängig von oder vorgängig zu dem der Erklärung bestimmen zu wollen.
Daraus folgt, dass die Frage, unter welchen Bedingungen man davon sprechen kann, ein Ereignis verursache ein anderes, nicht durch philosophische Begriffsanalysen vorentschieden,
sondern nur durch die Rekonstruktion der in den (Einzel-) Wissenschaften gebräuchlichen
Erklärungen erschlossen werden kann. *Downward causation* liegt aus der Perspektive einer
Einzeldisziplin vor, wenn die Eigenschaften bzw. das Verhalten eines Systems nicht durch
weniger komplexe Systeme – d. h. durch Teilsysteme des zu untersuchenden Systems – erklärt werden können, wenn also z. B. um die Entwicklung einer Population zu erklären, ein
Rekurs auf die ökologische Nische, in der die Population lebt, unverzichtbar ist. Eine Erklä-
rung im Sinne der *downward causation* muss dabei nicht im strengen Sinne holistisch sein.
Gefordert ist nicht, dass sämtliche Elemente und Relationen des umfassendsten Systems für
eine Erklärung herangezogen werden, sondern lediglich, dass der Komplexitätsgrad der als
Explanans herangezogenen Sachverhalte nicht geringer ist, als der des Explanandums.[8]

---

8 Ein einheitliches Maß für Komplexität zu entwickeln hat sich als notorisch schwierig erwiesen. In der In-
formationswissenschaft wird die Länge eines zur Beschreibung des Systems nötigen Algorithmus als Maß
verwendet. In der Biologie, die sich eher als Analogie zur Sozialwissenschaft eignet, existieren unschärfere
Konzepte, die mit der Zahl der Elemente bei gleicher Ordnung arbeiten.

Für eine emergentistische Auffassung des Gegenstandsbereiches der Sozialwissenschaften hat in letzter Zeit insbesondere R. Keith Sawyer (2004, 2005) argumentiert. Sawyer überträgt die von Jerry Fodor in den Aufsätzen „Special sciences" (1974) und „Special sciences: Still autonomous after all these years" (1998) im Rahmen der Philosophie des Geistes entwickelten Argumente gegen eine Reduktion psychologischer Gesetze auf physikalische Gesetze eins zu eins in die Philosophie der Sozialwissenschaften.[9] Sawyer argumentiert im engen Anschluss an Fodor in drei Schritten:

(1)   Es wird eine Supervenienzrelation von individuellen und sozialen Tatsachen angenommen.

(2)   Die These der multiplen Realisierbarkeit wird gegen die Reduktion sozialer auf individuelle Tatsachen in Stellung gebracht.

(3)   Ein maßvolles Konzept kausaler Wirksamkeit wird vertreten.

Ad (1): Sawyer vertritt, auch wenn er es so nicht ausführt, der Sache nach ein Konzept globaler Supervenienz.

> **Globale Supervenienz.** M supervenieren global auf N, wenn für alle Welten W_j und W_k gilt: wenn W_j und W_k in Hinsicht auf N identisch sind, so sind W_j und W_k auch in Hinsicht auf M identisch.

In der Philosophie des Geistes geht es um das Verhältnis vom mentalen („M") und natürlichen Eigenschaften („N") von Entitäten, insbesondere von Lebewesen. In der Philosophie der Sozialwissenschaften stellt sich die Situation schwieriger dar. Zur Diskussion steht nämlich weniger das Verhältnis von verschiedenen Eigenschaften einer Entität, sondern das Verhältnis von verschiedenen Arten von Tatsachen zueinander. Zudem lassen sich individuelle und soziale Tatsachen nur unscharf voneinander abgrenzen. Denn während mentale Eigenschaften von physikalischen durch das Vokabular unterschieden sind, mit dem sie beschrieben werden – mentalistisches Vokabular ist normativ gehaltvoll –, lassen sich keine unterschiedlichen Vokabulare in Bezug auf individualistische und nicht-individualistische Sozialtheorien ausmachen. Daher muss man sich mit einer vorläufigen Bestimmung von Supervenienzbasis und -überbau begnügen: Individuell sind Wünsche, Präferenzen, Überzeugungen, Verhalten und Handlungen, während Organisationen, Gruppen, Märkte, Normen und Institutionen soziale Tatsachen sind.

Ad (2): Auf triviale Weise wäre die Supervenienzthese erfüllt, wenn eine intertheoretische Reduktion soziologischer Gesetze auf Gesetzmäßigkeiten individuellen Verhaltens möglich wäre. Diese Möglichkeit bestreitet Sawyer jedoch, indem er auf Fodors Argument der multiplen Realisierbarkeit (*multiple realizability*) und der „wildwuchernden Disjunktion" (*wild disjunction)* zurückgreift.[10] Die These der multiplen Realisierbarkeit besagt, dass eine soziale Tatsache durch eine große Zahl funktional äquivalenter Supervenienzbasen hergestellt werden kann. Damit hieraus ein anti-reduktionistisches Argument wird, muss mindestens eine von zwei weiteren Bedingungen erfüllt sein. Erstens kann die Menge der funktionalen Äquivalente offen sein. Dann ist es müßig, nach einer eindeutigen Supervenienzbasis einer bestimmten sozialen Tatsache oder eines sozialen Gesetzes zu suchen. Oder zweitens kann es sich um eine wildwuchernde Disjunktion handeln, d. h. die funktionalen Äqui-

---

9 Vgl. auch Sawyer 2001, 2002 und 2003.

10 Dass soziale Gesetze lediglich Prima-Facie-Gesetze sind, soll uns hier nicht näher beschäftigen.

valente auf der Ebene der Supervenienzbasis, die für die Entstehung der sozialen Tatsache verantwortlich sind, haben Eigenschaften, die in keinem gesetzmäßigen Zusammenhang stehen. In diesem Fall ist eine Erklärung bzw. ein Gesetz auf der Ebene der sozialen Tatsachen ökonomischer und informativer als die bloße Auflistung von Eigenschaften der Supervenienzbasis (vgl. auch Abbildung).

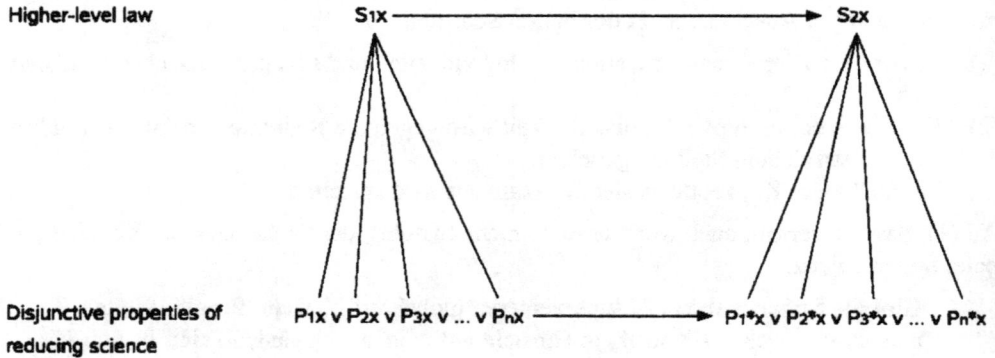

Abbildung 1: Multiple Realisation

When supervenience is supplemented with the argument for wild disjunction [...] we have an account of emergence that shows why certain social properties and social laws may be irreducible. There may be a social property that in each token instance is supervenient on a combination of individual properties, but each token instance of that property may be realized by a different combination of individual properties. Many social properties seem to work this way. The collective entity that has the social property being a church also has a collection of individual properties associated with each of its component members. For example, each individual may hold properties „believing in X_n" or „intending „Y_n", where the sum total of such beliefs and intentions are (in some sense) constitutive of the social property „being a church". Yet the property of „being a church" can be realized by a wide range of individual beliefs and dispositions. The same is true of properties such as „being a family" and „being a collective movement". Microsocial properties are no less multiply realizable: examples include „being an argument", „being a conversation", and „being an act of discrimination". In fact, most social properties of interest to sociologists seem to have wildly disjunctive individual-level descriptions [...] (Sawyer 2005, 68)

Ad (3): Aufgrund der Supervenienzthese lässt sich lediglich ein maßvolles Konzept der *downward causation* vertreten. Die Relation der Verursachung wird epistemisch gedeutet: Eine Ursache ist das, was ein Ereignis (am besten) erklärt. Entsprechend der These der wildwuchernden Disjunktion können gesetzesartige Beziehungen auf der sozialen Ebene bestehen, ohne dass sich Gesetze auf der Ebene der Supervenienzbasis ausmachen lassen. Dann ist es sinnvoll und erlaubt, die Veränderungen auf der individuellen Ebene durch die Veränderungen auf der sozialen Ebene zu erklären. Als ein Beispiel kann *Greshalm's Law*, benannt nach dem Ökonomen Thomas Gresham (1519–79) dienen: Wenn zwei Geldmedien in einem Gebiet gleichzeitig zirkulieren und wenn der Marktwert der Geldmedien von ihrem gesetzlichen Wert abweicht, dann wird das Geld von höherem Marktwert aus der Zirkulation gezogen und gehortet werden. Hier geben makrosoziale Faktoren (Geldwerte) die Ursachen für ein makrosoziales Ereignis (Verschwinden einer Währung) ab. Die Handlungen von Individuen sind für dieses Ergebnis zwar unerlässlich, doch werden sie durch die makrosozialen Faktoren erklärt.[11]

Der *Kritische Realismus* stellt eine der am weitesten ausgearbeiteten und zumindest im englischsprachigen Raum sehr einflussreiche Metatheorie der Sozialwissenschaften dar. Den Ausgangspunkt des Kritischen Realismus bildet Roy Bhaskars Buch *The Possibility of Naturalism. A Philosophical Critique of the Contemporary Human Sciences* (1998, Orig. 1979), welches schon durch den Titel deutlich zu erkennen gibt, ein naturalistisches Programm zu verfolgen.

> **Ontologischer Naturalismus, Kritischer Realismus.** Nicht-reduktiver Realismus: Die Gegenstände der Sozialwissenschaften sind in der gleichen Weise real wie die der Naturwissenschaften, d. h. sie sind intransitive Objekte wissenschaftlicher Untersuchung kausaler Wirkungsverhältnisse. Der Gegenstandsbereich der Sozialwissenschaften ist nicht reduzierbar auf psychologische bzw. physikalische Objekte oder Gesetze.

Diese Position erinnert in mancher Hinsicht an Durkheims programmatische Äußerungen, und findet sich außer bei Roy Bhaskar u. a. auch bei der englischen Soziologin Margaret Archer (1995) und dem englischen Philosophen Andrew Collier (1994) (vgl. auch Archer et al. 1998. Der Kritische Realismus gewinnt seit den achtziger und neunziger Jahren nicht zuletzt im Zusammenhang mit Versuchen der Wiederbelebung marxistischer Positionen einen starken Einfluss in der Philosophie der Sozialwissenschaften und in der Soziologie, der allerdings durch den deutlichen Hang zur Schulenbildung gemindert wird.[12]

Nun ist es genauer zu betrachten, was Naturalismus und Realismus im Kritischen Realismus bedeuten. Der Terminus des Naturalismus soll zunächst auf die methodische Einheit von Natur- und Sozialwissenschaften verweisen. Die Begründungslast für diese These trägt der Realismus, der dafür argumentiert, die soziale Realität als gleichermaßen „wirklich" wie die physikalische zu begreifen. Der Kritische Realismus wendet sich also zunächst einmal gegen die in den siebziger Jahren weit verbreiteten hermeneutischen (Meta-)Theorien der Sozialwissenschaften wie z. B. Peter Winchs *Idee der Sozialwissenschaften* (1966). Gegen sie stellt Bhaskar zwei Thesen, nämlich die der Autonomie und die der Realität sozialer Formen.

---

11 Gegen dieses Konzept der downward causation kann allerdings eingewandt werden, dass Sawyer (und Fodor) die Unterscheidung von kausaler Wirksamkeit und kausaler Relevanz nicht treffen. Makrosoziale Faktoren wären nach dieser Terminologie lediglich relevant, aber nicht wirksam.

12 Es gemahnt merkwürdig an Saint Simon und Comte, welche aus ihrer Philosophie heraus eine Religion zu entwickeln trachteten, dass Bhaskar vom wissenschaftlichen Realismus ausgehend (1978), über den Kritischen Realismus (1998) und die Dialektik (1993) in seinem Buch From East and West (2005) bei esoterisch anmutenden Konzepten angekommen ist.

> [...] I argue that social forms are a necassary condition for any intentional
> act, that their *pre-existence* establishes their *autonomy* as possible objects
> of scientific investigation and that their *causal power* establishes their
> *reality*. The pre-existence of social forms will be seen to entail a *trans-*
> *formational model* of social activity, from which a number of ontological
> limits on any naturalism can be immediately derived. (Bhaskar 1998, 25)

Aus dem Zitat ist zu ersehen, dass Bhaskar ontologische Differenzen zwischen dem Gegenstandsbereich der Natur- und der Sozialwissenschaften keineswegs leugnet. Die Beweislast
für den Realismus hat die kausale Wirksamkeit „sozialer Formen" zu tragen, welche wiederum die These der Autonomie zu begründen hat. Doch welche Kandidaten stehen für diese
Formen zur Verfügung?

> I should be noted that neither individuals nor groups satisfy the require-
> ment of continuity [...] for the autonomy of society over discrete mo-
> ments of time. *In social life only relations endure.* (Bhaskar 1998, 41,
> [Hervorh. RS])

Demnach wird Relationen bzw. relationalen Eigenschaften von Bhaskar kausale Wirksamkeit zugeschrieben. Sie sind daher diejenigen Entitäten, auf welche die Sozialontologie ihr
besonderes Augenmerk zu richten hat. Doch betrifft die These der Strukturkausalität keineswegs nur die Philosophie der Sozialwissenschaften. Vielmehr sei Strukturkausalität auch in
der Wissenschaftstheorie der Naturwissenschaften zu berücksichtigen.

Außerdem geht Bhaskar davon aus, Dispositionen seien kausal wirksam. Ein solch realistisches Verständnis von Dispositionen trägt dazu bei, im Theorieaufbau die Freiheitsgrade
zu schaffen, welche nötig sind, um emergente Phänomene denken zu können. Der Kritische
Realismus stellt daher auf Grund der Annahme der kausalen Wirksamkeit von Relationen
und von Dispositionen eine ontologisch gerichtete Variante der oben skizzierten Emergenztheorien dar. Diese emergentistische Position erklärt zugleich auch Bhaskars programmatische Äußerung zum Verhältnis von Natur- und Sozialwissenschaften:

> According to the non-positivist naturalism developed here, the *predicates*
> that appear in the explanation of social phenomena will be different from
> those that appear in natural scientific explanations and the *procedures*
> used to establish them will in certain vital respects be different to (being
> contingent upon, and determined by, the properties of the objects under
> study); but the *principles* that govern their production will remain sub-
> stantially the same. (Bhaskar 1998, 20)

Auf die Unterschiede der verschiedenen Arten von Wissenschaften kann hier nicht eingegangen werden. Wichtig ist es in diesem Zusammenhang lediglich, den nicht-reduktiven
Charakter von Bhaskars ontologischer Spielart des Naturalismus herauszustellen. Über den
methodologischen Naturalismus geht sie hinaus, insofern die ontologischen Annahmen die
Möglichkeit einer strikt individualistischen oder „atomistischen" Sozialtheorie, wie sie vielleicht Neurath vorgeschwebt haben mag, von vornherein ausgeschlossen ist.

Noch ein weiterer Gesichtspunkt, der sich schon in der Selbstcharakterisierung des Ansatzes als *Kritischer* Realismus ausdrückt, unterscheidet Bhaskar und seine Gefolgsleute
vom Wissenschaftsprogramm des Logischen Positivismus. Das Adjektiv „kritisch" stellt
eine Verbindung zu Kants *Kritiken* her. Bhaskar versteht das eigene Vorgehen in lockerem

Anschluss an Kant, als transzendentalphilosophisch, da seine methodologischen und ontologischen Thesen durch die Reflexion auf die *Bedingungen der Möglichkeit von Sozialwissenschaften* entwickelt werden. Naturalismus und Realismus sollen sich dann als notwendige Präsuppositionen der Sozialwissenschaften erweisen.

7. Spielarten des „sozialtheoretischen Realismus"

In der Darstellung des Kritischen Realismus war schon zu erkennen, dass sich das Thema des Naturalismus nicht von dem des Realismus trennen lässt. Daher werden nun verschiedene Realitätskonzepte innerhalb der Philosophie der Sozialwissenschaften diskutiert werden.

In lockerer Anlehnung an den Terminus „wissenschaftlicher Realismus", welcher die Position bezeichnet, die von den Naturwissenschaften postulierten Entitäten als real zu betrachten, kann man von einem „sozialtheoretischen Realismus" sprechen, wenn die in der Soziologie (bzw. allgemeiner: den Sozialwissenschaften) auftauchenden Entitäten als wirklich begriffen werden. Dabei ist es zunächst nötig zu klären, was es eigentlich bedeuten kann, soziale Entitäten als „wirklich" oder „real" zu verstehen, denn dass die Begriffe eine klare und eindeutige Bedeutung haben, lässt sich leider weder für die allgemeine Wissenschaftstheorie behaupten noch für die Wissenschaftstheorie der Sozialwissenschaften im Besonderen. Für meine Zwecke genügt es, vier wesentliche Spielarten des Realismus zu unterscheiden:

(1) Der „milde Realismus", der im Anschluss an Daniel Dennett die in einem Datensatz vorfindlichen Muster als real ausweist.

(2) Der Realismus, der dasjenige als wirklich begreift, worüber sich alle Menschen dauerhaft täuschen können.

(3) Der Realismus, der davon ausgeht, unsere Meinungen über die Wirklichkeit müssten sich einander annähern.

(4) Der Realismus, der das Kennzeichen realer Entitäten in ihrer kausalen Wirksamkeit sieht.

Ad (1): Zur maßvollsten Variante des sozialtheoretischen Realismus gelangt man, wenn man den von Daniel Dennett so genannten „milden Realismus", welchen er in Bezug auf den ontologischen Status intentionaler Zustände vertritt (vgl. bes. Dennett 1991), in die Philosophie der Sozialwissenschaften überträgt. Dennetts Einstellung zu mentalen Entitäten wird zumeist als eine Form des Instrumentalismus beschrieben. Demnach begreift er intentionale Erklärungen und die in ihnen postulierten mentalen Entitäten, wie Wünsche und Überzeugungen, lediglich als nützliche Instrumente für Verhaltensprognosen (vgl. Dennett 1979): Wenn physikalische Erklärungen unmöglich oder unökonomisch sind, so greift man eben zu intentionalen, und mentale Entitäten sind nichts als hilfreiche Fiktionen. In ähnlicher instrumentalistischer Weise könnte man auch soziale Entitäten, wie Klassenlagen oder Institutionen, als hilfreiche Fiktionen betrachten, die aber letztendlich einer reduktiven Behandlung zu unterziehen sind.

Doch muss und sollte man Dennetts Ansatz, wie er insbesondere in *Real patterns, deeper facts, and empty questions* (1987) und *Real patterns* (1991) betont, nicht als instrumentalistisch auffassen: „My view is, I insist, a sort of realism, since I maintain that [...] patterns

[...] are really, objectively there to be noticed or overlooked." (Dennett 1987, 37) Die Muster, von denen Dennett hier spricht, die man entdecken, übersehen und wohl auch falsch identifizieren kann, sind solche, die durch intentionale Erklärungen aufgedeckt werden. Jedoch lässt sich sein Realismus auf alle Arten von Mustern anwenden, die in einer bestimmten Form von Diskurs beschrieben werden können, denn für ihn existiert ein Muster in einem Datenmaterial immer dann, wenn eine Beschreibung des Datenmaterials möglich ist, die ökonomischer ist, als die Auflistung des Datenmaterials selbst (vgl. Dennett 1991, 34). Selbst wenn bekannt ist, wie das Muster durch einen bestimmten, bekannten Prozess verursacht ist, ist es nach Dennetts Verständnis von „real" nicht nötig, diesen Prozess zur Grundlage einer Beschreibung zu machen. Der „milde Realismus" ist deshalb mit einer explanatorischen Reduktion vereinbar. Entsprechend der Muster, die mittels intentionaler Erklärungen aufgedeckt werden, kann man auch den Mustern, die ein Soziologe in seinem Datenmaterial findet, Realität zubilligen. Das ist selbst dann möglich, wenn man die Schichtzugehörigkeit oder Klassenlage auf Folgen von Prozessen des Warentausches (inklusive der Ware Arbeitskraft) reduziert.

Dennetts Variante des Realismus ist ausgesprochen milde und von einem Instrumentalismus kaum zu unterscheiden. Auch mag es erscheinen, als habe sich Dennett die Möglichkeit, Muster real zu bezeichnen, durch definitorische Kniffe erschlichen. Um von ihr ausgehend zu einer befriedigenden Rekonstruktion realistischer Intuitionen zu gelangen, ist es meines Erachtens tatsächlich nötig, ein *indispensability argument* im Stile Quines nachzuschieben. Quine schlägt in dem klassischen Aufsatz „On what there is" (Quine 1994, Orig. 1949) vor, diejenigen Entitäten als real zu betrachten, die für die besten Theorien *unverzichtbar* sind. (Es dürfte fast überflüssig sein, zu erwähnen, dass er die Sozialwissenschaften nicht zu den besten Theorien rechnete, sondern nur die Logik, Mathematik und Physik.) In Bezug auf mentale Entitäten macht Dennett in den genannten Aufsätzen dazu einige Andeutungen, die uns hier jedoch nicht zu interessieren brauchen. In Bezug auf die Philosophie der Sozialwissenschaften ist eine einfache Antwort auf die Frage, ob soziale Entitäten für gute Erklärungen unverzichtbar sind, nicht möglich. Sie lässt sich nur beantworten, wenn man unterschiedliche Sozialontologien und die in ihnen postulierten Entitäten näher betrachtet.

Ad (2): Ein stärkeres Konzept von Realität geht von der Intuition aus, die Wirklichkeit sei das, worüber wir uns täuschen können, und zwar kollektiv und dauerhaft täuschen können. Letzteres beinhaltet die Vorstellung der Rechtfertigungstranszendenz von wahren Aussagen, die sich auf Reales beziehen. Demnach lässt sich der Realismustest für eine in ihrem ontologischen Status umstrittene Entität oder Eigenschaft durch zwei zumindest annähernd äquivalente Fragen formulieren:

– Ist es möglich, dass sich alle Menschen (oder Akteure oder Personen) in Bezug auf eine Entität oder Eigenschaft täuschen oder impliziert der (begründete) Glaube, dass p, p?
– Ist es möglich, dass ein Wissenschaftler, der sämtliche mentalen Zustände sämtlicher Menschen (oder Akteure oder Personen) bezüglich einer Entität bzw. Eigenschaft kennt, die Entität fehlerhaft klassifiziert oder einer Entität Eigenschaften fälschlich zu- oder abspricht?

Es kommt dabei nicht darauf an, ob man von Menschen oder Akteuren oder auch im weitesten Sinne von Wesen mit intentionalen Zuständen spricht. Was der Realist zurückweisen muss, ist die idealistische These, die allgemeine Überzeugung, dass etwas der Fall sei, konstituiere den entsprechenden Sachverhalt. In der Sozialtheorie und Sozialontologie sind derartige idealistische Thesen weit verbreitet – man erinnere sich z. B. an das sogenannte Thomas-Theorem: „Wenn Menschen Situationen als real definieren, so haben sie reale Konsequenzen" (zit. nach Merton 1995, 399).[13] Häufig wird das Thomas-Theorem idealistisch gedeutet, obwohl der bloße Wortlaut dies nicht hergibt. Denn lediglich die Folgen eines als real vorgestellten Ereignisses, nicht das Ereignis selbst, werden als real beschrieben.

Ein Beispiel jüngeren Datums für den sozialtheoretischen Idealismus ist die von John Searle in *The Construction of Social Reality* (1995) ausgearbeitete, aber auch schon in *Speech Acts* (1969) angelegte These, Institutionen wie das Geld, die Regierung der USA oder die Sprache würden geschaffen durch die kollektive Akzeptanz der konstitutiven Regel „*x* zählt als *y* im Kontext *C*". Der *x*-Terminus bezeichnet im einfachsten Falle ein physikalisches Objekt, in komplexeren Fällen kann er auch für eine soziale oder institutionelle Tatsache stehen. Der *y*-Terminus steht für eine institutionelle Tatsache. Unter dieser versteht Searle die kollektive Zuschreibung einer Funktion an einen (durch den *x*-Terminus bezeichneten) Gegenstand in Form einer konstitutiven Regel. Soziale Tatsachen sind solche, die durch kollektive Intentionalität entstehen. Diese besteht darin, dass mehrere Akteure die identische Intention „Wir beabsichtigen, dass ..." herausbilden.[14] Ein einfaches Beispiel für eine soziale Tatsache ist die gemeinsame Jagd, aber auch Institutionen wie das Geld oder das Recht sind soziale Tatsachen. Demnach ist jede institutionelle Tatsache eine soziale, aber nicht jede soziale eine institutionelle. Einfach ausgedrückt: Ein Stück bedrucktes Papier (physikalisches Objekt), welches von allen als Zahlungsmittel in den USA behandelt wird (kollektive Intentionalität), ist demnach ein Zahlungsmittel (institutionelle Tatsache) in den USA.

Allerdings wird sowohl in der idealistischen Interpretation des Thomas-Theorems als auch in Searles Sozialontologie übersehen, dass bei der Konstitution sozialer Tatsachen nicht nur intentionale Zustände eine Rolle spielen, sondern auch kausale Prozesse sowie historische oder physikalische Fakten. So bleiben die nicht-intendierten und nicht-antizipierten Nebenfolgen von Handlungen unbelichtet. Nicht-intendierte und nicht-antizipierte Nebenfolgen sperren sich *per definitionem* gegen eine intentionale Erklärung. Sie sind vielmehr als das Ergebnis kausaler Prozesse zu rekonstruieren. Bei der These, die Folgen als real imaginierter Ereignisse seien real, wird übersehen, dass dies im Vergleich zu realen Ereignissen nur für einige Folgen gilt, denn bloß imaginierte Ereignisse produzieren eben keine nicht-antizipierten Nebenfolgen. Auch bei der Konstitution sozialer Tatsachen spielen nicht-intendierte bzw. -antizipierte Handlungsfolgen eine Rolle. Das klassische Modell der „unsichtbaren Hand" hebt genau hierauf ab: Die (Gleichgewichts-)Preise, die auf dem Markt entstehen, sind nicht dadurch zustande gekommen, dass „wir intendieren", einen bestimmten Preis für eine Ware zu zahlen, sondern als Folge der Wechselwirkungen individueller intentionaler Handlungen. Dennoch ist es sinnvoll, sie als soziale Tatsache zu bezeichnen. Ebenso wenig sind Klassen oder Schichten durch kollektive Intentionalität in die Welt gekommen, aber sehr wohl vorzügliche Kandidaten für soziale Tatsachen.

---

13 Das Thomas-Theorem ist nach dem amerikanischen Soziologen William I. Thomas (1863–1947) benannt, näheres vgl. Merton (1995, Orig. 1948).
14 Kollektive Intentionalität umfasst auch andere intentionale Zustände als Absichten, doch besitzen diese eine herausgehobene Bedeutung.

212   Ralph Schrader

Eine zu geringe Aufmerksamkeit widmet Searles Sozialontologie auch dem historischen Aspekt von institutionellen Tatsachen. Betrachten wir folgenden Fall:

- Alle glauben, dass eine Schenkung in der Übertragung von Eigentumsrechten zu einem Zeitpunkt t_1 besteht.
- Zum Zeitpunkt t_2 (wobei $t_2 > t_1$) glauben alle, dass Konstantin I. bei seiner Übersiedlung nach Byzanz dem römischen Bischof Sylvester die Herrschaftsgewalt über das Abendland übertragen hat, die Konstantinische Schenkung also als institutionelle Tatsache existiert.[15]
- Die Konstantinische Schenkung ist jedoch, wie im 15. Jahrhundert Nikolaus von Kues und Laurenzo Valla nachgewiesen haben, eine Fälschung.

Soll man nun im Sinne des sozialtheoretischen Idealismus sagen, die Konstantinische Schenkung sei im 14. Jahrhundert eine (institutionelle) Tatsache gewesen, im 16. aber nicht? Oder soll man im Sinne des sozialtheoretischen Realismus annehmen, sie sei nie eine (institutionelle) Tatsache gewesen, die Menschen des 14. Jahrhunderts hätten sich darüber allerdings getäuscht? Meines Erachtens ist die zweite Möglichkeit überzeugender, da es zur Definition des Eigentumserwerbs durch eine Schenkung gehört, dass zum Zeitpunkt der Schenkung zwei übereinstimmende Willenserklärungen vorliegen. Da sich die Menschen im 14. Jahrhundert in dieser Annahme täuschten, lag auch damals kein Herrschaftsrecht der Päpste vor, und dies wurde im 15. Jahrhundert erkannt. Man könnte sagen, dass historische Fakten (darunter auch solche bezüglich intentionaler Zustände) bei der Bestimmung zumindest einiger institutioneller Tatsachen einen Trumpfstatus gegenüber kollektiver Intentionalität besitzen.

Ein Vertreter des sozialtheoretischen Idealismus kann gegen dieses Beispiel für einen kollektiven Irrtum allerdings einwenden, es habe irgendwann mindestens einen geben müssen, der sich nicht getäuscht hat, nämlich den Fälscher der Schenkungsurkunde. Ein Realismus, wie er in Bezug auf den Gegenstandsbereich der Naturwissenschaften zutreffe, beinhalte dagegen die Möglichkeit, sich von jeher und vielleicht auch in alle Zukunft über einen Sachverhalt zu täuschen. Die Möglichkeit einer dauerhaften kollektiven Täuschung sei nicht erfüllt und daher sei das Kriterium der Rechtfertigungstranszendenz nicht erfüllt. Hier liege der Unterschied zwischen „natürlichen" und sozialen Tatsachen.

Es lässt sich jedoch auf einen weiteren Mangel des sozialtheoretischen Idealismus verweisen, die Vernachlässigung der Rolle physikalischer (oder anderer natürlicher) Tatsachen für die Konstitution institutioneller Tatsachen – wie sich an Beispielen im Stile von Hilary Putnams Zwillingserde (Putnam 1975) zeigen lässt. In Searles Formel „x zählt als y im Kontext C" bilden physikalische Gegenstände den Objektbereich der x-Variablen. Welche Art von Gegenständen durch die x-Variable bezeichnet wird, kann in konkreten Fällen konventionell festgelegt sein, z. B. kann es sich im Falle der Institution einer Edelmetallwährung um Gold handeln. Eine Münze aus Pyrit instantiiert deshalb selbst dann nicht die institutionelle Tatsache, Geld zu sein, wenn alle glauben, sie sei aus Gold. Und dies gilt nicht nur für das relativ leicht zu erkennende Pyrit, sondern würde auch für ein goldähnliches Metall (von

---

15 Um des Beispiels willen und da die Unschuldsvermutung auch für Päpste gilt, sei angenommen, dass die römischen Bischöfe im 13. und 14. Jahrhundert nicht wussten, dass einer ihrer Vorgänger im 8. und 9. Jahrhundert eine Urkundenfälschung in Auftrag gab.

einem fremden Planeten) gelten, das mit unseren physikalischen Instrumenten nicht von echtem Gold zu unterscheiden ist.

Aufgrund der genannten Gesichtspunkte, ist die Frage, ob ein kollektiver Irrtum bezüglich sozialer Tatsachen möglich ist, zumindest vorläufig positiv zu beantworten. Die Intuition, real sei, worüber man sich täuschen könne ist also erfüllt. Und zumindest insofern kausale Prozesse und physikalische Fakten in sozialen Sachverhalten spielen, kann auch sozialwissenschaftlichen Aussagen Rechtfertigungstranszendenz zugebilligt werden.

Ad (3): Während das soeben diskutierte Realismuskonzept von der Intuition ausgeht, dass Diskurse über Reales erfolglos bleiben können, da unsere Meinungen an der Realität scheitern können, geht das nun zu behandelnde dritte Konzept von der Vorstellung aus, Diskurse über die Wirklichkeit wiesen eine Konvergenz in der Beurteilung strittiger Aussagen als wahr und falsch auf. Die Intuition des Realismus besteht grob darin, dass die Welt „wie sie ist" uns „nötigt", sie in einer bestimmten Weise wahrzunehmen und wir daher (im Laufe eines Forschungsprozesses) zu übereinstimmenden Meinungen über sie gelangen werden. Zur Bestimmung des Realismusbegriffs kehrt Crispin Wright (2001) diesen Gedanken gewissermaßen um. Diskurse, deren Gegenstandbereich realistisch zu deuten ist, sind demnach solche, in denen alle, die über zureichende und gleiche Informationen verfügen und keine kognitiven Defizite aufweisen, genötigt sind, zu den gleichen Überzeugungen zu gelangen. Crispin Wright fasst dies unter dem Titel der Kognitiven Nötigung:

> Ein Diskurs zeigt Kognitive Nötigung dann und nur dann, wenn *a priori* gilt, dass Meinungsverschiedenheiten, die in ihm auftreten, nur durch „divergenten Input" zufriedenstellend erklärt werden können, d. h. dass die Disputanten auf der Grundlage unterschiedlicher Informationen arbeiten (und folglich in Abhängigkeit vom Status dieser Information die Schuld für Wissensmängel und Irrtümer tragen müssen) oder auf der Grundlage „ungeeigneter Umstände" (woraus sich Unaufmerksamkeit oder Ablenkung und folglich Schlussfehler, eine Vernachlässigung von Daten etc. ergeben können) oder auf der Basis von Fehlfunktionen (z. B. der vorurteilsbehafteten Einschätzung von Daten, nach oben oder nach unten, von Dogmen oder Unzulänglichkeiten bezüglich anderer bereits verzeichneter Kategorien). (Wright 2001, 123f.)

Wenn die Bedingung Kognitiver Nötigung erfüllt ist, so kann der entsprechende Diskursbereich realistisch gedeutet werden. Prinzipiell lässt sie sich daher als Kriterium dafür, ob eine soziale Tatsache real oder bloß eine (hilfreiche) Fiktion ist, heranziehen. Dabei ist zu beachten, dass die Bedingung der Kognitiven Nötigung als Kriterium für den Realismus stärker ist, als der milde Realismus, der oben anhand von Daniel Dennett erläutert wurde. Letzterer berücksichtigt nämlich die Möglichkeit der Unbestimmtheit der Interpretation: Es wird nicht ausgeschlossen, dass ein Datenmaterial unterschiedlich interpretiert werden kann, d. h. Interpreten können dauerhaft verschiedener Ansicht darüber sein, welche realen Muster zu finden sind.

Doch leider erweist sich dieses Vorgehen als nicht so einfach, denn es fehlt an einem Kriterium, das uns erlauben würde zu entscheiden, ob ein Fall Kognitiver Nötigung vorliegt. Die bloße faktische Übereinstimmung kann schließlich genau so wenig ein Kennzeichen Kognitiver Nötigung sein, wie der bloße faktische Dissens. Wright verstärkt dies sogar noch: Damit Kognitive Nötigung ein angemessenes Verständnis (einer Variante) des Realismus bieten könne, seien sämtliche kontingente Faktoren, also z. B. auch eine ähnliche Sozialisation der Beobachter oder ihre (wahrnehmungs-)physiologischen Ausstattung, als irrelevant auszuweisen. Die Erfüllung der Bedingung Kognitiver Nötigung müsse vielmehr *a priori* angenommen werden dürfen. Da Wright aber nicht sagt, wann dies der Fall ist, kann Kognitive Nötigung nur zur Begriffsanalyse von „Realismus" dienen, nicht aber als Kriterium, welches es ermöglichen könnte, in Hinsicht auf faktische Diskurse zu entscheiden, ob sie realistisch oder anti-realistisch gedeutet werden sollen.

Als behelfsmäßiger Ersatz für das fehlende Kriterium der Apriorität schlage ich die Frage vor, ob man der Ansicht ist, Divergenzen in einem bestimmten Diskursbereich seien grundsätzlich durch Argumente zu befrieden. „Befrieden" kann dabei sowohl das Erreichen einer Übereinstimmung durch Gründe empirischer, logischer oder begrifflicher Art meinen, als auch die Erkenntnis, dass die Meinungsverschiedenheiten durch Vorannahmen ausgelöst sind, welche selbst begründbar – und nicht bloß durch Ursachen zu erklären – sind. Die begründete Divergenz unterscheidet sich daher z. B. von einem Geschmacksurteil. Wenn man annehmen darf, dieses Behelfskriterium sei für einen Diskursbereich erfüllt, so kann man davon ausgehen, Kognitive Nötigung sei (in einem schwachen Sinne) gegeben, und der Gegenstandsbereich des Diskurses eigne sich für eine realistische Deutung. Für die Naturwissenschaften wird man im allgemeinen von der Möglichkeit der begründeten Pazifierung von Divergenzen ausgehen. Für moralphilosophische Debatten ist dies schon weniger sicher – man denke nur an die Position des Emotivismus –, und in Bezug auf Diskussionen über den individuellen Musikgeschmack wird eine Befriedung von Konflikten wohl nicht durch begründete Differenzen, sondern eher durch die Strategie des wechselseitigen Achselzuckens erreichbar sein. Die Philosophie der Sozialwissenschaften muss daher für ihren Gegenstandsbereich klären, ob der zu beobachtende Theorienpluralismus lediglich auf unterschiedliche Modellkonstruktionen und Erklärungsstrategien zurück zu führen ist oder ob ihm (wissenschaftlich) nicht zu begründende Werturteile und -differenzen zugrunde liegen. In ersterem Fall ist der sozialtheoretische Realismus aufrecht zu erhalten, im letzteren höchstens, wenn auch die Möglichkeit der wissenschaftlichen Behandlung und Begründung von Werturteilen nachgewiesen wird. Werturteile dürfen dann nicht wie Geschmacksurteile betrachtet werden.

Ad (4): Wenden wir uns zuletzt der vierten, zumindest auf den ersten Blick handfesteren Bestimmung des Realismuskonzeptes zu, der Definition des Realen als des kausal Wirksamen. Die dahinter stehende Intuition ist leicht nachzuvollziehen: Wirklich ist das, was einen Unterschied im Gang der Welt bedeutet. Doch bedauerlicherweise gerät man bei dem Versuch zu klären, ob soziale Tatsachen kausal wirksam sind, auf das verminte Gelände der Debatten über Kausalität. Welche Entitäten sollen als Ursachen zugelassen werden? Physikalische Objekte, Eigenschaften von Objekten, Ereignisse oder Ereignisse unter einer Beschreibung, vielleicht sogar Relationen? Versteht man soziale Tatsachen als emergente Tatsachen, wird man Eigenschaften von Objekten oder Ereignisse unter einer Beschreibung als Bezugspunkt wählen müssen. Denkt man zudem daran, dass ökonomische Erklärungen häufig auf den Wettbewerb – ein relationales Konzept – rekurrieren, wird man geneigt sein, auch Relationen als kausal wirksam zu behandeln.

Zudem ist es umstritten, wie das Verhältnis von Ursache und Wirkung zu fassen ist. Für Hume bestand es, grob gesprochen, in einer konstanten Konjunktion von Ereignistypen (plus der menschlichen Disposition, eine solche Konjunktion kausal zu deuten). Gegen humesche Entwürfe sind eine ganze Reihe von Einwänden vorgetragen worden, die inzwischen den Rang von Standardeinwänden besitzen und gezeigt haben, dass ein stärkeres Konzept der Kausalität benötigt wird. So wird heute unter einer Ursache je nachdem eine notwendige oder eine hinreichende Bedingung für die Wirkung verstanden, wobei diese Relation nicht als materiales Konditional gedeutet wird, da sie auch unter kontrafaktischen Bedingungen bestehen soll. Hier ergibt sich jedoch u. a. eine, für die Philosophie der Sozialwissenschaften besonders gewichtige Schwierigkeit. Sozialwissenschaftliche Erklärungen, insbesondere in der Psychologie und Soziologie, bestehen häufig in statistischen Modellen. Sie sind darauf angelegt, Faktoren zu identifizieren, die ein möglichst großes Maß der beobachteten Varianz erklären. Allerdings ist in faktoranalytischen Modellen praktisch immer mit unerklärter Varianz zu rechnen. Daher kann weder das Kausalitätskonzept im Sinne notwendiger noch im Sinne hinreichender Bedingungen hier angewandt werden.

Die genannten Probleme des Kausalitätsbegriffs legen es nahe, Kausalität nicht von ontologischen (oder metaphysischen) Annahmen ausgehend zu erläutern, sondern von dem epistemischen Konzept der Erklärung aus. Bas van Fraassens pragmatisches Verständnis von Erklärungen beschreibt diese als *relevante* Antworten auf Warum-Fragen (van Fraassen 1980). Was relevant ist, legt dabei der Kontext der Frage – u. a. die Intention des Fragenden – fest; von der Erklärungskraft einer Theorie schlechthin lässt sich daher nicht mehr sprechen. Voraussetzung für eine gültige Erklärung ist, neben der Relevanz, nur die empirische Adäquanz der ihr zugrunde liegenden Theorie. Der Ansatz van Fraassens hat den Vorzug, nicht nur physikalistische Erklärungen als gültig zu betrachten zu müssen, sowie auch eine Konkurrenz zwischen natur- und sozialwissenschaftlichen Erklärungen zu vermeiden: Beide beantworten eben Fragen aus unterschiedlichen Kontexten. Für eine Bestimmung des Realismus ist er allerdings nicht hilfreich. Vielmehr hat er anti-realistische Konsequenzen, denn wenn (kausale) Erklärungen je nach Kontext divergieren können, lässt sich nicht mehr auf ein einheitliches ontologisches Fundament der Kausalerklärungen schließen. Etwas weiter führt der bereits oben erwähnte Vorschlag Quines, die ontologischen Verpflichtungen, welche Theorien übernehmen, zu untersuchen. Real sind demnach die Entitäten, die in den besten Theorien unverzichtbar sind. Doch auch Quines Ansatz kann nur zur Reformulierung sehr schwacher realistischer Intuitionen dienen, da mit einem Wechsel dessen, was als beste Theorie zählt, sich auch die Ontologie verändert.

Die Beispiele Quines und van Fraassens zeigen, dass Versuche, ontologische Folgerungen aus dem Konzept der (wissenschaftlichen) Erklärung zu ziehen, nicht zur Rekonstruktion starker realistischer Intuitionen dienen können, da nur schwache, zu (wissenschaftlichen) Theorien relative ontologische Verpflichtungen übernommen werden. Weiter gehen Ansätze, die einen kantschen Weg einschlagen und nicht lediglich einzelne Theorien betrachten, sondern die Bedingungen der Möglichkeit wissenschaftlicher Erkenntnis überhaupt in den Blick zu nehmen. Die Annahme des Realismus wird also gerechtfertigt, indem gezeigt wird, dass sie notwendig ist, um Wissenschaft betreiben zu können. Manche Ausführungen Hilary Putnams zum „internen Realismus" (Putnam 1990) können entsprechend verstanden werden. Auch Roy Bhaskar versucht eine gemäßigte transzendentale Begründung des Realismus – nicht nur in Bezug auf die Naturwissenschaften (Bhaskar 1978), sondern auch in Bezug auf die Sozialwissenschaften (Bhaskar 1998, Orig. 1979).

Zwei weitere Problemkreise im Zusammenhang mit der kausalen Wirksamkeit sozialer Tatsachen sollen noch kurz angerissen werden, die über intentionale Zustände vermittelte Wirksamkeit sozialer Tatsachen und die These der kausalen Geschlossenheit der Welt.

Zunächst zum ersten Punkt. Crispin Wright schlägt in *Wahrheit und Objektivität* (2001) als ein weiteres Kriterium für einen realistisch zu deutenden Diskursbereich vor, zu prüfen, ob eine fragliche Tatsache Wirkungen hervorruft, auch wenn sie nicht als einer bestimmten Art zugehörig verstanden wird: Die physikalische Tatsache „Abbruch eines Felsstücks in den Alpen" wird eine Reihe von physikalischen Folgen haben, unabhängig davon, wie sie konzeptionalisiert wird. Die moralische Tatsache „X leidet zu Unrecht" wird moralische Folgen dagegen nur besitzen, wenn Akteure die Tatsache genau so wahrnehmen und begreifen. Manche Gegenstände der Soziologie, z. B. die „protestantische Ethik", sind sicher nur vermittels der intentionalen Zustände von Akteuren wirksam, und die verstehende Soziologie hat sich seit Max Weber auf solche Phänomene konzentriert. Doch gab es bereits in der Gründungsphase der Soziologie die entgegengesetzte Position. Emile Durkheim betonte in *Der Selbstmord* (1983, Orig. 1897), dass gesamtgesellschaftliche Strukturen, z. B. die Anomie, durch die Akteure „hindurch greifen" können und daher die Veränderung der Suizidrate besser erklären, als dies die psychischen Zustände der Selbstmörder können. Wenn Durkheim Recht hatte, so lassen sich zumindest einige soziale Phänomene realistisch deuten.

Nun zur These der kausalen Geschlossenheit der Welt. Sie besagt, jedes physikalische Ereignis habe *ausschließlich* physikalische Ursachen. Nun sind auch Hirnzustände und Körperbewegungen physikalische Ereignisse und daher ausschließlich physikalisch zu erklären. Dann ist jedoch kein Platz mehr für mentale Verursachung (auf die auch sozialwissenschaftliche Handlungserklärungen rekurrieren) oder andere Arten nicht-physikalischer Erklärungen. In der Philosophie des Geistes haben Frank Jackson und Philipp Pettit zur Lösung oder doch zumindest zur Entschärfung dieses Problems eine Unterscheidung zwischen kausaler Wirksamkeit *(causal efficacy)* und kausaler Relevanz *(causal relevance)* vorgeschlagen (vgl. Jackson und Pettit 1992, Pettit 1993): Zwar seien nur die durch Hirnzustände instantiierten Meinungen, Wünsche oder Absichten von Akteuren kausal wirksam, doch seien auch unbestreitbar Erklärungen informativ, die auf relationale Eigenschaften rekurrieren, z. B. darauf, wie jemand zu Meinungen gekommen ist, in welchen Kontexten er sie erworben hat und in welchem Zusammenhang sie zu den Meinungen anderer Akteure in einer Gesellschaft stehen. Ihre kausale Relevanz beziehen diese Eigenschaften daraus, dass sie als notwendige Bedingungen bestimmte kausal wirksame Eigenschaften oder Ereignisse (oder eine Disjunktion von Eigenschaften oder Ereignissen) implizieren: Die Geschichte des Erwerbs einer Meinung impliziert eine Meinung, eine Meinung impliziert einen Hirnzustand. Daher besitzen kausal relevante Entitäten einen Erklärungswert. Die Argumentationsfigur lässt sich eins zu eins in die Philosophie der Sozialwissenschaften übertragen, genauer auf das Verhältnis sozialer Tatsachen, die als kausal relevant gedeutet werden können, und kausal wirksamer Zustände von Individuen. Aber kausale Relevanz ist ein ärmlicher Ersatz für kausale Wirksamkeit. Zwar lässt sich mit ihr rechtfertigen, dass die Sozialwissenschaften angesichts der Physik nicht völlig überflüssig und uninformativ sind, doch reicht dies kaum, um einen sozialtheoretischen Realismus zu verteidigen.

8. Résumé

Die Ausführungen haben gezeigt, in welchem begrifflichen Rahmen sich naturalistische bzw. realistische Philosophien der Sozialwissenschaften vertreten lassen. Der Naturalismus ist dabei keineswegs mit reduktionistischen biologistischen oder auch nur methodologisch-individualistischen Ansätzen zu identifizieren. Vielmehr finden sich attraktive Emergenz-theorien und realistische Sozialtheorien, die Raum für die Eigenständigkeit der Sozialwissenschaften lassen.

Dabei besteht die Strategie darin, die Debatte über den Naturalismus in der Philosophie der Sozialwissenschaften nicht unvermittelt als eine ontologische zu führen, da der Versuch, einen direkten Zugriff auf die Ontologie zu erreichen, häufig dazu führt, lediglich die Position des *common sense* oder eines eng gefassten Physikalismus zu wiederholen. Das Ergebnis ist dann das oben beiläufig so genannte „Billardkugelmodell der Wirklichkeit". Stattdessen ist von einer epistemischen Betrachtungsweise auszugehen, die die Geltungsansprüche und das Methodeninstrumentarium einer jeden Wissenschaft zunächst einmal ernst zu nehmen bereit ist. Die Aufgabe der Philosophie besteht sodann darin, die Konsistenz bzw. Kohärenz des fachwissenschaftlichen Vorgehens zu prüfen, und sodann die ontologischen Annahmen, die mit der jeweiligen Disziplin verbunden sind, zu rekonstruieren.

Für die Sozialwissenschaften ließ sich zeigen, dass sie hauptsächlich auf das Konzept einer „zweiten Natur" rekurrieren, die insofern als „natürlich" gelten muss, als sich die zweite Natur nicht auf mentale Zustände der Akteure allein reduzieren lässt, sondern auch nicht-intendierte Handlungsfolgen und systemische Effekte einbezogen werden müssen. Zudem kann von einem „methodologischen Naturalismus" in Bezug auf die Sozialwissenschaften gesprochen werden, insofern sie sich nicht mit idiographischen Beschreibungen begnügen, sondern Gesetzesaussagen aufstellen – zumindest in dem schwächeren Sinne von Prima-facie-Gesetzen.

Auch die plausible Annahme einer Supervenienzbeziehung zwischen der Ebene von individuellen Akteuren und Handlungen einerseits und sozialen Tatsachen andererseits hindert nicht daran, soziale Gesetzmäßigkeiten auszumachen, wie im Rekurs auf Fodor und Sawyer gezeigt wurde. Zu beachten ist dabei allerdings, dass auch das Konzept der Verursachung eine epistemische Deutung erhält: Eine Ursache ist, grob gesprochen, dasjenige, was in einer für einen Hörer informativen Erklärung als Explanans fungieren kann.

Zusammenfassend lässt sich daher sagen, dass die Sozialwissenschaften in wissenschaftstheoretischer Hinsicht die Herausforderung durch den Naturalismus nicht zu fürchten haben. Eine epistemisch fundierte Position in der Philosophie der Sozialwissenschaften erlaubt es vielmehr, die grundlegenden Gemeinsamkeiten aller Wissenschaften in Hinblick auf ihre wichtigsten methodologischen und ontologischen Annahmen herauszuarbeiten und so den alten Dualismus von idiographischen und nomothetischen Wissenschaften zu überwinden.

218	Ralph Schrader

Zitierte Literatur

Agassi, Joseph (1981), „On Explaining the Trial of Galileo", in: J. Agassi, *Science and Society. Studies in the Sociology of Science*. Dordrecht 1981, S. 321-351

Archer, Margaret S. (1995), *Realist Social Theory. The Morphogenetic Approach*. Cambridge

dies. et al (Hg.) (1998), *Critical Realism. Essential Readings*. London

Beatty, John (1998), „Ecology", in: E. Craig (Hg.), *Routledge Encyclopedia of Philosophy*, Bd. 3, London 1998, S. 202-205

Bhaskar, Roy (1978), *A Realist Theory of Science*. Hassocks

ders. (1993), *Dialectic. The Pulse of Freedom*. London

ders. (1998), *The Possibility of Naturalism. A Philosophical Critique of the Contemporary Human Sciences*. London

ders. (2005), *From East and West. The Odyssey of a Soul*. London

Blackmore, Susan (1999), *The Meme Machine*. Oxford

Chisholm, Roderick C. (1966), „Freedom and action", in: K. Lehrer (Hg.), *Freedom and Determinism*. New York 1966, S. 11-44

Collier, Andrew (1994), *Critical Realism. An Introduction to Roy Bhaskar's Philospophy*. London

Comte, Auguste (1956): *Rede über den Geist des Positivismus*. Hamburg

Davidson, Donald (1980), „Mental Events", in: ders., *Essays on Actions and Events*. Oxford 1980, S. 207-227

Dennett, Daniel C. (1979), „Intentional systems", in: ders., *Brainstorms. Philosophical Essays on Mind and Psychology*. Hassocks 1979, S. 3-22

ders. (1987), „Real patterns, deeper facts, and empty questions", in: ders., *The Intentional Stance*. Cambridge (Mass.) 1987, S. 37-42

ders. (1991), „Real patterns". *Journal of Philosophy* 88, S. 27-51

ders. (1995), *Darwin's Dangerous Idea. Evolution and the Meanings of Life*. London

Durkheim, Émile (1980), *Die Regeln der soziologischen Methode*. Darmstadt

ders. (1983), *Der Selbstmord*. Frankfurt/Main

Fodor, Jerry (1974), „Special sciences (or: The disunity of science as a working hypothesis)". *Synthese* 28, S. 97-115

ders. (1998), „Special sciences: Still autonomous after all these years (A reply to Jaegwon Kim's 'Multiple realization and the metaphysics of reduction')", in: ders., *In Critical Condition. Polemical Essays on Cognitive Science and the Philosophy of Mind*. Cambridge (Mass.) 1998, S. 9-24

Gehlen, Arnold (1966), *Der Mensch. Seine Natur und seine Stellung in der Welt*. Frankfurt/Main

Hempel, Carl G. (1965), „Aspects of Scientific Explanation", in: ders., *Aspects of Scientific Explanation and other Aspects in the Philosophy of Science*, New York 1965, S. 331-496

Jackson, Frank und Pettit, Philip (1992), „Some content is narrow", in: J. Heil, A. Mele (Hg.), *Mental Causation*, Oxford 1992, S. 259-282

Kaufmann, Felix (1936), *Methodenlehre der Sozialwissenschaft*. Wien

Lepenies, Wolf (1988), *Die drei Kulturen. Soziologie zwischen Literatur und Wissenschaft*. Reinbek bei Hamburg

Merton, Robert K. (1995), *Soziologische Theorie und soziale Struktur*. Berlin, S. 117-185

Mises, Richard von (1990), *Kleines Lehrbuch des Positivismus. Einführung in die empiristische Wissenschaftsauffassung*. Frankfurt/Main

Nagel, Ernest (1961), *The Structure of Science*. London

Neurath, Otto (1981), „Empirische Soziologie", in: ders., *Gesammelte philosophische und methodologische Schriften*, Band 1. Wien 1981, S. 423-527

Pessa, Eliano (2002), „What is Emergence?", in: G. Minati, E. Pessa (Hg.), *Emergence in Complex, Cognitive, Social, and Biological Systems*. Dordrecht 2002, S. 379-382

Pettit, Philip (1993), *The Common Mind. An Essay on Psychology, Society, and Politics*. Oxford

Putnam, Hilary (1975), „The meaning of meaning", in: ders., *Mind, Language and Reality. Philosophical Papers*, Bd. 2, Cambridge (Mass.) 1975, S. 215-271

ders. (1990), *Realism with a Human Face*. Cambridge (Mass.)

Quine, Willard V.O. (1994), „On what there is", in: ders., *From a Logical Point of View*. Cambridge (Mass.) 1994, S. 1-19

Rapoport, Anatol (1986), *General System Theory. Essential Concepts and Applications*. Turnbridge Wells

Sawyer, R. Keith (2001), „Emergence in sociology. Contemporary philosophy of mind and some implications for sociological theory". *American Journal of Sociology* 107 (3), S. 551-585

ders. (2002), „Nonreductive Individualism. Part I: Supervenience and wild disjunction". *Philosophy of the Social Sciences* 32 (4), S. 537-559

ders. (2003), „Nonreductive Individualism. Part II: Social causation". *Philosophy of the Social Sciences* 33 (2), S. 203-224

ders. (2004), „The mechanisms of emergence". *Philosophy of the Social Sciences* 34 (2), S. 260-282

ders. (2005), *Social Emergence. Societies As Complex Systems*. Cambridge

Schlick, Moritz (1938), „Über den Begriff der Ganzheit", in: ders., *Gesammelte Aufsätze 1926-1936*. Wien 1938, S. 251-266

Schütz, Alfred (1932), *Der sinnhafte Aufbau der sozialen Welt*. Wien

Searle, John R. (1969), *Speech Acts. An Essay in the Philosophy of Language*. Cambridge

ders. (1995), *The Construction of Social Reality*. New York

Snow, Charles P. (1959), *The Two Cultures*. Cambridge

Spencer, Herbert (1851), *Social Statics: or the Conditions Essential to Human Happiness and the First of them Developed*. London

ders. (1898), *The Principles of Sociology*, Bd. I. New York

Stephan, Achim (2005), *Emergenz. Von der Unvorhersagbarkeit zur Selbstorganisation*. Paderborn

Tuomela, Raimo (1995), *The Importance of Us. A Philosophical Study of Basic Social Notions*. Stanford

van Fraassen, Bas C. (1980), *The Scientific Image*. Oxford

Weber, Max (1922), *Wirtschaft und Gesellschaft. Grundriß der Sozialökonomik*, III. Abteilung. Tübingen

Winch, Peter (1966), *Die Idee der Sozialwissenschaft und ihr Verhältnis zur Philosophie*. Frankfurt/Main

Wright, Crispin (2001), *Wahrheit und Objektivität*. Frankfurt/Main

Alexander Becker

Lebenswelt und undogmatischer Naturalismus

1. Einleitung: Lebenswelt und Naturalismus

Derzeit herrscht in der öffentlichen Meinung ein immenses und erstaunlich robustes Vertrauen in den naturwissenschaftlichen Erkenntnisgewinn vor. Dieses Vertrauen zeigt sich nicht nur in der weithin geteilten Überzeugung, dass die naturwissenschaftliche Erkenntnis kontinuierlich voranschreitet und für die allermeisten Probleme, gleich ob technischer, medizinischer oder sozialer Natur, eine Lösung bereithalten wird. Auch die Position, die sich die Hirnforschung in der Öffentlichkeit im Laufe der letzten Jahre erobert hat, wäre ohne dieses Vertrauen kaum zu erklären: Denn die Protagonisten dieser Bewegung treten mit dem Anspruch auf, dass die Hirnforschung uns über uns selbst als menschliche – d.h. als kulturelle und geistige – Wesen Wissen verschafft. Wer diesen Anspruch akzeptiert – und sei es nur in Gestalt bloßer Erwartungen an zukünftige Forschungsergebnisse –, der gibt damit zu, dass er im Zweifelsfalle der naturwissenschaftlichen Erkenntnis mehr Glauben schenken wird als der Art und Weise, wie er mit sich aus seiner lebensweltlichen Praxis heraus vertraut ist.

Die führenden Köpfe dieser „Neurowelle"[1] sehen sich als jüngste Speerspitze einer Entwicklung, die sie gerne mit der „kopernikanischen Revolution" des 16. Jahrhunderts beginnen lassen. Diese Entwicklung habe die wissenschaftliche Erkenntnis zunehmend in Konflikt mit unserem lebensweltlichen Wissen[2] gebracht: Ging es zunächst um unser Bild der uns umgebenden Welt und um den Bruch mit einer dogmatisch fixierten Kosmologie, rückte die Linie der Auseinandersetzung immer näher an Kernbereiche unseres Selbstverständnisses heran und bescherte uns eine fortschreitende „Desillusionierung": Wir leben nicht nur nicht im Mittelpunkt der Welt (Kopernikus); ebenso wenig sind wir die Krone der Schöpfung (Darwin) oder die Herren unserer Psyche (Freud). Die Hirnforschung fügt dieser Reihe nun ein letztes und äußerstes Glied an: Wir – unser Geist – sind eine bloße „Illusion unserer Gehirne", a fortiori sind auch Vorstellungen wie der freie Wille oder unser Ich, die zu den Grundfesten unseres Selbstbildes gehören, bloße Einbildungen. Mit dem Vollzug dieses letzten Schrittes der Desillusionierung stehe uns ein „grundlegend neues Verständnis dessen" bevor, „was es heißt, Mensch zu sein", ein „von der Hirnforschung herbeigeführter endgültiger Zusammenbruch des metaphysischen Menschenbilds mit seiner Doppelnatur als körperliches und geistiges Wesen", der „ein weltanschauliches Vakuum hinterlassen" wird.[3]

Sieht man einmal vom Pathos solcher Formulierungen ab, treten zwei charakteristische Linien hervor:

---

1 Über Google findet man allein im deutschsprachigen Raum bereits ca. 20000 Einträge zu „Neurophilosophie", zu „Neuroökonomie" 11000, zu „Neurotheologie" 9000 und zu „Neuropädagogik" und „Neuroethik" immerhin schon ca. 7000 Suchergebnisse. „Neuroästhetik" und „Neuropolitik" kommen erst auf ca. 700 Einträge, und die „Neurosoziologie" mit 152 und die „Neurogermanistik" mit 139 Einträgen erweisen sich als noch sehr junge Sprösslinge der Neurowelle. Dass Google bei der Suche nach „Neuropolitologie" noch meint, man habe vielleicht „Neuropathologie" gemeint, lässt zwar hoffen, dürfte aber nicht von Dauer sein. (Resultat einer Stichprobe im August 2008)
2 Von „Wissen" spreche ich hier und im folgenden nicht im Sinne wahrer, gerechtfertigter Überzeugungen,

a) Wir haben es mit einem Prozess der Aufklärung zu tun. Die Wissenschaften tun nichts anderes, als unbegründete Vorurteile durch wissenschaftlich begründete Überzeugungen zu ersetzen, und sie machen dabei auch nicht vor Meinungen halt, die uns zutiefst vertraut sind und die in unserer Praxis und in unserem Selbstbild eine grundlegende Rolle spielen. Sich diesem Prozess zu widersetzen heißt, eine antiaufklärerische Haltung einzunehmen – sozusagen selbstverschuldet in einem Zustand der Unwissenheit zu verbleiben.

b) Dieser Prozess der Aufklärung ist nicht nur konfliktbehaftet, es ist ein Konflikt zwischen zwei Quellen des Wissens bzw. vermeintlichen Wissens. Diese Quellen präzise zu bestimmen ist nicht leicht, aber mit Hilfe charakteristischer Beispiele lässt sich eine handhabbare Unterscheidung vornehmen. Auf der einen Seite steht das „lebensweltliche Wissen". Die Bezeichnung ist nicht ganz treffend, weil unsere Lebenswelt auch die äußere, physikalische Welt umfasst, es hier aber vornehmlich um unsere „Innenwelt", um unseren „Geist" gehen soll. Typische Beispiele des hier gemeinten lebensweltlichen Wissens sind etwa: Überzeugungen über Merkmale unseres Geistes (z.B. „Es gibt freie und unfreie Entscheidungen"); die Kenntnis der eigenen Gedanken (d.h. Wünsche, Überzeugungen, Emotionen) und der Gedanken anderer; Überzeugungen über die Beschaffenheit und Struktur unserer Gedanken, die gegenüber den zuvor genannten Kenntnissen auf einer Metaebene angesiedelt sind (z.B. „Handlungen haben Gründe"), darunter insbesondere Überzeugungen über die logische Beschaffenheit unserer Gedanken (z.B. „Der elementare Satz besteht aus einem logischen Subjekt und einem logischen Prädikat", oder „Wenn p der Fall ist und ferner wenn p, dann q der Fall ist, dann ist auch q der Fall"); ferner Kenntnisse über das, was gut ist; und nicht zuletzt das phänomenale Erleben. Das lebensweltliche Wissen setzt sich zum großen Teil aus „Intuitionen" zusammen, aus Überzeugungen, die wir vorfinden, ohne dass wir über ihre Quelle und ihren Status Rechenschaft ablegen könnten. Ihm gegenüber steht das (natur-)wissenschaftliche Wissen, das zumeist als das Wissen der aktuellen oder einer zukünftigen, von der aktuellen aber nicht radikal verschiedenen Naturwissenschaft bestimmt wird. Dieses Wissen ist durch eine methodisch geregelte Empirie gewonnen; letztlich geht es auf die sinnliche Wahrnehmung zurück. Die Naturwissenschaften legen auch fest, was als Natur gilt: Es ist genau der Bereich der Dinge und Eigenschaften, von denen die Naturwissenschaften handeln, oder der aus den Gegenständen der Naturwissenschaften aufgebaut werden kann.

Aufgrund der prominenten Rolle des Naturbegriffs lassen sich diejenigen, die die zweite Art von Wissen der ersten vorziehen, als *Naturalisten* bezeichnen. Aufklärung im naturalistischen Sinne heißt dann, das lebensweltliche Wissen nach und nach durch das wissenschaftliche Wissen zu ersetzen, sei es, weil ersteres aus unausgewiesenen, obskuren Quellen stammt, sei es, weil es sich auf Überzeugungen stützt (beispielsweise über außernatürliche Entitäten wie Götter oder Seelen), die nicht den Bereich der Natur betreffen.[4] Entsprechend

sondern im umgangssprachlichen Sinne fallibler – und meistens auch für fallibel gehaltener – Wissen*ansprüche*, die in der Praxis aber als Wissen *fungieren*. Was ich meine, kann man mit den Worten Wingerts als ein „irrtumssensibles und irritationsfestes Überzeugtsein von der Wahrheit" charakterisieren (Wingert 2007, S. 914).

3 Metzinger 2006, S. 42 u. 44 (ähnlich – in einem nicht-populärwissenschaftlichen Kontext – Metzinger 2000, S. 6).

4 Wolf Singer stellt den Konflikt oft als einen zwischen einer subjektiven und der objektiven Perspektive dar; letztere wird mit derjenigen der empirischen Wissenschaften gleichgesetzt (vgl. z.B. Singer 2003, S. 279ff.). Wie sich zeigen wird, ist diese Konstruktion des Konflikts zu eng, da zu dem lebensweltlichen Wis-

drückt sich der Siegeszug des wissenschaftlichen Wissens darin aus, dass lebensweltliche Überzeugungen entweder verworfen werden („Die Willensfreiheit ist eine *bloße* Illusion") oder auf wissenschaftliche Überzeugungen reduziert werden („Glück ist eine Erregung der xyz-Region im Gehirn"). Dieser Prozess mag noch am Anfang stehen, so dass wir einstweilen auf das lebensweltliche Wissen nicht verzichten können; langfristig wird das lebensweltliche Wissen aber keinen Bestand haben oder nur als Derivat des wissenschaftlichen Wissens überleben können.

2. Der Dogmatismus des Naturalismus

Wie können Naturalisten ihre Ansprüche verteidigen? Hauptsächliches Streitfeld ist die Philosophie des Geistes; Naturalisten treten hier entweder als Eliminativisten auf oder verfechten die These, dass mentale Zustände und Ereignisse mit physischen Zuständen oder Ereignissen identisch sind oder durch diese realisiert werden. Einfach wäre die Debattenlage, wenn man über naturalistische Thesen in etwa so entscheiden könnte, wie man über die konkurrierenden Ansprüche von Geistheilern und wissenschaftlich ausgebildeten Medizinern entscheiden kann: Angenommen, wir könnten dem wohlbestimmten Gedanken G ein ebenso genau bestimmtes neuronales Erregungsmuster N zuordnen und die Korrelation G ~ N etablieren. Damit wäre zwar noch keineswegs entschieden, ob G „nichts anderes" als N ist oder (vermeintliche) Instantiierungen von G bloße Illusionen sind; die Korrelation besagt nicht mehr, als dass beide Eigenschaften immer oder in der Regel gemeinsam auftreten. Wenn wir aber über die Korrelation G ~ N verfügten, dann könnten wir überprüfen, ob wir die Zuschreibung von G zu einem Wesen W in allen *praktischen* Kontexten durch die Zuschreibung von N zu W ersetzen können, oder auch, ob wir G hervorrufen bzw. inhibieren können, indem wir N hervorrufen oder inhibieren usw. In einer solchen Situation hätte die Aussage, dass G „nichts anderes" als N ist, einen praktischen Sinn. Eine naturwissenschaftliche Praxis stünde der lebensweltlichen Praxis gegenüber, und es könnte sich herausstellen, dass die naturwissenschaftliche Praxis der lebensweltlichen gleichwertig oder überlegen ist.

Da solche Korrelationen aber noch in ferner Zukunft liegen – wenn sie überhaupt je aufgestellt werden können –, müssen Naturalisten einstweilen anders, nämlich auf einer allgemeinen und metaphysischen Ebene, argumentieren. Dazu benötigen sie drei Schritte:

(i) eine Analyse von Typen mentaler Phänomene, beispielsweise: Überzeugungen bestehen in ihren funktionalen Rollen, d.h. in ihren Relationen zu Wahrnehmungen, Bewegungen und anderen Überzeugungen;

(ii) eine Aufstellung derjenigen Entitäten und Eigenschaften, die als natürlich gelten, beispielsweise: die Natur besteht aus mikrophysikalischen Entitäten und ihren kausalen Interaktionen;

(iii) eine allgemeine Festlegung, was als erfolgreiche Reduktion mentaler auf physikalische Phänomene gilt, beispielsweise: eine beliebige Eigenschaft ist dann auf eine natürliche Eigenschaft zurückgeführt, wenn sie mit einer natürlichen Eigenschaft identifiziert werden kann (im Beispiel: wenn die funktionalen Rollen mit kausalen Relationen identisch sind),

---

sen über uns z.B. auch die Kenntnis logischer Gesetze zu zählen ist, denen gemeinhin ein Maximum an Objektivität zugebilligt wird.

oder auch: wenn sie durch natürliche Eigenschaften reduktiv erklärt werden kann (im Beispiel: aus der Reduktionsbasis von Gedanken geht hervor, warum Gedanken die Beschaffenheit haben – z.B. in ihren funktionalen Rollen zu bestehen –, die sie nun einmal haben).[5]

Es spielt im Moment keine Rolle, zu welchem Resultat solche Argumente führen. Wichtig ist, dass offensichtlich alle drei Schritte auf Annahmen angewiesen sind, die apriorischen und damit nicht-empirischen Charakter haben. Dies gilt für die Naturalisten genauso wie für ihre Gegner. Zu entscheiden ist, ob die mentale Eigenschaft M*, beispielsweise verliebt zu sein, eine natürliche Eigenschaft ist oder nicht. Aus Annahme (i) geht dann hervor, was M* ist, d.h. welche Merkmale bzw. Typen von Merkmalen M* aufweist; Annahme (ii) sagt, was generell eine natürliche Eigenschaft ist; und Annahme (iii) bestimmt, welche Korrelation zwischen M* und natürlichen Eigenschaften bestehen muss, damit M* als natürliche Eigenschaft gelten kann. Wenn gemäß (i) das Gefühl des Verliebtseins ein funktionaler Komplex ist und (ii) festlegt, dass alle kausalen Relationen natürliche Relationen sind, sowie (iii) zufolge eine Reduktion in der Identifikation besteht, dann bleibt nur zu prüfen, ob tatsächlich alle funktionalen Eigenschaften von M* die Anforderungen kausaler Relationen erfüllen, und es wird sich ein klares Votum ergeben, ob das Verliebtsein eine natürliche Eigenschaft ist oder nicht. Geht aus der Annahme (i) dagegen hervor, dass das Verliebtsein eine nicht-funktionale, phänomenale Komponente hat, dann ist klar, dass es sich nicht um eine natürliche Eigenschaft handelt, und Naturalisten werden es als Illusion einstufen müssen (tatsächlich werden die meisten Naturalisten jedoch die Version der Annahme (i) anfechten, die zu einem solchen Resultat geführt hat, oder sie werden auf eine explanatorische Reduktionsbeziehung zurückgreifen).

Dass die Annahmen (i)-(iii) a priori gelten, dürfte im Falle von (i) den geringsten Widerspruch hervorrufen, weil das lebensweltliche Wissen charakteristischerweise auf Intuitionen beruht; deshalb hat man es hier auch so oft mit einem schwer zu schlichtenden Aufeinanderprall von Intuitionen zu tun. Im Falle von (ii) scheint es einen Ausweg zu geben, indem man sich auf den Naturbegriff der Naturwissenschaften beruft; so würde es zu einer empirischen Angelegenheit, was als natürlich gilt. Doch erstens kann man sich anscheinend weder auf die aktuelle noch auf eine ideale Naturwissenschaft sinnvollerweise stützen. Denn die aktuelle Naturwissenschaft wird sich nach aller wissenschaftshistorischer Erfahrung noch erheblich verändern, und zwar auch in den Grundlagen, die darüber entscheiden, was eine natürliche Eigenschaft ist; die ideale Naturwissenschaft steht aber trivialerweise nicht zur Verfügung, oder man müsste wiederum a priori über ihre Beschaf-

---

5 Die Differenz lässt sich – wie üblich – am Beispiel des Wassers leichter erläutern. Es ist eine Behauptung, dass Wasser = H_2O, und eine andere Behauptung, dass aus der Struktur von H_2O und den Naturgesetzen die Oberflächenmerkmale von Wasser hervorgehen. Im ersten Fall benötigt man eine allgemeine Bestimmung, um welche Art von Entität es sich bei Wasser handelt, um die Identitätsrelation akzeptieren zu können (Wasser ist ein Stoff; Stoffe bestehen in ihrer molekularen Struktur); sie entspricht dem ersten Analyseschritt und muss zu einer Aussage führen, die bereits die gleiche logische Kraft wie die Identitätsbeziehung hat (siehe dazu auch unten, S. 247). Im zweiten Fall muss die Analyse nur zu einer wahren, wenn auch möglichst reichhaltigen Beschreibung führen; die reduktive Erklärung zeigt dann, dass eine Substanz mit der molekularen Struktur H_2O in der Tat diese Oberflächenmerkmale aufweist und erklärt so, warum Wasser so beschaffen ist, wie es ist. Zu diesem ganzen Thema und insbesondere zur Differenz zwischen Identitätstheorien und reduktiven Erklärungen siehe Beckermann 2007.

fenheit entscheiden. Und zweitens muss der reduktive oder eliminative Impetus implizit voraussetzen, dass mentale Eigenschaften – jedenfalls so, wie wir mit ihnen vertraut sind, wie wir sie im Rahmen des lebensweltlichen Wissens beschreiben – keine natürlichen Eigenschaften sind; der Naturbegriff ist also von vornherein mit dieser Abgrenzungsaufgabe belastet.[6]

Gegen den apriorischen Charakter der Korrelationen vom Typ M* ~ N* ist auch eingewendet worden, dass die Annahme in (ii) hypothetischen Charakter hat, dass es also eine empirische Frage ist, ob die Natur wirklich so beschaffen ist, wie durch eine entsprechende Behauptung unterstellt.[7] Dieser Einwand ist richtig, aber er ändert nichts am Charakter der Debatte: Die Korrelationen M* ~ N* haben darum trotzdem apriorischen Charakter. Es hilft auch nichts, anzunehmen, die Korrelationen M* ~ N* könnten genauso wie die Korrelation Wasser ~ H_2O aposteriorischen Charakter haben.[8] Erstens weist auch diese Korrelation ein apriorisches Element auf, denn sie basiert auf der apriorischen Annahme, dass Wasser ein Stoff ist[9]; Sache der Erfahrung ist lediglich, welcher Stoff es ist, und was die wesentlichen Merkmale eines Stoffes sind. Zweitens: Wenn dem so ist, dass Korrelationen M* ~ N* a posteriori sind (von dem erwähnten apriorischen Element abgesehen), dann müsste man die Debatte um die Ansprüche des Naturalismus vertagen: Denn solange unklar ist, was natürliche Zustände bzw. Ereignisse sind und mit welchen mentalen Zuständen und Ereignissen sie zu korrelieren sind, kann man offensichtlich keine Aussage darüber treffen, ob mentale Eigenschaften zu eliminieren oder zu reduzieren sind. Es bleibt dann nur die Position übrig, die ich im nächsten Schritt skizziere.

Wenn aber auch Naturalisten gezwungen sind, sich in der Auseinandersetzung mit den Verfechtern der Autonomie des lebensweltlichen Wissens auf Annahmen zu stützen, die apriorischen Charakter haben, dann verschwimmt der scharfe Kontrast zwischen dem vermeintlich unaufgeklärten und damit dogmatischen lebensweltlichen Wissen einerseits und dem empirisch fundierten und methodisch gesicherten wissenschaftlichen Wissen andererseits: In der Debatte über die Ansprüche der Naturalisten stehen nicht unausgewiesene Dogmen empirisch fundierten Überzeugungen gegenüber; eher scheinen Dogmen gegen Dogmen zu stehen. Das schließt natürlich nicht aus, dass sich manche Dogmen eher begründen lassen als andere. Aber der Gestus, der Naturalismus bezüglich mentaler Phänomene sei dem lebensweltlichen Wissen prinzipiell überlegen, da er auf eine überlegene Quelle des Wissens zurückgreife, erweist sich als unangemessen.

---

6 Zu den beträchtlichen Schwierigkeiten, vor denen Naturalisten beim Schritt (ii) stehen, siehe Crane, Mellor 1990; Montero 1999; Melnyk 2003 (letzterer hält die Schwierigkeiten allerdings nicht für unüberwindlich, sondern plädiert für einen an der aktuellen Naturwissenschaft angelehnten Naturbegriff, vgl. Melnyk 1997).
7 Vgl. Melnyk 2003, S. 74f.
8 Vgl. dazu McLaughlin 2007. McLaughlin wendet gegen einen apriorischen Physikalismus u.a. ein, dass, wenn alle Korrelationen zwischen physikalischen und nichtphysikalischen Phänomentypen a priori sind, dann jemand, der über alle physikalischen Fakten verfügt, auch alle nicht-physikalischen Fakten kennt. Ob diese Konsequenz unplausibel ist (wie McLaughlin zu zeigen versucht), hängt erstens davon ab, was alles zur Physik zählt, und zweitens, ob man bereit ist, beispielsweise logischen Aussagen einen anderen epistemischen Status zuzuweisen. Damit bewegt man sich im Bereich der Fragen, die Gegenstand dieses Aufsatzes sind.
9 Siehe dazu unten, S. 247.

3. Die Idee eines undogmatischen Naturalismus

3.1 Diese Beschreibung der Debattenlage werden manche der darin involvierten Kontrahenten sicher als tendenziös empfinden (und sie soll gewiss nicht suggerieren, alle vorgebrachten Argumente seien leere Spielereien), aber sie macht hoffentlich deutlich, warum einige Philosophen zur Überzeugung gekommen sind, dass die bisherigen Auseinandersetzungen eine Lücke gelassen haben, die einen Ausweg aus den mitunter festgefahrenen Gegenüberstellungen von Intuitionen verspricht: Man muss nur die dogmatischen Festlegungen beider Seiten vermeiden und statt dessen das Unternehmen der Erforschung unseres Geistes zu einem offenen Forschungsprojekt machen, offen sowohl in Bezug auf die Eigenschaften, die das Prädikat „natürlich" verdienen, als auch in Bezug auf die Methoden, durch die wir vom Vorliegen mentaler Phänomene Kenntnis erhalten. Autoren, die diese Richtung einschlagen, verstehen sich zwar meistens als Naturalisten und knüpfen vor allem an das aufklärerische Selbstverständnis des Naturalismus an, aber sie nehmen dem lebensweltlichen Wissen gegenüber eine entspannte, nicht-konfrontative Haltung ein: Denn es ist nicht auszuschließen, dass das lebensweltliche Wissen auch im Kontext eines wissenschaftlichen Weltbildes seine Berechtigung behält, nicht, weil es sich im Rahmen einer naturwissenschaftlichen Beschreibung in reduzierter Form rekonstruieren ließe, sondern weil sich beispielsweise herausstellen könnte, dass das lebensweltliche Wissen und seine epistemischen Verfahren Bereiche der Realität erschließen, die tatsächlich nur durch diese Verfahren zugänglich sind.[10] Man könnte diese Position einen „integrativen Naturalismus" nennen; aber das würde als programmatisches Ziel unterstellen, das lebensweltliche Wissen in ein wissenschaftliches Weltbild zu integrieren. Doch noch nicht einmal das lässt sich vorab festlegen. Besser scheint es mir daher, diese Position als *undogmatischen Naturalismus* zu bezeichnen.

Es liegt im Wesen undogmatischer Positionen, dass sie nicht leicht durch eine Menge von grundlegenden Überzeugungen zu charakterisieren sind. Penelope Maddy hat angesichts dessen zu dem Mittel gegriffen, den undogmatischen Naturalisten (den sie „Second Philosopher" nennt) durch eine epistemische *Haltung* zu charakterisieren und diese Haltung anhand der Reaktionen ihres „Second Philosophers" auf verschiedene philosophische Positionen und Probleme vorzuführen.[11] Da ich hier nicht mit der gleichen Ausführlichkeit wie Maddy vorgehen kann, werde ich dennoch den Versuch unternehmen, diese Haltung zunächst in groben Zügen zu charakterisieren, und im folgenden Abschnitt drei Beispiele vorstellen, die auf den ersten Blick weit auseinanderliegen, nämlich David Chalmers' phänomenalen Realismus, Maddys „second philosophy" der Logik und Wolfgang Detels intentionalen Realismus. Diese Zusammenstellung mag überraschen, denn zumindest Chalmers' Position gilt nicht gerade als typisches Beispiel einer naturalistischen Position. Doch wird erstens deutlich werden, dass zwischen diesen drei Positionen eine wichtige Parallele besteht. Zweitens ist es für jede naturalistische Position entscheidend, eine *umfassende* Theorie des Geistes zu liefern. Häufig konzentrieren sich die Debatten auf einen einzigen Merkmalskomplex (meistens entweder das phänomenale Bewusstsein oder die Intentionalität – der

---

10 Oberflächlich betrachtet, ähnelt diese Haltung einigen Varianten des „nichtreduktiven Physikalismus" in der Philosophie des Geistes. Wie die Differenz zwischen beiden sich konkret ausgestaltet, deute ich unten in Fn. 20 zu den „phänomenalen Begriffen" und in Fn. 31 zum Problem der mentalen Verursachung an.
11 Vgl. Maddy 2007, S. 1f.

Status von Logik und Mathematik bleibt häufig unbeachtet). Wenn sich anhand der von mir herangezogenen Beispiele zeigen ließe, dass die Haltung des undogmatischen Naturalismus in unterschiedlichen Bereichen gleichermaßen greift, dann wäre dies ein weiteres starkes Argument zu seinen Gunsten. Vorab sei allerdings schon angemerkt, dass die folgenden Darstellungen sehr viele Fragen offenlassen werden – allen voran diejenige, ob das Etikett des Naturalismus nicht überdehnt wird, wenn man derart unterschiedliche Positionen darunterfasst. Dies – die Frage nach der Einheit der Natur – wird ein zentrales Thema meiner Auseinandersetzung mit dem undogmatischen Naturalismus in den folgenden Abschnitten 5 - 7 sein. Ich möchte die Leserinnen und Leser daher darum bitten, ihre eventuellen Vorbehalte für einen Moment zurückzustellen und zunächst der Vorstellung der drei Positionen zu folgen.

3.2 Auch wenn es historisch unangemessen wäre, ihn als Gründungsdokument des undogmatischen Naturalismus zu bezeichnen, bietet W.V.O. Quines berühmter Aufsatz „Epistemology Naturalized" einen guten Zugang zum Selbstverständnis dieser Position.

Ausgangspunkt Quines ist die Einsicht, dass eine bestimmte epistemische Reduktion nicht möglich ist, nämlich die Zurückführung unserer Erkenntnisse über die physikalische Welt auf eine Kombination von Sinnesdaten, Logik und Mengenlehre. Denn jede Aussage über ein physikalisches Objekt geht über jede beliebige Anzahl verfügbarer Beobachtungen hinaus.[12] Was soll man angesichts dieser Diagnose tun? Soll man das Projekt der Erkenntnistheorie gänzlich aufgeben? Quine schlägt einen anderen Weg vor: Wir nehmen es als Tatsache hin, dass wir Meinungen über physikalische Objekte haben, und anstelle der vergeblichen Reduktion auf eine Basis, die ohne physikalische Objekte auskommt, untersuchen wir, wie diese Meinungen faktisch zustande kommen. Wir bemühen uns also nicht um die epistemische *Legitimierung* unserer Meinungen durch die Zurückführung auf ein vermeintlich unproblematisches, nicht mehr der Legitimation bedürftiges Fundament (wie die Sinnesdaten). Vielmehr fragen wir nach ihrer *Genese*. Die Epistemologie wird damit zu einem Teil der Psychologie; das vermeintliche epistemische Fundament – die Sinnesdaten bzw. die Wahrnehmung – wird zwar ernstgenommen, aber es wird nun als kausaler Faktor betrachtet, und zwar als ein kausaler Faktor unter mehreren, die insgesamt unsere Erfahrung der Welt hervorbringen.

Geraten wir nicht in einen Zirkel, wenn wir die Genese unserer Erkenntnisse mit genau den Mitteln untersuchen, die Gegenstand der Untersuchung sind? Quine weist diesen Einwand im wesentlichen mit dem Hinweis zurück, dass uns etwas Besseres ohnehin nicht zur Verfügung steht:

> There is thus reciprocal containment, though containment in different senses: epistemology in natural science and natural science in epistemology. This interplay is reminiscent again of the old threat of circularity, but it is all right now that we have stopped dreaming of deducing science from sense data. We are after an understanding of science as an institution or process in the world, and we do not intend that understanding to be any better than the science which is its object. This attitude is indeed one that Neurath was already urging in Vienna Circle days, with his parable

---

12 Vgl. Quine 1969, S. 74.

of the mariner who has to rebuild his boat while staying afloat in it. (Quine 1969, S. 83f.)

Tatsächlich ist die Zirkularität nicht in dem Sinne fatal, dass die Anwendung der epistemischen Verfahren auf sich selbst ein bestimmtes Ergebnis garantiert (so wie die Verwendung der Konklusion in den Prämissen eines Arguments den Schluss auf die Konklusion garantiert): Denn die Erkenntnisprozesse sind irrtumsanfällig und haben inhärente Korrekturmechanismen. Wir können uns also auch in der Erforschung unserer kognitiven Prozesse irren und müssen unter Umständen einen langen Weg zur Ausräumung dieser Irrtümer gehen.

Daraus geht auch hervor, warum die Frage nach der Genese diejenige nach der Legitimation in gewisser Weise ersetzen kann. Wir können nämlich weiterhin gute und schlechte Überzeugungen unterscheiden; eine Überzeugung ist also nicht alleine deshalb gut, weil sie da ist. Nur müssen wir die Bewertung einer Überzeugung unseren epistemischen Fähigkeiten und dem Prozess der Erkenntnis selbst überlassen, in dem verschiedene Faktoren zusammenwirken, sich gegenseitig kontrollieren und korrigieren können. Vorab können wir nicht festlegen, welche Überzeugungen die richtigen sind und damit ein verlässliches Fundament liefern: Wir sind beim Erkennen sozusagen immer auf hoher See und immer auf die Betätigung unserer epistemischen Fähigkeiten angewiesen.

Auch wenn man Quines Antwort akzeptiert, scheint noch ein Restvorbehalt in Gestalt eines skeptischen Einwandes bestehenzubleiben. Denn könnte man nicht folgendermaßen argumentieren: Da unsere Erkenntnis nicht in einem direkten „Abbild" der Welt besteht, sondern in einem langen und gewundenen kognitiven Prozess, ist nicht auszuschließen, dass dieser Prozess unserer Erkenntnis Bedingungen und Grenzen auferlegt, die wir nicht erkennen können, weil die kognitiven Prozesse in ihrer Anwendung auf sich selbst diese Grenzen reproduzieren werden. Ein Beispiel: Wir betrachten und beschreiben die Welt als eine Welt, die aus Substanzen (also abgegrenzten, durch die Zeit hindurch identischen Objekten mit wechselnden Eigenschaften) besteht. Könnte es nicht sein, dass unsere Welt tatsächlich gar nicht aus Substanzen besteht? Wir wären nicht in der Lage, es herauszufinden, da jede Theorie über unsere Wahrnehmung die Quelle der Wahrnehmungen als eine Welt beschreiben muss, die aus Substanzen besteht, also genau so, wie wir sie am Ende wahrnehmen. So sind wir im Weltbild unseres kognitiven Apparats gefangen, und die Übereinstimmung zwischen Welt und Weltbild liegt nicht daran, dass unser Weltbild der Welt entspricht, sondern daran, dass wir in den grundlegenden Aspekten unser Weltbild nur immer mit unserem Weltbild vergleichen können.

Aus der Perspektive der naturalisierten Erkenntnistheorie ist die Vorstellung, mit der dieser Einwand spielt, pragmatisch sinnlos, weil ein solcher Zweifel keinen Ort in unserem Erkenntnisprozess hat – er ist nicht als Korrekturinstanz operationalisierbar. Die Wissenskonzeption eines derart radikalen Skeptizismus ist deshalb nicht mehr an unsere alltägliche Wissensvorstellung anschlussfähig.[13] Eine weitere Antwort im Geiste der naturalisierten Erkenntnistheorie bietet die evolutionäre Erkenntnistheorie an, die Quine am Ende seines Aufsatzes erwähnt.[14] Dass unsere epistemischen Fähigkeiten Teil eines evolutionären Selektions- und Anpassungsprozesses sind, macht die Annahme nämlich äußerst unwahrscheinlich, dass unser Weltbild auf systematische Weise verzerrt ist, weil sich unter dieser Vorausset-

---

13 Vgl. Maddy 2007, S. 29.
14 Quine 1969, S. 90.

zung der Überlebenserfolg der menschlichen Spezies kaum erklären ließe. Natürlich ist dieses Argument ein Schluss auf die beste Erklärung und kann den skeptischen Zweifel daher nicht durchbrechen. Aber es weist auf einen weiteren wichtigen Aspekt hin: nämlich eine realistische Einstellung als Normalfall, von dem wir nur dann abweichen, wenn wir Gründe dafür haben – nämlich *konkrete* Zweifel am Zugang, den unsere epistemischen Fähigkeiten uns zur Welt eröffnen. Dieser „natürliche" Realismus gibt uns ein grundlegendes Vertrauen darauf, dass wir einen Zugang zur Welt haben. Dieses Vertrauen lässt einen Schluss auf die beste Erklärung, wie ihn evolutionäre Argumente bieten, ausreichen.

Auch Quine beschränkt sich in seinem Aufsatz darauf, eine Einstellung zu entwerfen; mehr bleibt ihm auch nicht zu tun, da die Erkenntnistheorie in Zukunft eine Sache der empirischen Wissenschaft sein wird. Die Grundzüge dieser Einstellung sind aber genau die Zutaten, die auch den undogmatischen Naturalisten charakterisieren:

(1) Der epistemische Optimismus: Grundsätzlich sind wir in der Lage, die Welt zu erkennen. Dieses Vertrauen darf nicht blind sein, weil wir uns irren können. Aber es verliert dadurch nicht seine Berechtigung, denn wir können Irrtümer entdecken und korrigieren. Der Prozess des Entdeckens und Korrigierens von Irrtümern ist der Prozess der Wissenschaft.

(2) Das Vertrauen auf unsere natürlichen Erkenntnisfähigkeiten, nicht weil sie das Fundament jeder Erkenntnis wären, sondern weil jedes wissenschaftliche Verfahren nur eine Erweiterung und Verfeinerung dieser Fähigkeiten darstellt. Dieses Vertrauen lässt sich auch nicht auf die sinnliche Wahrnehmung beschränken, es schließt – bis zum Beweis des Gegenteils – beispielsweise auch unsere Fähigkeit ein, andere zu verstehen oder elementare logisch gültige Schlüsse zu erkennen. Daraus ergibt sich ein grundsätzlicher Respekt für das lebensweltliche Wissen: Zunächst einmal können wir erwarten, dass es uns ein überwiegend korrektes Bild des jeweiligen Bereichs liefert. Aber es ist darum nicht sakrosankt: gravierende Irrtümer und in der Folge dramatische Veränderungen sind zwar unwahrscheinlich, aber nicht ausgeschlossen.

(3) Epistemologie als empirische Wissenschaft. Die Verbesserung unserer epistemischen Fähigkeiten setzt ihre Erforschung voraus; Epistemologie ist also sinnvoll, sie ist eine kritische Tätigkeit, aber es gibt kein epistemisches Fundament. Jede Festlegung eines epistemischen Fundaments wäre nur a priori möglich, und das hieße, irgendetwas aus dem Prozess der Korrektur herauszunehmen.

(4) Der natürliche Realismus. Dem epistemischen Optimismus entspricht der Realismus als Normalfall. Der undogmatische Naturalist ist kein naiver Realist, der an eine direkte Entsprechung von Erkenntnis und Welt glaubt. Aber die Vorstellung eines unüberwindlichen Grabens zwischen unseren epistemischen Fähigkeiten und der Welt verlässt für ihn den Rahmen, in dem sich Erkenntnis überhaupt bewegt.

4. Der undogmatische Naturalismus in Aktion: Chalmers, Maddy, Detel

Diese Liste lässt noch viele Fragen offen; auf einige davon werde ich in den nachfolgenden Abschnitten eingehen. Zuvor möchte ich der noch sehr abstrakten Konzeption des undogmatischen Naturalismus etwas mehr Kontur verleihen, indem ich – wie angekündigt – drei un-

terschiedliche Konkretisierungen der Idee vorstelle, die drei zentrale Bereiche des lebensweltlichen Wissens betreffen: das phänomenale Bewusstsein, die Logik und semantisch gehaltvolle Gedanken.

4.1 An der Frage, was das phänomenale Bewusstsein ist und ob es ein solches überhaupt
gibt, hat sich eine lange und nicht unbedingt fruchtbare Debatte entzündet. Das phänomenale Bewusstsein ist, seinen Anhängern zufolge, eine Eigenschaft bewusster Gedanken und
Gefühle, die von allen Eigenschaften dieser Gedanken und Gefühle, die einer funktionalen
Beschreibung zugänglich sind, verschieden ist (einer funktionalen Beschreibung ist alles zugänglich, was sich im Verhalten, inklusive des kommunikativen Verhaltens, niederschlägt,
also auch die gesamte Dimension des semantischen Gehalts). Es liegt daher in der Natur der
Sache, dass man eine informative Beschreibung des phänomenalen Bewusstseins nicht geben kann (sie müsste überprüfbare Merkmale angeben; überprüfbare Merkmale wären aber
funktionale Merkmale, denn sie müssten ja eine Funktion ausüben, anhand derer man feststellen kann, ob sie vorliegen oder nicht). Man kann also nur jeweils die subjektive Aufmerksamkeit auf das phänomenale Bewusstsein lenken (dazu dienen die diversen, die Debatte dominierenden Gedankenexperimente), und dies genügt auch, denn jedem Wesen, das
über phänomenales Bewusstsein verfügt, ist es auch unmittelbar evident. So weiß eben jeder, „wie es ist, etwas Rotes zu sehen" oder „wie es ist, Schmerzen zu empfinden" – und
dieses „wie es ist" ist genau jener phänomenale Zusatz, der über jede funktionale Dimension
der entsprechenden Empfindung hinausgeht. Eine zusätzliche Schwierigkeit kommt ins
Spiel, wenn man – wie es in der Regel geschieht und auch die gerade angeführten Formulierungen suggerieren – vom phänomenalen Bewusstsein nicht nur als einem allgemeinen
Merkmal bewusster Gedanken und Gefühle spricht, sondern zudem von Elementen oder
Einheiten des phänomenalen Bewusstseins; sie werden meistens als „Qualia" bezeichnet.
Diese Qualia sollen einzelne Empfindungen sein, die sich durch ihre „Empfindungsqualität"
von anderen Qualia unterscheiden.[15] Nun ist unser bewusstes Erleben keine hermetisch abgeschlossene Innenwelt, die nur jedem selbst zugänglich wäre; wir können Empfindungen
auch sprachlich ausdrücken, und sie sind mit unserem Verhalten aufs engste koordiniert.
Was immer uns bewusst ist, hat also sowohl eine phänomenale als auch eine funktionale
Seite, und beide Seiten müssen einander entsprechen. Das heißt aber: Auch die phänomenale
und die funktionale Individuierung dessen, was uns bewusst ist, müssen einander entsprechen; und da die funktionale Individuierung zumindest in einigen Fällen genetisch primär ist
(etwa wenn wir *lernen*, etwas zu sehen[16]) und ein Quale nur durch seine Abgrenzung von al-

---

15 Die typischen Beispiele – Farb- und Schmerzempfindungen – lassen vermuten, dass es sich um späte Ab-
kömmlinge der Sinnesdaten des Empirismus handelt, die ihre epistemische Funktion für die Erkenntnis der
uns umgebenden Welt verloren haben.

16 Wenn wir lernen, einen bestimmten Geschmack wahrzunehmen, dann werden wir nicht bloß auf etwas
aufmerksam gemacht, was uns die ganze Zeit schon als individuierte und abgegrenzte Empfindungsqualität
bewusst war; wäre es so, dann müssten wir nicht lernen, den Geschmack wahrzunehmen. Wenn wir dies aber
lernen, dann ist die Individuierung untrennbar von unseren Reaktionen auf den wahrgenommenen Geschmack (sei es verbal, sei es durch die bloße Fähigkeit, Unterscheidungen zu treffen), denn nur mittels dieser Reaktionen können wir lernen. – Dieses Argument impliziert keine Leugnung der phänomenalen Dimension des Bewusstseins, sondern nur die Leugnung einer autonomen und potentiell von der funktionalen verschiedenen phänomenalen Individuierung der Empfindungen.

len anderen Qualia individuiert sein kann, muss die Individuierung der Qualia insgesamt der funktionalen Individuierung folgen und kann nicht eigenständig sein. Es ist daher sinnvoll, vom phänomenalen Bewusstsein nur als einer allgemeinen Eigenschaft zu sprechen, die einige Gedanken und Gefühle – nämlich genau diejenigen, die uns bewusst sind – aufweisen.[17]

Dies genügt auch für die Position von Chalmers, um die es hier gehen soll.[18] Denn für Chalmers kommt es nur darauf an, dass die Phänomenalität eine Eigenschaft ist, die auf keine kognitive Funktion des Geistes zu reduzieren ist und daher auch in keinem Fall auf eine Beschreibung, die sich auf die üblichen natürlichen Eigenschaften beschränkt. Diese Irreduzibilität liegt im Wesen der Phänomenalität begründet. Ihre Ursache ist eine *epistemische Lücke*, die zwischen der Phänomenalität und allen übrigen Eigenschaften besteht: Denn wir können von allen übrigen Eigenschaften wissen und doch nicht die phänomenale Seite dieser Eigenschaften kennen.[19] Dass es eine solche epistemische Lücke gibt, heißt, dass unser Zugang zur Phänomenalität ein Zugang sui generis ist; er fällt mit der sinnlichen Wahrnehmung nicht zusammen, sondern begleitet sie als zusätzliches Moment. Nun wäre es denkbar, dass eine solche epistemische Lücke besteht, ohne dass damit eine ontologische Differenz einhergeht. So kann uns die Identität zweier Eigenschaften wie Wasser zu sein und H_2O zu sein unbekannt sein, ohne dass darum Wasser und H_2O ontologisch verschiedene Eigenschaften wären. Im Falle der Phänomenalität ist eine solche Diskrepanz jedoch ausgeschlossen, denn die Phänomenalität ist sozusagen eine wesentlich epistemische Eigenschaft. Modallogisch ausgedrückt: Wenn in einer Welt Phänomenalität epistemisch vorstellbar ist, dann gibt es dort auch Bewusstsein, und umgekehrt. Anders gesagt: Weil unser epistemischer Zugang zum Wesen des Wassers fallibel ist, können wir uns *vorstellen*, dass die Eigenschaft, die wir als Wasser herausgreifen, mit derjenigen, Stoff XYZ zu sein, identisch ist, obwohl tatsächlich Wasser mit dem Stoff H_2O identisch ist. Unser epistemischer Zugang zur Phänomenalität ist dagegen nicht fallibel. Deshalb können wir uns nicht vorstellen, dass die Eigenschaft, die wir durch das phänomenale Bewusstsein erfassen, auch anders zu erfassen wäre.

Aufgrund ihrer Infallibilität ist die Phänomenalität natürlich ein epistemologischer Sonderfall, aber ohne Zweifel sind die ersten beiden Kriterien der Position des undogmatischen Naturalismus erfüllt: Wir können phänomenale Zustände und Ereignisse erkennen, und es bleibt uns gar nichts anderes übrig, als uns dabei auf unsere natürliche Erkenntnisfähigkeit zu verlassen – und damit auch einen Bestandteil unseres lebensweltlichen Wissens zu respektieren. Zwar steht hier ein für alle Mal fest, dass die Irreduzibilität des lebensweltlichen Wissens nicht mehr zu erschüttern ist; trotzdem handelt es sich nicht um einen epistemischen Dogmatismus, denn diese epistemische Besonderheit wird auf die Beschaffenheit der Eigenschaft zurückgeführt.

Wie nahe Chalmers dem undogmatischen Naturalismus steht, zeigt sich schließlich auch in seinem Umgang mit der Frage, welchen Platz denn nun die Phänomenalität in der natürlichen Welt hat. Denn es gibt für Chalmers keinen Zweifel daran, *dass* sie einen Platz darin hat. Die Antwort kann daher allein in einer Erweiterung des Inventars unseres Weltbilds be-

---

17 Vgl. zu diesem Problem insgesamt Becker 2000, Kapitel 3.
18 Das folgende ist im wesentlichen eine Zusammenfassung von Chalmers 2003.
19 Vgl. Chalmers 2003, S. 107f. – Wenn die phänomenale Individuierung der funktionalen folgt, dann gilt die umgekehrte Beziehung nicht.

stehen. Welche Erweiterung die beste ist, lässt Chalmers offen; er beschränkt sich darauf, mehrere denkbare Versionen vorzustellen. Nach der einen Variante sind phänomenale Ereignisse und Zustände ontologisch von physikalischen unterschieden und interagieren auf der mikrophysikalischen Ebene; laut Chalmers ist es nicht nur mit der gegenwärtigen Physik vereinbar, dass es psychophysische Kräfte gibt, eine Deutungsvariante der Quantenphysik muss sie sogar zur Erklärung der Phänomene heranziehen. Eine andere Variante ist ontologisch gesehen eine monistische Position; phänomenale Eigenschaften sind ihr zufolge „innere Eigenschaften" der Dinge, die neben den relationalen Eigenschaften stehen, die als Kräfte Gegenstand der Physik sind; innere und relationale Eigenschaften machen gemeinsam den Bereich natürlicher Eigenschaften aus. Unser phänomenales Bewusstsein verschafft uns in bestimmten Fällen Zugang zu diesen inneren Eigenschaften. Welche ontologische Position zutrifft, ist eine Frage der Konkurrenz zwischen Theorien – auch darin zeigt sich, dass Chalmers' phänomenaler Realismus keine dogmatische Ontologie nach sich zieht. Tragend ist vielmehr die Einstellung, die ich als „natürlichen Realismus" bezeichnet habe: Solange keine gravierenden Gründe dagegen sprechen, ist es selbstverständlich, eine Eigenschaft, von der wir Kenntnis haben, als Teil der Realität zu betrachten; und solange es Modelle gibt, die mit unserem übrigen Weltbild konsistent sind und die Phänomenalität integrieren, spricht nichts dagegen, gegenüber der Phänomenalität eine realistische Haltung einzunehmen.[20]

4.2 Logische Gesetze oder Prinzipien spielen in den Debatten über die Naturalisierung des Geistes erstaunlicherweise eine untergeordnete Rolle, obwohl sie gerade aus der Sicht der Antinaturalisten einen herausragenden Prüfstein bereitstellen. Denn erstens ist es seit Freges Abgrenzung der Logik von der Psychologie weithin geteilter Konsens, dass logische Gesetze mit einer anderen und stärkeren Art von Notwendigkeit gelten als Naturgesetze; folglich ist es nicht möglich, logische Gesetze auf Naturgesetze zurückzuführen. Zweitens bestreiten auch hartgesottene Naturalisten nicht, dass naturwissenschaftliche Theorien den Regeln der Logik unterworfen sind. Wenn sie dies sind, dann können naturwissenschaftliche Theorien aber die Regeln der Logik niemals in Frage stellen: Entweder würden sie diese Regeln anwenden und dadurch bestätigen, was sie in Frage stellen, oder sie würden ihnen nicht gehorchen und so ihren Status als respektable wissenschaftliche Theorien verlieren. Sind die Gesetze der Logik aber der wissenschaftlichen Überprüfung entzogen, scheinen sie einer ande-

---

20 Ein Vergleich mit der Konzeption der „phänomenalen Begriffe" innerhalb eines physikalistischen Rahmens ist instruktiv: Phänomenale Begriffe beschreiben Eigenschaften, die mit physikalisch beschreibbaren Eigenschaften identisch sind, aber sie tun dies aus einer Perspektive, von der a priori feststeht, dass sie nicht auf eine physikalische Ebene reduzierbar ist (etwa weil sie indexikalische Elemente oder eine besondere Art der Bekanntschaft voraussetzt; für eine kritische Übersicht über die Varianten siehe Chalmers 2006 und Levine 2006). Die Physikalisten geben also eine epistemische Lücke zu, aber sie suchen nach einer für sie akzeptablen Erklärung dieser Lücke. Levine zeigt, dass dies nicht gelingt: Wenn man physikalistisch erklären kann, wie die Erklärungslücke zustande kommt, dann muss man auch in der Lage sein, sie zu schließen (vgl. Levine 2006, S. 140). Levine deutet vorsichtig einen Ausweg an: „Es mag sein, dass der Materialismus falsch ist. Nicht jedoch etwa, weil phänomenale Eigenschaften keine physischen Eigenschaften sind – nach allem, was wir wissen, könnten phänomenale Eigenschaften physische Eigenschaften sein –, sondern weil wir zu ihnen in einer Relation stehen, die selbst grundlegend und nicht auf physische Relationen reduzierbar ist" (Levine 2006, l.c.). Der undogmatische Naturalist wird die letztere These ohne Skrupel akzeptieren und lediglich bestreiten, dass eine solche grundlegende Relation keine natürliche Relation ist.

ren Quelle des Wissens entstammen zu müssen und also auch epistemisch gegenüber den Naturwissenschaften autonom zu sein.

Wie stellt sich der Status der Logik aus der Sicht des undogmatischen Naturalisten dar? Im Prinzip hindert ihn nichts daran zuzugeben, dass unsere Kenntnis logischer Gesetze einer eigenen Erkenntnisquelle entstammt. Ferner kann er darauf verweisen, dass diese eigene Quelle nicht unbedingt eine besondere Legitimierung nach sich zieht; denn das Zirkularitätsproblem stellt sich auch für den Antinaturalisten. Jedes Argument, mit dessen Hilfe man ein logisches Prinzip rechtfertigen will, setzt nämlich logische Prinzipien voraus; andernfalls könnte es keinen Anspruch auf Gültigkeit erheben.[21] Möglicherweise kann also auch der Antinaturalist keine Rechtfertigung logischer Prinzipien anbieten, so dass logische Prinzipien keine ausgezeichnete Legitimation aufweisen und sich ihre Besonderheit somit auf die eigene epistemische Quelle und ihre Irreduzibilität beschränkt.

Kann der undogmatische Naturalist dies respektieren und dennoch eine naturalistische Theorie der Logik entwerfen? In ihrem Entwurf einer „second philosphy of logic" führt Maddy vor, wie eine positive Antwort auf diese Frage aussehen könnte. Ihr Ausgangspunkt ist – überraschenderweise – Kants Analyse des Verstandes.

In einem ersten Schritt stellt Maddy fest, dass logische Prinzipien wie der modus ponens analytische Wahrheiten sind. Sie sind dies allerdings nicht in dem Sinne, dass die Bedeutung der „logischen Begriffe" (im Beispiel: wenn... dann...) die Wahrheit von Sätzen begründet, die sie enthalten (Maddy 2007, S. 205f.). Denn das hieße, logische Prinzipien zu einem rein sprachlichen Phänomen zu machen. Dann wären sie erstens aus dem Bereich der Realität ausgeklammert (hier macht sich der Realismus des undogmatischen Naturalisten bemerkbar), und zweitens genügt eine solche Erklärung dem undogmatischen Naturalisten nicht: er möchte auch wissen, warum die Sprache so beschaffen ist, wie sie beschaffen ist. Und die Antwort kann für den undogmatischen Naturalisten nur aus der Beziehung zwischen Sprache und Welt hervorgehen.

In welchem Sinne sind logische Prinzipien dann analytische Wahrheiten? Analytische Sätze drücken Verhältnisse zwischen Begriffen aus. Dieses Verhältnis kann konstruiert sein – wie bei Nominaldefinitionen, oder (Kant zufolge) bei Begriffen der Geometrie; oder es kann gegeben sein – so bei den Begriffen des Verstandes. Diese Begriffe haben also einen Gehalt, der erforscht werden muss, und über den wir im Irrtum sein können. Zwar drückt ein logisches Prinzip wie der modus ponens kein Verhältnis zwischen Begriffen aus (sondern zwischen Sätzen), aber diese Differenz spielt Maddy zufolge keine große Rolle, da die Kantschen Kategorien eng mit Urteilsformen assoziiert sind (S. 220). Genauso wie die Begriffe des Verstandes ist also „[...] logical truth [...] contentful and even elusive, despite being a priori." (S. 221) Aus der Perspektive des undogmatischen Naturalisten betrachtet heißt das: Obwohl wir es mit einer nicht-empirischen Quelle des Wissens zu tun haben, können wir auch hier einen Forschungsprozess initiieren, der durch das Aufdecken und die Korrektur von Irrtümern vorangetrieben wird. Die Geschichte der Logik ist dieser Forschungsprozess, und Leistungen wie diejenige Freges zeigen, dass es auch hier Fortschritte gibt.

Im zweiten Schritt greift Maddy Kants zentrale These auf, dass die Formen des Verstandes zugleich die Formen der Welt sind, dass also die logischen Prinzipien ein doppeltes Ge

---

21 Ich komme später (S. 251-253) nochmals auf das Problem der Rechtfertigung logischer Prinzipien zurück.

sicht als Struktur des Denkens und als Struktur der Welt haben. Natürlich kann ein undogmatischer Naturalist Kants transzendentalphilosophische Begründung dieser These nicht akzeptieren; ihm ist unverständlich, wie man Aussagen über die Erfahrung machen kann, die a
priori und notwendigerweise gelten sollen.[22] Der „Second Philosopher" kann jedoch versuchen, in einem „unified scientific account" (S. 225) zu begründen, warum unser Denken und
die Welt tatsächlich einander entsprechende Strukturen aufweisen. Dazu reicht es offensichtlich weder, sich allein auf die Seite der Kognition zu verlegen, denn dabei käme eine psy-
chologistische Konzeption der Logik heraus, die die objektive Gültigkeit logischer Prinzipi-
en nicht erklären kann. Noch genügt es, sich auf die Seite der Welt zu beschränken und die
logischen Prinzipien als ontologische Prinzipien aufzufassen; denn dann bliebe unklar, wie
wir die Struktur der Welt erkennen können. Statt dessen sieht Maddy vor:

> […] the Second Philosopher hopes to develop an account of logical truth
> with two components: (1) logic is true of the world because of its under-
> lying structural features, and (2) human beings believe logical truths be-
> cause their most primitive cognitive mechanisms allow them to detect
> and represent the aforementioned features of the world. As soon as these
> two ideas are laid down, it's natural to hope that they can be further rein-
> forced by a connection between them: (3) human beings are so configu-
> red cognitively because they live in a world that is so structured physical-
> ly. (S. 226)

Es ist offensichtlich, dass Maddy hier das vierte Merkmal des undogmatischen Naturalisten
ins Spiel bringt: seine realistische Einstellung.[23] Unsere Kenntnis der logischen Prinzipien
entstammt zwar einer eigenen epistemischen Quelle, aber auch diese Quelle verschafft uns
einen Zugang zu Merkmalen der Wirklichkeit, denn anders könnten wir den Status dieser
Prinzipien nicht verstehen: Ihre Wahrheit ist keine andere als die gewöhnlicher empirischer
Aussagen. Wie setzt man das in der zitierten Passage entworfene Programm um? Zunächst
versucht man, unseren „Intuitionen", d.h. unserer Vertrautheit mit der Sprache folgend, allgemeine Strukturen des Denkens und Sprechens zu identifizieren und als logische Prinzipien
explizit zu machen. Deutet man die sich aus dieser Struktur ergebenden logischen Kategori-
en durch entsprechende semantische Kategorien, ergibt sich eine Struktur der Welt, und wir
können überprüfen, ob unser wissenschaftliches Weltbild diese Struktur bestätigt. So entspricht der Subjekt-Prädikat-Struktur des elementaren Satzes eine Substanz-Eigenschaft-
Struktur der Welt; in der Tat handelt auch die klassische Physik von festen, voneinander abgegrenzten Objekten und ihren Eigenschaften. Dass dies kein triviales Resultat des Umstands ist, dass auch die Physik eben der Logik unterliegt, die unsere Gedanken und Äußerungen in Substanz- und Eigenschaftsbegriffe aufteilt, zeigt sich an der Quantenphysik:
Denn diese Theorie operiert nicht mehr mit den ontologischen Kategorien von Substanz und
Eigenschaft.[24] Die Untersuchung der Natur kann also auch zu dem Resultat führen, dass die
– besser: eine bestimmte, für grundlegend gehaltene – Struktur der Sprache bzw. des Denkens und die Struktur der Welt nicht übereinstimmen. Für einen großen Bereich der Natur
gilt diese Übereinstimmung aber, denn nicht nur weite Bereiche der Physik, auch die übri-

---

22 Siehe dazu Maddy 2007, S. 57-64.
23 Vgl. dazu auch Maddys Berufung auf Arthur Fines „natural ontological attitude" in Maddy 2000, S. 107f.
24 Vgl. Maddy 2007, S. 236ff.

gen Wissenschaften gehen davon aus, dass es Substanzen und Eigenschaften gibt. Schließlich können wir versuchen herauszufinden, wie die Struktur des Denkens und der Sprache tatsächlich mit derjenigen der Welt verknüpft ist; das ist eine Sache der Kognitionspsychologie, die beispielsweise untersucht, wie wir als kleine Kinder dazu kommen, Objekte zu erkennen, die durch wechselnde Situationen hindurch dieselben bleiben.

Logische Prinzipien beschreiben für den undogmatischen Naturalisten also, genauso wie alle anderen Erkenntnisse, Merkmale der Welt. Das heißt: sie haben keinen Status, der sie zugleich zu notwendigerweise geltenden und gehaltvollen Prinzipien macht und sie vor dem Prüfstein wissenschaftlicher Bewährung schützt. Weil diese Merkmale eine Entsprechung in der Struktur des Denkens haben, können wir von ihnen erfahren, indem wir die Struktur des Denkens untersuchen. Wir sind als undogmatische Naturalisten somit nicht gezwungen, alles auf eine einzige Erkenntnisquelle zu reduzieren. Vielmehr können wir einen methodologischen Pluralismus akzeptieren.[25]

4.3 Semantische Eigenschaften stehen ähnlich wie die Phänomenalität des Bewusstseins im Zentrum der Debatte um die Naturalisierung des Geistes, doch scheint hier eine Reduktion eher möglich, da die semantischen Eigenschaften unserer Gedanken und Äußerungen mit unserem epistemischen und praktischen Umgang mit der Welt verbunden sein müssen; andernfalls könnten wir nicht verstehen, wie wir durch die Wahrnehmung zu gehaltvollen Gedanken kommen und aufgrund dieser Gedanken in die Welt handelnd eingreifen könnten.

Eine Schwierigkeit der Debatte liegt, wie so oft, darin, dass nicht klar ist, worum es sich genau bei semantischen Eigenschaften handelt. Immerhin dürfte Einigkeit darüber bestehen, dass die Wahrheit eine, vielleicht sogar die primäre semantische Eigenschaft ist; und dann genügt es, auf die Debatte um den Wahrheitsbegriff zu verweisen, um klar zu machen, welche Unklarheiten oder wenigstens Spielräume hier bestehen – sie reichen von der Behauptung, Wahrheit sei überhaupt keine substantielle Eigenschaft, bis hin zur naiv-realistischen Auffassung, dass wahre Sätze durch ihnen entsprechende Tatsachen wahrgemacht werden.

Sieht man jedoch von der radikalen Variante ab, die der Wahrheit den Status einer substantiellen Eigenschaft überhaupt abspricht, ist ein Merkmal offensichtlich: Wahrheit geht immer mit Falschheit einher. Was wahr ist, kann auch falsch sein. Dies genügt, um eine Herausforderung an jede naturalistische Semantik zu formulieren: Was immer als reduktive Basis für die semantische Relation zwischen Welt und Gedanken bzw. Äußerung bereitgestellt wird, es muss sich um eine Relation handeln, die besteht oder nicht besteht. Ein falscher Gedanke steht jedoch sowohl in einer Relation zur Welt – sonst ließe er sich nicht als falsch beurteilen, sondern hätte gar keinen Gehalt –, als auch in keiner Relation zur Welt – sonst wäre er nicht falsch. Falsche Gedanken oder Äußerungen sind zudem ohne jede Einschränkung möglich: Wir können auch nichtexistenten Dingen nichtinstantiierte und sogar nichtinstanti-

---

25 So auch das Fazit in Maddy 2000, S. 113: Wenn man keine absolute Unterscheidung verschiedener Ebenen von Überzeugungen – apriorische und aposteriorische, analytische und synthetische, linguistische und empirische usw. – akzeptieren will, dann gibt es im Prinzip nur eine Ebene der Untersuchung, auf der man jedoch „the brute fact of this methodological distinction [between the conventional / pragmatic and the theoretical / empirical elements of our theory]" hinnehmen muß: „As naturalistic philosophers of science, we will try to understand and explain this phenomenon of scientific practice, even if we can't use it to construct a notion of a priority: to say that some hypotheses are adopted for conventional / pragmatic reasons is only the barest beginning of an account of how such hypotheses function."

ierbare Eigenschaften zuschreiben. Es scheint also, zwischen der semantischen Relation und allen natürlichen Relationen besteht ein grundsätzlicher Unterschied.

Der undogmatische Naturalist wird darauf wiederum nicht, oder jedenfalls nicht von vornherein, mit einer eliminativen Strategie antworten. Er wird vielmehr zunächst anerkennen, dass wir im Alltag einander Gedanken zuschreiben und diese sowie unsere sprachlichen Äußerungen – die falschen eingeschlossen – interpretieren, indem wir ihnen einen Gehalt zuweisen. Er wird ferner gegenüber diesen Zuschreibungen zunächst eine realistische Haltung einnehmen, er wird also davon ausgehen, dass es semantische Eigenschaften gibt und unsere lebensweltliche Praxis des Verstehens einen Aspekt der Realität erfasst – einen Aspekt, der vielleicht nur durch das Verstehen zu erfassen ist. Er wird sich schließlich auch dafür interessieren, welche epistemischen Verfahren dabei tatsächlich zum Zuge kommen und wie diese Verfahren gegebenenfalls verbessert werden können. Sollte es mehrere derartige Verfahren geben, wird er vermuten, dass sie miteinander in Zusammenhang stehen oder zumindest gebracht werden können, denn schließlich zielen sie alle auf den gleichen Aspekt der Realität.[26]

Wie geht er mit der vermeintlichen Kluft zwischen semantischen und natürlichen Eigenschaften um? Eine Reduktion mag unmöglich sein. Gestützt auf die plausible Annahme, dass sich die semantischen Eigenschaften im Laufe der Evolution biologischer Wesen entwickelt haben, kann er aber versuchen, Vorstufen ausfindig zu machen und semantische Eigenschaften genetisch aufzubauen. Detel führt dies im Ausgang vom teleosemantischen Repräsentationsbegriff vor: Auf der untersten Stufe haben wir es mit funktionalen Eigenschaften (im Sinne des biologischen Funktionsbegriffs) zu tun, die auch dann bestehen, wenn sie nicht oder nicht erfolgreich ausgeübt werden. Auf weiteren Stufen kommt beispielsweise die Fähigkeit hinzu, die eigenen Repräsentationen zu bewerten und zu korrigieren, später tritt die kommunikative Öffnung und die Verwendung von Zeichen hinzu, schließlich die Strukturierung der Gedanken bzw. Zeichen und damit die Möglichkeit der Rekombination zur Bildung neuer Zeichen.[27]

Wichtig ist hierbei: Der undogmatische Naturalist ist nicht gezwungen, aus einer solchen Stufenleiter eine Reduktionsbehauptung abzuleiten. Er kann es dabei belassen, dass wir semantische Gehalte „im vollen Sinne" nur durch das Verstehen erfassen können und sich dies beispielsweise in der Irreduzibilität des Wahrheitsbegriffs niederschlägt. Ein Grund hierfür kann der Holismus der Gehalte sein, der eine Methode erfordert, die es erlaubt, von einzelnen Belegen unmittelbar zur Zuschreibung eines umfassenden, syntaktisch und semantisch differenzierten Vokabulars mitsamt den Regeln zur Bildung und Interpretation von Sätzen überzugehen.[28] Eine solche Methode kann nicht in der Summierung einzelner Welt-Begriff-Korrelationen bestehen, seien sie auch im teleosemantischen Sinne repräsentational, sondern nur in der Einbettung einer Äußerung oder eines Gedankens in eine Sprache, über die der Interpret verfügt, ohne dass er sie vollständig aktualisieren muss. Die Stufenleiter dient dem undogmatischen Naturalisten daher nur dazu, zu zeigen,

---

26 Dieser Absatz ist eine Zusammenfassung der Thesen von Detel, in diesem Band S. 13-64, vgl. bes. S. 21f.
27 Vgl. dazu Detel, in diesem Band S. 22-28 sowie die Überlegungen Michael Kohlers zur Emergenz der logischen Form der Sprache, in diesem Band S. 99-164.
28 Vgl. Detel, in diesem Band S. 46.

- dass semantische Eigenschaften ein komplexes Phänomen sind, das einer Analyse zugänglich ist;
- dass mindestens einige Teilaspekte semantischer Eigenschaften ohne Zuhilfenahme unserer Verstehenspraxis zu identifizieren und zuzuschreiben sind;
- dass es plausibel ist, unsere Verstehenspraxis in diese Stufenleiter einzuordnen, als ein epistemisches Verfahren, das den Besonderheiten komplexer semantischer Eigenschaften besonders angepasst ist und insofern möglicherweise nicht durch ein anderes Verfahren zu ersetzen ist.

Der undogmatische Naturalist wird allerdings um ein besseres Verständnis des Funktionierens und in der Folge um eine bessere Ausdifferenzierung dieser Stufenleiter bemüht sein, an dessen Ende auch eine Reduktion des Verstehens im vollen Sinne auf Praktiken stehen kann, zu deren Beschreibung semantische Begriffe wie der Wahrheitsbegriff nicht benötigt werden. Ob dies gelingt, ist jedoch eine offene Frage. Motiviert wird die Suche nicht zuletzt durch die realistische Haltung des undogmatischen Naturalisten: Semantische Eigenschaften sind Bestandteil der gleichen Realität, der auch die physikalischen, chemischen und biologischen Eigenschaften angehören; sie treten zudem nur bei Wesen auf, die Produkte eines evolutionären Prozesses sind, in dem Vorstufen dieser semantischen Eigenschaften auszumachen sind. Und schließlich ist die Praxis des Verstehens methodisch nicht abgeschlossen. Wenn man den Holismus der Gehalte als Holismus des gesamten mentalen Bereichs ernst nimmt, dann umfasst das Verstehen Äußerungen und Handlungen und schließt die Zuschreibung von Überzeugungen, Wünschen und Bewertungen ein. In diesem Rahmen kommt man nicht mehr mit Prinzipien aus, die festlegen, wie Gedanken bzw. Äußerungen strukturiert und inferentiell verknüpft sind; man benötigt eine erheblich größere Menge sogenannter „Rationalitätsprinzipien"[29], und es ist leicht denkbar, dass diese Prinzipien durch einen wissenschaftlichen Forschungsprozess zu verbessern sind.

5. Die Einheit der Natur 1: Die eine Erfahrungswelt

Ich habe nun drei Theorien vorgestellt, die drei verschiedene Bereiche unseres lebensweltlichen Wissens betreffen, Bereiche, die für unser Selbstbild gleichermaßen zentral sind und gleichermaßen hartnäckig einer Naturalisierung im traditionellen, dogmatischen Sinne zu widerstehen scheinen. Und ich habe versucht darzustellen, wie für alle drei Bereiche die Perspektive einer Naturalisierung eröffnet werden kann, die nicht in ihre Reduktion oder Elimination münden muss, die sogar damit zurecht kommen kann, dass eine solche Reduktion gar nicht möglich ist. Damit versprechen diese Theorien auch ein nicht-konfliktuöses Verhältnis zwischen wissenschaftlichem und lebensweltlichem Wissen: Das Fortschreiten der naturalistischen Erklärung muss nicht zu einem Umsturz unseres Selbstbildes führen; das meiste davon wird bestehenbleiben, manches aber wird sich verbessern lassen, sofern wir nicht das lebensweltliche Wissen seinerseits dogmatisch gegen eine kritische Prüfung abschotten.

---

29 Davidson hoffte hier, mit dem Repertoire der Entscheidungstheorie auszukommen (vgl. dazu Davidson 1995).

Der undogmatische Naturalismus wirft selbstverständlich zahlreiche Fragen auf. Einige davon betreffen die in Aussicht genommenen konkreten Ausfüllungen der Lücke zwischen dem jeweiligen lebensweltlichen Wissen und unserem gegenwärtigen physikalisch-chemisch-biologischen Wissen. Die Plausibilität der Programme hängt auch daran, dass sich diese Lücke tatsächlich überbrücken lässt: Wenn Chalmers nicht zumindest skizzieren könnte, wie die Phänomenalität in eine Theorie der gesamten Natur einzubetten wäre, die unserem aktuellen naturwissenschaftlichen Weltbild nicht widerspricht, dann bliebe seine Version des phänomenalen Realismus eine bloße Wunschvorstellung; ähnliches gilt für den Aufweis möglichst reichhaltiger Vorstufen semantischer Eigenschaften durch die Teleosemantik, die in Detels Konzeption eine maßgebliche Rolle spielt. Als ein weiteres hartnäckiges Problem gilt in diesem Zusammenhang die Frage nach der „mentalen Verursachung".[30] Allerdings sollte man dieses Problem vielleicht nicht überbewerten, denn der Ursachenbegriff ist notorisch unklar, und es scheint nicht unsinnig, von Gesetzen ohne Kausalität zu sprechen.[31]

Hier möchte ich nicht solchen Fragen nachgehen, die im weitesten Sinne die Umsetzung des undogmatischen Naturalismus betreffen, sondern mich auf einige grundsätzlichere Probleme konzentrieren. Bei so viel Harmonie zwischen naturwissenschaftlichem und lebensweltlichem Wissen drängt sich nämlich der Verdacht auf, dass der undogmatische Naturalismus den Titel „Naturalismus" gar nicht mehr verdient. Um Chalmers' Vorschlag ein wenig polemisch zu verzerren: Wird das Etikett „Natur" nicht völlig beliebig, wenn man eine offensichtlich von allen gegenwärtig anerkannten physikalischen, chemischen und biologischen Eigenschaften verschiedene Eigenschaft dem Repertoire natürlicher Eigenschaften einfach hinzuschlägt, und behauptet, es werde schon irgendwelche Korrelationen zwischen dieser und den anderen Eigenschaften geben?

Der Naturbegriff muss also eine gewisse Trennschärfe bewahren, und dazu muss entweder die Einheit der Natur oder die Einheit der Methode so durch Kriterien angereichert werden, dass man zwischen Natürlichem und Nicht-Natürlichem bzw. zwischen Wissenschaftlichem und Unwissenschaftlichem unterscheiden kann.

Holm Tetens hat dieses Problem klar erfasst und als Kriterium die *Einheit der Erfahrungswelt* vorgeschlagen:

> Was heißt es genauer, dass etwas Teil der *einen* Erfahrungswelt ist? Die
> Betonung liegt hier auf der Einheit der Erfahrungswelt. Denn dass es ein
> und dieselbe Welt ist, in der alle Gegenstände ausnahmslos unterzubrin-

---

30 Vgl. Detel, in diesem Band S. 44f.

31 Vgl. Tetens 2000, S. 248f. Oder man arbeitet mit einem regularistischen Konzept der Kausalität; das läuft auf das gleiche hinaus. – Eine solche Haltung hat auch Konsequenzen für die Einschätzung des Problems der mentalen Verursachung. Damit die kausale Rolle mentaler Ereignisse oder Zustände zum Problem wird, benötigt man entweder ein Exklusionsprinzip oder ein Prinzip der kausalen Geschlossenheit des Physischen. Das Exklusionsprinzip besagt: Wenn ein physisches Ereignis P eine physische Ursache hat, dann kann es nicht eine zusätzliche mentale Ursache haben. Die Annahme, dass jedes physische Ereignis eine physische Ursache hat, ist allerdings nicht trivial und aus einem regularistischen Verständnis von Kausalität alleine nicht herzuleiten. Das Prinzip der kausalen Geschlossenheit liefert genau diese fehlende Voraussetzung: Jedes physische Ereignis hat eine physische Ursache. Um dieses Prinzip zu verstehen, muss man aber wissen, wann ein Ereignis ein physisches Ereignis ist. Man könnte sich darauf berufen, dass es unter Naturgesetze fallen muss; wenn aber auch für Naturgesetze nur ein regularistisches Verständnis in Frage kommt, dann ergibt sich auch daraus kein prinzipieller Ausschluss mentaler Ursachen. Zur Abwehr einiger weiterer Einwände gegen die mentale Verursachung siehe auch Crane, Mellor 1990, S. 191-196.

gen sind, von den Gegenständen der Physik bis zum Mentalen bei Tier und Mensch, ist das Minimum an anti-dualistischer Tendenz, das kein Naturalismus unterschreiten kann, ohne aufzuhören. (Tetens 2000, S. 275f.)

Was macht die Einheit der „Erfahrungswelt" aus? Tetens nennt zwei Bedingungen:

Erstens: Was man erfährt, ist in Raum und Zeit lokalisierbar. Tetens rechtfertigt dies als Voraussetzung intersubjektiver Überprüfbarkeit. Damit wären logische Prinzipien aus der einheitlichen Erfahrungswelt jedoch ausgeschlossen (denn logische Prinzipien sind zeitlos). Um sie in der von Maddy anvisierten Weise, nämlich als Bestandteil von Theorien, die insgesamt empirisch überprüfbar sind, in eine naturalistische Position zu integrieren, ist daher eine Abschwächung der Bedingung erforderlich: Was man erfährt, muss im Rahmen von Theorien mit Sachverhalten verknüpft sein, die als in Raum und Zeit lokalisiert erfahrbar sind.[32]

Zweitens: Es muss möglich sein, *alle* Erfahrungstatsachen inferentiell miteinander zu verknüpfen. Eine inferentielle Verknüpfung liegt grundsätzlich dann vor, wenn man ein gut bestätigtes Konditional bilden kann, in dem Vorkommnisse des Phänomens P_1 mit Vorkommnissen des Phänomens P_2 verbunden werden:

(EE1) $P_1 \rightarrow P_2$

Ein wahres derartiges Konditional hat prognostische Kraft; dafür muss die Allgemeinheit des Konditionals genügen, denn Tetens weist die Forderung nach einer darüberhinausgehenden explanatorischen Kraft zurück und beruft sich dabei auf die Praxis der Naturwissenschaften: Die seien nämlich in vielen Fällen mit „bloßen Korrelationsgesetzen" zufrieden und erachteten die philosophische Forderung nach „kausalen Erklärungen" keineswegs als unabdingbar.[33]

Solche Konditionale müssen ferner zu einer *inferentiell dichten Beschreibung* verbunden werden. Gegeben ein Phänomenbereich P, der aus den Phänomentypen P_1, ..., P_n besteht, dann ist P inferentiell dicht beschrieben, wenn für alle P_i, $P_j \in P$ gilt:

(EE2) $P_i \rightarrow \ldots \rightarrow P_j$,

wobei die Zwischenglieder durch Korrelationen vom Typ EE1 gebildet werden. D.h., von jedem $P_i \in P$ kann man mit Hilfe von Korrelationen des Typs EE1 auf jedes andere $P_j \in P$ schließen. Die „Einheit der Erfahrungswelt" liegt dann vor, wenn *alle* Erfahrungen in eine solche inferentiell dichte Beschreibung eingebettet sind.[34]

Wichtig ist festzuhalten: Die Korrelate sind Phänomene, also *erfahrbare* Sachverhalte. Die Erfahrbarkeit ist die einzige Restriktion; es gibt weder ontologische Restriktionen bezüglich der Arten von Sachverhalten, noch gibt es Reduktions- oder Identitätsforderungen, und vor allem gibt es keine Restriktionen bezüglich der Arten der Erfahrung. Tetens selbst führt das Beispiel von allgemeinen Sätzen an, die subjektive Erlebnisberichte mit neurologischen Beschreibungen verknüpfen. Selbst der phänomenale Realismus Chalmers' vermag

---

32 In Tetens 2006 argumentiert Tetens dafür, dass auch die Naturwissenschaften mit Sätzen operieren, die keinen empirischen Status haben. Diese Sätze beschreiben allgemeinste Strukturen der Wirklichkeit; eine naiv-realistische Deutung verbietet sich laut Tetens, da es sich bei solchen Sätzen um Voraussetzungen der Bildung von Theorien handelt, mit denen wir die Welt erkennen können.

33 Ähnlich argumentiert auch Chalmers (vgl. 2003, S. 125).

34 Vgl. Tetens 2000, S. 278f.

also – vorausgesetzt, es lassen sich die entsprechenden Korrelationen phänomenaler und neuronaler Eigenschaften tatsächlich herstellen – die Anforderung der inferentiellen Verknüpfung zu erfüllen. Die Beschreibung einer „einheitlichen Erfahrungswelt" in diesem Sinne genügt somit den Forderungen (1) - (3) des undogmatischen Naturalismus.

Lässt sich die Einheit der Erfahrung aber tatsächlich so einfach herstellen? Wird durch die Bedingung der inferentiell dichten Beschreibung überhaupt irgendetwas als nicht-natürlich ausgeschlossen?

Eine gewisse Beschränkung ergibt sich aus der Allgemeinheit der EE-Konditionale, denn sie verhindert, dass wir beliebige einzelne Ereignisse in EE-Konditionalen miteinander verknüpfen können. Dass zufällig ein Windstoß das Fenster zuschlug, nachdem ich dachte „Das Fenster wäre besser geschlossen", macht die Telekinese noch nicht zu einem natürlichen Phänomen. Dass EE-Konditionale nicht in unser Belieben gestellt sind, entspricht der Intuition, dass die Natur dasjenige ist, was nicht in unserer Verfügung liegt[35]; sie steht, so glaube ich, hinter Tetens' Konzept der Erfahrung, das mindestens einschließt, dass nicht wir, sondern die Natur über die Wahrheit oder Falschheit unserer Überzeugungen entscheidet. Im Geiste der gleichen Intuition sollten auch Konditionale ausgeschlossen werden, deren Wahrheit auf Konventionen beruht: Gewiss gilt in Kontinentaleuropa, dass, wenn jemand mit dem Auto fährt, er die rechte Straßenseite benutzt, aber das ist nicht gleichermaßen Teil der Erfahrungswelt wie dass ein rascher Dunkel-Hell-Übergang die Empfindung des Geblendetseins hervorruft (das ist Tetens' Beispiel). Zwar kann man auch über Konventionen im Irrtum sein; aber die Quelle der Falschheit ist eben nicht die Natur. Die Einheit der Erfahrungswelt sollte daher auch eine Einheitlichkeit der Quelle des Wissens nach sich ziehen.

Schließlich sollte auch folgender Fall ausgeschlossen werden: Wir haben ein Phänomen P_1, das mit P_2 in einem EE-Konditional korreliert ist, aber *nur* mit P_2. Wenn P_2 inferentiell dicht eingebettet ist, dann ist zwar auch P_1 inferentiell dicht eingebettet; diese dichte Einbettung ist aber parasitär zur dichten Einbettung von P_2 (P_1 wäre dann ein Epiphänomen zu P_2). Zu fordern ist daher, dass jedes P_i mit jedem P_j aus P auf mehr als eine Weise inferentiell verknüpft ist.

Nun ist ein genauerer Blick auf Tetens' Beispiel lehrreich. Es geht um das Phänomen, sich beim Dunkel-Hell-Übergang geblendet zu fühlen. Dieses Phänomen ist korreliert mit Veränderungen des Aktivitätspotentials der Netzhautzellen; die Korrelation lässt sich sogar durch ähnliche Verlaufskurven darstellen. Es handelt sich hierbei offensichtlich um eine allgemeine Beziehung, und um sie herauszufinden, müssen wir die Welt (zu der auch unsere Empfindungen gehören) beobachten. Entscheidend ist nun, auf welche Weise die zusätzliche Forderung erfüllt ist, das Gefühl des Geblendetseins nicht zu einem Epiphänomen neuronaler Vorgänge zu machen. Das subjektive Erlebnis der Blendung ist nämlich selbst komplex; beispielsweise gehören dazu

– die vorübergehende Beeinträchtigung der Sehfähigkeit

– ein subjektives Missempfinden

– Schutzreflexe (Schließen der Augen, Abwenden des Blicks).

Dieser Komplex sorgt dafür, dass die Epiphänomenalismus-Forderung erfüllt werden kann: Das Gefühl des Geblendetwerdens ist eben nicht bloß ein „Wie-es-ist-geblendet-zu-werden"-Quale, sondern sehr viel mehr, und wir können daher zwischen dem subjektiven

---

35 Vgl. dazu Schrader, in diesem Band S. 196f.

Phänomen der Blendung und physiologischen Phänomenen eine Vielzahl von EE-Konditionalen aufstellen. Während der dogmatische Physikalist hier einen weiteren Schritt hin zu Identitätsbehauptungen oder reduktiven Erklärungen unternehmen muss, kann sich der undogmatische Naturalist mit diesen Korrelationen begnügen, denn das Phänomen des Geblendetseins ist Teil der einen Erfahrungswelt.

Wie kommen wir aber auf den Phänomenkomplex, der das Gefühl des Geblendetseins ausmacht? Handelt es sich hierbei selbst um gut bestätigte empirische Korrelationen? Ohne Zweifel hat dieser Komplex keine festumrissenen Grenzen; es gibt keine Liste hinreichender und notwendiger Bedingungen, die erfüllt sein müssen, damit sich jemand geblendet fühlt. Dies spricht auf den ersten Blick für den empirischen Charakter der Korrelationen. Können wir aber tatsächlich herausfinden, worin das Gefühl des Geblendetseins besteht, so wie wir herausfinden können, mit welchen Vorgängen in den Netzhautzellen es korreliert ist? Die Antwort lässt sich mit einem einfachen Test herausfinden: Wenn jemand sagt, er sei geblendet, aber weder mit den typischen Schutzreflexen reagiert noch über Sehbeeinträchtigungen berichtet, wären wir ggf. bereit, diesen Fall als Falsifikator jener Korrelationen aufzufassen, die den Komplex des Geblendetseins tragen?[36] Wir wären dazu wohl nicht bereit, weil die Identität des Gefühls, geblendet zu sein, an diesen Komplex gebunden ist:[37] Was immer jene Person empfinden mag, es ist nicht das Gefühl des Geblendetseins. Das heißt aber: Die den Komplex des Geblendetseins tragenden Korrelationen haben nicht selbst empirischen Status, sie sind auch keine Konventionen; es sind vielmehr *konstitutive* Korrelationen.

Auf die Frage, ob solche konstitutiven Korrelationen überhaupt verständlich sind, gehe ich gleich ausführlicher ein. Vorausgesetzt aber, sie sind es, und vorausgesetzt, für bestimmte mentale Phänomene gelten konstitutive Korrelationen, dann ergibt sich für den undogmatischen Naturalisten, der seinen Naturbegriff durch die Einheit der Erfahrungswelt erläutern möchte, ein gravierendes Problem. Denn es gibt offenbar Fälle, in denen zwei Anforderungen an die Einheit der Erfahrungswelt in Konflikt geraten: Man kann die Epiphänomenalität mancher mentaler Phänomene nur vermeiden, wenn man zugesteht, dass unsere Erfahrungswelt von mehr als empirischen Korrelationen getragen wird. Dann aber geht der Kontakt zu einer grundlegenden Intuition verloren: dass die Welt überall in gleicher Weise darüber entscheidet, wie wir sie erfahren. Gewiss ist diese Intuition einer „einheitlichen Quelle des Wissens" vage, und vielleicht mag manch ein Verfechter von Tetens' Idee bereit sein, auch Konstitutionsaussagen zu einer Sache der Erfahrung zu machen. Oben habe ich Konventionen als eindeutiges Beispiel für Sachverhalte angeführt, die aus dem Bereich der natürlichen Erfahrungswelt ausgeschlossen werden sollten, und konstitutive Verhältnisse sind sicherlich etwas anderes als konventionelle Verhältnisse. Doch scheinen mir die Grenzen zwischen konventionellen und konstitutiven Verhältnissen fließend zu sein, so dass der undogmatische Naturalist, der konstitutive Sachverhalte in die einheitliche Erfahrungswelt integrieren möchte, große Schwierigkeiten haben wird, seiner Verpflichtung nachzukommen, den Bereich der Natur in klarer Weise von Nicht-Natürlichem abzugrenzen.

---

36 Dieser Test ist angelehnt an eine entsprechende Überlegung bei Beckermann (2007, S. 162f. und S. 167f.).

37 Vgl. dazu oben, S. 230.

6. Die Einheit der Natur 2: Die eine Realität

Wie anders kann der undogmatische Naturalist die Einheit der Erfahrungswelt erläutern? Ich sehe keine andere Möglichkeit, als dass er die Einheit der *Gegenstände* der Erfahrungswelt voraussetzt – mit anderen Worten: die Einheit der Realität. Genau dies ist die Haltung des „natürlichen Realismus": Gegenüber allem, was wir erfahren, nehmen wir die gleiche realistische Einstellung ein, sofern nicht etwas dagegen steht. Zwar erzwingt diese Einstellung keine homogene Erfahrung, aber es erscheint unvereinbar mit ihr, dass irgendwelche Elemente der Realität von vornherein aus der Erfahrung der Welt herausgenommen sind – wie es bei Konstitutionsbehauptungen der Fall zu sein scheint: aus der Perspektive des „natürlichen Realisten" stehen solche Aussagen im Verdacht, eben keinen Teil der Realität zu beschreiben (wie angekündigt, komme ich auf diesen Punkt gleich ausführlicher zu sprechen). In den drei vorgestellten Varianten des undogmatischen Naturalismus hat sich diese realistische Einstellung auf unterschiedliche Weise bemerkbar gemacht: bei Chalmers in der programmatischen Annahme, dass phänomenale Eigenschaften auf irgendeine Weise Teil des physikalischen Weltbilds sein müssen; bei Detel in der Annahme, dass es zwischen körperlichen und mentalen Eigenschaften ein Kontinuum von Zwischenstufen gibt; bei Maddy in der selbstverständlichen Annahme, dass logische Prinzipien Strukturen der Welt beschreiben.[38]

Ist die „Einheit der Realität" aber nicht eine triviale Voraussetzung? Was sollte schon außerhalb der einen Realität stehen und trotzdem Anspruch darauf erheben, real zu sein (die Differenz von Aktualität und Potentialität darf hier ebenso außer Acht bleiben wie der Bereich des Fiktionalen)? Ich vermute, dass der „natürliche Realismus" seine Plausibilität nicht zuletzt der scheinbaren Überflüssigkeit dieser Frage verdankt.

Der einzige mir bekannte brauchbare Weg, um dieser Frage Substanz zu verleihen, geht von dem von Crispin Wright vorgeschlagenen „minimalistischen" Wahrheitsbegriff aus. Laut Wright teilen alle Diskurse[39], die überhaupt wahrheitsfähig sind (also nicht lediglich aus expressiven Äußerungen bestehen), eine Reihe von Merkmalen, die zum einen Mindestanforderungen an die Anwendung des Wahrheitsprädikats auf Aussagen dieser Diskurse sind, zum anderen aber auch umreißen, was mit der Realität der Gegenstände dieser Diskurse mindestens gemeint sein muss. Zu diesen Merkmalen gehören u.a.[40]:

– der Gegensatz von Wahrheit und Falschheit (was wahrheitsfähig ist, kann auch falsch sein);
– die Erfüllung des „Zitattilgungs-Schemas": „p" ist wahr genau dann, wenn p;
– die Korrespondenz-Platitüde: eine wahre Aussage p sagt, „wie die Welt ist" – wobei sich daraus nicht mehr Informationen über die Welt ergeben, als die Aussage p sie liefert;

---

38 Auch eine wichtige naturalistische Position in den Sozialwissenschaften, der „kritische Realismus" von Roy Bhaskar, stützt sich auf diese realistische Einstellung; vgl. dazu Schrader, in diesem Band S. 207f.
39 Diskurse lassen sich grob nach ihren Gegenstandsbereichen unterscheiden: so gibt es einen Diskurs über (bzw. die Praxis der Zuschreibung) mentale(r) Eigenschaften, einen Diskurs über (bzw. die Praxis der Zuschreibung) physikalische(r) Eigenschaften, einen Diskurs über (bzw. die Praxis der Zuschreibung) ästhetische(r) Eigenschaften usw. Eine genauere Abgrenzung kann nur aus den von Wright vorgeschlagenen Unterscheidungsmerkmalen hervorgehen.
40 Vgl. Wright 1992, S. 24ff. und 2003, S. 89f.

- die wahrheitsfunktionale Einbettung von Wahrheit und Falschheit: Wahrheit und Falschheit komplexer Sätze ergeben sich aus Wahrheit und Falschheit der Teilsätze;
- der Kontrast von Wahrheit und gerechtfertigter Behauptbarkeit[41];
- die Absolutheit der Wahrheit, d.h. Wahrheit ist keine graduelle Eigenschaft;
- die Stabilität der Wahrheit, d.h. der Wahrheitswert einer (nicht-indexikalischen) Aussage ändert sich nicht im Laufe der Zeit.

Es scheint mir plausibel, dass diese Liste auch angibt, was „Realität" bedeutet: so beispielsweise, dass die Realität von dem, was wir begründet glauben, „unabhängig" ist, dass wahre Aussagen der Realität „entsprechen", dass die Realität stabil und im großen und ganzen nicht vage ist usw.

Nun kann diese Liste aber für einzelne Diskurse um weitere Bedingungen ergänzt werden, denen die Anwendung des Wahrheitsprädikats in diesen Diskursen jeweils unterliegt. Die zwei wichtigsten dieser Merkmale sind die folgenden:
- die Äquivalenz von Wahrheit und „superassertibility". Generell fallen Wahrheit und (begründete) Behauptbarkeit nicht zusammen, denn die Behauptbarkeit ist immer relativ zu einem Informationsstand, und im allgemeinen ist davon auszugehen, dass dieser Informationsstand verbessert werden kann – nämlich immer dann, wenn wir es mit einem Bereich von Tatsachen zu tun haben, den wir einerseits nicht überschauen können, von dem wir aber andererseits annehmen müssen, dass jede Tatsache mit jeder anderen Tatsache irgendwie verknüpft ist. Es ist aber in bestimmten Bereichen denkbar, dass ein prinzipiell nicht mehr verbesserbarer Informationsstand möglich ist; das ist er nämlich genau dann, wenn die Vorstellung absurd ist, bestimmte relevante Tatsachen könnten sich prinzipiell unserer Kenntnis entziehen. Hat man bezüglich einer Aussage einen solchen Informationsstand, dann kann man diese Aussage mit größerer Kraft als bloßer begründeter Behauptbarkeit äußern, denn eine bezogen auf diesen Informationsstand begründete Behauptung wird sich nicht mehr in Frage stellen lassen. Das ist die von Wright so genannte „superassertibility" („Super-Behauptbarkeit"). Insbesondere gilt dann: Wenn p nicht gerechtfertigt super-behauptbar ist, dann ist nicht-p gerechtfertigt super-behauptbar; denn es kann keine weitere Information hinzukommen, die p doch noch gerechtfertigt behauptbar werden ließe. Damit fällt die „superassertibility" mit der Wahrheit zusammen. Laut Wright könnte der moralische Diskurs die Anforderungen der „superassertibility" erfüllen, denn es erscheint schwer vorstellbar, dass ein moralischer Dissens sich prinzipiell nicht schlichten lässt, weil es den Teilnehmern an der Debatte aus prinzipiellen Gründen an Informationen fehlen könnte, die nötig wären, um über die Wahrheit einer moralischen Behauptung zu entscheiden.[42]
- „cognitive command" („kognitive Nötigung") und „wide cosmological role" („Weite der kosmologischen Rolle"). Wenn über irgendeine angebliche Tatsache der beobachtbaren Welt ein Streit entsteht, dann gehen wir davon aus, dass sich dieser Streit letztlich schlichten lässt, wenn alle Kontrahenten in einer optimalen Position zur Beobachtung des strittigen Sachverhalts sind. Denn die Realität ist eindeutig; und sie übt einen „cognitive command" auf ihre

---

41 Wright zeigt, dass aus dem Schema „Es ist wahr, dass p ↔ p" folgt: „Es ist nicht wahr, dass p ↔ es ist wahr, dass nicht-p"; dieses Schema wird falsch, wenn man für „wahr" „gerechtfertigt behauptbar" einsetzt. Vgl. Wright 1992, S. 19ff. und 2003, S. 68f.
42 Zur „superassertibility" vgl. Wright 1992, S. 44-61; zum moralischen Diskurs vgl. Wright 1995.

Beobachter aus.[43] Anders gesagt: Streit über einen Teil dieser Realität kann nur aufgrund kognitiver Fehlfunktionen entstehen, und er kann behoben werden, indem man diese Fehlfunktion beseitigt. Dies gilt offensichtlich nicht für alle Diskursbereiche. Mag es im Bereich der Moral noch manche geben, die meinen, auch moralische Bewertungen seien eine Sache der richtigen Betrachtung eines Sachverhalts, so ist im Falle der Nichtanerkennung logischer Prinzipien nicht zu sehen, wie ein Streit durch eine „kognitive Berichtigung" zu schlichten wäre. Wer als mathematischer Intuitionist das Prinzip der doppelten Negation nicht anerkennt, der hat keine Fehlfunktion im Denken; man kann ihm noch nicht einmal vorwerfen, den Negationsoperator falsch zu verstehen – er versteht ihn lediglich (partiell) anders als jemand, der die klassische zweiwertige Logik akzeptiert. Man kann den Streit höchstens schlichten, indem man auf die Vor- und Nachteile der Anwendung der jeweiligen logischen Prinzipien in bestimmten Bereichen verweist. In diesem Unterschied kommen verschiedene Auffassungen von der „Realität" der jeweiligen Diskurse zum Ausdruck: Die beobachtbare Realität ist nicht nur von uns unabhängig, sie wirkt auch auf uns ein, unsere Überzeugungen folgen ihr. Für dasjenige, was die Logik beschreibt, gilt eine entsprechende Relation nicht.

Ein weiteres Differenzierungsmerkmal geht in die gleiche Richtung: es ist die „Weite der kosmologischen Rolle".[44] Die explanatorische Relevanz wahrer Aussagen kann von unterschiedlicher Reichweite sein. Dass ein Fels feucht ist, kann meine Überzeugung erklären, dass er feucht ist, es kann mein instinktives Zögern erklären, diesen Felsen zu betreten, die geringe Reibung zwischen seiner Oberfläche und meiner Schuhsohle oder das Wachstum von Moos auf dem Felsen. Die explanatorische Relevanz reicht also von der kognitiven bis hin zur physikalischen und biologischen Ebene. Dass eine Handlung verwerflich ist, mag zwar ebenfalls meine entsprechende Überzeugung erklären, aber die Erklärungskraft reicht nicht über den kognitiven und sozialen Bereich hinaus. Im Merkmal der Weite der kosmologischen Rolle kommt wieder die realistische Vorstellung von der Einheit der Realität zum Vorschein – und es zeigt sich zugleich, dass dieses Merkmal nicht von allen Bereichen der Realität gleichermaßen erfüllt wird.[45]

Mit Hilfe solcher Unterscheidungsmerkmale lässt sich nun die Frage, ob die Realität einheitlich ist, in substantieller Weise stellen: Realität ist in gewisser Weise alles, worüber in wahren Aussagen gesprochen wird. Aber man kann sinnvollerweise fragen, ob das Wahrheitsprädikat immer in der gleichen Weise verwendet wird, oder ob sich verschiedene Diskurse anhand verschiedener Wahrheitsprädikate unterscheiden lassen, und ob sich entsprechend die Realität in gleichermaßen, aber auf verschiedene Weise „reale" Bereiche differenzieren lässt. Da der undogmatische Naturalist auf die Einheit der Natur verpflichtet ist, und da er ferner den physikalischen Diskurs auf jeden Fall einbeziehen muss – die Natur von Physik, Chemie und Biologie kann er nicht ausschließen –, ist er auch auf die Behauptung verpflichtet, dass alle Diskursbereiche die Merkmale des „cognitive command" und der „wide cosmological role" aufweisen, und dass in keinem das Wahrheitsprädikat zur „Super-

---

43 Vgl. Wright 1992, S. 92ff.
44 Vgl. Wright 1992, S. 196ff.
45 Es ergibt sich daraus auch ein weiterer Vorbehalt gegen Tetens' Vorschlag, die Einheit der Natur als inferentiell dichte Erfahrung zu explizieren: Die Dichte ist sozusagen nicht in allen Bereichen der Realität gleichermaßen stark, es gibt Bereiche, die trotz inferentieller Brücken schwächer, und solche, die stärker mit allen anderen Bereichen verknüpft sind.

Behauptbarkeit" äquivalent ist. Anhand dieser These lässt sich nun die Position des undogmatischen Naturalisten sinnvoll überprüfen.

7. Konstitutive Verhältnisse

Beiläufig habe ich schon angedeutet, dass der undogmatische Naturalist mit der Verpflichtung auf diese These vor einige schwierige Aufgaben gestellt wird: Gewiss wird Maddy für den Fall des Prinzips der doppelten Negation behaupten, dass sich der Streit darüber doch anhand der Realität entscheiden lässt – natürlich nicht direkt, durch Hinschauen, aber indirekt, durch die Konkurrenz zwischen Theorien, denen die verschiedenen Logiken und damit (nach Maddys Deutung) verschiedene Annahmen über die Struktur der Welt zugrundeliegen. Und für den Fall der Moral mag man einen harten moralischen Realismus vertreten, demzufolge es moralische Tatsachen genauso wie physikalische oder biologische Tatsachen gibt. Hier möchte ich mich auf einen anderen Fall konzentrieren, nämlich auf Konstitutionsbehauptungen (deren Verteidigung ohnehin noch aussteht, nachdem ich mich in meiner Argumentation gegen Tetens' Vorschlag auf sie berufen habe).

Konstitutionsbehauptungen haben generell die Form notwendiger Bedingungen. Dass Gründe für Handlungen konstitutiv sind, heißt: etwas ist eine Handlung nur dann, wenn sie einen Grund hat; dass Rationalität für Gründe konstitutiv ist, heißt u.a.: etwas ist nur dann ein Grund, wenn es aus Prämissen logisch folgt, usw. Konstitutionsbehauptungen zeichnen sich nun dadurch aus, dass sie durch Erfahrung nicht zu entkräften sind: Angenommen, jedes F ist konstitutiv G, und in der Erfahrung erweist sich ein vermeintliches F-Ding nicht als G, dann folgt aus der Konstitutionsbehauptung, dass dieses Ding nicht F ist, so sehr es auch als F erscheinen mag.

Konstitutionsbehauptungen sind also in gewisser Weise gegen Erfahrung immun. Das heißt u.a.:

- sie unterliegen nicht dem „cognitive command" (würden sie durch sinnliche Erfahrung zustande kommen, dann könnten sie auch durch sinnliche Erfahrung korrigiert werden);
- es ist nicht vorstellbar, dass die Wahrheit einer bestimmten Konstitutionsaussage aus einem prinzipiellen Grund für uns unentdeckbar ist, so dass umgekehrt immer eine Situation vorstellbar ist, in der wir definitiv über die Wahrheit einer Konstitutionsaussage entscheiden können – anders gesagt, für Konstitutionsaussagen fällt die Wahrheit mit der Super-Behauptbarkeit zusammen. (Dieses zweite Merkmal impliziert nicht, dass wir uns über die Wahrheit einer Konstitutionsaussage nicht irren könnten.)

Wenn es verständliche und wahre Konstitutionsaussagen gibt, dann beschreiben sie also einen Bereich der Realität, der sich anhand der Wrightschen Kriterien von demjenigen des naturwissenschaftlichen Diskurses abgrenzen lässt, und die vom undogmatischen Naturalisten unterstellte Einheit der Realität ist nicht zu halten.

Außerdem steht demjenigen, der die Autonomie des lebensweltlichen Wissens verteidigen möchte, dann eine recht einfache Argumentationsstrategie zur Verfügung: Angenommen, für einen bestimmten Gegenstandsbereich gelten Konstitutionsaussagen (und unterstellt sei ferner, dass diese Konstitutionsaussagen Bestandteil des lebensweltlichen Wissens sind). Dann gibt es für den Naturalisten – gleich ob dogmatisch oder undogmatisch – nur zwei Möglichkeiten: entweder, er wahrt in seiner Neubeschreibung des Gegenstandsbereichs diese Konstitutionsaussagen. Dann wird die Naturalisierung nicht zu einer Revision des lebensweltlichen Wissens führen. Oder er wahrt die Konstitutionsaussagen nicht. Dann handelt die naturalistische Beschreibung aber von einem anderen Gegenstandsbereich, bzw. dem Naturalisten geht der betreffende Gegenstandsbereich verloren. Im ersten Fall wird die Naturalisierung von vornherein zu einer trivialen Angelegenheit, deren Ergebnis schon feststeht (es ist sogar mit der Geltung von Konstitutionsaussagen vereinbar, dass neue empirische Erkenntnisse über nicht-konstitutive Eigenschaften der betroffenen Dinge hinzukommen); im zweiten Fall wird sie zu einer irrelevanten Angelegenheit – der Naturalist, der meint nachweisen zu können, dass Handlungen keine Gründe haben, spricht nicht über Handlungen, wenn Gründe für Handlungen konstitutiv sind.

Konstitutionsaussagen sind also in mehreren Hinsichten für denjenigen, der das lebensweltliche Wissen auch gegen den undogmatischen Naturalismus verteidigen möchte, von großem Interesse. Es ist daher angemessen, ausführlicher auf die Frage einzugehen, ob es tatsächlich wahre und verständliche Konstitutionsaussagen – und insbesondere wahre und verständliche Konstitutionsaussagen über mentale Phänomene – gibt.

Zunächst sind drei verschiedene Typen von Konstitutionsaussagen zu unterscheiden, die jeweils in verschiedener Weise falsch und über die wir in verschiedener Weise im Irrtum sein können:

(i)   F-Dinge haben konstitutive Eigenschaften vom Typ X.

(ii)   F-Dinge haben die konstitutiven Eigenschaften $G_1, \ldots, G_n$.

(iii)   Es gibt F-Dinge mit konstitutiven Eigenschaften vom Typ X / mit den konstitutiven Eigenschaften $G_1, \ldots, G_n$.

Typ (i) ist von (ii) und (iii) unabhängig; (iii) ist in der Regel eine empirische Aussage, (ii) kann insofern eine empirische Aussage sein, als Erfahrung nötig sein kann, um herauszufinden, welche konstitutiven Eigenschaften etwas tatsächlich hat. Nur (i) kann keine empirische Aussage sein. Das heißt allerdings nicht, dass Typ (i)-Aussagen irrtumsimmun sind; beispielsweise könnte man der Ansicht sein, dass F-Dinge konstitutive Eigenschaften der Typen X und Y haben, ohne bemerkt zu haben, dass nichts zugleich eine X- und eine Y-Eigenschaft haben kann.[46]

Ein Fall, an dem sich die Unterscheidung dieser drei Typen gut illustrieren lässt und der zugleich ein erstes Beispiel dafür liefert, dass es tatsächlich verständliche Konstitutionsaussagen gibt, sind Aussagen über Stoffe bzw. natürliche Arten.

Die Aussage „a ist Wasser" scheint eine gewöhnliche Prädikation zu sein, so wie „a ist flüssig" („a" steht für eine räumlich abgegrenzte Stoffmenge). Allerdings ist aus Hilary Putnams Analyse solcher Aussagen bekannt, dass die Zugehörigkeit zu Stoffen nicht einfach eine Sache hinreichender und notwendiger Bedingungen ist, sondern immer erstens einen deiktischen Verweis auf ein Vorkommnis des Stoffes und zweitens eine Relation der Ko-

---

[46] Man könnte als Alternative zu (i) auch eine Existenzquantifikation erwägen:

$(\exists X)$(F-Dinge haben konstitutive Eigenschaften X).

Allerdings scheint mir eine solche Aussage nur sinnvoll, wenn man sie aus einer Typ (i)- oder Typ (ii)-Aussage ableitet; ich wüsste nicht, wie man darauf kommen kann, dass etwas konstitutive Eigenschaften hat, ohne zugleich eine Meinung darüber zu haben, welche (Art von) Eigenschaften dies ist bzw. sind.

Substantialität einschließt. Was als Wasser gilt, wird nicht durch eine wahre Beschreibung festgelegt (durch das „Stereotyp", in Putnams Terminologie), sondern dadurch, dass etwas *der gleiche Stoff ist wie* diejenige Stoffprobe, anhand derer die Verwendung des Wortes „Wasser" im Sinne der direkten Referenz festgelegt wurde oder wird.[47] Man kann dies als eine Typ (i)-Aussage formulieren:

(i_S)   Wenn Y ein Stoff ist, dann gibt es eine Essenz X von Y, so dass eine Probe y_1 von Y mit einer anderen Probe y_2 von Y in der Relation der Ko-Substantialität steht.

Hierbei handelt es sich um eine ontologische Konstitutionsaussage, vergleichbar derjenigen, dass Substanzen Eigenschaften haben oder dass Eigenschaften immer Eigenschaften von Substanzen sind. Davon zu unterscheiden ist aber die empirische Untersuchung, welches die Essenz von Y ist, deren Resultat eine Typ (ii)-Aussage ist:

(ii_S)   Wenn Y ein Stoff ist, dann hat Y eine essentielle molekulare Struktur, nämlich die Struktur ABC.

Jede Instantiierung von (ii_S) müssen wir offensichtlich als fallibel betrachten, da wir sowohl bezüglich der Art der Essenz wie bezüglich der konkreten Bestimmung der Essenz im Irrtum sein können, gleich wie gut bestätigt unsere Theorien über Y sind.

Die Analyse von Aussagen über Stoffe oder natürliche Arten gemäß (i_S) ist heute allgemein akzeptiert; wenn sich der undogmatische Naturalist dem anschließt, ist er dann nicht schon auf die Anerkennung von Konstitutionsaussagen verpflichtet? Das wäre voreilig, denn schließlich bleibt noch eine dritte Behauptung zu prüfen:

(iii_S) Es gibt Stoffe im Sinne von (i_S).

Hierbei handelt es sich fraglos um eine empirische Aussage, und das heißt: Es gibt einen Spielraum für eine empirische Entscheidung über die Frage, ob eine Konstitutionsaussage tatsächlich etwas in der Welt beschreibt. In genau diesem Sinne möchte Maddy den Realitätsgehalt der Logik verteidigen: Es ist eben nicht a priori klar, dass logische Prinzipien auf die Realität, oder auf alle Bereiche der Realität anwendbar sind. Stellt sich heraus, dass sie in einem bestimmten Bereich nicht anwendbar sind – laut Maddy gilt dies im Bereich der Quantenphänomene sogar für die Kategorie der Substanz –, dann wären Konstitutionsaussagen in diesem Bereich schlicht und einfach falsch. Würde man beispielsweise in leichter Zuspitzung des antiken Atomismus behaupten, dass *alle* Eigenschaften der Dinge auf Unterschiede in der Anordnung gleichförmiger Atome zurückzuführen sind, dann könnte man tatsächlich leugnen, dass es Stoffe in dem Sinne gibt, dass für Stoffe die Relation der Ko-Substantialität verschiedener Stoffproben konstitutiv ist. Die gleiche Strategie schlägt auch Detel ein, wenn er in seiner Rekonstruktion von Davidsons Theorie des Mentalen darauf verweist, dass Interpretationstheorien bezüglich einzelner Wesen auch scheitern können:[48] Es steht nicht in Frage, ob für ein Wesen mit mentalen Eigenschaften bestimmte Eigenschaften konstitutiv sind, sondern nur, ob die gesamte mentale Beschreibung auf ein bestimmtes Wesen anwendbar ist.

---

47 Für eine klare Analyse dieses verborgenen Essentialismus bei Putnam siehe Salmon 1980, Kap. 6.
48 Detel, in diesem Band S. 53.

Das heißt: Der undogmatische Naturalist trennt die Frage nach der Verständlichkeit von Konstitutionsaussagen von der Frage nach ihrer Wahrheit. Er kann Konstitutionsaussagen als wahrheitsfähige Gebilde akzeptieren; er kann akzeptieren, dass es sich nicht um empirische Aussagen handelt, sondern um „Intuitionen", deren Quelle unklar ist. Er kann sogar akzeptieren, dass sie nicht durch empirische Aussagen ersetzt werden können (logische Prinzipien können nie empirischen Status erlangen). Es genügt ihm, dass sich die Wahrheit einer Konstitutionsaussage nicht allein aus der „Intuition" ergibt. Konstitutionsaussagen sind für ihn so etwas wie *Werkzeuge* des Erkennens, die zwar selbst nicht durch die Erfahrung zu verändern sind, deren Anwendbarkeit aber eine Sache der Erfahrung bleibt.

Gibt es eine Möglichkeit, die Geltung konstitutiver Aussagen auf eine andere Grundlage zu stellen, die zugleich nicht-empirisch und hinreichend ist?

Ein weiteres vertrautes und allgemein akzeptiertes Beispiel für Konstitutionsaussagen liefern soziale Institutionen. Soziale Institutionen basieren auf Regeln, die jeder, der an ihnen teilnimmt, akzeptieren muss. Wir können also wieder eine Typ (i)-Aussage formulieren:

(i$_I$)   Wenn J eine soziale Institution ist, dann beruht J auf Regeln.

Auch wenn jede Instantiierung von (i$_I$) für eine bestimmte Institution voraussetzt, dass einige der Regeln bekannt sind (denn die Regeln legen die Identität der Institution fest), kann man sich darüber irren, welche Regeln genau gelten (die Regeln können sich z.B. als unpräzise oder gar als nicht gemeinsam befolgbar herausstellen). Von (i$_I$) ist also wieder zu unterscheiden:

(ii$_I$)   Die Institution J basiert auf den Regeln R$_1$, ..., R$_n$.

Und wiederum mag man fragen, ob (i$_I$) überhaupt anwendbar ist, so dass sich als weitere substantielle Behauptung ergibt:

(iii$_I$)   Es gibt soziale Institutionen, die auf Regeln beruhen.

Allerdings ist die Bejahung von (iii$_I$) nun nicht mehr eine Sache der Erfahrung, so wie bei (iii$_S$). Denn ob es soziale Institutionen gibt, hängt davon ab, ob wir sie vereinbaren. Vielleicht mag ein Zustand der menschlichen Spezies vorstellbar sein, in dem es keine sozialen Institutionen gibt. Aber um herauszufinden, ob es welche gibt, müssen wir keine Erfahrungen machen. Wir wissen schließlich, ob wir entsprechende Vereinbarungen getroffen haben oder nicht. Und wir können dies nur wissen, wenn wir *Teilnehmer* der betreffenden Institution sein können. Ein Beobachter kann von außen immer nur feststellen, dass das Verhalten einer Gruppe von Menschen Regularitäten aufweist, aber niemals, dass in dieser Gruppe Regeln befolgt werden. Institutionen sind also Phänomene mit konstitutiven Eigenschaften, für die es *aus der Perspektive eines Teilnehmers* nicht sinnvoll ist, die Beschreibung durch Konstitutionsaussagen bloß als ein Werkzeug zu betrachten, mit dessen Hilfe man an eine unabhängige Realität herantritt. Für die Teilnehmer an einer Institution ist die Vorstellung unsinnig, es könne sich herausstellen, dass es gar keine Institution im beschriebenen Sinne gibt.

Bieten soziale Institutionen eine geeignete Grundlage, um Konstitutionsbehauptungen für mentale Phänomene zugleich zu verstehen und als wahr zu akzeptieren?

Eine Schwierigkeit scheint dem unmittelbar entgegenzustehen: Vereinbarungen setzen voraus, dass diejenigen, für die sie gelten, bereits über einen Geist verfügen; andernfalls könnten sie keine Vereinbarungen verstehen.[49] Der Geist insgesamt kann also keine Sache der Vereinbarung sein. Nun könnte man versuchen, diese Schwierigkeit folgendermaßen zu umgehen:

Als Kinder werden wir in eine Praxis eingewöhnt, die unter anderem aus der Koordination von Empfindungen und expressiven Verhaltensweisen, aus der Befolgung von Regeln des Denkens, aus der Koordinierung von Gedanken und Handlungen und aus der wechselseitigen Zuschreibung von Gedanken und Gefühlen besteht. Von außen gesehen erscheint diese Praxis als eine Sammlung von Regularitäten. Zur Praxis gehört aber auch dazu, dass man lernt, diese Regularitäten als Regeln explizit zu machen; man ist erst dann Teilnehmer an der Praxis im vollen Sinne, wenn man nicht nur Adressat von Regularitäten ist, sondern gestaltend in die Praxis eingreifen kann. Denn sobald Regeln explizit sind, lassen sie sich jeweils einzeln in Frage stellen und überprüfen (da dieser Prozess voraussetzt, dass immer einige Regeln ungefragt akzeptiert werden, können nie alle Regeln gleichzeitig auf den Prüfstand gestellt werden). Wir können also gleichsam nachträglich unsere Praxis auf die Basis von Vereinbarungen stellen und den Regularitäten den Status von Regeln verschaffen. Nun lässt sich die konstitutive Rolle von Regeln für mentale Phänomene folgendermaßen begründen:

(a) Aus der Perspektive eines Teilnehmers an der „mentalen Praxis" handelt es sich bei dieser Praxis um eine Institution, für die Regeln konstitutiv sind.

(b) Die regelgeleitete Praxis legt fest, welche Merkmale die mentalen Phänomene haben.

(c) Also: Mentale Phänomene haben konstitutive Merkmale.

Wenn beispielsweise zur Praxis des Habens von Gedanken dazugehört, Regeln zu befolgen, die die inferentielle Einbettung des Gedankens festlegen, dann haben diese Regeln für einen Gedanken genau den gleichen Status wie Spielregeln für einen Zug in einem Spiel: es kann sich nicht herausstellen, dass der Gedanke diesen inferentiellen Regeln nicht gehorcht, so wenig sich herausstellen kann, dass der Bauer im Schachspiel quer über das ganze Spielfeld ziehen kann.

Die Schwäche dieser Argumentation ist jedoch offensichtlich: der undogmatische Naturalist muss nicht die Teilnehmerperspektive aus (a) und somit auch nicht (b) akzeptieren. Er kann zwar anerkennen, dass es eine solche regelgeleitete Praxis gibt; er kann sogar zugeben, dass man diese Praxis als eine von konstitutiven Regeln geleitete Praxis auffassen *kann*. Er wird aber bestreiten, dass man sie so auffassen *muss*. Vielmehr wird er eine tatsächlich vorliegende regelgeleitete Praxis wieder als ein Instrument betrachten und bestreiten, dass tatsächlich die Regeln über die Beschaffenheit der mentalen Phänomene bestimmen. So beispielsweise im Falle des Verstehens: Ein Interpretationist wird im Anschluss an Davidson tatsächlich der Ansicht sein, dass Merkmale der Verstehenspraxis (u.a. bestimmte Rationalitätsstandards) für Gedanken konstitutiv sind. Man kann jedoch das rationale Verstehen auch als bloßes Mittel betrachten, um das Verhalten eines Wesens in seiner sozialen und nicht-sozialen Umwelt zu systematisieren, zu prognostizieren und mit anderen Wesen zu koordinieren; und dieses Ziel lässt sich im Prinzip auch mit einem anderen Instrument erreichen, das gleichfalls geeignet ist, die mentalen Ereignisse und Zustände zu erfassen, die Wahrneh-

---

49 Das grundlegende Problem lautet: Man kann den Geist nicht insgesamt als eine implizite Regelpraxis auffassen; vgl. dazu Vogel 2001, S. 204ff.

mung und Verhalten koordinieren.[50] Hier kommt erneut die typische Haltung des undogmatischen Naturalisten zum Tragen: Selbstverständlich wird er zur Kenntnis nehmen, dass sich
das rationale Verstehen als ein Mittel zur Identifikation mentaler Ereignisse und zur Verhaltensprognose und -koordination herausgebildet hat, und er wird es für eine plausible Annahme halten, dass dieses Mittel dem Phänomen angemessen ist. Doch wird er vielleicht hinzu-
fügen, dass wir weniger rational sind, als es die Rationalitätsstandards Davidsons vorsehen
und dass wir in der wechselseitigen Verhaltensprognose durchaus auf Verallgemeinerungen
jenseits der elementaren Rationalitätsstandards zurückgreifen, die empirischer Forschung,
Prüfung und Verbesserung zugänglich sind. So wird er insgesamt die Aussicht auf eine empirische Theorie des Verstehens offenhalten, in der die Rationalitätsstandards vermutlich ihren Platz neben anderen, empirischen Prinzipien haben werden (ohne dass ihr epistemischer
Status darum dem der empirischen Prinzipien angeglichen werden müsste). Von vornherein
aber steht weder fest, dass sie das beste, noch gar, dass sie das einzige Mittel zur Systematisierung und Prognose des Verhaltens sind – und folglich sind sie für mentale Phänomene
nicht konstitutiv.[51]

Was lässt sich – um weiterhin bei diesem Beispiel zu bleiben – gegen eine solche instru-
mentalistische Auffassung des rationalen Verstehens vorbringen? Natürlich, so möchte man
einwenden, geht es im Verstehen um mehr als bloße Verhaltensprognose und -koordination.
Gegenstand des Verstehens ist nicht ein beliebiges Verhalten, es ist eben ein besonderes Verhalten – und diese Besonderheit beschreiben wir am besten als von rationalen Regeln gelei-
tetes Verhalten. Es gibt also in der Tat eine intrinsische Verbindung zwischen der Praxis des
rationalen Verstehens und ihrem Gegenstand. Der undogmatische Naturalist muss jedoch gar
nicht bestreiten, dass es eine solche Verbindung gibt – sie gibt es nämlich genau deshalb,
weil das rationale Verstehen faktisch ein geeignetes Mittel zum Erfassen dieses Verhalten
ist; dass dies aber der Fall ist, steht nicht a priori fest. Und dieser letzten Einschränkung
scheint man nur entgegenhalten zu können, dass das Verstehen eben konstitutiv für seinen
Gegenstand ist. Damit dreht sich die Diskussion im Kreis, denn genau diese, über den Werk-
zeugstatus hinausgehende Konstitutivität wird der undogmatische Naturalist als unverständlich ablehnen, während sein Gegner, für den Geist und Rationalität durch eine konstitutive
Beziehung verbunden sind, darauf beharren wird, dass man gar nicht verstehen kann, was
Geist überhaupt ist, wenn man nicht akzeptiert, dass Rationalität für ihn konstitutiv ist.

Kann man dieser fruchtlosen Konfrontation von Standpunkten entkommen? Eine Lösung
zeichnet sich, so glaube ich, ab, sobald man genauer untersucht, inwiefern das rationale Ver-

---

50 Dass der undogmatische Naturalist diesen Schritt nicht akzeptiert, zeigt sich auch in Detels Definition des
Verstehens (vgl. Detel, in diesem Band S. 21): Wenn Verstehen heißt, mentale Zustände zu erfassen, dann
müssen mentale Zustände unabhängig vom Verstehen bestimmbar sein; andernfalls wäre die Definition zir-
kulär. Für Detel ist Repräsentationalität das wesentliche Merkmal des Geistes. Aus Davidsons Perspektive
jedoch ist der semantische Zentralbegriff, nämlich die Wahrheit, in einer Theorie des Verstehens für eine bestimmte Sprache zu Hause. Für Davidson ist also Repräsentationalität wesentlich an das Verstehen gekop-
pelt.
51 Eine ähnliche Haltung dürfte im Falle vom Empfindungen möglich sein: Wenn jeweils ein Komplex aus
Verhaltensweisen, sensorischen Zuständen, Bewertungen und bewussten phänomenalen Erlebnissen konstitutiv für die Identität von Empfindungen ist, dann ist es zwar undenkbar, dass der undogmatische Realist diesen Komplex als ein bloßes Instrument zur Klassifizierung unseres Erlebens auffasst; mit dem Instrument
würde hier tatsächlich der Gegenstand verschwinden. Aber er kann immerhin diese Praxis der Klassifizierung insgesamt als ein Werkzeug zur Orientierung in der Umwelt betrachten.

stehen das „geeignete" Mittel zum Erfassen eines rationalen Verhaltens ist: Es ist dies nämlich deshalb, weil wir unabhängig von der Praxis des Verstehens gar nicht sagen könnten,
was ein rationales Verhalten wäre. Was rational ist, lässt sich nur aus der Perspektive eines
Teilnehmers an der Praxis des rationalen Verstehens erfassen.

Rational zu sein heißt, in der allgemeinsten Fassung des Begriffs, Rechenschaft über seine Überzeugungen und Handlungen ablegen zu können, bzw. Begründungen für die Überzeugungen und Handlungen geben zu können. Nach der bisherigen Redeweise von Regeln
oder Standards der Rationalität könnte man den Eindruck haben, was es heißt, Begründungen zu geben, ließe sich als das Befolgen einer bestimmten Menge von Regeln explizieren.
Das jedoch ist immer nur partiell möglich; eine vollständige, nicht-zirkuläre Antwort auf die
Frage, unter welchen Bedingungen etwas begründet ist, ist nicht möglich. Es gibt keine hinreichenden und notwendigen Kriterien für Rationalität; der Rationalitätsbegriff enthält immer eine gleichsam deiktische Komponente. Jemandem rationales Denken und Handeln zuzuschreiben heißt immer auch, sein Denken und Handeln mit einem anderen, vertrauten und
als rational vorausgesetzten Denken und Handeln gleichzusetzen.

Ich möchte diese Behauptungen nun anhand zweier Aspekte der Rationalität belegen, die
an verschiedenen Enden des Komplexitätsspektrums der Rationalität angesiedelt sind.

(1) Das Begründungsgebot gilt durchgehend, und somit auch für eine basale Regel wie den
modus ponens. Wie soll man aber die Gültigkeit des modus ponens begründen? Paul Boghossian hat gezeigt, dass jeder Begründungsversuch an einem fatalen Zirkularitätsproblem
scheitert: Denn die Begründung wird selbst den modus ponens verwenden müssen. Dies gilt
auch für Ableitungen der Gültigkeit aus Wahrheitstafeln und für empirische Rechtfertigungen, wie sie Maddy und vor ihr Quine anvisiert haben (denn selbst dann muss aus der Übereinstimmung der Konsequenzen einer Theorie mit den Beobachtungen auf die Gültigkeit der
Theorie geschlossen werden). Sogar wenn man auf eine Rechtfertigung verzichtet und von
der simplen Akzeptanz des modus ponens als allgemeiner Regel ausgeht, benötigt man ihn,
um von der Akzeptanz der allgemeinen Regel auf die Akzeptanz einer Instantiierung schließen zu können.[52]

Wir sind also gezwungen, den modus ponens in gewisser Weise „blind" zu akzeptieren.
Können wir dies dennoch in einer Weise tun, die uns nicht den Vorwurf der Arationalität und
Willkür einhandelt? Ein Ausweg böte sich an, wenn das Argumentationsschema konstitutiv
für die Bedeutung der darin involvierten Begriffe wäre, wenn also der modus ponens konstitutiv für den Begriff des Konditionals wäre. Dann hätten wir nämlich gar keine Möglichkeit,
den modus ponens zu *verstehen*, ohne ihn schon vorauszusetzen, und wären in gewisser
Weise von der Rechtfertigungspflicht entbunden.[53]

Dieser Ausweg scheint jedoch vorauszusetzen, dass das Argumentationsschema gültig
ist. Und diese Voraussetzung ist nicht trivial, denn es lassen sich leicht Beispiele für Begriffe
konstruieren, für deren Bedeutung bestimmte Argumentationsschemata (meistens eine Regel
zur inferentiellen Einführung und eine zur inferentiellen Elimination des Begriffs) konstitutiv sind, die aber offensichtlich inakzeptabel sind. Grob gesagt, kann man zwei Fälle unterscheiden:

---

52 Vgl. Boghossian 1990, S. 229-238.
53 Vgl. Boghossian 1990, S. 249 und 2003, S. 239f.

a) Schemata, die ungültig sind. Das Standardbeispiel ist der von Prior eingeführte Begriff „tonk". Ihn zu verstehen heißt folgende Einführungs- und Eliminationsregeln zu akzeptieren:

$$p \rightarrow p \text{ tonk } q; \; p \text{ tonk } q \rightarrow q.$$

„tonk" würde also den Schluss von einer Aussage „p" auf eine beliebige andere Aussage „q" erlauben; das ist aber intuitiv absurd.[54] Begriffe, für die derart ungültige Argumentationsschemata konstitutiv sind, sind inkohärent.

b) Schemata, die zwar gültig sind, aber nur aufgrund der Beschaffenheit der Welt. Ein Beispiel: Man führt einen Begriff „aqua" ein, dessen Verwendung durch folgende Schemata geregelt ist:

$$\text{Wasser} \rightarrow \text{aqua}; \; \text{aqua} \rightarrow H_2O.$$

Der Schluss ist gültig, die Verwendung von „aqua" ist also nicht inkohärent. Trotzdem bereitet ein Begriff wie „aqua" Unbehagen, denn ihn zu verstehen setzt offenbar eine bestimmte Beschaffenheit der Welt voraus (nämlich dass Wasser tatsächlich H_2O ist). Begriffe, deren Bedeutung inferentiell festgelegt ist, sind dagegen nur dann einwandfrei, wenn man die faktischen Voraussetzungen für ihre Anwendungen als Bedingung ausklammern kann. Ein Beispiel (das nicht von Boghossian stammt) mag dies illustrieren.

Angenommen, man wollte einen Begriff der Verschiedenheit („V") in die Sprache einführen, der impliziert, dass verschiedene Dinge verschiedene nichtrelationale Eigenschaften aufweisen. Für einen solchen Begriff wären folgende Regeln konstitutiv:

(V) $a \neq b \rightarrow V(a,b); \; V(a,b) \rightarrow (\exists F)(\exists G) \, (Fa \; \& \; \neg \, Fb \; \& \; \neg Ga \; \& \; Gb),$

d.h. aus $a \neq b$ kann man darauf schließen, dass es verschiedene nichtrelationale Eigenschaften gibt, die jeweils vom einen, aber nicht vom anderen der Einzeldinge a und b instantiiert werden. Dieses Schema ist gültig – aber nur unter der Voraussetzung des metaphysischen Prinzips, dass sich verschiedene Dinge immer durch nichtrelationale Eigenschaften unterscheiden. Hier ist es nun leicht, die konstitutiven Argumentationsregeln von „V" folgendermaßen unter eine Bedingung zu stellen:

(BV) $(\forall x)(\forall y)(x \neq y \rightarrow ((\exists F)(Fx \; \& \; \neg \, Fy) \; \& \; (\exists G)(Gy \; \& \; \neg Gx)) \rightarrow [a \neq b \rightarrow V(a,b);$
           $V(a,b) \rightarrow (\exists F)(\exists G) \, (Fa \; \& \; \neg \, Fb \; \& \; \neg Ga \; \& \; Gb)]$

Erst wenn das Antezedens von (BV) wahr ist, ist (V) ein gültiges Schema und „V" ein Begriff, der sich in einer Weise anwenden lässt, die nicht von wahren zu falschen Aussagen führt.

Nun gibt es aber mindestens einen Begriff, dessen Anwendungsbedingungen sich nicht einmal formulieren lassen, ohne ihn schon anzuwenden – nämlich das Konditional. Denn zu seinen konstitutiven Regeln gehört der modus ponens, der modus ponens wird aber benötigt, um vom Äquivalent zu (BV) für das Konditional auf die Anwendbarkeit des Konditionals zu schließen. In diesem Fall gilt nun laut Boghossian: Wenn ein Argumentationsschema wie der modus ponens bereits in den Anwendungsbedingungen des Begriffs auftritt, dann ist es in jedem Fall legitim, dieses Argumentationsschema zu befolgen.[55]

---

54 Vgl. Boghossian 2003, S. 241.
55 Vgl. Boghossian 2003, S. 248.

Es ergibt sich somit folgendes:

a) Wir können zwar den modus ponens nicht zirkelfrei begründen, aber wir können zeigen, dass wir ihn zu Recht verwenden; am modus ponens scheitert das Begründungsgebot nicht, und wir müssen (jedenfalls an diesem Punkt) nicht fürchten, dass sich der Rationalitätsbegriff gar nicht sinnvoll erläutern lässt.

b) Die „Konditionalisierung" von Begriffen nach dem Muster von (BV) entspricht der Werkzeugmetapher des undogmatischen Naturalisten: Begriffe lassen sich leicht bilden – sie sind „billig zu haben", wie Boghossian schreibt –, aber damit ist meistens noch nicht über ihre Anwendbarkeit entschieden. Doch das gilt nicht für alle Begriffe: Manche Begriffe, die wir verwenden, lassen sich nicht sinnvoll als bloßes Werkzeug verstehen, auf das wir gegebenenfalls auch verzichten können.

c) Wie verstehen wir, dass jemand den modus ponens befolgt? Wir können nicht erst feststellen, ob er das Konditional versteht, und dann prüfen, ob seine Überzeugungen tatsächlich dem modus ponens gemäß organisiert sind; genauso wenig können wir umgekehrt vorgehen. Wir haben keine vom modus ponens unabhängigen Kriterien dafür, wann der modus ponens vorliegt; wir können auch nicht bezüglich unserer eigenen Sprache in irgendeiner informativen Weise angeben, wann der modus ponens vorliegt. Wir können also eine Konditionalaussage nur identifizieren, indem wir sie in eine eigene Konditionalaussage übersetzen und unterstellen, dass es sich beide Male um die gleiche Struktur handelt. Und das heißt: Wir können – in diesem basalen Fall – jemanden nur dann als rational verstehen, indem wir die Struktur seiner Überzeugungen der Struktur unserer Überzeugungen assimilieren. Hätten wir keine eigenen Überzeugungen, die wir als Konditionalaussagen auffassen würden und die wir in den modus ponens einbetten, dann könnten wir (in diesem Punkt) niemanden als rational verstehen. Nur als Teilnehmer an der Praxis der Verwendung des modus ponens können wir also verstehen, dass jemand den modus ponens befolgt.

(2) Das Begründungsgebot steht bekanntlich vor einem Regressproblem: Irgendwann gehen die Gründe aus, und man muss unbegründete Überzeugungen als Gründe akzeptieren. Zwar folgt daraus nicht, dass es ein insgesamt unbegründetes Fundament geben muss, denn jede einzelne Überzeugung kann auf den Prüfstand gestellt werden, sofern andere Überzeugungen als Prämissen vorübergehend fixiert werden. Es folgt daraus aber, dass die Bedingungen dafür, dass eine bestimmte Menge von Überzeugungen rational ist, niemals vollständig expliziert werden können. Wir können von einer Person niemals eine durchgehende Begründung all ihrer Überzeugungen verlangen; wir können von ihr nur verlangen, dass sie genau in dem Sinne und Maße rational ist, wie wir selbst es sind. Dieser Punkt steht, so glaube ich, hinter der gelegentlich von Davidson gebrauchten Analogie zwischen der Interpretation und dem Messen von Längen, die nicht nur den ontologischen Status von Zahlen und Überzeugungen betrifft, sondern auch den Umstand, dass Messen immer Vergleichen heißt:

> The entire theory [= Theorie der Interpretation] is built on the norms of rationality; it is these norms that suggested the theory and give it the structure it has. But this much is built into the formal, axiomatizable, parts of decision theory and truth theory, and they are as precise and clear as any formal theory of physics. However, norms or considerations of rationality also enter with the application of the theory to actual agents, at the stage where an interpreter assigns his own sentences to capture the

contents of another's thoughts and utterances. The process necessarily in-
volves deciding which pattern of assignments makes the other intelligible
(not *intelligent*, of course!), and this is a matter of using one's own standards of rationality to calibrate the thoughts of the other. (Davidson 1995,
S. 130)

Indem der Interpret das System seiner eigenen Überzeugungen als Maßstab der rationalen
Interpretation des anderen verwendet, macht er es nicht zum unhintergehbaren Maßstab der
Rationalität, denn der Interpret muss sich in der Verständigung mit anderen selbst an den
Maßstäben anderer messen lassen, und – wie erwähnt – kein Teil des Überzeugungssystems
ist von rationalen Revisionen ausgenommen. Aber es folgt, dass man nur als Teilnehmer an
der Praxis des rationalen Verstehens anderen Rationalität zuschreiben kann.

Zum gleichen Resultat führt auch die Berücksichtigung des Holismus des Mentalen und
der Unabgeschlossenheit der Belegbasis. Angenommen, es wäre – nach unserem Maßstab –
für eine Person S rational zu glauben, dass nicht-p; aber es scheint, als sage S, dass p. Was
tun? Es gibt zu viele Stellschrauben, als dass wir definitiv entscheiden könnten, S sei irrational. Wir müssen unterstellen, dass S' Äußerung „p" tatsächlich bedeutet, dass p; wir müssen
unterstellen, dass S tatsächlich sagen wollte, dass p; wir müssen unterstellen, dass S' übrige
Überzeugungen nicht anstelle von p die Negation von p implizieren usw. Die Liste lässt sich
beliebig erweitern, und selbst ein vollständiges Protokoll aller Äußerungen und Handlungen
von S bis zum Zeitpunkt der Äußerung „p" würde nicht ausreichen, denn solange S lebt,
kann sie weitere für die Interpretation dieser Äußerung relevante Anhaltspunkte liefern. Die
Zuschreibung von Irrationalität ist also nichts, was sich nach einer endlichen Liste von Kriterien entscheiden ließe, sondern eher eine Sache des Scheiterns von Interpretationsanstren-
gungen (und auch hierfür gibt es wiederum keine strikte Grenze). Auch dann folgt: Nur
durch die Angleichung an unser eigenes, als rational unterstelltes Netz von Überzeugungen
können wir Rationalität zuschreiben.[56]

Beide Argumente laufen also auf den gleichen Punkt hinaus: Rationalität ist eine Eigenschaft, die sich nur aus der Praxis des Verstehens heraus zuschreiben lässt. Die Praxis ist somit in der Tat konstitutiv für das Verstehen. Sie ist nicht nur ein Werkzeug, das sich höchstens aus dem kontingenten Grund nicht durch ein anderes Werkzeug ersetzen lässt, weil wir
zufälligerweise kein anderes Mittel haben, um besondere, vermeintlich für Rationalität charakteristische Muster oder Strukturen zu entdecken; vielmehr geht hier mit dem Verzicht auf
das Werkzeug tatsächlich das Phänomen verloren.[57]

---

[56] Ich möchte mir nicht anmaßen, damit einen Gedanken von Davidsons Begründung für den Anomalismus
des Mentalen wiedergegeben zu haben, aber einige Bemerkungen in seinem Aufsatz „Mentale Ereignisse"
scheinen mir in genau diese Richtung zu zielen, beispielsweise:
„Überzeugungen und Wünsche münden nur insofern in Verhaltensweisen, als sie durch weitere Überzeugungen und Wünsche, Einstellungen und Beobachtungen modifiziert und vermittelt werden, ohne dass sich hier
eine Grenze ziehen ließe." (Davidson 1970, S. 305), und:
„Der springende Punkt ist vielmehr, dass wir uns, sobald wir die Begriffe der Überzeugung, des Wunsches
und die übrigen verwenden, darauf gefasst machen müssen, unsere Theorie mit der Zunahme des Belegmaterials und im Hinblick auf Überlegungen bezüglich der umfassenden Triftigkeit anpassend umzugestalten:
Jede Phase der Evolution einer sich unweigerlich entwickelnden Theorie wird zum Teil durch das konstitutive Ideal der Rationalität gesteuert." (Davidson 1970, S. 313).
[57] Natürlich habe ich in meinem Argument nicht ein konstitutives Faktum als Konklusion aus empirischen
Prämissen hervorgezaubert; das Argument arbeitet selbst mit konstitutiven Aussagen als Prämissen. Dies gilt

Genau das genügt aber als Einwand gegen den undogmatischen Naturalismus: Erstens lässt sich für einen Kernbereich des Mentalen verständlich machen, dass er konstitutiven Bedingungen unterliegt, und zwar in einer Weise, die keinen Spielraum mehr für eine zusätzliche empirische Entscheidung darüber lässt, ob die Konstitutionsaussagen – im Sinne der Typ (iii)-Konstitutionsaussagen – für einen Gegenstandsbereich wahr sind oder nicht. Gewiss, der undogmatische Naturalist könnte bestreiten, dass die Zuschreibungen von rationalen Gedanken und Handlungen in Interpretationen überhaupt je zu wahren Aussagen führen. Aber dann würde seine Position mit derjenigen radikaler Eliminativisten zusammenfallen. Respektiert der undogmatische Naturalist dagegen die Praxis des Verstehens, dann muss er auch respektieren, dass sie konstitutive Eigenschaften hat. Und damit kann er nicht länger in gehaltvoller Weise von der Einheit der Realität sprechen. Denn diese Einheit heißt, dass alle Aussagen im gleichen Sinne wahr sind. Konstitutive Aussagen und empirische Aussagen sind aber nicht im gleichen Sinne wahr, da sie die Wrightschen Kriterien der Super-Behauptbarkeit, des „cognitive command" und der „wide cosmological role" in unterschiedlicher Weise erfüllen.

8. Die Motivation des Naturalismus: Der Wille zum Wissen

In der Einleitung zu ihrem Aufsatzband *Naturalismus* kommen Geert Keil und Herbert Schnädelbach nach einer langen und kritischen Auseinandersetzung mit einigen dogmatischen Varianten des Naturalismus auf eine Position zu sprechen, die sie „Kontinuitätsthese" nennen. Sie besagt nicht mehr, als dass die Wissenschaft „die kontinuierliche Verlängerung des common sense und zugleich [...] dessen bessere Hälfte" sei, und zu ihr gehöre ein „inklusiver Wissenschaftsbegriff", der „nichts außer dem Irrationalismus ausgrenzt".[58] Diese Position (der Keil und Schnädelbach positiv gegenüberstehen) ist offensichtlich dem undogmatischen Naturalismus verwandt. Doch, so wie Keil und Schnädelbach sie verstehen, unterscheidet sie sich vom undogmatischen Naturalismus in zwei wesentlichen Hinsichten.

Erstens ist sie ausdrücklich damit vereinbar, dass die Philosophie weiterhin ihr Geschäft der Begriffsanalyse betreibt und diese Aufgabe nicht an die Naturwissenschaften abtritt. Die Philosophie ist vielmehr selbst ein wissenschaftliches Unternehmen. Wenn meine Bemühungen um die Verteidigung von Konstitutionsaussagen im vorhergehenden Abschnitt plausibel sind, dann ist diesem Beharren auf genuin philosophischen Fragestellungen beizupflichten.

---

insbesondere für die Startannahme, dass Rationalität darin besteht, dass Überzeugungen und Handlungen begründet sind. Der undogmatische Naturalist kann im Prinzip hier ansetzen und diesen Rationalitätsbegriff anfechten; ich wüsste allerdings nicht, wie man den Rationalitätsbegriff ohne dieses Merkmal explizieren könnte (man kann selbstverständlich einwenden, dass Rationalität sich darin nicht erschöpft, aber das tut hier nichts zur Sache, für die Argumentation genügen notwendige Bedingungen der Rationalität). So wie ich die Position des undogmatischen Naturalisten konstruiert habe, darf er aber ohnehin zugeben, dass wir konstitutive Aussagen verwenden – dieses Zugeständnis empfiehlt sich, weil es einfach klare Beispiele für verständliche Konstitutionsaussagen gibt. Der undogmatische Naturalist zieht sich vielmehr darauf zurück, dass man diese Aussagen als Werkzeuge auffassen kann, und es nicht entschieden ist, ob sie auf irgendetwas tatsächlich zutreffen. Die beiden Argumente zielen darauf, dass im Falle der Rationalität zumindest für einige ihrer Aspekte diese Differenz verschwindet.

58 Keil, Schnädelbach 2000, S. 39f.

Die Philosophie wird, so gesehen, zu einer Art von Wissenschaft[59] des lebensweltlichen Wissens, oder besser, zu einem Unternehmen der beständigen Analyse und Klärung des lebensweltlichen Wissens. Allerdings heißt das nicht, dass sie einen von vornherein abgrenzbaren Gegenstandsbereich hätte. Zum einen ist in vielen Fällen nicht auszuschließen, dass Konstitutionsaussagen sich (im Sinne von Typ (iii)-Aussagen) als leer erweisen. Zum anderen sollte die Philosophie in der Erforschung des lebensweltlichen Wissens in einem Kontinuum mit den anderen Kulturwissenschaften stehen (genauso wie diese in einem Kontinuum mit der Philosophie).

Behielte dagegen der undogmatische Naturalismus recht, dann sind die Konsequenzen für die Philosophie durchaus gravierend. Maddy zählt insgesamt drei Aufgaben auf, die für die Philosophie noch zu tun bleiben, nämlich:

– Fragen zu behandeln, die nicht in eine einzige Disziplin passen, wie z.B. die Verlässlichkeit der Wahrnehmung. Allerdings kann die Philosophie hier tatsächlich keinen großen Beitrag leisten, denn sie betreibt keine empirische Forschung und kann daher bestenfalls mit Spekulationen und Vermutungen aushelfen, wo es an empirischer Evidenz fehlt.

– der wissenschaftlichen Forschung Ideen und Anregungen liefern. Damit unterscheidet sich ihre Funktion jedoch nicht wesentlich von derjenigen der Träume des Herrn Kekulé, der einem Traum bekanntlich die entscheidende Idee zur Analyse der Struktur des Benzolrings verdankte.

– philosophische Selbsttherapie zu betreiben, indem sie sich selbst von unangemessenen Erkenntnisansprüchen befreit und auch andere vor ebensolchen warnt.[60]

Natürlich ist eine solche magere Liste von Aufgaben selbst kein Einwand gegen den undogmatischen Naturalismus, und vielleicht haben diese Aufgaben auch eine größere Relevanz als es meine Beschreibungen suggerieren. Wie dem auch sei, Tetens hat ohne Zweifel recht, wenn er den Naturalismus als eine „metaphilosophische These" bezeichnet, in der „philosophischer Zündstoff" stecke[61] – nur dass dieser Zündstoff ausreichen könnte, die Philosophie insgesamt in die Luft zu sprengen.

Die zweite und wichtigere Hinsicht, in der sich Keils und Schnädelbachs Verständnis einer Kontinuität von Wissenschaft und lebensweltlichem Wissen vom undogmatischen Naturalismus unterscheidet, ist ihre Begründung für diese Kontinuität: Denn, so sagen sie, es sei schlicht und einfach *vernünftig*, sich auf wissenschaftliches Wissen zu verlassen. Die vernünftige Entscheidung für die Wissenschaft geht also der Wissenschaft immer vorher und ist von ihr nicht einzuholen.

Damit ist mehr gemeint als der besondere, konstitutive Status von Rationalitätsannahmen, der nicht nur für das Verstehen, sondern auch für die Wissenschaft gilt. „Vernünftig" ist hier *auch* ein Wertbegriff. Dass es vernünftig ist, Wissenschaft zu betreiben, ist eine Antwort auf die Frage, *warum* wir Wissenschaft betreiben. Ich möchte zum Abschluss diesen Punkt aufgreifen – er führt zurück zum Eingangsmotiv der Aufklärung –, denn ich glaube,

---

59 „zu einer Art von Wissenschaft", weil die Philosophie vermutlich nie den Status einer Kuhnschen „Normalwissenschaft" erlangen kann, da sie niemals von einem als gewiss angenommenen Fundament aus Spezialfragen untersuchen kann, sondern die philosophische Reflexion immer auch ihre eigenen Grundlagen einbeziehen muss.

60 Vgl. Maddy 2007, S. 115ff.

61 Tetens 2000, S. 288.

dass hier ein weiteres erhebliches Defizit jeder Variante des Naturalismus, die undogmatische eingeschlossen, liegt.

Es geht also um die Frage, warum wir überhaupt erkennen wollen, bzw. warum das Erkennen gut ist. Bloß weil es sich hierbei um eine Frage nach Normen handelt, liegt sie natürlich nicht außerhalb der Reichweite des undogmatischen Naturalisten. Er kann nämlich auf natürliche Präferenzen und die ihnen zugrundeliegenden Triebe verweisen. So ist z.B. die Neugier ein Trieb; das Erkennen mag man als Befriedigung und Entfaltung dieser Neugier auffassen; so erklärt sich, warum wir das Erkennen für gut halten. Der Neugier – oder emphatischer (und mit einer Anleihe bei Nietzsche) dem „Willen zum Wissen" – lässt sich außerdem plausiblerweise eine Funktion im biologisch-evolutionären Sinn zuweisen, denn die Erkundung der Umwelt mit dem Ziel einer möglichst verlässlichen Erkenntnis war und ist ohne Zweifel überlebensfördernd. Auch so erklärt sich, warum wir erkennen wollen.

Das Erkennen kann allerdings mit anderen Präferenzen in Konflikt geraten. Dass es heilsame und nützliche Illusionen gibt, ist bekannt. In solchen Fällen haben wir aus naturalistischer Sicht eine Art von Triebkonflikt vor uns (denn auch jene Illusionen sind gut, weil sie irgendein Bedürfnis, z.B. das nach Sicherheit, befriedigen). Es ist dann eine Sache der natürlichen Justierung, hier ein Gleichgewicht zu finden. Ein gutes Beispiel liefert der Konflikt zwischen wissenschaftlichem und religiösem Weltbild. Gerade als Naturalist muss man die Religiosität als Faktum anerkennen, und man muss auch akzeptieren, dass Religiosität offenbar nur funktioniert, wenn man religiöse Überzeugungen zumindest im minimalen Sinne für wahr hält (fasst man sie als expressive Überzeugungen auf, büßen sie ihre Wirksamkeit ein – der Glaube an eine unsterbliche Seele vermag nur dann die Angst vor der eigenen Vernichtung zu nehmen, wenn man tatsächlich glaubt, nach dem Tod in irgendeiner Form weiterzuexistieren). Zudem lässt sich nicht leugnen, dass die Religion zu den erfolgreichsten kulturellen Phänomenen gehört, trotz aller negativen Konsequenzen, die religiöse Überzeugungen auch nach sich gezogen haben. Der natürliche „Wille zum Wissen" scheint hier also an eine Grenze in Gestalt eines ebenso natürlichen „Willens zur Illusion" zu kommen – aus einer naturalistischen Perspektive sind beide gleichermaßen funktional, und insofern gleichermaßen gut. Das stellt den naturalistischen Aufklärer aber vor die schlichte Frage: Warum dem „Willen zum Wissen" den unbedingten Vorrang geben, warum an einem Projekt arbeiten, das auf ein „grundlegend neues Verständnis" unserer selbst zielt und dabei erfolgreiche Illusionen zerstören muss?

Ich vermag nicht zu sehen, auf welcher Grundlage der Naturalist hier eine Antwort geben könnte. Ihm bleibt nur, einen Konflikt zu konstatieren und es einer „kulturellen Evolution" zu überlassen, ob die Neugier oder die von der Religion befriedigten Bedürfnisse siegen (oder ob die Menschen weiterhin mit einem fortwährenden Konflikt leben, der nicht rational – d.h. durch eine begründete Antwort auf die Frage, was gut ist – geschlichtet werden kann, sondern in Ethikkommissionen und anderswo als Machtkampf ausgetragen wird).

Erhellend ist in diesem Zusammenhang ein Blick auf Thomas Metzingers Plädoyer für eine „normative Neuroanthropologie". Denn an ihm zeigt sich nicht nur, wie leicht man – sobald man sich den geeigneten Fragen stellt – die Grenzen einer naturalistischen Position überschreitet, es zeigt sich auch eine strukturelle Parallele zwischen der speziellen Frage, warum wir erkennen wollen, und der allgemeinen Frage danach, was überhaupt gut ist. Metzinger argumentiert folgendermaßen:

a) Wenn wir über genaue Korrelationen zwischen mentalen Ereignissen und Zuständen einerseits und neuronalen Ereignissen und Zuständen andererseits verfügen, dann können wir „in nie dagewesener Weise" technologisch in das mentale Leben und Erleben eingreifen.

b) Wir stehen also vor der Entscheidung, welche mentalen Zustände und Ereignisse wir haben möchten.

c) Wir brauchen also eine „Ethik des Bewusstseins", d.h. allgemeine Prinzipien darüber, welche mentalen Ereignisse und Zustände gut sind.[62]

Metzinger sagt nichts darüber, wie wir solche Prinzipien finden – wenn er aber (an gleicher Stelle) darauf hinweist, dass es sich um die Fortführung des alten Projekts einer „cultura animi" handelt, dann scheint auch er davon überzeugt zu sein, dass es sich um eine genuin philosophische Aufgabe handelt. Und das überrascht auch nicht, denn die gesamte Argumentation beruht auf der Voraussetzung, dass die Antwort auf die Frage, was gut ist, im Rahmen einer naturalistischen Theorie eben nicht vorentschieden wird. In der Tat ist es nicht nur offensichtlich, dass die einschlägigen Theorien keine Antwort liefern, uns also die von Metzinger geforderte Entscheidung nicht abnehmen. Sie *können* auch keine Antwort liefern, weil wir bei allem sinnvollerweise fragen können, ob es gut ist – einschließlich so fundamentaler natürlicher „Güter" wie der Fortpflanzung und des eigenen Überlebens.[63] Mit diesem Eingeständnis gibt Metzinger aber auch zu, dass ein zentraler Bereich unseres Selbstbildes durch eine erfolgreiche naturalistische Neubeschreibung unserer selbst nicht verändert wird, sondern nur die technologischen Voraussetzungen, mit denen wir in diesem Bereich hantieren.

In die *Struktur* der Frage, was gut ist, kann eine naturalistische Theorie nämlich nicht eingreifen: Es ist unvermeidlich, dass wir den Resultaten der naturwissenschaftlichen Forschung immer als Handelnde gegenüberstehen. Die Rolle des Handelnden kann durch diese Resultate aber nie eingeholt werden, weil wir als Handelnde immer in einer Entscheidungssituation sind (es ist hier gleichgültig, was solchen Entscheidungen vorausgeht; es kommt allein darauf an, dass wir uns selbst – wie Metzinger es zutreffenderweise beschreibt – in einer Entscheidungssituation *sehen*).[64] Eine empirische Theorie kann uns zwar als Faktum prä-

---

62 Vgl. Metzinger 2000, S. 8f. (Der Begriff „normative Neuroanthropologie" stammt aus Metzinger 2006.)

63 Diese Irreduzibilität des Guten wird besonders deutlich, wenn Metzinger in einem anderen Aufsatz schreibt:

„Das bedeutet, dass wir nicht nur ein enormes Handlungspotential besitzen, sondern vielleicht auch eine neue Form von Autonomie: Wir können aktiv in unser eigenes Gehirn eingreifen, neue Bewusstseinsräume erschließen, und vielleicht wird es uns sogar möglich sein, unseren Geist in eine andere Richtung zu *optimieren*, als die biologische Evolution es bis jetzt getan hat." (2006, S. 49, Hervorhebung A.B.) Das heißt doch: Die Evolution schreibt uns eben nicht vor, was gut ist.

64 Dieser Punkt steht m.E. auch hinter Janichs These, dass das „Explanandum Mensch ein lebensweltlicher Reflexionsbegriff" ist (Janich 2007, S. 902). Diese These geht darüber hinaus, dass eine naturalistische Theorie des Menschen auch eine Erklärung des Menschen als Wissenschaft betreibendes Wesen liefern muss (das ist Janichs „starkes kulturalistisches anthropisches Prinzip"); diese Forderung würde (dem Wortlaut nach) der undogmatische Naturalist sofort akzeptieren. Janichs These besagt vielmehr, dass eine Theorie der Wissenschaft immer die „Vollzugsperspektive" einbeziehen muss (l.c., S. 904), bzw. dass alle wissenschaftlichen Erkenntnisse als Resultate von zweckrationalen Handlungen aufzufassen sind. Im Rahmen meiner Argumentation entspricht dem: Die Frage, warum man Wissenschaft betreibt, kann nur beantwortet werden, wenn man die Perspektive einer rationalen Person einnimmt, die ihr Handeln durch die Beantwortung der

sentieren, was (angeblich) gut für uns ist, oder was wir normalerweise für gut halten (Erkenntnis, Überleben, Fortpflanzung usw.), aber uns steht es frei, dieses Faktum als handlungsleitende Norm zu akzeptieren oder nicht. Was uns *nicht* freisteht, ist der Schritt vom Faktum zur handlungsleitenden Norm, und damit der Übergang zu etwas, dem gegenüber wir die Haltung einer rationalen Überprüfung im Lichte anderer Wünsche oder Normen einnehmen können. Fakten gegenüber können wir eine solche Haltung nicht einnehmen. Deshalb muss eine „normative Neuroanthropologie" den Rahmen jeder Art von Neurowissenschaft sprengen.

Wie sieht es mit dem unbedingten „Willen zum Wissen" aus? Hier wird vorausgesetzt, dass Erkennen in jedem Fall gut ist; und es ist die Voraussetzung genau der Art von Aufklärung, die Naturalisten für sich in Anspruch nehmen. Nun gibt es eine strukturelle Gemeinsamkeit zwischen der Frage nach dem, was gut ist, und dem Willen zum Wissen: Beide sind nämlich von einer *prinzipiellen* Offenheit geprägt. Wir können gegenüber allem, was uns als gut präsentiert wird, fragen, ob es *wirklich* gut ist. Entsprechend können wir gegenüber allem, was uns als Erkenntnis präsentiert wird, fragen, ob sich die Dinge wirklich so verhalten. Der unbedingte Wille zum Wissen speist sich also aus der Einsicht in unsere Fallibilität, und auch diese Einsicht ist durch nichts, was uns als Faktum präsentiert wird, auszuheben. Wir können also Fakten gegenüber zwar nicht offenhalten, ob wir sie im Rahmen eines rationalen Abgleichs mit unseren übrigen Überzeugungen akzeptieren, aber wir können offenhalten, ob sie nicht bloß vermeintliche Fakten sind. Diese strukturelle Offenheit geht mit jeder empirischen Theorie einher und ist von ihr nicht einzuholen. Deshalb weist jede naturalistische Theorie, auch eine undogmatische, eine Lücke auf.

Wenn nun in beiden Fällen die prinzipielle Offenheit der Grund ist, warum weder die Antwort auf die Frage, was gut ist, noch der unbedingte Wille zum Wissen naturalistisch einzuholen sind, steht dann dem undogmatischen Naturalisten nicht eine einfache Entgegnung zur Verfügung, indem er diese Offenheit kurzerhand naturalistisch erklärt und so in eine naturalistische Perspektive integriert? Eine Erklärung für die prinzipielle Offenheit ist nämlich nicht schwer zu finden, sobald man sich an der genannten Parallele zwischen der allgemeinen Frage nach dem Guten und dem epistemologischen Spezialfall orientiert. Ein wichtiger Grund, warum wir unsere Erkenntnisse prinzipiell für fallibel halten, liegt in der Bezogenheit jeder Untersuchung und jeder Erkenntnis auf beschränkte Kontexte. Diese Kontexte geben u.a. Hintergrundannahmen und Methoden vor und steuern Wahrnehmung und Aufmerksamkeit. Wir wissen um diese Kontextbezogenheit, ohne sie darum abschaffen zu können; aber das veranlasst uns, Kontexte überschreiten zu wollen. Die Offenheit der Frage nach dem Guten dürfte sich aus einer ähnlichen Quelle speisen: Da wir handeln müssen, können wir die Frage, ob etwas wirklich gut ist, immer nur bis zu einem gewissen Punkt verfolgen und müssen uns dann auf kontextabhängige Vorgaben (z.B. in Gestalt vorgängig akzeptierter Normen) verlassen. Aber auch hier sind wir uns über die Kontextabhängigkeit im Klaren und möchten darum die Frage, was gut ist, im Prinzip offenhalten und sie nicht durch Dogmen von vornherein begrenzt wissen. Und nun könnte der undogmatische Naturalist einwenden, dass die Berufung auf eine prinzipielle Offenheit zwar in der angedeuteten Weise erklärbar ist; wenn man sich aber – wie zuvor geschehen – auf sie als unhintergehbares Fundament beruft, dass sie dann anscheinend von der Illusion getragen ist, ir-

---

Frage, wozu es gut ist, begründet.

gendwann einen kontextfreien Standpunkt einnehmen zu können. Einen solchen Standpunkt gibt es jedoch nicht; also ist auch die *prinzipielle* Offenheit eine Illusion.

Was lässt sich dem entgegenhalten?

Erstens hilft uns die Generalperspektive, die der naturalistische Einwand selbst einnimmt, nicht weiter, wenn wir uns jeweils in beschränkten Kontexten befinden. Auf diese Kontextbezogenheit können wir nur reagieren, indem wir unsere epistemische Situation und Bewertungen prinzipiell offenhalten. Es ist außerdem nicht richtig, wie der Einwand unterstellt, dass die prinzipielle Offenheit nur durch die Aussicht auf eine Überschreitung aller Kontexte *auf einmal* motiviert werden kann; es genügt, dass jeder einzelne gegebene Kontext überschritten werden kann.

Zweitens könnte man das möglichst weitgehende Offenhalten von Perspektiven auch anders motivieren. Vorschläge hierzu finden sich in einigen Überlegungen Ernst Tugendhats.

Bezogen auf die Frage, wozu etwas gut ist, könnte man argumentieren, dass diese Frage unter einem doppelten Allgemeinheitsgebot steht: Zum einen stellt sie sich als Frage nach dem (individuellen) guten Leben, weil wir eben in der Lage sind, unser gesamtes Leben und auch seine mögliche Entwicklungen in der Zukunft einzubeziehen. Zum anderen stellt sie sich aus einer wir-Perspektive, also mit dem inhärenten Anspruch, nicht nur für die jeweils eigene kontingente Situation zu gelten.[65] Und das heißt: Die Antwort auf die Frage, was gut ist, muss letztlich eine „holistische" Theorie des Guten sein, der gegenüber jede partikulare Antwort als vorläufig erscheint. Die Offenheit der Frage, was gut ist, wäre dann lediglich der Ausdruck der mit dieser Frage verbundenen Allgemeinheitsgebote.

Bezogen auf den epistemischen Sonderfall könnte man folgendermaßen argumentieren: Die Einsicht in die Fallibilität genügt als Motivation für einen unbedingten Willen zum Wissen alleine nicht. Denn gerade die naturalistische Perspektive sagt uns, dass wir in unserem Bemühen um Erkenntnis faktisch immer eine Balance finden müssen zwischen Aufwand und Irrtumswahrscheinlichkeit; je geringer letztere, desto weniger lohnt sich der Aufwand, weiter zu forschen. Dass wir fallibel sind, begründet den *unbedingten* Willen zum Wissen also noch nicht; er könnte sich gemessen an naturalistisch herleitbaren Normen wie der Verbesserung der Überlebenschancen auch als unvernünftig erweisen. Vielmehr müssen wir die prinzipielle Offenheit immer schon voraussetzen. Das zeigt sich gut an Tugendhats Erörterung der Frage, warum wir uns eigentlich zur intellektuellen Redlichkeit verpflichtet fühlen (was ja nichts anderes heißt, als dass wir dem „Willen zum Wissen" auch um den Preis negativer Konsequenzen den Vorrang geben). Auch Tugendhat schließt zweckrationale Begründungen als ungenügend aus.[66] Für aussichtsreicher hält er die folgenden beiden Antworten:

– die Vermeidung einer imaginären Scham: wir wollen unter allen Umständen vermeiden, einmal keine Rechenschaft abgeben zu können. Dabei geht es nicht um irgendeinen konkreten sozialen Nutzen; die intellektuelle Redlichkeit misst sich gerade nicht an konkreten Kontexten, wie umfangreich sie auch sein mögen.

– das unbedingte Aufrechterhalten der Trennung zwischen Phantasie und Realität, aus Furcht, unbemerkt in einen Wahn zu geraten.[67]

---

65 Vgl. Tugendhat 2007a, S. 38ff.
66 Vgl. Tugendhat 2007b, S. 105f.
67 Vgl. Tugendhat 2007b, S. 107ff.

Auch mir erscheinen diese beiden Antworten plausible Rechtfertigungen des unbedingten „Willens zum Wissen" bzw. der unbedingten intellektuellen Redlichkeit zu geben. Beide Antworten sind aber nur dann überzeugend, wenn wir die allgemeine, jede konkrete Situation überschreitende Perspektive schon eingenommen haben. Auch Tugendhat diagnostiziert hier eine Zirkularität: Um einzusehen, dass die imaginäre Scham oder der imaginäre Wahn Gefahren sind, muss man schon gewillt sein, „sich nichts vorzumachen", d.h. gewillt sein zu einer rückhaltlosen Aufklärung der eigenen epistemischen Situation.[68] Die Antworten setzen wiederum nicht voraus, dass wir uns eine absolute Überschreitung aller Kontexte auf einmal vorstellen; wiederum genügt, dass wir die durch jeden einzelnen Kontext gegebene Beschränkung für transzendierbar halten.

Das heißt also: Gerade wenn man dem Projekt der Anthropologie als Aufklärung keine Grenzen setzen will, und dabei auch tiefgreifende Veränderungen unseres lebensweltlichen Wissens nicht ausschließen kann, dann muss man eine epistemische Haltung der prinzipiellen Offenheit voraussetzen, die im Rahmen naturalistischer Theorien zwar analysierbar, aber nicht motivierbar ist.

9. Résumé

Auf den vorangegangenen Seiten habe ich zweierlei versucht: Erstens wollte ich deutlich machen, dass die Position, die ich als „undogmatischen Naturalismus" bezeichnet habe, eine attraktive und starke Variante des Naturalismus ist, die vielen Einwänden, die gegen die üblichen Versionen des Naturalismus erhoben werden, entgeht. Der undogmatische Naturalismus ist attraktiv, weil es sich um eine *Haltung* handelt, die auf unterschiedliche Aspekte des menschlichen Geistes gleichermaßen angewendet werden kann. Er ist stark, weil er eine große Zahl von Elementen des lebensweltlichen Wissens integrieren kann. Er kann damit auskommen, dass es Teile der Realität gibt, die uns nur durch das phänomenale Bewusstsein oder durch apriorische Überzeugungen zugänglich sind; er kann auch akzeptieren, dass sich im Laufe evolutionärer Prozesse genuin Neues entwickelt, das nicht auf Vorstufen reduzierbar ist, sondern besonderer epistemischer Werkzeuge bedarf.

Zweitens habe ich versucht deutlich zu machen, dass ein solcher undogmatischer Naturalismus letztlich instabil ist, weil es ihm nicht gelingt, die Begriffe von Natur oder Realität als diskriminative Begriffe aufrechtzuerhalten und gleichzeitig seinem integrativen Impuls so weit Rechnung zu tragen, wie es nötig wäre. Ein auf den ersten Blick plausibler Vorschlag von Tetens, die Einheit der Natur als Einheit der Erfahrungswelt zu explizieren, gerät in Schwierigkeiten, weil diese Erfahrungswelt Beschreibungen einbeziehen muss, die keinen empirischen, sondern konstitutiven Charakter haben. Konstitutionsaussagen erweisen sich auch als Stolperstein für die andere Möglichkeit, den Naturbegriff des undogmatischen Naturalismus zu erläutern – nämlich für das Konzept einer einheitlichen Realität. Aus Wrights Vorschlag, wie man Diskurse nach ihrem „Realitätsgrad" unterscheiden kann, ergibt sich, dass der undogmatische Naturalist wahre Konstitutionsaussagen nicht akzeptieren kann, weil die Wahrheit von Konstitutionsaussagen andere Merkmale aufweist als die Wahrheit typischer physikalischer Aussagen. Zwar ist der undogmatische Naturalist damit nicht ge-

---

68 Tugendhat 2007b, S. 110.

zwungen, Konstitutionsaussagen in Bausch und Bogen zu verwerfen. Er kann ihren besonderen Status akzeptieren, wenn er Beschreibungen, die auf ihnen aufbauen, insgesamt als
Werkzeuge betrachtet, mit denen wir einen Teil der Realität erfolgreich erfassen, der von
diesen Werkzeugen aber unabhängig ist. Doch lässt sich zumindest für einige Fälle zeigen,
dass Phänomene, die für unseren Geist zentral sind, enger an die vermeintlichen „Werkzeuge" gebunden sind: als rational können wir uns nämlich nur dann verstehen, wenn wir an einer Praxis teilnehmen, für die bestimmte Rationalitätsstandards konstitutiv sind. Daher muss
der undogmatische Naturalist entweder eingestehen, dass seine Integrationsbestrebungen
Grenzen haben – was ihn zurückwirft auf die physikalistischen Alternativen Elimination,
Reduktion oder Identifikation –, oder er muss den Realitätsbegriff so aufweichen, dass er
tatsächlich nicht länger das Etikett des Naturalismus verdient.

Schließlich habe ich versucht, eine weitere gravierende Schwäche des undogmatischen
Naturalismus zu skizzieren: nämlich ein Defizit in der Reflexion auf die eigene Motivation.
Auch der undogmatische Naturalismus versteht sich als Projekt der Aufklärung; aber warum
dieses Projekt unbedingt vorangetrieben werden soll, darauf gibt es im Rahmen naturalistischer Positionen keine überzeugende Antwort. Eine plausible Antwort dürfte nämlich von
Allgemeinheitsforderungen abhängen, die jede natürliche Vorgabe übersteigen und deshalb
im Rahmen einer naturalistischen Position nicht verständlich zu machen sind.

Zitierte Literatur

Becker, Alexander (2000), *Verstehen und Bewusstsein.* Paderborn

Beckermann, Ansgar (2007), „Neue Überlegungen zum Eigenschaftsphysikalismus", in: M. Pauen, M. Schütte, A. Staudacher (Hg.), *Begriff, Erklärung, Bewusstsein.* Paderborn 2007, S. 143-170

Boghossian, Paul (1990), „Knowledge of Logic", in: P. Boghossian, C. Peacocke (Hg.), *New Essays on the A Priori.* Oxford 2000, S. 229-254

ders. (2003), „Blind Reasoning". *Proceedings of the Aristotelian Society,* Supp. Vol. 77, S. 225-248

Chalmers, David (2003), „Consciousness and its Place in Nature", in S. Stich, F. Warfield (Hg.), *Blackwell Guide to the Philosophy of Mind.* Oxford, S. 102-142

ders. (2006), „Phänomenale Begriffe und die Erklärungslücke", in: M. Pauen, M. Schütte, A. Staudacher (Hg.), *Begriff, Erklärung, Bewusstsein.* Paderborn 2007, S. 171-209

Crane, Tim, Mellor, David (1990), „There is No Question of Physicalism". *Mind* 99, S. 185-206

Davidson, Donald (1970), „Geistige Ereignisse", in: D. Davidson, *Handlung und Ereignis,* übers. von J. Schulte. Frankfurt/Main 1980, S. 291-320

ders. (1995), „Could There Be a Science of Rationality?", in: D. Davidson, *Problems of Rationality.* Oxford: OUP 2004, S. 117-134

Jackson, Frank (2007), „A Priori Physicalism", in: B. McLaughlin (Hg.), *Contemporary Debates in the Philosophy of Mind.* Oxford 2007, S. 185-199

Janich, Peter (2007), „Naturwissenschaft vom Menschen versus Philosophie". *Deutsche Zeitschrift für Philosophie* 55, S. 893-909

Keil, Geert, Schnädelbach, Herbert (2000), „Naturalismus", in: G. Keil, H. Schnädelbach (Hg.), *Naturalismus. Philosophische Beiträge.* Frankfurt/Main 2000, S. 7-45

Kim, Jaegwon (1998), *Mind in a Physical World.* Cambridge (Mass.)

Levine, Joseph (2006), „Phänomenale Begriffe und der Materialismus", in: M. Pauen, M. Schütte, A. Staudacher (Hg.), *Begriff, Erklärung, Bewusstsein.* Paderborn 2007, S. 111-142

Logothetis, Nikos (2008), „What we can do and what we cannot do with fMRI". *Nature* 453/12, S. 869-878

Maddy, Penelope (2000), „Naturalism and the A Priori", in: P. Boghossian, C. Peacocke (Hg.), *New Essays on the A Priori.* Oxford 2000, S. 92-116

dies. (2007), *Second Philosophy. A Naturalistic Method.* Oxford

McLaughlin, Brian (2007), „On the Limits of A Priori Physicalism", in: B. McLaughlin (Hg.), *Contemporary Debates in the Philosophy of Mind.* Oxford 2007, S. 200-223

Melnyk, Andrew (1994), „Being a Physicalist: How and (More Importantly) Why". *Philosophical Studies* 74, S. 221-241

ders. (1997), „How to Keep the ‚Physical' in Physicalism". *Journal of Philosophy* 94, S. 622-637

ders. (2003), „Physicalism", in S. Stich, F. Warfield (Hg.), *Blackwell Guide to the Philosophy of Mind.* Oxford, S. 65-84

Metzinger, Thomas (2000), „Introduction: Consciousness Research at the End of the Twentieth Century", in: ders. (Hg.), *Neural Correlates of Consciousness*. Cambridge (Mass.) 2000, S. 1-12

ders. (2006), „Der Preis der Selbsterkenntnis". *Gehirn und Geist* 2006/7-8, S. 42-49

Montero, Barbara (1999), „The Body Problem". *Noûs* 33, S. 183-200

Quine,Willard V.O. (1969), „Epistemology Naturalized", in: ders., *Ontological Relativity and other Essays*. New York 1969, S. 69-90

Reuter, Gerson (2003), „Einige Spielarten des Naturalismus", in: A. Becker et al. (Hg.), *Gene, Meme und Gehirne*. Frankfurt/Main 2003, S. 7-48

Salmon, Nathan (1980), *Reference and Essence*. Oxford

Singer, Wolf (2003), „Über Bewusstsein und unsere Grenzen", in: A. Becker et al. (Hg.), *Gene, Meme und Gehirne*. Frankfurt/Main 2003, S. 279-305

Tetens, Holm (2000), „Der gemäßigte Naturalismus der Naturwissenschaften", in: G. Keil, H. Schnädelbach (Hg.), *Naturalismus. Philosophische Beiträge*. Frankfurt/Main 2000, S. 273-288

ders. (2006), „Selbstreflexive Physik. Transzendentale Physikbegründung am Beispiel des Strukturenrealismus." *Deutsche Zeitschrift für Philosophie* 54, S. 431-448

Tugendhat, Ernst (2007a), „Anthropologie als ‚erste Philosophie‘", in: E. Tugendhat, *Anthropologie statt Metaphysik*. München 2007, S. 34-54

ders. (2007b), „Retraktationen zur intellektuellen Redlichkeit", in: E. Tugendhat, *Anthropologie statt Metaphysik*. München 2007, S. 85-113

Vogel, Matthias (2001), *Medien der Vernunft*. Frankfurt/Main

Wingert, Lutz (2007), „Lebensweltliche Gewißheit versus wissenschaftliches Wissen?" *Deutsche Zeitschrift für Philosophie* 55, S. 911-927

Wright, Crispin (1992), *Truth and Objectivity*. Cambridge (Mass.)

ders. (1995), „Truth in Ethics", in: ders., *Saving the Differences*. Cambridge (Mass.), S. 183-203

ders. (2002a), „The Conceivability of Naturalism", in: ders. *Saving the Differences*. Cambridge (Mass.) 2003, S. 357-406

ders. (2002b), „What Could Anti-Realism about Ordinary Psychology Possibly Be?", in: ders., *Saving the Differences*. Cambridge (Mass.) 2003, S. 407-442

ders. (2003), „Wahrheit: Besichtigung einer traditionellen Debatte", in: M. Vogel, L. Wingert (Hg.), *Wissen zwischen Entdeckung und Konstruktion*. Frankfurt/Main 2003, S. 55-106

Personenindex

Sachindex

Alltagspsychologie 14, 16, 18-22, 28, siehe auch: Wissen, lebensweltliches
Animalismus 60, 65, 78, 80-82, 93-96
Anthropologie 261
- philosophische 198
- undogmatische 7
- Neuroanthropologie 257-259
Antirealismus
- intentionaler 13, 15, 18-21, 37, 38, 42, 51-54
- minimalistischer 18
- ontologischer 18 f.
- semantischer 15-19
Argument
- der besten Erklärung 20, 49, 229
- transzendentales 108, 112, 114, 116, 123
Art, grundlegende 70f., 77, 79, 84
Aufklärung 222, 256, 259, 261f.
Aufmerksamkeit
- geteilte 111
- subjektive 236

Bedeutung 14, 17, 21f., 26, 31, 36, 100f., 103-108, 110, 113, 116, 118, 124, 134, 145-148, 155, 174-177, 184, 185, 252
- generische 147
- logischer Begriffe 233, 251
- natürliche 44
- und Normativität: siehe Normativität
- öffentliche 121-123
- und Rationalität 180-182
- referentielle 144f.
- sprachliche 46, 50, 104, 108, 111, 167
- sublinguistische 39
- und Verständlichkeit 102
- siehe auch: Gehalt, semantischer
- siehe auch: Intentionalität
Bedeutungstheorie 21, 100f., 104, 109, 110, 115, 119, 121-125, 128, 134, 142, 145, 165f., 172, 174f., 179f., 183
Begriffe, nicht-sprachliche 25, 28
Begriffsschema 57, 105f., 110, 122
Bewusstsein 69, 230-232, 258
- phänomenales 42, 226, 230-232, 235, 261

Deskriptivismus 166f., 172
Dispositionstheorie (der Bedeutung) 165f., 174
Dysfunktion: siehe Fehlfunktion

Eigenschaft 16, 46, 73, 110f., 113, 124, 133, 154, 156, 166, 197, 204, 210, 247
- biologische 93, 96, 127, 129, 237

Akademie Verlag

Expressivität und Stil

Helmuth Plessners Sinnes- und Ausdrucksphilosophie

Bruno Accarino, Matthias Schloßberger (Hrsg.)

Jahrbuch für Philosophische Anthropologie, Band 1
2008. 324 Seiten, 170 x 240 mm, Festeinband, € 59,80
ISBN 978-3-05-004334-0

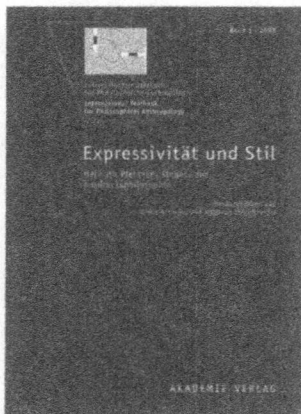

Philosophische Anthropologie ist der alte und neue Name für den Versuch, den Menschen als Menschen zu verstehen. Ihr Thema ist Aufklärung der menschlichen Situation. Sie will herausfinden, was den Menschen zu allen Zeiten als Menschen ausmacht, um zu begreifen, was die Geschichte aus dem Menschen in der Vergangenheit machen konnte und vielleicht in Zukunft machen könnte.

Jeder Band des neu gegründeten „Internationalen Jahrbuchs für Philosophische Anthropologie" enthält einen thematischen Schwerpunkt, Archivalien, Rezensionen sowie ein Biogramm.

Der erste Band behandelt Helmuth Plessners Sinnes- und Ausdrucksphilosophie. In der gegenwärtigen Situation der Philosophie erweist sich die einseitige Orientierung an der Sprache immer mehr als unbefriedigend. Auf der Suche nach Alternativen hat sich die Kategorie des Ausdrucks als ein neues vielversprechendes Paradigma etabliert. Die Idee einer Hermeneutik nichtsprachlichen Ausdrucks eröffnet ein weites Feld von Themen: Die Beiträge dieses Bandes widmen sich dem Ausdrucksverhalten, einzelnen Ausdrucksphänomenen wie Lachen und Weinen sowie einer Anthropologie und Phänomenologie der Sinne.

www.akademie-verlag.de | info@akademie-verlag.de

Akademie Verlag

Christine Zunke

Kritik der Hirnforschung
Neurophysiologie und Willensfreiheit

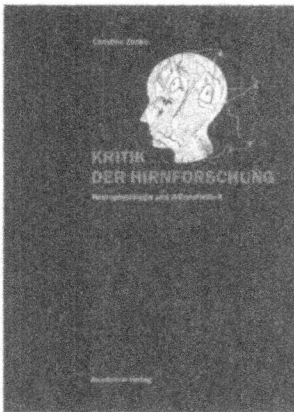

2008. 222 S. – 170 x 240 mm,
Festeinband, € 49,80
ISBN 978-3-05-004501-6

Da das Gehirn naturkausal determiniert ist, ist der Mensch in seinen Handlungen nicht frei. Das ist der populärste und umstrittenste Schluss der modernen Hirnforschung. Mit naturwissenschaftlichen Methoden soll so eine philosophische Grundfrage beantwortet sein. Das vorliegende Buch zeigt mit klaren Argumenten, dass die Prämisse vom naturkausal bestimmten Gehirn zwar richtig, aber der Schluss auf die menschliche Unfreiheit unzulässig ist.

Christine Zunke lässt die Argumente von Hirnforschern an deren inneren Widersprüchen scheitern. Mit großer Sachkenntnis auf dem Gebiet der Neurophysiologie und auf einem soliden philosophischen Fundament, das sich vor allem auf Kant und Hegel stützt, wird die Ursache dieser Widersprüche deutlich: Jede Erkenntnis hat die Freiheit zur notwendigen Bedingung; ein Denken, das seine Freiheit leugnen will, entzieht sich darum sein eigenes Fundament.

Hierbei wird der ideologische und gesellschaftspolitische Gehalt der modernen Hirnforschung sichtbar gemacht. Indem die Hirnforschung empirische Phänomene menschlicher Unfreiheit naturalisiert, produziert sie Blindheit angesichts der wahren Ursachen von Unfreiheit und Unterdrückung. Mit dieser Kritik entwickelt die Autorin zugleich eine klare Darstellung des Verhältnisses zwischen menschlicher Natur und Freiheit.

www.akademie-verlag.de | info@akademie-verlag.de

Akademie Verlag

Hans-Peter Krüger

Philosophische Anthropologie als Lebenspolitik

Deutsch-jüdische und pragmatistische Moderne-Kritik

Deutsche Zeitschrift für Philosophie,
Sonderband 23

2008. 372 S. – 170 x 240 mm,
Festeinband, € 49,80
(für Abonnenten der DZPhil € 44,80)
ISBN 978-3-05-004605-1

Das Thema der Lebenspolitik ist in der reflexiven Moderne zwischen den Philosophien von Jürgen Habermas und Michel Foucault wiederentdeckt worden. Aber die Individualisierung der Risikogesellschaft legt nicht den anthropologischen Zirkel der Moderne frei, von dem die gegenwärtige Lebenspolitik inhaltlich abhängt.

Dieser inhaltliche Fokus bedeutet nicht, wie viele Philosophen seit Heidegger glauben, die Auflösung der Philosophie. Sie kann mit ihren eigenen Methoden und theoretischen Ansprüchen diejenige personale Lebensform freilegen, die aus dem anthropologischen Zirkel herausführt. Speziesismen (im Naturenvergleich) und Ethnozentrismen (im Kulturenvergleich) lassen sich durch eine bestimmte Kombination aus Phänomenologie, Hermeneutik, verhaltenskritischer Dialektik und Rekonstruktion der praktischen Ermöglichungsbedingungen begründet kritisieren.

Die Philosophischen Anthropologien des amerikanischen Pragmatismus, insbesondere von John Dewey, und von deutsch-jüdischen Denkern wie Hannah Arendt, Ernst Cassirer, Helmuth Plessner und Max Scheler haben solche interkulturellen und interdisziplinären Leistungen bereits im 20. Jahrhundert erbracht. Sie werden hier erstmals in eine systematische Diskussion miteinander versetzt, die der Gegenwartsphilosophie bislang fehlt.

www.akademie-verlag.de | info@akademie-verlag.de

www.ingramcontent.com/pod-product-compliance
Lightning Source LLC
Chambersburg PA
CBHW081532190326
41458CB00015B/5532